系列自主开放式学术交流活动记录

GeoScience Café

我的科研故事

第二卷

孙嘉 陈必武 许殊 毛飞跃 等 编

U0383693

WUHAN UNIVERSITY PRESS
武汉大学出版社

图书在版编目(CIP)数据

我的科研故事.第二卷/孙嘉等编.—武汉:武汉大学出版社,2017.8
GeoScience Café 系列自主开放式学术交流活动记录
ISBN 978-7-307-19493-9

Ⅰ.我… Ⅱ.孙… Ⅲ.测绘—遥感技术—研究报告 Ⅳ.P237

中国版本图书馆 CIP 数据核字(2017)第 174910 号

责任编辑:鲍 玲　　　责任校对:李孟潇　　　版式设计:马 佳

出版发行:**武汉大学出版社**　　(430072　武昌　珞珈山)
　　　　　(电子邮件:cbs22@whu.edu.cn 网址:www.wdp.com.cn)
印刷:武汉市洪林印务有限公司
开本:787×1092　1/16　　印张:24.25　　字数:543 千字　插页:1
版次:2017 年 8 月第 1 版　　2017 年 8 月第 1 次印刷
ISBN 978-7-307-19493-9　　　　定价:76.00 元

编 委 会

序 一

　　武汉大学测绘遥感信息工程国家重点实验室研究生自主组织和开展的 GeoScience Café 活动，至今已经举办 150 余期。这是一件很有价值、很有意义的事情！

　　学术交流，是学术研究工作的一个重要环节。我们提倡走出去向国内外同行学习，也要重视和加强内部学术交流。研究生在导师指导下开展读书、思维、实践和创新活动，会产生无数经验与体会，加以总结，都是宝贵的财富；加以分享，更有巨大的价值。我们高兴地看到，实验室的研究生自主搭建了 GeoScience Café 这样一个交流平台，把学术交流活动很好地开展起来，并一直坚持。

　　今天，GeoScience Café 编撰了《我的科研故事》文集，将此活动的部分精彩报告录音整理成文字，编辑成册，正式出版。这是一件很有意义的工作，不仅可以让更多的人了解、分享研究生及其导师的创新价值，还会鼓舞同学们更好地组织和开展 GeoScience Café 活动，让优良学风不断得到发扬。

　　任何时代，青年人都是最为活跃、最能创新、最有希望的群体。祝愿同学们珍惜大好青春年华，以苦干加巧干的精神去浇灌人生的理想之花，为实现中华民族伟大的"中国梦"贡献一份力量！

李德仁

序 二

    武汉大学测绘遥感信息工程国家重点实验室是测绘遥感地理信息科学研究的国家队，也是高层次人才培养的重要基地。

    学术交流，是科学研究的基本方式，也是人才培养的重要平台。

    实验室一直积极倡导并支持研究生开展学术交流。以前，这种交流主要停留在各研究团队内部，自从 2009 年 GeoScience Café 活动开展以来，情况有了很大改变。实验室层面的研究生学术交流活动得到持续、稳定、有效推进，而且完全由研究生自主组织和开展，值得点赞！

    记得 GeoScience Café 活动第一期，有一个简短开幕式，同学们邀请我参加。当时，作为实验室主任，我讲了一些希望，也表示大力支持。数年过去了，我们欣慰地看到，此项活动得到顺利开展。许多研究生同学作为特邀报告人走上这个最实在的讲坛，介绍各自的研究进展，分享宝贵的经验和心得。无数同学参与其中，既有启发和借鉴，也深受感染和鼓舞。GeoScience Café 活动因此也产生辐射力，形成具有一定影响的品牌。

    一件事情，贵在做对，难在坚持。GeoScience Café 活动从一开始就立足研究生群体，组织者来自研究生同学，报告人来自研究生同学，参与者也来自研究生同学。活动坚持了开放和包容的理念，秉持了服务和分享的精神，赢得了关注，凝聚了力量，取得了成效；在推进过程中，并非没有遇到困难，但在包括实验室领导、组织者、报告人等在内的各方支持和努力下，活动得到顺利推进，相信今后还会做得更好！

    希望这套系列文集的出版，能让更多同仁和学子分享到实验室研究生及其导师所创造的价值，并让可贵的学术精神得到更好的传播和弘扬！

龚健雅

序 三

"谈笑间成就梦想"是 GeoScience Café 这个学生交流平台的真实写照。我曾在欧美高校和研究机构工作 30 余年，像这样一个充满激情、百花齐放、中西合璧、长期坚持的中英文学生交流平台，实属首见。每周五的科研故事丰富多彩，深深吸引着年轻的学子们。我也曾多次参与 GeoScience Café 活动，受到了很多年轻学子血性的、激情的科研故事的吸引，感觉自己也成为了他们中的一员，充满了活力。

2009 年以来，GeoScience Café 举办了 150 余期，吸引了上万人次参与学术交流，大家高谈前沿探索，激荡争鸣浪潮，碰撞思想火花。在这个平台上，掀起过对很多前沿的讨论，发出过很多不同的声音，去伪存真，凝聚思想，推动了测绘遥感领域的学术交流，现在已经成为了领域很多年轻学子的精神家园。

经过了 GeoScience Café 组织人员的多年努力，GeoScience Café 已经发展为一个比较完善的平台，不仅拥有了约 3000 成员的 QQ 群，还发展了微信公众号和网络直播平台。网络直播平台的推出让交流突破了时空的限制，受到了国内外相关学科年轻学子的欢迎。为了让更多人受益，GeoScience Café 在 2016 年 10 月出版了学术交流的报告文集《我的科研故事（第一卷）》，图书里面饱含质朴的语言、鲜活的例子和腾腾的热血，受到了师生们的热烈欢迎。在大家的喜爱和鼓舞下，今天，GeoScience Café 组织人员以更高的效率推出了《我的科研故事（第二卷）》，我看了很是喜欢！

GeoScience Café 的特点体现在其日益扩大的影响上，在学术交流和各项社团活动丰富多彩的今天，GeoScience Café 仍然能吸引成千上万的忠实"粉丝"，不能不说是大家努力和智慧的结晶。从成立之初，GeoScience Café 就以解决年轻学子的交流问题为己任，促进科学思想、科学经验、科学方法和科学知识的传播和发展；此外，

GeoScience Café 又做到了时时结合新时代信息传播的特点，与年轻学子对学术交流、思想争鸣的需求相呼应，我想这应当是 GeoSci-ence Café 受欢迎的一个重要原因吧！

作为实验室主任，我想跟 GeoScience Café 的组织人员和报告人说，你们的坚持和努力没有白费，请大家继续坚定目标、求是拓新、汇聚思想，把 GeoScience Café 办好，让她继续陪伴广大年轻学子一起成长、一起积淀、一路同行！

陈锐志

目　录

1 智者箴言:
GeoScience Café 特邀报告

　　编者按：马克思曾说过，在科学上没有平坦的大道，只有不畏劳苦，沿着陡峭山路攀登的人，才有希望达到光辉的顶点。在过去的一年间，我们有幸邀请到六位成功的"攀岩者"作客 GeoScience Café，与大家分享自己在"攀岩"过程中的点滴心得体会。六期活动中，既有关于做人与做学问精神的高屋建瓴的指导；也有从善学乐玩的青葱学霸向诲人不倦的美国教授的蜕变历程；更多的，是在各个领域沉潜钻研的学术先锋们对于领域知识的分享与学术经验的交流。所谓世之奇伟、瑰怪，非常之观，常在于险远，而人之所罕至焉，非有志者不能至也，接下来，让我们共同聆听智者箴言，领略学术世界之瑰丽多彩！

1.1 移动地理空间计算
——从感知走向智能

（陈锐志）

摘要： 国家"千人计划"特聘专家，武汉大学测绘遥感信息工程国家重点实验室主任陈锐志做客 GeoScience Café 第 131 期，带来题为"移动地理空间计算——从感知走向智能"的报告。本期报告，陈锐志教授从实际研究出发，以智能手机室内外无缝定位、行为认知、无人机在精细农业中的智能应用等为例，介绍了移动地理空间计算与人工智能之间的关系以及未来的发展趋势。

【报告现场】

主持人： 各位同学、各位老师，大家晚上好！我是本次活动的主持人刘梦云，欢迎大家参加 GeoScience Café 第 131 期的活动。本期我们非常荣幸地邀请到了国家"千人计划"专家陈锐志教授作为我们的报告嘉宾，同时到场的还有李德仁院士。让我们用热烈的掌声欢迎二位！陈老师的研究成果曾经 2 次被国际导航领域的顶级杂志 *GPS World* 进行过封面报道，出版过 2 部手机定位方面的专著。陈老师多年来担任国际导航期刊的主编，也曾担任过诺基亚的工程经理、芬兰大地测量研究所导航部门的主任、美国德州农工大学的讲席教授、全球华人定位与导航协会主席以及北欧导航协会的理事，现在也是 IEEE 室内定位国际会议（UPINLBS）的主席。下面让我们有请陈老师（图 1.1.1）。

陈锐志： 很高兴能够在这里跟大家讨论移动地理空间计算这个话题。这个话题的范围很广，内容也很新，讨论它是非常有压力的。因此，我会重点跟大家分享我们正在做什么以及未来想做什么。我今天分享的内容也是我们团队在武大要研究的内容。同时，由于我刚刚回国，研究团队正在扩建中，也希望通过这个报告能够吸引对这一话题感兴趣的同学加入我们团队。今天的报告主题是移动地理空间计算——从感知走向智能，主要分为以下几个内容：

① 地理空间计算与人工智能的关系；
② 地理空间认知的相关工作；
③ 无人机在精细农业中的智能应用。

图 1.1.1　陈锐志教授作报告

1. 地理空间计算与人工智能的关系

大家认为，五年或十年以后我们的生活会变成怎样的呢？我们会不会离不开人工智能？大家可以参考手机的发展。五年前或者十年前，我们根本无法想象手机在我们生活中会有现在这样的影响。如今，人工智能这个话题很流行，我们也要思考我们的学科和人工智能之间的关系。地理空间认知、增强现实、虚拟现实、混合现实和人工智能都有怎样的关系？未来，人工智能在我们的生活中可能会变得无处不在，那我们和人工智能的互动形式会是怎样的呢？这些问题我们可能很难有明确的答案。但是不可否认的是，地理空间计算，包括定位、对环境的感知等技术，和现在的人工智能都有莫大的关系。就像手机，十年前的手机还没有导航的概念，但现在却成为了手机的标配。人工智能也是一样的，我们的地理空间计算也将会融入到未来的智能中，或者说走向智能。

说起对未来的预测，《连线》（*Wired*）杂志的创始主编 Kevin Kelly 的很多观点都很有意思。他上个月（2016 年 4 月）在深圳的报告中讲到，人工智能（AI）未来会成为一种商品。过去我们需要交水费、电费；现在我们还需要交手机费；而在未来，我们可能还需要交 AI 费，因为 AI 很可能会以服务的形式存在于我们的生活中。就现在而言，人工智能其实已经存在于我们生活当中了，比如说 iPhone 中的 Siri。我们可以现场试试它有多智能。

陈老师："我在哪？"

Siri："你现在在武汉市武汉大学信息学部附近。"

这是 Siri 的回答。但我们要做的不仅是这样，而是希望它能够更加智能。我们希望得到的回答是，我们现在正在测绘遥感信息工程国家重点实验室的二楼报告厅。所以，在这上面我们还有很多工作可以做。刚刚演示的功能有点类似 Location-based Service（基于位置的服务），但是比它更智能一些，更"懂"我们一些。之前我听过一个故事，有一个自闭症的小孩，每天要跟 Siri 交流 45 分钟，而且交流得很好。让我们再来试试其他问题 Siri 会怎么回答。

陈老师："我在做什么？"

Siri："我在等你给我安排工作呢。"

从它的回答中可以看出，它并不知道我正在做什么，还没有达到认知人类行为的程度。iPhone 上的 Siri 只是人工智能的一个体现，但是它还不够智能。我相信，这些智能的应用会逐渐发展，使我们的生活越来越智能化。像最近很出名的 AlphaGo，我想大家都听说过，已经可以战胜人类选手赢得围棋比赛了。还有一些人工智能的相关应用，比如医院拍片、诊断疾病、自动驾驶、整合信息自动生成文件等，未来都会逐渐在我们的日常生活中普及。记得前一段时间我们申请项目需要编写预算，这项工作如果能交给 AI 的话是再合适不过的。因为它的主要内容就是在网上搜索报价单，整理材料，分析需求等。我们不要认为 AI 一定就是机器人，AI 也可能是一个软件、一套系统（Smart Home）、一些传感器，等等。它会以不同的形式出现，为我们的日常生活、工作提供服务。所以未来我们真的可能需要交 AI 费。

那么 AI 和我们的移动地理空间计算又有什么关系呢？以 AI 驾车也就是自动驾驶为例，它在发展过程中对我们地理空间计算的要求越来越高，主要体现在对定位精度和所用模型的要求越来越高。又比如智能家居，当你离开办公室，你家里的 AI 就开始工作起来，决定什么时候开暖气或冷气，什么时候帮你放好洗澡水等。这样我们到家的时候温度就刚好合适，并且也起到了节能的效果。而这一切，也和你的位置信息有关，系统需要知道你在路上的交通状况怎样，你还有多久可以到家。另外一个例子是，当一个盲人进入陌生环境时，他能获取哪些信息？他可能无法通过肉眼来看，但如果他身边有个 AI 的话，这个 AI 就能告诉他所需要的信息。例如，他进去以后相机可以作为他的眼睛，帮助他分析所在环境的空间信息、拓扑信息等。如果他进入我们所在的这间报告厅，他很快就能知道我们这个报告厅有 198 个座位，讲台有 4.2 米宽。当然，要想快速且准确地知道这些信息，可能还需要利用众源数据。也就是说，该盲人使用的相机是和云端互联的，当他进入这里的瞬间，就将获取的影像与云端数据库进行匹配，获得该位置已有的一些信息和知识。这些信息和知识是通过先前所有来过这里的人获取的信息并上传到云端进行学习和训练得来的。

微软新出的产品 HoloLens 是一种混合现实的头戴式显示器，用户可以用它来玩沉浸式游戏。但如果定位精度不高的话，游戏体验会非常差。在他们的宣传视频中我们可以看到它与室内定位和室内三维建模的关系。要想在家里玩这类的混合现实游戏，系统需要实时地、精确地确定用户的位置、方向以及室内环境的 3D 模型，否则游戏里开枪的时候就无法瞄准，所以定位和 GIS 在这类游戏中也扮演着很重要的角色。

举了这么多例子，总结来说就是人工智能和我们所研究的地理空间计算有着密切的关系，并且它的发展对我们提出了更高的要求。将来人工智能的"智商"越高，对定位的要求就越高，对地理信息的精度要求就越高，对地理空间的认知要求也将越来越高。这里的地理信息包括几何环境和信号环境两个方面，也就是说，不仅是三维模型，信号场也包含在里面。对地理空间的认知，是指要了解当前环境是什么样的场景。所以，未来的人工智能给予了我们很多挑战，我们需要努力把我们领域相关的部分做好。

2. 地理空间认知的相关工作

（1）地理空间认知框架

下面我就来介绍一下地理空间认知这部分的相关工作。首先是地理空间认知的框架。在此之前，先来介绍一下李德毅院士关于脑认知的一些观点。李院士认为，研究脑认知有两种途径，一种是从神经学的角度，另一种是从物理学的角度。我们对神经学可能不是很了解，但是可以从物理学角度来认识它，比如说转换成信号。李院士举了一个很好的例子，他们开发了"驾驶脑"，主要分为三个阶段：感知、认知和行为。这个过程概括得非常好，其实任何一种智能过程都可以用这三个阶段来概括。比如"苗圃栽培脑"，首先通过各种传感器来监测苗圃的生长情况，是否有病虫害等；然后从这些数据当中得到固定的模式（提取出知识）；最后再达到自主决策、自动栽培的目的。但是，从中我们也可以看出，感知过程中的数据特性不一样，我们不可能用同一种方法来处理不同数据，也就是说，用一个"脑"来对所有事物进行认知是非常困难的。这和我们人类的大脑类似，我们的大脑是非常复杂的，由很多的小脑组成，要想达到很好的认知效果，我们需要开发很多的"小脑"。这些"小脑"可以理解为分类过程中的"分类器"，输入大量的数据，从中提取知识（特征），然后进行分类，这就是一个"小脑"的运作过程。把很多个这样的"小脑"连起来，最终就可以达到我们认知的目的。但这种"小脑"的模式也存在问题，如果我们有 1 000 个"小脑"，那么这 1 000 个"小脑"如何关联起来就是我们要解决的。因为"小脑"和"小脑"之间是不可能完全独立工作的，这样就没有意义了，它们必须关联起来工作。"小脑"和"小脑"之间相互关联，产生新的"脑"、新的知识，这才是可行的方法。

前面已经讲过，不管什么"脑"，都可以分为感知、认知和行为三个阶段。感知需要传感器，没有传感器，后续工作我们都无法进行。而遥感卫星、无人机，甚至手机中都有很多的传感器，来感知我们的物理世界。如图 1.1.2 所示，这些传感器其实都在我们的口袋里，在我们的手机上，所以我主要讲一下如何通过手机来进行地理空间脑认知。刚刚已经说过，脑认知是一个很复杂的过程，我们不妨把它看作由很多个"小脑"组成的，包括位置认知、行为认知、语义认知、目标认知、拓扑关系认知、网络认知、环境认知等过程。这其中的每一个"小脑"都可以作为一个博士课题来研究，最后再把它们关联起来，就可以实现最终的"空间认知脑"。"小脑"之间的关联也很重要，从知识角度来讲，很多知识关联起来是可以产生新知识的。所以，"小脑"之间的融合，也能产生新的智慧。

除了我们手机上现有的这些传感器，RGB-D 深度相机未来也可能会成为我们手机的标配，这为我们利用手机来进行语义计算提供了很好的途径。目前的技术手段已经可以通过二维影像来识别不同的物体。在计算机视觉领域，深度学习在目标识别上已经能够实现

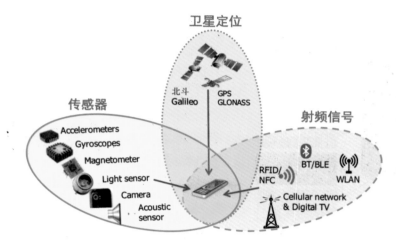

图 1.1.2 在我们身边的传感器

很好的效果，但是有了深度相机，感知手段就不一样了，也给我们带来了新的机会。Google 的新设备 Project Tango 就配备有深度相机，能够实时得到周围环境的三维模型；而联想更是与 Google 合作推出了一款带有深度相机的手机。这对我们来说是很好的机会，对定位和地理信息的研究都有很大的帮助。

除了新的硬件、传感器，我们还需要关注新的感知和认知机制。我认为众源感知和认知机制在未来起到很大的作用。前面已经举过一个例子，当一个盲人进入陌生的房间，如果仅靠他自己来感知的话，所获得的信息是相对较少的。但如果很多人都到过这里，大家都将在这里获取到的信息上传到云端，那么这位盲人可以获取的信息就很多了。此外，我们也可以通过关联不同终端得到的认知结果来进行众源认知。现在我来考考大家对我们所在的这个报告厅的认知有多少。这间报告厅有多大？有几根柱子？有 Wi-Fi 吗？有多少座位？每个座位有多宽？Wi-Fi 的速度有多快？有的问题也许很好回答，但有的却需要花一点时间。如果我们有 AI 相伴，并且这个 AI 可以连接到云端，那么它就可以充分利用其他人的历史数据瞬间提高对这一空间的认知度，这就是众源认知的优势。

（2）位置认知（室内定位）

1）三源融合定位

介绍完地理空间认知的基本框架，我再来介绍下我们在位置认知和行为认知方面的一些相关工作。首先是位置认知，这里主要介绍室内定位。从 2007 年给上海世博会的芬兰馆做了一个室内定位和导航的系统之后，我们就一直在进行室内定位的研究工作。现在做的工作主要是 GNSS、Wi-Fi 和 PDR 的三源融合。PDR 主要是用加速度计、陀螺仪和磁力计这三种惯性传感器完成定位。这种方案可以实现室内外定位 2~5 米的精度，也是我们现在用得比较多的一种定位方案。图 1.1.3 是一种普适的定位方案，所获取的传感器数据包括加速度计、磁力计、陀螺仪、GPS（北斗）和 Wi-Fi，融合以后可以提供用户的行走速度、方向和位置等多种信息，再通过无损卡尔曼滤波（UKF）的方法得到用户最后的位置信息。下面我将分别介绍一下其中涉及的主要技术和方法。

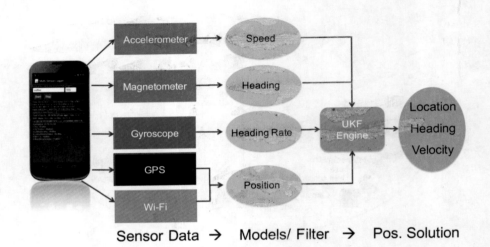

图 1.1.3 普适的室内定位方案

Wi-Fi 指纹定位这一方法很早就被提出来了。这里的指纹不是真的指纹（如图 1.1.4 所示），本质上是一系列的 Wi-Fi 信号强度、AP（Access Point）信息、参考点坐标、走廊方向等。它的原理很简单，我们首先采集数据，建立相应的信号-位置数据库，定位的时候再采集信号数据与指纹库中的数据进行匹配，根据信号之间的相似性来确定用户的位置。虽然原理看似简单，但是计算过程却相对复杂。因为信号在进行匹配的时候分辨率并不是很高，容易产生误配，这一点和摄影测量中进行特征匹配时的情况类似。在进行特征匹配时，遇到天花板或地板这类特征不明显的情况就很容易产生误匹配。我们的信号指纹匹配也一样，很可能得到的最佳匹配点并不是正确的。我们需要通过一定的手段剔除其中的粗差，而聚类是我们经常使用的一种算法。在无缝定位算法中，我们要根据 GPS，或北斗，或 Wi-Fi 来确定初始位置和根据磁力计和陀螺仪来推算初始航向，如果这个初始位置有错误，后续定位的准确性就会受到影响。因此，PDR 的初始位置和初始航向非常重要。我们是通过图 1.1.5 中的聚类算法来估计定位结果的可信度，当结果可信度高的时候我们才启动 PDR。

图 1.1.4 Wi-Fi 指纹定位法中的"指纹"

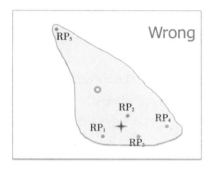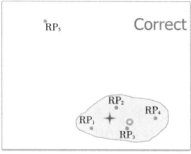

图 1.1.5　Wi-Fi 定位结果聚类示意图

　　我们算法的优点分为三个方面：① 无论在室内还是室外，只要用户启动程序就可以使用，没有任何限制条件，开机即得，并且 80% 的情况下能达到 2~5 米左右的精度；② 算法使用手机的内置传感器，不需要增加用户的任何负担；③ 定位系统中的室内地图和 Google Map 无缝结合，可以自动判断是在室内还是室外，在室内的时候可以自动判断楼层，自动切换到不同楼层地图。

　　2）"声、光、电、场" 全源定位

　　虽然之前的定位方法有一定的优势，也相对比较成熟，但在研究上继续深挖的意义不是很大。因此，我们正在探索一些新的定位手段——"声、光、电、场" 全源定位，希望以新型传感器为基础，设计一些高精度的定位手段。因为通过 Wi-Fi 指纹匹配等技术，想达到分米级的精度是不可能的，甚至 1 米都很难。这是传感器和射频信号自身的一些限制所造成的，例如，陀螺仪和磁力计受磁场的干扰很大，很难达到较高的精度。因此，在未来几年，我们要尽量探索一些新的高精度定位技术，比如厘米级的或分米级的。可以从光线、音频、视觉等传感器入手，融合不同的定位源，并做到紧耦合融合。举个例子，当我们使用相机来定位时，在遇到图像特征不丰富的情况下我们可以与音频等其他数据融合起来处理，这样就可以保证比较好的定位精度。也就是说，当单源定位无法满足要求的时候，我们就使用多源融合来实现。但是就目前来说，这样的紧耦合融合还很难实现，这也是我们未来需要攻克的地方。所以在室内定位的研究中，发现新的传感器、新的定位手段以及有效的紧耦合融合算法是未来的发展趋势。我们可以通过一些高精度的定位技术作为控制，以无时不在的手机内置传感器和磁场为纽带，进行全源紧耦合融合，从而达到优于 1 米的定位精度。

　　现在的 AI 应用对定位精度的要求越来越高，很可能 1 米的精度也不能满足要求了，所以我们需要努力去研究新一代的高精度定位技术。虽然现有的技术中也有一些属于高精度定位，但是它们覆盖的范围比较小，不像蜂窝网络那样可以覆盖全球。因此，我们需要想办法将这种小区域高精度的定位手段和其他手段连接起来。当然，定位里还有一个问题就是室内环境的改变，比如 Wi-Fi 信号场或磁场。当你在家里重新摆放一个冰箱时，就会改变它周围的磁场，从而导致它的信号指纹产生变化。这些环境的变化要求我们的定位方法是可以自学习、自适应的，我们可以通过众源数据来挖掘和自动发现场景的变化。而这其中又有很多值得研究的问题，比如怎么建模？每个手机的性能不一样，存在一定的偏差。原理看起来很简单，但实际操作起来却相对复杂。下面我来介绍"声、光、电、场"全源定位中的一些具体方法。

首先是声音定位。手机内置扬声器和麦克风中 16~21kHz 的波段是人耳听不到的。因此，我们可以利用这个波段的声音来定位，而不会对人产生干扰，同时也不会受到环境噪声的干扰。这个方法的原理很简单，可以通过测距或到达角的方法来实现。定位精度可以达到分米级，但是有效范围只有 20 米左右，因此我们可以用它来做修正。当进入声音定位的有效范围内时，可以利用它来对惯性传感器进行纠正，纠正以后就可以继续利用这些传感器来进行高精度导航了。

其次是光源定位。它的原理有点类似 Disco 舞台，如图 1.1.6 所示，用一个 LED 光源吊在天花板上，将灯光通过预先编码的灯罩投影到地面形成不同的扇区，通过旋转灯罩来实现手机在不同扇区将收到不同光源编码，这种编码信号类似于二维码。根据手机所接收到光源编码就可以判断用户在哪个扇区，从而确定位置。这种方法一般可以达到 5~10 厘米的精度，覆盖的范围和灯的吊高有关，吊得越高覆盖范围越大，但是相应的精度也会越差。

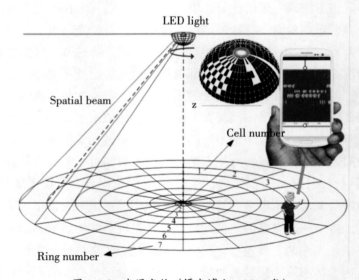

图 1.1.6　光源定位（谭光博士，2015 年）

然后是蓝牙天线阵列定位。蓝牙天线阵列是一项已经成熟的高精度室内定位技术，如图 1.1.7 所示。它也是通过测量倾角和方位角的方式来确定用户位置的，可以达到 10~50 厘米的定位精度。这项技术诺基亚公司已经有成品可以出售，但是价格比较昂贵。

还有就是相机交会定位，这项技术应该是我们实验室的强项。其基本原理是基于 Structure form Motion，简单来说就是，我们从多个角度对一个物体拍照，可以相应地计算出它的三维模型，一旦我们知道它的三维模型，就可以通过单张相片来反算手机的位置。定位过程分为两个步骤：① 解算特征点的位置。这里我们可以通过众源数据或机器人来

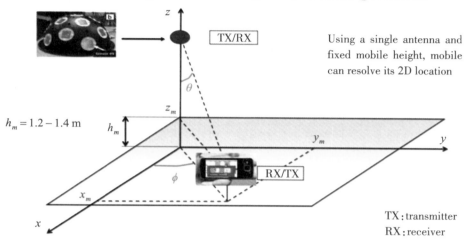

图 1.1.7 蓝牙天线阵列定位（Kimmo Kalliola，2011 年）

采集影像数据。图 1.1.8 是我们在商场做的算法验证实验结果，用手机拍摄多张商场的照片，然后通过几个控制点定标，就可以算出三维模型。② 使用单张照片进行定位。如果背景特征比较多，不是天花板、地板等容易误匹配的情况，这项技术的定位精度可以达到厘米级。所以，要想这项技术真正实用，我们还有很多工作需要做。例如，如何避免误匹配的情况，怎么通过算法来过滤这些情况？解决了这些问题，相机交会就是一项很好的定位技术。在用户使用的过程中，如果获取的相片特征比较多、质量较好，就可以使用这种方法来定位；如果获取的照片特征较少、质量较差，比如天花板或地板等，就用其他传感器或定位手段来进行修复。

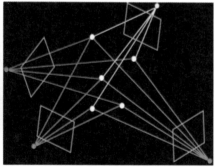

图 1.1.8 相机交会定位

　　最后是语义认知辅助定位。场景的语义信息可以作为定位的约束条件，以便提高定位系统的可用性。例如，如果我们通过其他手段感知到当前场景是走廊的话，就可以通过其方向来约束定位，避免定位过程中的穿墙等错误，还可以修正陀螺仪、磁力计等的方向误差。Google 的 Tango 手机就可以辅助我们判断所处场景的相关信息。

（3）行为认知

以上这些内容都是和位置认知相关的，接下来就和大家分享一下我们在行为认知方面的一些工作。刚刚给大家演示了 Siri 的认知功能，它还无法知道我现在的行为是什么。所以我们就想做一些工作，让手机可以知道我们在干什么，处于什么环境。因此，我们想开发一个手机的思维引擎。例如，如果手机知道你在听报告，有人给你打电话的时候它会自动挂断，或者发短信回复对方。知道你在开车，它会自动给对方回复："我正在开车，可能要几分钟之后到办公室。"如果手机能明白你在干什么，相应的应用场景还有很多。在未来人工智能变得更普及后，手机可能就是很多 AI 应用的载体，或者可以跟其他的 AI 交流。因此，手机能明白你在干什么是很重要的。

手机能感知很多东西，包括光线强度、声音、影像、网络上的活动、社交媒体数据等，但是它没有感觉。手机思维引擎运作的过程依然遵从李德毅院士提出的那三个阶段：从感知到认知，再到行为。就具体研究而言，我们首先要对行为进行定义。因为手机不可能一开始就明白所有事情，我们必须事先对行为进行定义，然后通过数据训练让它明白不同的行为。我们在研究中定义了校园生活的 7 种行为，看手机是否能将这 7 种行为推理出来。当然，实际应用的时候并不会限制必须是校园生活这种场景，我们可以将其拓展到家里或其他场景，原理是类似的。

为了推理出不同的行为，我们定义了如下几种不同的情景来对行为进行识别：

① 空间情景。空间情景代表用户的位置，但不是具体的坐标，而是报告厅、会议室等。

② 时间情景。不同时间得到的推理是不一样的。例如，凌晨三点的时候进入会议室就不一定是在开会。

③ 时空情景。表示你在某个空间情景里停留的时间长短。还是拿开会举例，如果秘书刚进来又出去了，那他的行为很可能就不是开会，可能只是送文件或找老板签字。也就是说，如果你在会议室只待了 10 秒，那么开会的可能性是不高的。

④ 用户情景。表示用户自身的状况。比如是在跑步还是散步，心跳多少，在使用哪些应用程序等。我们实验中用到的用户情景主要是指用户的运动状态，主要包括用户静止、慢走、跑步等状态。

当程序启动的时候，我们就打开所有的手机传感器，记录每秒的数据。通过这些原始数据可以得到一个情景向量。该向量记录了你每秒钟相应的状态：在哪个地方、在什么时间、在某个地方待了多长时间、是运动还是静止。例如，要定义用户在办公室工作这种行为，我们的时间情景是在 07：00~19：00 之间，空间情景是办公室，时空情景是在办公室的时间大于 5 分钟，用户情景是静止或者慢走状态。通过收集一段较长时间的数据，时空情景可以定义为表 1.1.1 所示。例如，你在一个地方待了多长时间，可以分为 0~5 秒、6~15 秒和 16~60 秒等多种情况。

表 1.1.1   简单时空情景定义示例

Observable	Description
1	Dwelling length between 0~5 seconds
2	Dwelling length between 6~15 seconds
3	Dwelling length between 16~60 seconds

更为复杂的是用户情景的定义，见表 1.1.2，其中包括你的移动状态、所处的环境、心理状态以及社交情况等。移动状态可分为静止、慢走、正常行走、快走等；所处环境可通过光线、噪声大小、温度等来确定；心理状态可以分为疲倦、激动、紧张等情绪。现在已经有很多研究可以通过对你的脸谱进行分析，来判断你的压力大小。我们的应用还没有做到这一步，但是我们的思维引擎框架是包括这些的。目前来说，我们只使用了第一种情景，也是最简单的用户运动状态情景。所以，每秒我们都会记录一个这样的情景向量来进行推理。

表 1.1.2   用户情景定义示例

Category	User context	Observable set of each user context
Mobility	Motion pattern	static，slow walking，walking，fast moving
Environment	Light intensity	low，normal，high
	Noise level	low，normal，high
	Temperature	freeze，low，comfortable，high
	Weather	sunny，cloudy，raining，hazardous weather
Psychology	Level of fatigue	low，medium，high
	Level of excitement	low，medium，high
	Level of nervousness	low，medium，high
	Level of depression	low，medium，high
Social	Social contexts	calling，texting/chatting，using App

图 1.1.9 是我们之前研究所用的用户运动模型，这个模型对很多用户都适用，不需要进行额外的训练。我们使用贝叶斯方法对最终结果进行推理，该方法需要建立多个概率表，这些概率表可以通过大量的数据训练出来，也可以通过一些经验数据来得到。当然，通过这两种方法得到的概率表是不一样的。例如，我们要推理你是否在吃中饭，首先需要确定你在这个时间吃饭的概率是多少。一般来说，美国人中午 12 点吃饭的概率比较高，这是经验数据。

我们的实验总共包括以下几种行为：在办公室办公、开会、吃中饭、茶歇、去图书馆、上课、等公交、其他行为。非监督训练和监督训练得到的结果见表 1.1.3。这里不同的训练方法分别对应前面所提到的，是使用经验数据还是使用训练数据得到概率表。这是一个简单的行为认知案例，虽然它还不够智能，但在一定程度上说明了手机是可以有思维的。

13

User State	Speed(m/s)
static	0.0~0.1
slow walking	0.1~0.7 (one step/s)
walking	0.7~1.4 (1~2 steps/s)
fast moving	> 1.4 m/s

Empirical Model

$$v = SL \cdot SF$$

$$SL = \left(0.7 + a(H - 1.75) + \frac{b(SF - 1.79)H}{1.75}\right)c$$

v = speed
SL = Step Length
SF = Step Frequency
H = Height of Pedestrian
a, b, c are model parameters

图 1.1.9　用户运动情景推理

表 1.1.3　　　　　　　　　监督方法和非监督方法结果对比

Participant	Solutions		Number of labeled activities
	Unsupervised（solution 1）	Supervised（solution 2）	
1	66.5%	88.9%	237，085
2	50.3%	87.9%	211，834
3	57.2%	89.6%	261，517
Mean	58.0%	88.8%	236，812

3. 无人机在精细农业中的智能应用

接下来我将从另一个角度来讲智能，无人机在精细农业中的应用。利用无人机来检测棉花的生长和健康状况。今天我主要介绍棉花生长这部分的内容。检测棉花的生长状况需要关注哪些方面呢？包括它的发芽情况、覆盖率、苗的高度，等等。通过采集棉花的生长数据，并与最后的产量结合起来，从而发现棉花生长过程与最后产量之间的关系。借用前面提到的概念，这也可以看成是一个"小脑"，我们可以称它为"棉花脑"。

在实验过程中，我们使用的是大疆这种较便宜的无人机，可以通过手机来控制，飞几十分钟就可以得到所需数据。棉花试验场是农业研究专用的，如图 1.1.10 所示。为了拿到高分辨率的影像，飞机飞得很低，在 15 米左右，这样有利于我们估算棉花苗的数量。棉花苗的数量对棉花种植很重要，播种以后大概一个星期就会发芽，如果某些地方播种不够就需要及时补播。如果时间超过一周，就无法补播了，否则长出来的棉花就参差不齐，不利于后期统一作业。因此，我们需要快速给出信息：哪个区域的棉花需要补播，整个场地的发芽率是多少。

第一周我们需要每天采集一次数据，来监测棉花的发芽状况。这项工作由无人机来完成是最合适的，卫星和飞机都不合适。因为在美国，直升飞机飞一小时租金大概要 1500 美元，如果每天飞一次的话代价很大。而无人机相对来说非常便捷，开车到附近，按键启动 20 分钟以后就可以完成任务。卫星的分辨率不够，无人机可以飞得很低，以满足我们

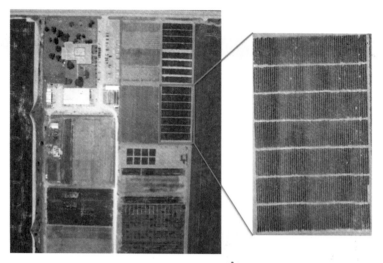

图 1.1.10 棉花种植试验场

的精度要求。采集到的数据的处理过程如图 1.1.11 所示。中间过程我想大家应该很清楚，就不再重复。处理后得到的产品是 3D 点云和正射影像，从 3D 点云中可以计算棉花苗的高度，从正射影像中可以计算棉花发苗的数量。我们每天大概可以获得 150 张影像，处理成正射影像放大很多次以后就可以判断棉花苗的数量。但如果直接分类，通过面积来计算的话效果并不是太好。因此，我们采用了另一种方法来处理。首先对棉花苗的叶子进行分类，然后得到叶子组成的多边形，最后再通过这些多边形的面积来计算棉花苗的数量。

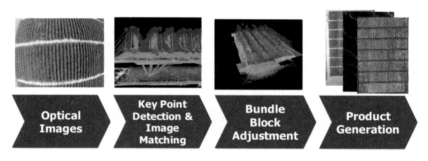

图 1.1.11 无人机数据处理过程

我们需要查看每天的发芽率以监测棉花的生长状况，表 1.1.4 是发芽率的结果对比。以人工判断的结果作为真值，得到实验结果的精度为 88.6%，如图 1.1.12 所示。这项研究其实也是一个从感知到认知，再到行为的过程。感知就是通过无人机来获得影像数据；认知是判断棉花苗的发芽率，哪里没有发芽；行为就是 7 天以后在没有发芽的地方补种。

除了发芽阶段的监测，我再简单介绍下棉花覆盖率和生长情况之间的关系。在棉花发芽阶段结束后，我们每周用无人机获取一次数据，以监测棉花的生长情况，贯穿它的整个生长过程。最后得到的棉花覆盖率和生长情况结果如图 1.1.13 所示。这张图看上去似乎相关性很差，在我们测绘领域是没有什么意义的，但在农业领域这个相关性很常见。

表 1.1.4   实验环境下的棉花发芽率对比

Days After Planting	UAS	Lab-H*	Lab-M**
6	25.5%	16.5%	5.0%
8	39.9%	85.0%	67.5%
9	51.3%	88.8%	71.2%
10	77.8%	90.0%	75.0%
11	85.9%	91.3%	75.0%

*Lab-H: with high quality seeds（Krzyzanowski and Delouche，2011）

*Lab-M: with low quality seeds.

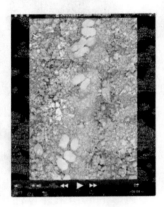

图 1.1.12 发芽率结果准确率

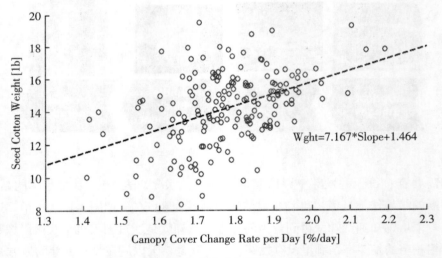

图 1.1.13 棉花覆盖率和产量之间的关系

无人机每次获取的数据大概可以得到 1 500 万个点云，从这些点云中可以得到棉花的生长高度。图 1.1.14 显示了棉花的高度和时间之间的关系。这种图是农民很喜欢看的，可以清楚明了地看到哪些地方长得比较高，哪些地方长得比较矮。

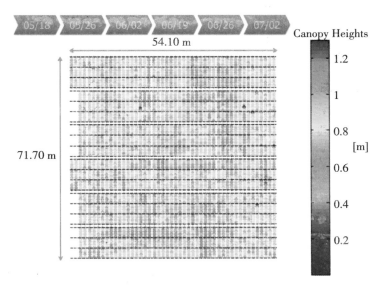

图 1.1.14　棉花苗高度随时间的变化情况

美国的农业管理有很多精细化的问题。例如，棉花苗并不是长得越茂盛越好，而是要控制在一定范围内。长到一段时间后，需要对棉花进行落叶处理，使得最后只剩下棉花球。因为棉花的最后采摘是由机器完成的，需要在最佳时期喷洒落叶的农药。图 1.1.15 展示了棉花最终高度和产量之间的关系。

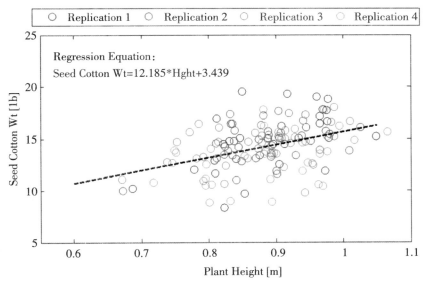

图 1.1.15　棉花高度和产量之间的关系

在这项研究当中，无人机发挥了很好的作用。在新奥尔良的国际棉花会议上我给大家描绘了这样一幅景象：未来的农民们只需要待在家中，在手机上按一些按钮就能操控无人机去帮自己查看农作物，得到的结果可能比他自己亲自去查看更好。他们听了都觉得很有意思。

我今天的报告就到这里，我相信我们的地理空间计算对未来的人工智能会有很大的帮助，我们一定要实现高精度的定位和高可用的地理信息系统，来和人工智能一同发展。

【互动交流】

主持人：非常感谢陈老师有趣且前沿的报告。下面是我们的互动环节，有问题的同学可以向陈老师提问。

提问人一：陈老师您好，您刚刚提到了很多认知的"小脑"，但是在实现过程中可能会有很多问题。比如我们要实现一个用来导航的"小脑"，怎么按照类脑计算的模型让它进行自学习自适应呢？不知在这方面您有没有一些建议或构想？

陈锐志：对于"导航脑"，我觉得李德毅院士的自动驾驶脑框架就很好。

提问人一：我的意思是，现在穿戴设备已经很普及了，比如 AR、VR 设备、智能手表等。那么怎么利用这些设备来进行认知，为我们提供智能的导航？比如我要与某人见面，我们通过打电话来沟通，告诉对方我们所在的位置。但是我们所在的空间是有一定重叠的，我们怎么通过智能设备将这些信息集成起来，构建一个类脑计算的模型呢？

陈锐志：现阶段这样的一个具体模型是没有的。你这个问题比较特别，我没有现成的答案给你，但是基本框架还是像前面 PPT 上展示的那样，把一个复杂的问题拆分成许多个"小脑"来完成，通过"小脑"之间的关联形成"大脑"。另外，手机的计算能力有限，我们需要结合云计算，将许多训练学习的过程放在"云"里。

李德仁：这个导航的问题我和李德毅讨论过。比如要从学校到机场，从宏观上，我们必须考虑走什么样的路线，这个可以依靠电子导航地图。但是，从微观上，我们可以根据传感器来进行自由操控。如果前面 200 米没有障碍，我就可以计算车的速度可以开到多少；如果前面 20 米有障碍，我就自动开慢一点；如果前面 5 米有障碍，那我就把车停下来。李德毅把这个叫做"路权"，是我们人的一种权利。所以说，汽车的自动导航有两种解法。一种解法是绝对解，类似 Google 和百度，它们需要严格的高精度导航地图，这个的要求相对比较高。另一种解法是相对解，只需要考虑汽车前后的空间，张军做"空管"时把这一空间称为"我的可自由控制包络"，按照这个"包络"来随时调整。如果前面没有障碍物就把车的速度调到最快，如果有的话就把速度降下来。这是李德毅的自动驾驶脑里面的一个主要思想，是一种相对解。现在做导航的主要可以分为这两派，我们也不敢说哪一种是最好的，但是未来到底谁能占领市场主要看他们的"性能价格比"。李德毅的思想就是用绝对解来解决宏观问题，用相对解来解决微观问题。

陈锐志：我想李老师的意思是绝对解的精度要求更高，而相对解的精度没那么高但是效率相对较高，从感知、认知到行为的这个反应过程会比较快。

李德仁：这个和参加比赛是不同的。比赛的时候我们可以花费很高来实现高精度。但是，最终还是要看谁能做出又好又便宜的产品，才能占领市场。

提问人二： 陈老师您好，我对"用户情景"部分的内容比较感兴趣。刚刚看到您实验中的标记数据好像有 23 万条，得到这些标记数据的工作量是很大的，需要对视频数据进行剪辑和人工标记。我想知道这么大的数据量，你们是通过怎样的方式获得的呢？

陈锐志： 我们没有通过视频来定标，而是通过自己开发的一款软件。每次当我处于某种情景的时候，比如在办公室，我就在软件中输入"我在办公室"，离开的时候再标记"离开办公室"。

提问人二： 请问你们的数据集是否可以公开？

陈锐志： 可以公开。如果你需要的话可以联系我。

提问人三： 陈老师您好，之前我也做过一些室内导航的相关工作。在室内外衔接的时候会经常碰到一些问题。室外地图我们用的是百度地图，室内地图是自己用 CAD 画的矢量图，然后配准到百度地图里面去。室外用的是 GPS 定位，室内用的是 iBeacon 蓝牙定位，取相对位置。从室外到室内的时候，经常会有一些跳动，不知道是不是我们画的 CAD 地图叠加到百度地图上的时候配准不是很准确。对于这个，您有没有好一点的建议？

陈锐志： 我们使用的方案和你的不大一样，我们在室内也使用的是全球坐标框架。如果你用 ArcGIS 来做图层，是可以进行地理参照处理的，所有的指纹库在采集数据时就可以使用全球绝对坐标。所以，在我们的系统里面是没有室内外之分的，采用的是统一的 WGS-84 坐标系。所以，我的建议也是最好使用统一的坐标系，可能就不会存在你所说的问题了。

提问人四： 刚刚陈老师讲了移动地理空间计算和人工智能的关系，我们知道很多都是计算机领域的热门研究问题。比如计算机视觉，在计算机科学领域已经研究了很多年，也有了很多不错的成果。那么我想知道的是，作为地理信息领域的研究者，我们和计算机领域的研究者们要如何区分开来呢？在研究同类型的问题时，我们又如何找到自己的优势？

陈锐志： 首先，我们需要拿出我们的强项，比如 GIS、空间信息这些他们没有的东西。对于你刚刚所说的视觉方面，我们可以思考怎么把它用到语义计算、视觉定位中去。两者的应用场景和目标可能是不一样的。但是这里没有捷径可以走，并不是说我们把他们的算法应用到我们领域就可以了，我们首先要明白他们在做什么，弄清研究现状，然后再结合我们的学科优势在他们的基础上去研究，依托我们学科优势，通过跨学科融合，开发新的算法、方法和技术。

（主持人：刘梦云；录音稿整理：刘梦云；摄影：安凯强、韩婷；
校对：李韫辉、黄雨斯、孙嘉）

1.2　从武大学生到美国教授的经历

（王乐）

摘要：王乐教授介绍了自己从武汉测绘科技大学本科生到伯克利博士，再到纽约州立大学布法罗分校终身教授，国际华人地理信息科学协会主席的学习、生活、科研经历。讲座中，他介绍了他大学时期的恋爱，博士时期的努力转变，以及之后与 John Jensen，Michael F. Goodchild 等著名教授之间的奇闻轶事。讲座内容精彩丰富，他还与听众分享了许多自己的人生哲学，其中包括：打好数学基础；从众导师身上学习做人做科研的精神；玩的时候尽兴，学的时候也要尽兴；学会思考科学问题；要做一个有思想也愿意动手的人，等等。

【报告现场】

主持人：欢迎大家参加 GeoScience Café 第 103 期活动。本期我们特别有幸地邀请到了王乐教授，请他为我们分享他从一名武大学生到美国教授这一路走来的经历。王乐老师目前是纽约州立大学布法罗分校的地理系终身教授，担任美国地理协会遥感委员会主席、国际遥感杂志副主编和美国国家地理研究中心研究员。相信大家对王乐老师所讲授的遥感前沿讲座课程都非常熟悉和感兴趣，不过今天在这里，我们可能会看到一个不一样的王乐教授。下面把时间交给王乐老师，掌声有请。

王乐：今天很荣幸来到测绘遥感信息工程国家重点实验室。对我来说到这里就像回家一样，感觉非常亲切。这次报告，我希望能够向大家介绍一下我个人的成长经历。

今天我不给大家讲学术，因为之前的 100 多期讲座已经覆盖了各个方面的学术内容。我希望讲述我自己走的这条路，而且确切地说是我歪打误撞走出的一条路，希望能给大家提供一个新的选择。在人生的旅途上有很多条路，每个人走的路都不一样，每个人都没有办法事先规划好每一条路，我希望今天的讲座能为大家走好自己的道路提供助力。

在去年这个时候，我特别喜欢看电影《星际穿越》。电影中讲到了 5D 空间。时空在地理学上是一个非常重要的东西，而今天在座各位的研究内容又多和地理学有关，所以我觉得今天是一个特别好的来回顾我过去 23 年时空的机会。这个讲座让我把过去的 23 年总结了一遍。不总结不知道，一总结吓一跳！之前我总觉得自己还一直处于 20 多年前的心理状态，但是我一看，哇！现在我已经不是 20 多岁了，而是 40 多岁了。20 多岁的你们都是祖国的未来，而我是祖国的过去，用祖国的过去帮助你们了解祖国的未来是一件挺好的事。

1. 武测本科：爱与知识双丰收

我先从大学时期说起。

从 1992 年我跨入这所著名的大学到现在的 2015 年，已经过去了 23 年。在这 23 年里，我先是从北京来到武汉上大学，然后又回到北京读硕士，然后飞到美国，在旧金山读了 4 年博士。

读完博士之后，我便开始了工作。我的第一份工作地点是在得州奥斯汀旁边。工作 4 年之后，我又到了纽约州布法罗工作。所以，我在美国最大的三个州：加州、得州、纽约州都工作生活过。

图 1.2.1 就是我这 20 多年走的路。

我给你们一些建议：你们现在的一些好照片都可以整理好保存起来，不要像我一样随便乱存乱放。这几天我都快把我太太折腾疯了，因为她要从我们家各台电脑上找到各种照片，然后通过各种方式把照片传过来。我非常感谢她。

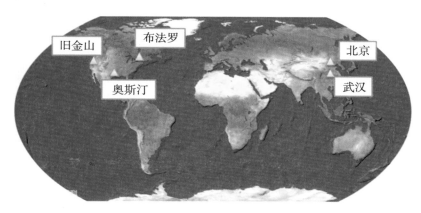

图 1.2.1　王乐教授的人生之旅

大家看到图 1.2.2 这张照片肯定都很高兴，从它就能看出在我身上发生了多大的变化。

当年进校的时候我还不到 20 岁，学校也还是武汉测绘科技大学。这是我进学校的第一天在学校门口拍的，可能同学们都没有见过这个大门。当时照相的时候还穿着中学的校服，我现在争取每天晚上都不吃饭，不过也回不到照片中这么瘦的状态了。图 1.2.3 这张照片是我的室友，还有当时的我女友，也就是我现在的太太。

当时的我想着自己的大学生活非常激动也很忐忑。因为那是我第一次走出家门，之前从来没自己洗过衣服，也不太会叠被子，不知道自己能否生存下去。但是我也很兴奋，因为总算离开家了，没人管我了。

我记忆最深刻的一件事，就是在我刚进大学的时候的一次高等数学考试。我当时都懵了，考完之后我得了 59 分，感到很沮丧。我想大学和我之前想象的完全不一样，我原以为终于可以休息了，没想到又有考试。我中学时候基本上稳定在年级前十名，虽然不是很厉害，但是我从上学第一天起，就一直做班长，我对此也很自豪。从小学到高中，我当了

图 1.2.2 王乐教授就读于武汉测绘科技大学的第一天

图 1.2.3 大学时期的王乐教授与同学

12 年的班长，这让我很自信，结果一来大学就考了 59 分，这对我刺激非常大。所以，我决定每天晚上上自习，每天去一号楼、二号楼、五号楼，最后终于在第一学期结束时拿到了甲等奖学金。当时的奖学金分为甲乙丙等，分别为 150，100，50 元。当时我考了全班第一，但是班长给了我 300 元，因为大学最后一学期的奖学金也算在里面了，所以就翻倍了。当时一个月生活费也就 20 元，所以这在那时是特别大一笔钱，我非常高兴。然后我就有了自信，我相信如果我能好好干，我肯定不会比别人差，这段经历令我印象非常深刻。

此外，我还在大学找到了我的女朋友，我现在的太太，我们俩认识已经有22年了。时间真的过得太快了。武测的每一条路我都走过，因为晚上自习后跟女朋友绕着学校不停地走，不到最后关门时间绝不回寝室。有时候回去晚了，还要求看门的大妈开门，不止我们一对情侣在求，还有好多对都在求。所以，大学本科在我的记忆中实在是太难以磨灭了。在以后的学习工作中，我再也没有一段这么深刻的记忆了。

另外我还总结了一下，我越到考试越轻松。因为我父亲告诉我一个窍门，当你读一本书时，要先把书读厚，然后再把书读薄。所以我最后要考试的时候，就把这门课的内容写成一两页纸，而不用复习教科书，这个方法屡试不爽。我在武测还听了很多的数学课，我觉得这个对我后来的发展起到了非常重要的作用。以后碰到的各种各样的数学问题，我都有信心去研究一下。

图1.2.4中这三位大家都认识，如果你不认识，那我觉得你应该好好地补课。这是我们测绘遥感学科的三代院士。首先是王之卓院士，我非常有幸能经常在图书馆和操场上看到他。有一次我还和他聊了一会儿，他特别和蔼，我作为一个本科生都可以和他聊天。第二位是李德仁院士，当时他是我们的系主任，我们之间一直有非常多的交流，他是对我影响很大的一个榜样。他教会我，人要有自己的思想，而要想有自己的思想，就首先要培养兴趣，有了兴趣，才能有自己的思想。这是我最大的收获。同时，在做人方面，李院士也给我树立了一个很好的榜样。第三位是龚健雅院士，他当时在实验室二楼的一间小屋带领团队开发吉奥之星。当时还处于创业阶段，很不容易。我也很荣幸能见证他们的创业过程，面向对象的GIS就是在当时得到了发展。武测老一辈人对我的言传身教是非常深刻的，我永远不会忘记。

图1.2.4　令我受教的测绘遥感领域的三代院士

4年时间很快就过去了，尤其是你有一个女朋友的话。我已经有20年没有看到这张毕业照（图1.2.5）了。因为我们这一级只有3个从北京来的孩子，我一个，我女友一个，所以我们就很自然地在一起啦！老乡见老乡嘛。我是航测专业的，她是地理信息系统专业的。

现在看来，我大学以后的发展是摸着石头过河，蒙出来的。

因为我四年成绩都是班级第一，大四的时候班主任就给了我一张本校保研表。我挺高

图 1.2.5　王乐教授的本科毕业照

兴的，就把获得保研表的消息告诉了女友，但是她却好像不太高兴。过了两天她跟我说，你能保研挺好，但是你要做一个决断，你可以选择读研究生，但是咱俩就要分手。我脑袋一热，就去和班主任说我不读保送研究生了。班主任挺吃惊地说，你怎么不读了？我说，我肯定要回北京，这事关我一辈子的幸福。

当时距离考研的时间也不多了，所以我就先在北京联系好了工作单位——国家基础地理信息中心。面试之后，单位录取我了，但是我还想去考研，考北大。当时，在我眼里北大是遥不可及的，所以我觉得考上了很好，就算考不上也能回北京，不算太差。我觉得自己去北大是被逼的，也是蒙上的。最后我很侥幸地考上了北大。

2. 北大硕士：向一切权威挑战

刚到北大，我就被拉去做一个叫 Citystar 的软件。在暑假里，我给他们做了一个多月并学会了 C++。之前在武测，上机是很难得的，并且还要计时，所以我就没有什么机会上机。到了北大，我学了很多编程方面的知识。

在北大的记忆和在武测的特别不一样。首先，我最大的感受是北大的"向一切权威挑战"的精神，这个精神对我有很大帮助。因为在武测我常常做一些比较实际的工作，做了很多却没有太多的机会去展示自己。但是在北大，大家纷纷自由发言展示自我，我就向其他同学学习。

在北大的另一个深刻印象，就是你去每一个自习室，满屋子的桌子上都放着同一本书——红宝书。所有同学都用红宝书来占座。

我之前从来没有想到要出国，我好不容易回到了北京，回到家里，不用自己洗衣服，我才不出国呢。所以说，人生很有意思，人很多时候的选择是不由自主的。当时我班上一共有 9 个同学，8 个男生一个女生。8 个男生分在两个寝室，另外 7 个男生都去上新东方，那我想，我就随大流吧。去新东方听了一大堆课，英语没怎么学，但是听了一大堆故事。听完了特高兴，但是回头一琢磨，没学什么东西。所以当时对我来说出不出去挺无所谓的。后来我申请国外的学校也是随大流的，结果伯克利来了一个 offer。当时我都不知道伯克利有多厉害，因为我都是看着师兄他们的材料"照猫画虎"的，所以就对伯克利没有什么概念。如果当时我不去北大，我就肯定不会出国。所以说人的命运，有时候也挺有意思的。

在北大的时候，我的导师是李琦教授。她非常用功，现在虽然年纪大了，但是也非常有激情。我从她身上也学到了很多。李琦教授的导师是承继成教授，承继成教授现在已经过世了。但是承继成老师也是我论文委员会的一位成员，我和他有很多交流。我在和他们的接触过程中，一直在学习、模仿他们。之后我就毕业了，图 1.2.6 是我的硕士毕业照。不过总的来说，由于家在北京，我在北大的记忆反而不如在武测的深刻。

图 1.2.6　王乐教授的硕士毕业照

3. 伯克利博士：科学与技术之辩

硕士之后我到了美国，时空也跟着发生了变化。图 1.2.7 是我刚到伯克利的样子。当时去美国是要签证的，我又犹豫了，因为我觉得自己一个人在美国人生地不熟的，跑过去干嘛。我就跟我太太讲，我们一起签证去美国，如果不给签，那我们就不去了。结果签证官很宽容，一看见我太太也就签了。

我刚到伯克利时发生的事情也是令我印象很深刻的。那时是 8 月初，我去的是环境科学政策与管理系，这是之前的 4 个系合并的。

当时新生组织了一个活动，是去伯克利北面的 Lake Tahoe Hiking 和 Camping（塔霍湖徒步和露营）。我以为是去走路，什么都没带，去了之后才发现自己简直是孤陋寡闻。他们美国人的徒步旅行是真徒步的旅行，他们要求吃的没有一点肉，就是"vegetarian hik-

图 1.2.7　初到伯克利

ing"（素食徒步旅行）。在加州，"vegetarian hiking" 特别流行，他们出来徒步旅行就是为了减肥的。我们一看傻了眼了，能吃的就是土豆，还有一点青菜，但没一个熟的，幸好身上带了点榨菜。当时我们一起有 5 个中国人，我们 5 个人抱成一团，死的心都快有了。

我们绕着一个湖快步走。我当时心想，这不吃肉也不吃饭还要一直快走，和我预想的完全不一样啊。而且这次徒步旅行是三天的活动，晚上的时候因为怕熊找来，食物都锁在单独的铁柜子里了。所以我们都饿得不行，最后虽然觉得特别的丢脸，但我们五个中国人还是要提前回去。回到伯克利之后，第一件事就是去商店里买了大鸡腿，到一个同学家里好好做了一顿红烧鸡腿。对于这件事我印象太深刻了，所以他们后来一说 "hiking"，我就发怵。

在伯克利的第一年，我选了一门课，叫 research design。这门课是给所有新生上的，每个人要做一个 5 分钟的演讲。现在的学生对做演讲都很熟悉了，但是当时我们在出国以前是没有了解过这个的。当时我就傻了，因为我是一个纯做技术的人。所以我的报告要做什么呢，我总不能演示编写程序。我想了很长时间。

正好当时我看了一本书，是 Lester Brown 写的一本非常有名的书——*Who will feed China*（《谁来养活中国》）。我听着就觉得别扭，凭什么我们中国要让你们来养啊？这本书里一个很强的论据是，由于中国人口的急剧增长，而中国耕地面积持平或下降，导致食品供应产生危机，中国就会去全世界的市场上购买食品，这就会导致全世界的食品物价上升。我看了觉得特别气愤，然后我就利用地理信息系统，把人口、地形、气候数据等叠加在地图上。展示给课堂同学老师，我们中国人能养活自己。我当时觉得这非常有民族感，因为我不能忍下这口气。后来编著这本书的作者还被请到中国来，大家与他进行交流，他也改变了自己之前的论点。

说到伯克利，我想给大家介绍一位教授，田长霖教授（图 1.2.8）。大家应该知道这个非常有名的人，他在 1990 年到 1997 年在伯克利任校长。他是美国著名大学里第一位华裔校长。他跟武汉有非常深的根源，他本人就是武汉人。他对武汉大学也提出了很多建议，经常来武汉大学。

图 1.2.8 田长霖教授

在我读博的时候，有一次他到我们所在的实验室给我们讲了一个故事：他当年刚到美国的时候，他的导师是一个美国人。由于当时还没有多少中国人，这个老师一开始特别瞧不起中国人。这个老师每次见到他，不叫他的名字，而叫他 "China man"，他听到这个称呼感觉特别不舒服。后来他想了想，去找老师说："你以后不能再叫我 'China man' 了，我也是有名有姓的"。没想到他的导师反而对他很尊重。他讲这个故事是想告诉我们一个真理，中国人在国外，受到歧视该抗争的时候一定要抗争。他任职 7 年，创造了一个纪录，拉赞助拉得最多，比美国人拉得还多。他是美国科学院的院士，研究做得非常好。他退休之后也为中国做了很多事，经常来武汉大学进行一些交流。

我博士期间是在加州度过的。那里气候特别好，四季如春，温度基本保持在十几度，非常舒服。这张照片（图 1.2.9）是我们当时一起去的几个人，到现在我们还有很多联系。其中一个小伙子现在在 Uber 工作；有一个是清华大学的学生会主席，现在也是 "UC-SF"（加利福尼亚大学旧金山分校）教授；还有一个是北大数学系的，现在是华尔街操盘手；还有我太太，我们是同一年去的。当时没有觉得这种生活苦，因为人在最苦的时候，才觉得最甜。当你生活稳定以后，你可能并不能体会到学生时的快乐。当时我和我太太就拿着我那一份奖学金，但是我们能够过得特别高兴。每个月都要买一袋大土豆，一袋大鸡腿，土豆炖鸡腿。有时候也去麦当劳，两个人就买一个汉堡包。我觉得这种生活挺好，后来有钱了却再也吃不出这种感觉了。所以大家要珍惜现在当学生的时光。

我们当时还有个特别好的优势，就是我们实验室有好多中国人，多到我们实验室的美国人迫不得已要学中文。所以，我们实验室的 "官方语言" 是中文。但是这也有不好，我在实验室的头两年基本没有说过英文，除了上课以外，全说的中文。

图 1.2.9　恰同学少年

　　我觉得我在这么好的学校生活也挺不错，有吃有喝有玩。我们当时每周都要打一次排球比赛，人很多，场上 6 对 6，下面还站着 6 个人。每周约好时间一说玩，大家都放下手里的工作，都去玩。我觉得一个人在玩的时候不能尽兴地玩，他可能在学习的时候也不会尽兴地学。我觉得要学就好好学，要玩就好好玩。

　　图 1.2.10 里，我们后面站的这些人，现在全是教授。实验室里我们这一级的，有五个人当教授，不过在我们之后没有几个人当教授了。我觉得这是群体效应，我们有竞争也有互相帮助。我们很多的东西是互相学来的。比如，我们学遥感就坐在桌子边上，然后开始互相提问，比如最大似然法是什么，就这样互相问着玩。靠这种方式，我们把好多知识串联起来，这为我打下了非常好的基础。

图 1.2.10　排球队

讲到学习方面，我必须说说自己的导师。我在伯克利的时候有两个导师，一个美国老师，一个中国老师。图 1.2.11 中间那位是宫鹏老师，他现在是清华大学的教授，当时是我的导师。我的遥感就是跟宫老师做的。而那位美国老师则是我的一个共同的导师，Gregory Biging，他是做森林统计方法，森林测量的，也做一些遥感。另外还有一个老师，叫 Wayne Sousa，他是伯克利生物系的前任系主任，他主要是做红树林的，红树林研究世界前三名中肯定有他。他在博士期间，就已经开始在巴拿马研究红树林，一直做了 30 多年。他现在虽然 60 多岁，也是每年都要背着仪器去野外，而且每年必须要去两次。我的每个老师都是我非常好的榜样，我从他们身上学到了很多不同的和相同的东西。

图 1.2.11　尊敬的导师们

我刚刚提到过，我在伯克利的第二年末的时候，要参加博士资格考试。这个考试是我在伯克利参加的唯一的考试。但是这个考试是有二分之一到三分之一比例的淘汰率，被淘汰之后就不能念博士，要转为硕士。所以我就有很大的压力。

博士资格考试有 4 个老师，这 4 个老师来自不同的方向。当时有一个研究生态的老师，还有一个建筑学的，各种方向的都有。开始我不懂他们的研究，为此我学了很多原来对我来说很陌生的知识。像生态建模、碳循环这些就是在当时学的。

在考试的时候，这些老师会不断地问问题，看你的能力到底有多少，到底知道多少。这些都是闭卷的，也没有固定的题目，他们想起什么就说什么，他们可以问你任何问题。当时一个老师就让我在黑板上写出方差的公式，我一下子愣了，学了这么多年，方差具体怎么算已经是好久之前的事了。费了好大劲给弄了出来，不过挺狼狈的。

最后，好不容易把所有人的问题都回答完了，然后老师们就问我最后一个问题，我之前从来没有想到他们会问我这个，他们问我，你毕业以后想干什么？我当时太年轻，也太老实了，我一路走来一直就想去公司里做一个程序员。因为当时是 2001 年，互联网盛行的年代，但凡学过计算机的，出来工作都是年薪 10 万美元以上，这个诱惑实在是太大了。听了我的回答，他们全都站起来说，我们费这么大劲，不是为了培养出来一个程序员，而是要培养一个科学家。

这对我来说是一个一辈子难以忘怀的记忆，他们的话对我来说转变太大了，因为我从来没想过我会在学校当老师。

后来他们还是让我通过了考试，但是那个暑假我过得非常不一样。这个暑假的三个月里，我每天都要在办公室里待 8 个小时。早上去，晚上走。因为我当时学了一门课，Computer Vision（计算机视觉）。给我上课的老师是一个"大牛"。学了这门课之后我做了一些研究——单棵树的提取。做完研究之后我准备写一篇相关的文章，所以那个暑假我每天就干一件事，就是写文章。但是我从来就不喜欢写东西，我喜欢编程序，所以我每天都给自己设定一个目标，就是写一段英文。我每天就写一小段，但是这一段完全是我自己写出来的。每天写文章之前坐在办公室想怎么写，先做梦做 2 小时，一看一天要完了，赶紧就写。写了还要改，有时候好不容易写了挺长，一改发现都删没了，所以每天写一点也挺不容易的。

我真的是写了 3 个月，就像挤牙膏一样，一点一点地挤了我的第一篇文章。这篇文章道路非常的曲折，当暑假结束，我投完之后，经过了一年时间，两次大修，才被接受。当时投的期刊叫 PE&RS（*Photogrammetry Engineering and Remote Sensing*），这是当时一个非常牛的杂志，是美国摄影测量与遥感协会的会刊。这个经历对我来说非常不容易，不过第二篇文章只花了我三个星期的时间。一个星期，我想出一个 idea，一个星期我做完了实验，最后一个星期，我写完了文章。一共三个星期我就投出去了，当时投的是环境遥感，之后让我修改，提了一些建议，很快就被接受了。这时我就感觉，好像写文章还挺容易。所以，我觉得写文章先受点苦没关系，后面写就容易了。

说起红树林，在第三年的时候，Wayne Sousa 教授来找我老板——宫老师，问有没有学生可以帮忙看看航空像片。宫老师就让我去给他看看。后来在聊天的过程中，我发现他是一个生态学家。我就觉得做生物的和做遥感的，差异太大了，比如发现他们做的东西，遥感的确做不了，他们做研究需要的尺度太小了：在地面上每个小时测一次树木，观测小树的每天的一点点变化，时间分辨率非常高。

Wayne Sousa 教授说给我一些资助，让我帮着做一个小的项目。他给了我一张 IKONOS 影像，买这个影像还花了 2 000 多美元。我就帮助他做了一个关于红树林的分类：从南美到北美，25 度间潮间带，全世界 75%的海岸带都曾经被红树林占领过。红树林之所以这么厉害，是因为它可以在淡水和咸水中生长，而自然界很少有其他树种能在淡水和咸水中同时生存。

没想到 Wayne Sousa 教授一看我的分类结果就说，这个分类是错误的。因为他说，他从 1989 年开始就一直在这个地方研究红树林，一看就知道我的分类结果不对。其实我当时也是蒙的，我之前从来没见过红树林，我也没去过那个地方。

之后他就拿着我的分类图去野外了，回来之后他又找我说，下学期给你提供全额奖学金，你的图是对的。因为在一个他之前认为我分错了，觉得是另一种红树林（红树林一共有三种）的很难进入的区域我分对了。通过这件事我就明白了一个道理：如果一个人真的想让别人相信他，只会说自己的结果百分百正确是没有用的，别人不一定相信，只有实地考察过之后，才能真正说服别人。因为我从来没有去过那个地方，我的分类资料都是他给我提供的训练样本，利用光谱上的特性来分类的，所以我很幸运能分对那个区域。

后来我做这个研究，慢慢发现，越来越有意思了。我就跟着他们一块去了那个地方，在巴拿马。关于巴拿马还有一个故事。当时美国非常紧张，据说一个有香港背景的公司要买下巴拿马运河，如果真的买下来了，那就相当于中国控制了巴拿马运河。而这个运河是连接大西洋和太平洋的咽喉要道，所有的船只如果不经过巴拿马运河，就要绕一个很大的圈。这是一个插曲。

我们当时研究的区域就在巴拿马运河旁边。去之前我以为我有百分百的勇气去做这个事情，因为我是航测系的，拿着标尺跑野外是可以的。但是一到那地方我害怕了。首先热带雨林的地不是实的，是沼泽，其次里头还有鳄鱼，最可怕的是这里夏天有很多闪电。森林里面的闪电非常的吓人，它能把一棵树或者一排树打倒。因为那里信号很差，照片1.2.12 里 Sousa 教授拿了一个很高的天线。照片中那些倒下的树都是被闪电打倒的。照片里的人都是美国本科生，他们都很有经验。到了野外他们发自肺腑地高兴，嗷嗷直叫，因为他们喜欢做这样的研究，觉得这地方属于他们。我跟着他们，他们走哪我走哪，不过这样就挺倒霉，因为他们总有股不要命的架势。

图 1.2.12　巴拿马红树林

做过遥感分类的总是遇到训练样本太少的情况，其实到了野外才发现，采集一些训练样本是多么多么的不容易。我在这个地方待了一个星期，这一次没有提前跑，我扛着光谱仪就去了，在这里测了一个星期。我虽然装备没有别人那么好，但是我是穿着长袖长裤去的。结果回来发现，我全身上下还是被咬了好多包。我太太看见我都不敢认我了，因为太吓人了，简直惨不忍睹。她拿圆珠笔在我身上每个包点个点，统计了一下，数了 500 多个包。在那个夏天，我也不敢穿短袖出门了，怕穿短袖别人以为我得了什么病。后来别人告诉我去那种地方应该提前打防疫针。最后我总结了一下，还是做遥感的好，不用天天跑野外。我当年选择遥感，其实也是有私心的，就是能在炎炎夏日中，躲在机房，享受空调，看着电脑里非常漂亮的遥感影像。后来我做了遥感之后，发现真正想做好的话，还是很不容易的。因为首先我们要了解野外状况是怎样的。

图 1.2.13 里的塔是伯克利的标志，叫 *Sather Tower*（萨瑟塔）。旧金山附近有两所著名大学，一所伯克利，一所斯坦福。我把伯克利比作北大，斯坦福比作清华，因为斯坦福学校很大，宏伟漂亮，很有钱；伯克利学校不大，没有斯坦福有钱，这就是私立学校和公立学校的区别。但是伯克利有 35 个研究方向在全美排前 3 名。

图 1.2.13　博士毕业

4. 美国教授：学术服务社会

在 2003 年，我毕业了，非常幸运，我找到了一份工作——在离奥斯汀开车一小时车程的得州州立大学当老师。

在当老师之后，我就发现老师和学生的生活完全不一样。首先，我不能有很多时间花在研究上，因为我一年要上 4 门课，每个学期两门课。刚开始上课的时候要备课，还要做好多服务，比如带学生，所以我特别怀念我当研究生的最后两年时间。我头两年的 PhD（博士）是玩过来的，我真正做事情是在第三年和第四年。我觉得这也不错，我比较享受要玩就玩个痛快，要学就好好学的生活方式。但是在我当老师以后，我发现学生时代是非常好的，可以说人的一辈子里可能也不大会有太多这样的机会。因为年轻的时候很专注，还没有家庭和社会压力，人的精力不会被分散，所以大家要珍惜现在的时光。

我当了老师以后，学术研究上就发生了很大的变化，从之前做具体的事情，到现在要写 proposal（项目建议书）。写项目建议书的时候我发现只写技术是拿不到钱的。比如我写怎样提取单棵树，别人看都不会看，因为这根本就不是科学问题。后来我看到得克萨斯州有一个问题，入侵物种，我读了那些文章，写了一个 proposal，最后侥幸拿到了项目。拿到钱以后，也有幸福的烦恼，我不知道怎么做，我不认识柽柳，我只读过关于柽柳的文章，但是我从来没见过。即使我去地里，我自己分都不会分类，还怎么做遥感分类？经过这个事情我做了一个总结，你想要对某种事物进行分类，首先你要学会目视解译。

后来一个上我课的学生，已经 60 多岁了，在一个石油公司里工作，在领域里他是一个资历很深的人。他的工作很好，拿着十几万美元的工资，但是就不干了，来读生物学的硕士。他最喜欢去得州各地看植物。我就问他，你认识柽柳吗？有一个问题我想问问你。他说他没问题，也不要钱，可以和我一起去。然后我们就租车过去，开了 8 小时。到了实地之后，我发现他也不认识。后来他就拿出来了一本得州植物手册，我们俩拿着书，对着看。现场有 16 种不同的植被，很复杂，我们就慢慢一个个地认，相互考，逐渐就熟悉了。后来我让我的学生也这么做，当你积累到一定程度，就有效果了。

说到遥感，有个人必须说一说，就是 Professor John Jensen（南卡罗来纳大学的教授）。可以说 Jensen 教授是美国遥感的一个领军人物，他的研究非常注重方法。如果是在武大学遥感的学生，那你一定看过这本书，这是全世界遥感卖得最好的一本教科书，叫做 *Introductory Digital Image Processing*（数字图像处理导论）。基本上美国地理系教遥感全用这本书，所以我就自己把这本书浏览了一遍。看完之后，我觉得他的风格有点像我们武大的风格，都对技术非常的懂。

图 1.2.14　Pro. John Jensen 和他主编的教材

在我当助理教授的时候，我有幸见到了他。在自我介绍之后，他居然说他知道我，说看过我的文章，我当时感觉受宠若惊。他曾经组织过一个 *Special Issue*（专刊），我投过一篇，他仔细看过。他对年轻人真的是非常支持，因为他认为年轻人是未来。他的这个观点对我的影响也很大。之前我感觉遥感的"大牛"太厉害了，我都不敢打交道的，但通过这件事情，我们之间一下子拉近了距离。Jensen 教授支持年轻人到一种什么程度呢，后来我的一个学生去参加会议，碰巧遇到了他和他说是我的学生，他就说，你以后找工作我给你写推荐信。我学生回来之后告诉我这件事情，我就傻了，这么厉害的"大牛"还愿意给你写推荐信！他实在是非常地支持年轻人。明年（2016 年）美国地理协会摄影测量和遥感委员会在旧金山专门要举办一个以 John Jensen 命名的系列讲座，邀请全世界的"大牛"来做讲座，所以 John Jensen 是一个里程碑的人物。

我还想给大家讲一个故事，我在当助理教授的时候，还参与了一个国际华人地理信息科学协会。我从第一天到美国就知道了这个组织。因为我在 1999 年到美国，宫老师就任命我为国际华人地理信息科学协会的秘书长。其实秘书长和秘书就一个人，就是负责存钱、取钱、收钱。我干了三年，从 1999 年到 2002 年，但是我觉得干什么事情都没有白干，我通过这个机会认识了好多鼎鼎有名的"大牛"。在 2005 年，我也非常有幸被选为主席，就有机会认识更多圈内的华人。

CPGIS（国际华人地理信息科学协会）是 1992 年在美国纽约布法罗成立的，图 1.2.15 这张照片是 2012 年 CPGIS 成立 20 周年在香港开会时拍的。照片里有林辉老师，他是 CP-GIS 的创始人。还有宫鹏老师、李斌老师和陶闯老师等，陶老师是武大的骄傲。另外，还有王法辉老师和鲍曙明老师。今年 CPGIS 在武汉举行，现在的主席叫 Mei-Po Kwan，也是地理学界的"大牛"。

图 1.2.15　CPGIS 历任主席

我们 CPGIS 跟国内有非常深厚的联系。从 2007 年开始我负责做一个事，做了 3 年，叫做"Go home"，就是到中国各个地方进行回访。我们去了东北三省，首先第一站我们去了东北大学（图 1.2.16 左）。在东北大学，吴立新老师接待了我们。他当时提了个要求，因为吴老师以前是武测的排球队主力队员，所以他就提出我们来一场比赛。我们仓促之间就上阵打了一场比赛，结果他们使了坏，从别的系调了些人来。不过第一局我们还是赢了他们，后来他们还上体育特长生。林辉老师最后因为太用力都抽筋了，不过我们还是很高兴，因为光凭我们这些人就抗衡了他们一个学校。右边图片是我们去的吉林大学，这次我们提出不要打排球了，换卡拉 OK，然后他们派出了两个老师，其中一个是周成虎院士的学生，来这唱帕瓦罗蒂，而且用意大利语唱，这个我们玩不过。另一个老师唱京剧，那也玩不过，我们当时就傻了，所以以后不能太嚣张。我们 CPGIS 每年去两所二线城市以下的示范学校，去作一些讲座，和当地老师进行一些交流。我觉得这是一个实实在在的工作，不只是我们教别人，我们也从别人那里学了很多东西。

我的人生充满了偶然，不过虽然充满了偶然，必然也是有的，这个必然就是我太太指点了我的人生。当时我在得州州立大学已经工作 4 年了，学校告诉我如果我不走就破格提成终身教授了。后来美国纽约州立大学布法罗分校让我去面试，我当时没有任何压力，非常放松，想着还能免费来看看大瀑布，实在是很棒。他们当时招的是一个 GIS 方向的老

图 1.2.16　CPGIS Go Home 活动

师，而我是一个搞遥感的，所以我觉得自己可能没有什么希望，结果不知道为什么他们选择了我。可能因为布法罗之前没有人搞遥感，后来改主意了，要了一个搞遥感的。布法罗在中文里又叫水牛城，那里有两个人很有名，李彦宏是一个，也是校友，据说他当时在布法罗的家中后院种地，后来就回国成功创业了。另外一个也是非常有名和武汉很有关系的，就是原来教育部的部长，叫周济，在我们学校读了博士，这是我们学校的两个名人。布法罗在公路交通建立前，它靠水运发展得非常好，因为水运是运输货物非常重要的方式，但是这些年衰落了。说起布法罗，大家都会想起尼亚加拉大瀑布（图 1.2.17），我们那里距离大瀑布只有半个小时的车程。所以，布法罗的人都把大瀑布叫做后花园，经常就会去看看。今年布法罗下了一场大雪，2.5 米厚，门都出不去了，非常吓人，从二楼跳下来都不会摔疼。

大瀑布

图 1.2.17　尼亚加拉大瀑布

图 1.2.18 中是我的小组，也有咱们武大的学生。其中一个是墨西哥的学生，他本科是学计算机的，硕士学 Electrical Engineering（电器工程），博士学了地理。他最后拿到了美国地理协会在美国当年毕业的所有地理系博士中评选的 Nystrom Award，非常难得。他完成了很大的转变。他学了很多关于生物的知识，并在他的研究里加了很多这方面的知识。

图 1.2.18　王乐教授的小组

图 1.2.19 的这张照片是我们野外的一些工作。孟雪莲老师是我从武大招来的第一个学生，也是武大的骄傲，她是航测系毕业的，现在在美国路易斯安那州立大学做助理教授。孟老师也是经过了很痛苦的转变，因为武大的学生出国，在技术上肯定是一流的，但是在美国当教授，光靠这个还不够，需要一个很痛苦的转变才行。还有一个学生叫时晨，也是遥感院出来的，读硕士时师从朱庆老师，现在毕业了也是教授。我的学生中一共有 6 个毕业的博士，现在 5 个人都是教授，我非常高兴看到学生的蜕变。他们就像我一样，通过念博士，完成改变。

图 1.2.19　野外工作

我们组做了很多野外工作，可以说已经养成一个习惯，一出野外，我们组就非常的兴奋，因为野外有特别多好玩的东西。图 1.2.20 的照片是我们去内蒙古西部的时候拍的。

图 1.2.20　内蒙古西部

接下来给大家介绍一个 NCGIA，全名叫做美国国家地理分析中心。在 1990 年左右，有三个学校，分别是加州大学圣芭芭拉分校、纽约州立大学布法罗分校、缅因大学。这三个学校的地理学代表人物分别是 DRS Michael Goodchild、David Mark、Max EGENHOFER。2013 年我们在缅因州开了 NCGIA 会议，宗旨就是重振 NCGIA。非常骄傲，现在布法罗的新掌门人也是中国人，卞玲教授，是在三大中心当主任的唯一的中国人。

对图 1.2.21 这张照片大家可能就很感兴趣。这是 1992 年的首届 CPGIS 大会照片，非常珍贵。大家能看到李德仁院士、龚健雅院士，等等。到了 2017 年，经过 25 年，CPGIS 又回到布法罗，我欢迎大家有机会都能来看看。

图 1.2.21　1992 年首届 CPGIS 大会于布法罗

　　下面介绍我的一些业余生活。我是一个很爱玩的人，我的名字就有一个 happy，因为我觉得快乐很重要。玩要快乐，研究也要快乐，这是我的一个很重要的原则。图 1.2.22 中，左上图是我们的室内足球比赛，右上图是我们全家去滑雪，因为布法罗冬天什么也干不了只能滑雪，我现在很骄傲，布法罗所有的雪道我基本都能滑下来；左下图是我们当地的春晚，我爱好唱歌，也可以表演表演。

图 1.2.22　王乐教授丰富多彩的业余生活

　　2015 年 4 月份的时候，我们请 Michael Goodchild 教授（图 1.2.23）去我们系做了一个报告，叫做 *Geo Big Data*（地理大数据报告）。他去的时候，一共有 4 个人，他，我，还有另外两个教授。我们又出去 "hiking" 了，我发现 "hiking" 对于我来说都不是好兆头。这次我们又面临了一个很严峻的问题，要在两个小时之内走 5 英里，所以我们就像急行军一样，Goodchild 教授一直走在最前面。他走得实在是太快了，我们就在后面拼命追他。后来我们发现时间不够了，只有 15 分钟了，之后我们还要去酒吧和另外一位 GIS "大牛"一块喝酒。Goodchild 教授当时看了地形图，说我们抄一近路。这个坡在我看来就是悬崖，但是他就这样走下去了，我又傻了，不过我觉得特别好玩，也觉得他鞋子挺好的，因为那是一双皮鞋，但我穿的是网球鞋，特别滑，我原本想着下不去了。为了不丢脸，我就只好硬着头皮下去，结果一下去，一滑摔下去了。正好中间有一棵树，我被树挡住了，但是我这腿当时真是疼死了。然后我还装着说没事没事，笑一笑，嘿嘿。所以，大家出去"hiking"，装备一定要好。

图 1.2.23　Michael Goodchild

　　之后，我就跟 Goodchild、David Mark 坐在酒吧里，我就问，你怎么知道走这条近路就行呢？他回答我，什么是地理学家，地理学家就是无论你知不知道答案，都要坚持自己，让别人觉得你知道，其实他当时也不知道这路可以这么走。所以，在不知道答案的时候也要装作自己知道。

　　图 1.2.24 是今天（2015 年 6 月 3 日）早上刚拍的照片，在坐的好多同学都在里面。这些都是我今年课程的学生，我特别有幸被龚院士和李院士邀请在这里讲课。从 2007 年开始在这里上课，今年已经是第 9 年了，差不多有 535 个学生了。我特别高兴。不过我这人有一个障碍，就是记名字记不住，但是我记脸记得很清楚，所以我一看你们的脸，就大概能知道谁上过我的课。但实际上我回来上课压力非常大，因为我以前回来时觉得是我来教你们，现在我觉得你们知道的比我知道的要多得多，因为你们都来自不同的方向，而且

图 1.2.24　2015暑假高级遥感课

现在实验室的科研能力也是非常强。David Mark 教授是实验室地学中心的专家，来过我们实验室，不止一次地跟我说，武汉大学在这方面是世界 No.1，所以我希望大家都有这样的自信心，我们在这方面是非常厉害的。说实话，我现在上课是在和你们交流，是在学习，因为我觉得自己知道的并不比你们多，大家是处在一个互相交流的阶段。

我还想说一个公式：$1.01^{365}=37.8$。每天多付出 0.01，经过 365 天就能收获很多。这和我当年写我的第一篇文章的过程是一样的，我每天都多努力一点点。在我看来，没有谁比谁聪明，只有谁比谁勤奋，每个人的付出和他的成就都是成正比的。所以，如果你的同学比你每天多付出 10 分钟，他天天坚持的话，到最后就会非常不一样。武大有这样的基础，就是我们不怕苦，不怕累，我们愿意干最基础的工作，这是我们的强项。

最后，我想说一下遥感。遥感是一门科学，而遥感本身这个学科就具有很多科学问题，并不是说遥感只能用于别的学科，所以我希望大家能更加注重遥感自身的科学问题。在解决方法上，咱们实验室已经很厉害了，但是我们需要多花一点时间琢磨问题。从我自己的发展来说，我实际上是从遥感科学的问题，延伸到生态遥感和混合城市遥感。比如说，我们小组最近 6 年发表了 7 篇环境遥感的文章，都是讨论一个问题：如何使混合像元分解方法能够更有效地用于生态问题。讲这件事情是想告诉大家，要先有科学问题，在有了问题的基础上再研究方法。

我们明年（2016 年）会在旧金山召开 AAG（The American Association of Geographers，美国地理协会），大家可以关注一下我们的组织，我们是 AAG 下面的 Remote Sensing Special Group。AAG 是以兴趣小组来分的，比如有 GIS Group 等，我们这个组在 AAG 所有的组中，人数是排在前五位的。大家可以参加其中的学生竞赛，我自己原来就参加过这个比赛，通过这个比赛我认识了很多人，而且这些人后来都成为了美国遥感界的教授。通过比赛，你可以知道遥感界的同龄人能做到什么水平，这是一个非常好的锻炼机会。

我最后想感谢一路走来所有帮助我的人，感谢我的家人，他们对我的人生起着不可替代的作用。我也祝愿你们所有同学学业有成，为了感谢你们，我想为大家唱一首歌。我选择这首歌是因为我一路走来有很多人给了我指点，所以我觉得我是非常幸运的，能够通过这些人的帮助到现在。这首歌叫《你是我的眼》。

王乐老师为大家演唱《你是我的眼》。

【互动交流】

主持人：感谢王老师今天精彩的分享，看来上过春晚的人就是不一样。王老师与其说是老师，更像是我们的师兄，在精彩的报告中介绍了他的导师、家人，还有他精彩的"hiking"生涯。这些让我们觉得很新奇也学到了很多知识。那么大家关于王乐老师的跨越东西半球的时空之旅还有什么问题吗？比如关于申请出国之类的问题。

王乐：我在系里做了 3 年的研究生主任，专门管招生这方面的，所以大家对申请感兴趣可以问我。

提问人一：非常感谢王老师，我想问，以您现在的状态，车子、房子等都有了，您现在最大的追求是什么？事业上，家庭上，还是其他的理想？

王乐：这个问题问得太好了。这个问题可能我自己不能回答，要问问我背后主掌着我命运的那个人。我经常问我太太，我的下一步会是怎么样的。

其实现在我做研究有一个很深的体会，就是兴趣是非常重要的。大家可以发现我的研究方向其实还是有很大的变化。当我对一个方向非常了解和熟悉之后，我可能就会转变我的方向，因为我比较喜欢做一些没有做过的事情，或者一些新的东西。不过我觉得我这个人没有什么特别大的抱负，守着老婆热炕头我就觉得挺幸福的。从我自身的角度来说，我觉得年轻的时候是值得冒一下险的，因为人一辈子都太稳的话，可能太没意思了。而年轻的时候是输得起的，因为你有的是时间，是值得去实现一些自己的理想的。我觉得你们这一代人非常有理想，而且你们做的很多东西是我们这一代人不敢想的。

秦昆：非常感谢王乐老师精彩的报告。我想请问一下，您说需要做出从技术问题到科学问题的转变，角色上完成从工程师到科学家的转变，这其中是否有一些关键的问题？比如说我们实验室或者遥感院的老师，技术水平是可以的，但是写文章的能力可能缺乏一些，包括写项目书的时候，主要也侧重于技术，而不是科学问题。

王乐：这个问题是一个非常难的问题。首先我是从摄影测量、遥感到地理生态，后来又在地理系工作了十二年。我教过的课里面对两门课最有印象，一门课是 Research Design，讲的就是怎么做科研。通过上这个课的过程，我自己其实也在学习怎么做科研。另外一个就是 Climate Change，这门全球气候变化的课程对我帮助也很大。

其实我觉得这个转化过程是非常痛苦的。首先遥感有自身研究的科学问题，我们并不一定非要转到生态遥感、城市遥感，因为遥感本身就是一门科学，包含了很多科学问题，它并不单单只是一种技术。从这个角度来说可能是一个比较好的转变方式。当时我在写 proposal 的时候，是要把科学命题抓得很紧的。如果只抓遥感是比较容易的，但是想再走一步到别的领域的话，我觉得这个过程是很痛苦的。因为一个人的本科决定了他后面的道路，学一两门课不一定能帮助你真正理解别的学科。举个例子，生态，一个对于搞生态的人来说很简单的定义，可能你都不懂。所以说本科的课程决定了一个人的发展方向。这并不是说不能转变，只是要转变的话可能会很不容易，所以如果有计划的话，可以多学一些课，而不仅仅是一两门课，然后还要在别人的带领下从事一些项目。另外，阅读也是一个很好的方式，但是有些人不愿意阅读。不过这就像吃饭一样，萝卜青菜各有所爱。我自己在这方面也一直在反思，下一个科学目的是什么，我怎样才能找到这个科学命题。还有一点就是你要在一个方向上做很长的时间，才能够提出科学问题，做两三年可能不太容易提出，而且提出科学问题对我们这种方向背景的人来说是很不容易的。

秦昆：我想再问一个问题，你说你本科阶段学了很多数学课，什么原因促使你学了这么多关于数学的课呢？

王乐：那些都是必修课，从早到晚都是在学数学。

秦昆：是必修吗？

王乐：当时是，而且当时一些老师教课真的是太牛了。解析摄影测量是郑肇葆老师，很厉害，数字摄影测量是宣家斌老师，遥感是孙家抦老师。关于数学有好多课，比如线性规划、复变函数这些。

秦昆：但是现在不是必修了啊。

王乐：我们当时是必修。我太太之前是 31 班的，我就特别羡慕她，因为他们好多课都不用选。但我们航测和地理信息系统不一样，航测的什么都得学，这就为我打下了数学基础。当我进入地理的领域，我就发现我接受他们的知识比较快。其实我觉得会最小二乘法的人，到别的地方都没问题。

提问人二：您刚才分析了从武大到纽约的经历，讲了一些关于学术和做人的态度，我觉得您的想法很好。现在很多学生都很想去留学，或者去联合培养。您对招收这样的学生有没有什么条件限制。

王乐：你这个问题提得挺好，我估计你们都关心这个问题。我们系每年都收到 100 多个申请，但是我们只要 30 个左右。在我当研究生主任的几年时间里，招了大量的中国人，所以我们现在中国人特多，其中武大的最多。而且武大的学生到了我们这里之后被老师证明是非常好的学生，所以我们非常喜欢武大的学生。

从我的角度讲，我对学生的要求是这样的。第一，踏实，因为我觉得大家的智力差不了太多，最主要的是你愿不愿意干。第二，你以前的背景，我的学生之前并不一定都是做遥感的，有一些做地理信息系统的，其他方向的也都有。一个人的解决问题的能力，最重要的不是你学过什么，而是给你一个问题，你大概知道从什么角度去下手。比如说，我们在考试的时候，会问一些问题，你可以说我不知道，但是你能不能思考一下，从一些角度和一些可行的道路去解决它，你要有自己的想法。我觉得这是我比较喜欢的学生。

这些年招生还碰到一些有意思的现象，分高的学生还真不一定就有自己的思想。这不是打击分高的学生，很多这样的同学说，老师您能不能告诉我，我要做什么，让我编什么？但是在美国，你得自己找到自己的研究方向，而不是你的老师告诉你去研究什么。等着老师告诉你，你要去研究什么在我们那里是不可能的。应该是你要告诉我，你有什么方向想做，我可以给你一些建议。

我也带过一些学生，特别有思想，但问题是他只有思想。他总是有很多非常好的想法，但是从来不做，只有想法。一开始我觉得这简直是太牛的一个学生，但是他从来不去做，这就麻烦了。所以我看学生，主要看你有没有思想，愿不愿意干。

我觉得大家平时应该养成一个思考的能力，不要让任何摆在你面前的很简单的事情轻易地溜过，不要把任何事情当作理所当然的事情。很多遥感领域做的东西都是很小的，很容易的事情，但是它影响很大。比如说大家都要吃饭，可能大家就觉得吃饭是天经地义的事情，但是你就要思考为什么要吃饭，要不断地练习思考的能力。

提问人三：您现在是一种享受生活的状态，但是我们毕业生选择的职业是迫于压力。中国的生活状态和美国的生活状态是不一样的，考虑自己的喜好更少，生活压力更多。您对这样的状态有没有什么建议。

王乐：问得挺好的，也是你们面临的一个问题，现在在中国、美国竞争压力都很大。其实从另外一个角度讲，我的压力也很大，我只是没有把我的压力说出来，因为我这个人一向是比较乐观的，我觉得人在黑暗的时候，就离光明不远了。当你很累，很无助的时候，再坚持一下，最后才能成功。就像跑一万米，前九千米大家都行，但是最后一千米大家就倒下了，但是你必须坚持。所以我的建议是一定要坚持。我有一个感触，人付出的与得到的应该是成正比的，没有白付出。即使没有实时的回报，之后也会有回报。所以，我们一定要提倡正能量。

主持人：美好时间总是短暂的，王乐老师用幽默风趣的语言为我们讲述了他的人生哲理，比如会最小二乘法的同学能力都不会太差，黑暗之后就会光明，让我们用热烈的掌声感谢王乐老师。我们下期再见！

（主持人：熊绍龙、张翔；录音稿整理：陈必武；校对：李韫辉、许殊、马宏亮）

1.3 第四范式下的 GIS
——地理服务网络

（桂志鹏）

摘要：桂志鹏博士通过介绍地理信息服务网络概念及平台（GeoSearch、GeoSquare、GeoChaining）的研发背景与历程，向我们展示了第四范式思维模式下 GIS——地理信息服务网络的真实面貌，并分享了学术十载的感悟。本次报告吸引了众多从事地理信息服务研究的学生，大家互动频繁，现场学术氛围浓厚。桂志鹏的报告内容逻辑清晰，讲述深入浅出，博得了观众的阵阵掌声。

【嘉宾简介】

桂志鹏，博士，武汉大学遥感信息工程学院教师。2005 年获武汉大学理学学士学位。2011 年 6 月获武汉大学工学博士学位。2011 年 6 月—2013 年 11 月，任美国乔治梅森大学水/能源科学智能空间信息计算中心及 NSF 时空计算协同创新中心研究助理教授，负责研发开放式地理信息服务网络平台——GeoSquare，参与 NASA Goddard 私有云测试与选型实验、GEOSS 的核心基础设施元数据仓库 Clearinghouse 的研发及由 NSF 和 NASA 资助的基于高性能计算的沙尘暴预测模型（Dust Storm Simulation）等多项研究与开发项目；发表 SCI/SSCI 论文 8 篇以上，登记软件著作权 8 项，参与编写专著《地理信息服务质量的理论与方法》等 3 部。

【报告现场】

主持人：各位同学、尊敬的嘉宾，晚上好。欢迎参加 GeoSience Café 第 119 期的学术报告。今晚的嘉宾是桂志鹏博士，现任武汉大学遥感信息工程学院地理信息教研室讲师。他负责研发了地理信息服务网络平台的一系列产品，包括 GeoResearch、GeoSquare 和 Geo-Chaining，曾任美国乔治梅森大学水/能源科学智能空间信息计算中心和 NSF 时空计算协同创新中心研究助理教授，参与 NASA Goddard 私有云测试与选型实验、GEOSS 的核心基础设施元数据仓库 Clearinghouse 的研发以及由 NSF 和 NASA 资助的基于高性能计算的沙尘暴预测模型（Dust Storm Simulation）等多项研究与开发项目。他已发表 SCI/SSCI 论文 8 篇以上，登记软件著作权 8 项，参与编写专著 3 部。他的研究兴趣包括地理信息服务网络及地理信息云计算。

提到地理信息服务网络，大家是否想起三年前吴华意教授基于 The Fourth Paradigm 一书中提到的第四范式科学研究——以数据为驱动的科学研究，预测了大数据时代第四范式思维模式下地理信息系统未来的发展趋势，并提出地理信息服务网络理念——从地理数据的共享到地理信息和知识的共享。三年后的今天，第四范式下的 GIS 发展已是怎样的形态，吴华意教授的理念是否得到了实践？下面我们有请桂志鹏给大家做详细的解答。

桂志鹏：非常感谢主持人。今天是我第一次有幸回到实验室作报告，我的压力非常大，因为类似《第四范式下的 GIS》这样的题目应该是由院士级别的学术大咖来作报告更合适。GeoSience Café 给我定了这样一个题目，我只好厚着脸皮勉为其难了，其实我只有一页 PPT 与题目中的"第四范式"直接相关。我今天讲的内容可能比较分散，希望大家能够包容。接下来，我先和大家一起回顾一下这几年我在地理信息服务网络方面做的一些工作，然后也看看我们是否如主持人所说实现了吴华意教授所提出的地理信息服务网络这一理念。

我们从以下几个方面来共同探讨。第一部分是自我介绍；第二部分讨论一下共享经济模式；第三部分讲述地理信息服务网络的概念；第四部分介绍一下我所在的研究小组研发的一些网络服务平台，这些平台都从哪些方面实现了地理信息服务网络的一些概念；最后是跟大家探讨与展望的环节。

1. 个人简介

我是一个土生土长的武大人。我本科就读于武汉大学资源与环境学院，硕博连读则是在测绘遥感信息工程国家重点实验室，师从吴华意教授，研究地理信息服务网络。距离博士毕业半年之前也就是 2011 年 2 月份，我去了美国乔治梅森大学（George Mason University）访问，在那里我跟着杨超伟教授参与了一些高性能计算相关研究与研发项目。2011 年 6 月回国答辩之后，我又回到美国继续做研究。那时，杨超伟教授依托美国国家自然科学基金委员会 NSF 和工业界的支持，创立了全美地理信息科学领域唯——个由 NSF 资助的工业界/高校联合创新中心（Industry/University Cooperative Research Center，I/UCRC）——时空认知、计算与应用协同创新中心（I/UCRC for Spatiotemporal Thinking, Computing and Application）。该联合创新中心由乔治梅森大学牵头，与加州大学圣塔芭芭拉分校、哈佛大学三个大学一起合办，获得了美国 NSF-Funding、微软、USGS 及 NASA 等政府部门、学术管理机构及工业界巨头的支持。中心的研究主旨是运用时空认知的思维来解决计算与应用的一些问题。2013 年 12 月我回国工作，在武汉大学遥感信息工程学院工作至今。

我在硕博连读期间主要的研究方向是地理信息服务网络及服务质量。什么是地理信息服务网络？随着互联网技术的发展，网络上涌现出各种各样的地理信息资源，为了使全球用户能够更好地访问和使用这些资源，就需要建立标准化的共享与互操作接口机制，地理信息网络服务就是为了解决这一类问题而建立的解决方案，它既是规范体系也是软件架构的实现方案。由于每一类地理信息网络服务通常仅提供有限固定的功能，而实际的地理应用往往涉及复杂的模型和数据处理流程，因此就需要建立一种机制将这些功能单一、地理分散的服务联合来起来共同完成一个任务。我的主要研究工作是将这些功能单一的原子服务更有效地组合起来，实现一些复杂的流程，例如把数据下载与处理功能组合在一起，实现在线处理功能。另外，网络上地理信息资源的数据质量和服务性能（如响应时间）不一，通常用户更倾向于数据质量好、响应时间快的，要满足这些需求就需要一种基于服务质量约束策略的动态优化方法。因此，基于服务质量，对地理信息服务进行建模、优化与评估成为我的研究重点之一。图 1.3.1 展示了我硕博连读期间开展的一些工作，主要是建立服务质量的评估模型、传播模型与优化方法，这些研究工作也得到了包括国家自然科学基金等一系列项目的支持。

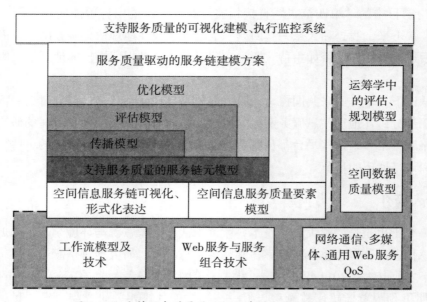

图 1.3.1　支持服务质量的可视化建模、执行监控系统

　　赴美工作后，我所做的工作非常繁杂，曾参与过 USF、NASA、USGS、GEOSS 和 ES-IP 的许多项目。这些项目有些是关于云计算的，有些是关于智能空间信息门户开发的，还有些是关于高性能科学数值计算的。在美国，如火如荼的云计算行业化应用要比中国起步得早且更为全面，因为美国联邦政府要求所有的政府部门把自己的政务、科研和管理应用放到云平台上运行，以实现绿色环保，降低政府的财政预算。如果一个政府部门不把应用放到云平台上去，就需要详细的分析报告说明为什么不能将应用迁移到云平台上。由于NASA 的研究数据是涉密的，不能放到商业云平台上，所以 NASA 需要搭建自己的私有云平台。与此同时，软件市场中充斥着众多能力各异且各有特点的开源云平台方案，给云平台的选型带来了一定的挑战。在这样的背景下，我们帮助 NASA 选择了合适的云平台作底层支撑。我们把一些开源的云平台，包括 OpenStack、CloudStack、OpenNebula、Eucalyptus 等，与 Google App Engine、Amazon EC2 和 Microsoft Azure 等商业云平台进行横向对比。一方面看这些平台固有的功能和特性，另一方面看这些平台在数据密集型、计算密集

型、通信密集型等不同计算特征下各自的优势所在。在比较的过程中，我们发现，用户的需求差异很大。有些人将云平台数据存储，如百度云盘；有些人希望把复杂的计算任务（如科学数值模拟）放在云平台中来加速求解。不同的需求显然对云平台要求不一样，不同的云平台提供的能力也差异很大，因为云平台底层所使用的虚拟化技术、架构和包装机制不一样。我们希望研发出一套推荐支持系统，能够帮助用户根据自己的需求选择云平台，这是我在乔治梅森大学做的工作之一。图 1.3.2 展示了关于开源云平台基准测试与针对不同计算特征地理信息应用的推荐。

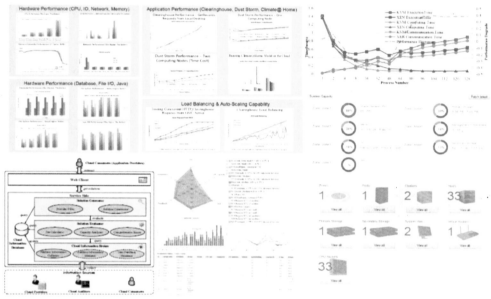

Gui. Z., Yang, C.*, Xia, J., et al., 2014. A Service Brokering and Recommendation Mechanism for Better Selecting Cloud Services. PLoS ONE 9(8): e105297. DOI: 10.1371/journal.pone.0105297
Huang, Q., Yang, C.*, Liu, K., Xia, J., Xu, C., Li, J., Gui, Z., Sun, M., Li, Z., 2013. Evaluating Open-Source Cloud Computing Solutions for Geosciences. Computers & Geosciences, 59, 41-52. DOI: http://dx.doi.org/10.1016/j.cageo.2013.05.001

图 1.3.2　开源云平台基准测试与针对不同计算特征地理信息应用的推荐

我在美国还参与了科学计算数值模拟的性能优化研究。科学数值计算通常都是比较耗时的，如沙尘暴模拟，实际上就是一个基于气象模型扩展的数值模型。这个模型需要不断微分、差分，计算量非常大，传统计算模式下一个高精度大范围的模拟需要花几个星期的时间，过长的计算时间使预测失去现实意义。如果你想掌握沙尘暴的成因、它的物理变化的机理和规律，那就需要有很高的模拟效率，反复地实验并比对。所以，现在主流的科学数值模拟都是在高性能计算环境中去做，也就是通过计算机集群把沙尘暴模拟任务分解成很多子任务在多台计算机上并行地运行。这一个分解就会产生一个运筹学问题：如何分配任务。如果任务分配得不合理，并行化的效果就不好。例如，有些节点（机器）上分配的计算任务过多，导致计算量很大，有些节点上的通信量很大，就会导致节点之间不平衡。就像木桶原理告诉我们的，系统效率取决于系统中的短板。所以，我们就要研究在这样一个集群环境下如何去优化资源的分配，让各个节点之间的通信更加优化。这是我在美国做的一些工作：运用空间计算域划分的方法让各个节点计算量尽量平衡，通信量尽量平衡。图 1.3.3 展示了利用计算域划分算法，并辅以高性能计算支持的科学数值模拟（沙尘暴）部分方法及执行效率对比分析。

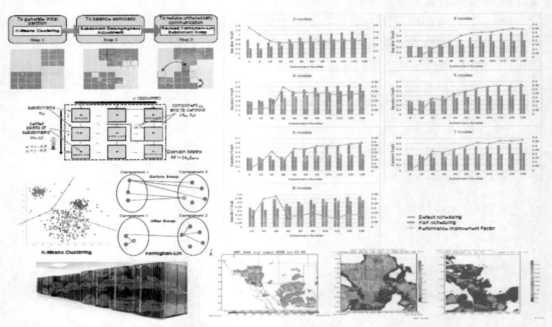

Gui, Z., Yu, M., Yang, C.*, et al., 2015. Developing Subdomain Allocation Algorithms based on Spatial and Communicational Constraints to Accelerate Dust Storm Simulation. PLoS ONE (SCI) (In Press)
Huang Q., Yang C., Benedict K., Rezgui A., Xie J., Xia J., Chen, S., 2013. Using Adaptively Coupled Models and High-performance Computing for Enabling the Computability of Dust Storm Forecasting, *International Journal of Geographic Information Science*, 27(4): 765-784.

图 1.3.3　高性能计算支持的科学数值模拟（沙尘暴）和计算域划分算法

回国后，我参与的一个自然基金的课题是研究如何提供面向大众的资源搜索服务。大家平时在网上搜索各种各样的数据资源、服务资源时，经常会遇到找不到需要的数据或服务的情况。部分原因是因为用户的需求无法更加精准的建模和表述，导致搜索结果不匹配。我们希望建立一种基于质量约束的服务搜索方法，能够体现用户的偏好、行为和需求。空间选址是传统 GIS 的重要功能之一，比如麦当劳、肯德基等商业店铺的选址；其实，在虚拟的网络环境，网络资源也有"选址"的需求。大家知道用户的时空访问行为是不一样的，比如说现在是中国的晚上，很多人在逛淘宝；但此时是美国的白天，逛淘宝的人较少，使用亚马逊的用户也比淘宝的人多。这种情况下对空间信息基础设施的需求在空间和时间上是不平衡的。物理基础设施，例如，基站和服务器是固定静止的，而用户对虚拟网络资源的需求却是动态变化的，这样就很难达到平衡，也很难最佳地匹配用户的需求。我们想实现一个类似空间选址的时空动态选址方法，协同优化计算基础设施的选址过程。这种对计算基础设施的调整在以前是不敢想象的，但是现在有云计算，服务器可以很快地从一个数据中心迁移到另一个数据中心，甚至从一个国家迁移到另一个国家。这样更能满足用户的需求，我们希望研究出让用户需求达到最佳匹配的方法。我现在还在做的一些工作是对全球地理信息服务的服务质量进行动态全天候的监测，根据用户空间分布、时间反映的一些空间关系做优化，如图1.3.4所示。

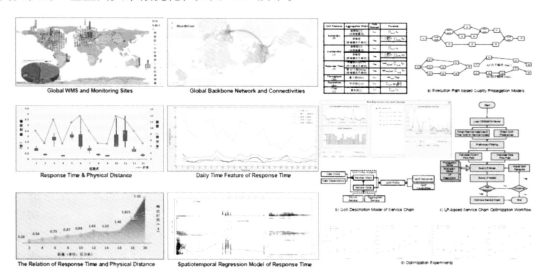

图1.3.4　全球OGC服务监测与评价及服务链服务质量传播与优化算法

　　总的来说，我的研究工作分为如下几个方向：第一个方向是服务组合/科学工作流；第二个方向是地理信息服务质量；第三个方向是地理信息云计算与高性能计算。这三个方向是对理论方法层面进行的探索，偏向于计算原理；第四个方向是我今天想讲的主题，也就是我和我所在的团队在地理信息服务网络平台研发方面的一些工作和思考。

2. 共享经济模式

　　共享经济非常火爆，百度百科对共享经济的定义是：民众公平、有偿地共享一切社会资源，彼此以不同的方式付出和受益，共同享受经济红利。此种共享在发展中会更多地使用移动互联网作为媒介。实际上，在原始社会所有的东西都是共享的。后来发展到私有制社会，有些人的东西会过剩，有些人则会短缺，这个时候就会出现供需不平衡的现象。在古代，地主拥有很多土地，但没有劳动力工作。他有对劳动力的需求，但这种需求因为太普遍（长尾）和地理分散（碎片化）了，很难实现及时的最优匹配。因为，在互联网时代以前，信息是严重不对称和不透明的。你有资源需求，我有剩余资源，但彼此不知道，需求很难调配平衡。由于互联网是一种超越时空的连接模式，互联网出现以后，我们能把不同地方的用户连接起来，并做好提前预约，从而实现资源的更合理利用。网络文化的代言人和观察者凯文·凯利指出，共享经济是未来四大趋势之一。未来四大趋势包括共享、互动、流动和认知，凯文·凯利在《失控》一书中就谈到了共享经济。

　　下面我们看看有哪些共享经济是大家常见的，包括空间共享、时间共享、出行共享和计算资源共享。

　　①空间共享，如国外的Airbnb、国内的途家网，做得都比较好。

② 时间共享，如任务兔子（Taskrabbit）。大家可以利用空闲时间，在家上网做点事、赚点小钱，这种共享很受家庭主妇、老年人的喜爱。

③ 出行共享，大家非常熟悉，如 Uber、滴滴。Uber 打入中国市场以后对我们产生了很大的冲击，很多行业规则都发生了改变，其中之一就是我们国内的滴滴和快滴合并了。

④ 计算资源共享，也很常见，大家都能想到，如亚马逊云平台 EC2、微软云平台 Azure、谷歌平台 Google Engine 等。

实际上，这种共享经济无孔不入，刚刚我们列出的只是一些方面，共享早已超越了这些方面。阿里巴巴的核心业务也是共享：阿里巴巴不生产任何的产品，但它却是全球最大的零售商。它是在线交易平台，思想就是共享。饿了么不生产任何食物，但它提供一个平台，让大家交换食物的供需信息。Facebook 不提供任何视频、图片和推文，但它能够把大家联系到一起。那么在地理信息领域能提供何种资源让大家共享，又该怎样产生价值？这是我们做 GIS 的人需要考虑的问题。

大家觉得 GIS 领域什么东西是最值得共享的呢？数据、分析功能、还是服务？其实应用最多的就是 LBS，即位置信息。我们在出售自己的位置信息，商家需要我们的位置信息。我们想看公交车有没有到站，这是位置信息；我们希望拼到朋友一起出游，如百度推出的一个服务叫"一路同行"，这也是位置信息，但都只是共享一个位置。那么，终于要谈到第四范式，这是我唯一谈到第四范式的一张 PPT，我想大家心里对第四范式都有自己的一个概念。

在人类社会早期，我们的科学与技术是实验科学，后来发展出理论科学，再到计算科学。现在出现了大数据，各种各样的传感器采集到不同类型的大量数据，从而产生了数据科学。实现智慧生活和回答复杂科学问题需要更广泛的共享、更深层次的协同。只有数据是没有用的，只有算法也没用，需要把它们结合在一起，才能解决具体问题。因此我理解的第四范式，是以数据为中心，把一系列的生态体系做好。一方面是共享与发现，另一方面是计算与挖掘，然后是模型与知识，以及可视化。这些东西需要以在线服务的形式全部集中在一起，只有集中在一起后才能真正服务于应用。我们看一下现实生活中这些情况如何：

第一个层次是元数据的共享，例如，ISO 19139、ISO 19115 等元数据标准。这些标准从规范的层面已经提出元数据的描述和表达策略。基于这些规范，众多的空间基础设施（例如，目录服务和地理信息门户）被构建起来共享空间信息元数据。

第二个层次是数据的共享，很多地理信息门户网站兼顾了数据及其元数据的存储、查询、获取访问等功能，空间数据可以直接得到共享。

第三个层次是算法的共享，这一层次在一定程度上也可以实现。OGC 提出了一系列的服务标准。例如，网络处理服务 WPS、网络地图服务 WMS 和网络要素服务 WFS。这些服务标准和开源商业实现都有了，但共享的效果远不够理想。

更高层次上，我们需要把这些基本功能元素串联到一起，集成为模型，这种模型能够解决复杂的问题，模型本身描绘了领域的知识和专家经验。这一个层次的共享目前仍然无法实现。也就是说，研究地理信息服务的协同方法，将使得地理信息的发现、使用、共享更加便利。因为有这样的需求，也就出现了"地理信息服务网络"的概念。

3. 地理信息服务网络

2005年，国际顶级学术刊物 *Science* 上首次提出"面向服务的科学"这一概念。所谓面向服务的科学，就是利用 Web 服务技术以及面向服务的架构来解决我们的科学研究问题。很快这个思想被应用到了各个领域，在地理信息领域，基于地理信息网络服务技术来支持科学研究和生产应用得到了较好的发展。在这一方面测绘遥感信息工程国家重点实验室一直走在研究的前沿，从最早的 GeoStar，到 WebGIS 平台 GeoSurf，再到基于 Geospatial Web Services 的 GeoGlobe。在这一系列 GIS 软件平台的研发过程中，构建"地理信息服务网络"的思想逐渐形成，并最终由龚健雅院士、吴华意教授一起梳理和凝练提出。说到这里，我们就先来看看什么是地理信息服务网络（图 1.3.5）。

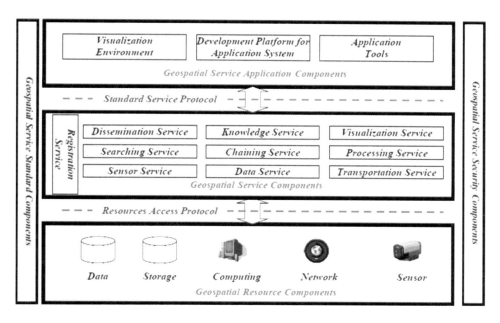

图 1.3.5　地理信息服务网络概念框架

这是一个非常抽象的概念，实际上它的思想是基于标准 Web Services 构建的一个虚拟化网络平台，这个平台能够将地理信息资源的获取、智能的信息处理和知识发现集成到一起，在一个平台里全部实现。也就是说，我们的目的是为了实现资源的获取与信息的智能处理。大数据时代是让数据说话，但是原始的数据不能自己说话，经过智能处理后的数据就能说话，知识就能"涌现"。在这个背后实际上还用到很多的计算技术，即高性能计算作为支撑，同时需要以传感网的方式实时接入数据。在这个抽象概念框架的引领下，我们有很多的问题要去研究，我们要去构建它的概念体系：它是一个什么样的计算架构，它里面有什么样的理论方法。实际上这个过程也比较复杂，里面又包含很多计算机科学与技术的概念和方法。我们核心的思想就是把所有的资源都服务化：把数据包装成服务，可视化包装成服务，搜索包装成服务；传感器是服务，任务链模型是服务，知识也是服务。我们把这些东西通过一种有效的、用户友好的方式包装在一起去解决各种各样的应用问题。这里涉及的范围很广，包括建模、可视化的问题。而我们也只能是盲人摸象。下面我将从参与的一些项目的情况来谈谈我在服务平台构建的过程中对服务网络的一些体会，具体通过三个平台的构建来讲一下。

4. 服务平台构建

我要介绍的第一个平台是分布式搜索代理服务平台 GeoSearch，主要利用服务协同的方式来解决资源搜索的问题；第二个是地理信息服务在线协作平台 GeoSquare；第三个是地理信息服务链可视化建模平台 GeoChaining。前面讲的主要是用服务网络平台的思想来解决具体的应用问题，第一个平台解决资源搜索问题，就是如何使得地理信息资源的在线搜索便利化和精准化。第二个平台解决在线处理问题，即拥有地理信息资源后如何通过在线处理的方式把这些资源都协作起来。第三个偏向理论研究，主要关注协同模型的表达、构建和执行，即用形式化的方法和语言把模型描述出来，在执行过程中如何采用有效的实现分布式协同模型的运行管理和状态监控。

（1）GeoSearch

首先来看第一个平台，这是我在美国乔治梅森大学时做的一个项目，主要由我设计架构并开发。相信大家做 GIS 或者做遥感研究时都会遇到这样的问题："去哪里获取感兴趣的地理信息数据？"虽然大家都或多或少知道一些门户网站可以搜索数据，例如，Data.gov、NASA GCMD、NASA Reverb、GEOSS Clearinghouse、CWIC、EuroGEOSS、Unidata 等平台门户网站为大家搜索地理信息资源提供了一定的便利。但是作为数据的使用者，仅仅知道地理信息门户网站仍然不够，大家还是觉得找数据很痛苦。主要是因为这些门户网站大多是面向领域的，从技术方面看是异构的，从不同的门户搜索存在跨国家、跨领域、跨技术的障碍。如果一个研究水文的学者要找地质方面的数据，基本上没办法找到，因为不了解相应的术语，很难找到想要的结果。同样，我们在找这些资源的时候，不同的门户采用不同的访问接口（如 CSW、Z39.50、OpenSearch 和 Thredds）和元数据描述规范（如 ISO 19139、ISO 19115 和 FGDC CSDGM）等，这些标准的差异对于终端用户来说太过复杂，无形中增加了搜索的学习成本。空间数据基础设施（Spatial Data Infrastructre，SDI）提出了很多年，目前遇到了哪些问题呢？

① 第一个是跨领域的壁垒，异构性与学习成本。

② 第二个是查全率和查准率无法保证。其一是无法保证我搜索到的这些资源都是我想要的。我希望找 A，可能找到的是 B。其二是集合 A 满足我的查询需求，SDI 的搜索和匹配过程是否能保证将集合 A 中所有的元素都返回给我？

③ 第三个是缺乏对用户的辅助资源的选择能力。例如，查询过程一共返回了给我一千个满足条件的数据条目，但这一千个条目中有些相关性高、有些相关性低、有些质量

好、有些性能高，哪个（哪些）是最满足我需求的、是我最想要的，SDI 不能进一步提供辅助选择的手段。

④ 第四个是 SDI 层面的集成成本与数据一致性维护。如果在空间数据基础设施层面要增加刚才所说的这些能力，基础设施所要做的工作量太大，集成成本太高，而且数据一致性很难维护。

平时大家搜索网络资源最喜欢使用诸如 Google、百度、Bing 之类的搜索引擎，因为它们使用起来很简单，通过一个很简单的输入，就能把我想要的东西立即找到，而且结果还比较精准。实际上也就是说，作为终端用户我们不希望直接与空间基础设施打交道，不需要知道这么多的门户网站，我们需要代理中间件来实现这种资源的搜索，帮我们处理搜索、集成和转换这样的事情。以前这些搜索的复杂性都要用户去直接面对，但是有了代理中间件以后，由代理中间件跟这些基础设施去交流，用户只需简单地跟代理中间件交流，这个复杂性就能被屏蔽。这样做能实现以下几个目标：

一是，搜索效率提升。

二是，搜索准确率提升。

三是，信息集成。这是现在大数据时代一个非常热的概念，叫 Linked data。单一的数据源价值并不高，只有把这些数据联系到一起后数据才能产生价值。比如，大家日常的网络访问行为、网购偏好，一旦与商家的商品信息和折扣活动结合到一起去，做一些深入的挖掘与推荐，更深层次的价值就产生了。所以，我们也希望通过信息集成来提高用户查找信息的准确度。

四是，多样化的可视化与展示方式。

这些做好后可以达到两个效果，一个是改善用户体验，另一个是搜索辅助资源。图 1.3.6 是我设计并搭建的搜索代理服务框架，该项目得到了微软的支持，使用的技术也全部来自微软。这个框架实际上就是一个代理中间件，采用服务协同的思想，由代理中间件

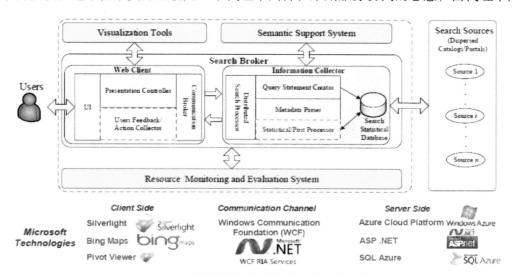

图 1.3.6　多样化的可视化与展示方式平台框架

协同各类服务共同完成搜索辅助这一件事情。我们把可视化的服务增加进来就可以增加可视化的能力；把质量评价的功能加进来就能对服务的质量进行评价；把语义系统加进来就能使我们的查询更加准确。同时，我们的搜索源也是多样性的，可以同时从 USGS、NASA、GEOSS Clearinghouse 进行搜索，得到结果以后，用统一的格式反馈给用户，这是我们的目标。在这背后的各种技术，我就简略地带过，主要谈谈其技术路线。

第一个是容错、可配置的搜索流程，如图 1.3.7 所示。如果在查询的过程中 A 用户与 B 用户想要得到的信息是不一样的，那么在查询的过程中这个流程必须是可以配置的，而且是具有容错能力的。

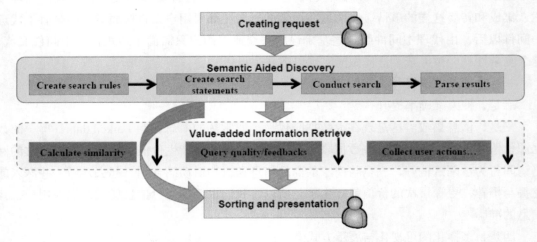

图 1.3.7　容错、可配置的搜索流程

第二个是异步渐进式预取策略，如图 1.3.8 所示。流程中查到的结果会有很多，大家可能有这样的经历，搜索一个关键词，搜索引擎可能告诉你成千上万个搜索结果。但是一次性把这些结果拿到客户端，效率是非常低的。那我们要想出一个策略，让用户搜索到的结果能够更加平滑地达到客户端，也就是用户一边看当前已取回的条目，另一边新数据条目在后台不断地获取和加载。因此，需要一个异步渐进式预取策略，就是从服务器端和客户端交互的角度，让用户的体验更好。

第三个是语义辅助的搜索，如图 1.3.9 所示。刚才讲了怎样进行语义辅助查询，其实思想很简单，用户依然输入关键字，因为这是大家最习惯的查询方式。比如用户在搜索框一次性输入三个关键词，"USGS ecosystem WMS"。大家一看就知道这个查询想干什么，它要找 USGS 提供的一些资源。这个资源是什么类型呢？是网络地图服务这种类型的资源。这个资源是描述什么主题呢？是跟生态环境相关的一些主题。代理服务后台会把这个输入进行文本分词，随之进行词性和语义的分析，最后提取出哪些词是与主题相关的，哪些是与类型相关的，以及哪些是与提供者相关的。之后，根据地理本体获取更多的相关度不同的关键词再去做关键词匹配。有了这些成立复杂的查询条件，其中包含一系列的约束条件，查询准确率可以得到保证。

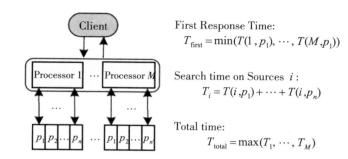

First Response Time:
$$T_{\text{first}} = \min(T(1,p_1), \cdots, T(M,p_1))$$

Search time on Sources i:
$$T_i = T(i,p_1) + \cdots + T(i,p_n)$$

Total time:
$$T_{\text{total}} = \max(T_1, \cdots, T_M)$$

Multi-Threaded + Asynchronous + Batched Tasks

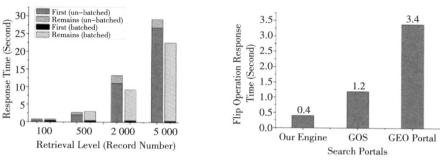

图 1.3.8　异步渐进式预取策略

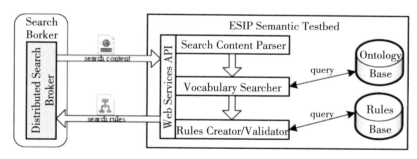

图 1.3.9　语义辅助的搜索（查询优化）

　　此外，得到查询结果后怎么办？在 Google 搜索结果的时候都会有一个排序，这个排序算法——PageRank 的思想很简单，就是通过这些网页之间的关联程度（有向连接的入度），判断网页的重要程度。如果一个网页被其他网页引用得非常多，说明这个网页价值很高，重要性很高，它就往前排，引用比较少就往后排。但是我们这个搜索不太一样，我们希望根据用户输入的需求匹配程度来评价它，越相近，它的排序也就越高。那么怎么做呢？实际上这一过程也是很直观的，通过一个语义树来实现，如图 1.3.10 所示。以水为例，水是一个本体的概念，它有一系列的分支，陆地表面水、海洋水等，这些分支形成一些层级关系，根据层级关系就可以判断两个概念之间的区别。通过两个层级关系的区别，就能确定两个语义概念的相似性。我将返回的查询结果中不同特征在树里面的相近程度做一个加权平均，得到一个总的相似度，这样就可以得到一个排序。通过这个排序，就可以告诉用户什么样的结果是更匹配需求的。

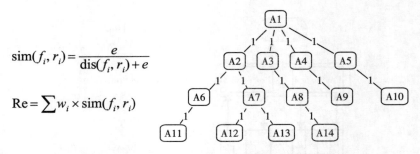

$$\mathrm{sim}(f_i, r_i) = \frac{e}{\mathrm{dis}(f_i, r_i) + e}$$

$$Re = \sum w_i \times \mathrm{sim}(f_i, r_i)$$

图 1.3.10　语义辅助的搜索（查询结果相似度计算）

第四个是服务质量信息的集成，如图 1.3.11 所示。

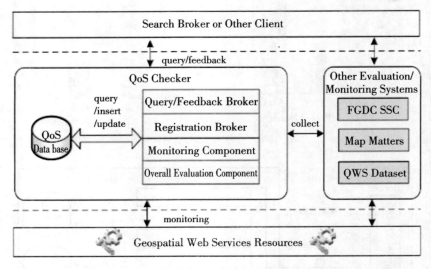

图 1.3.11　服务质量信息的集成（辅助资源选择）

　　第五个是多样化的可视化技术。大家希望自己的查询结果可以以各种各样的形式展现出来，以便预览和预判，那么我们就集成丰富多样的展示结果。如图 1.3.12 所示，用户输入查询一个鸟类，左边是类似 Google 查询的方式给出一个条目，以及相应的关键字，同时会有相似度的排序；右边是一个地图框，告诉用户每一页查询到的结果数据，它的空间范围是什么样的，因为这是地理数据，大家非常关心地理空间范围。同时我们查到的数据也是多个维度的。数据有哪些维度呢？提供者不一样，数据的来源不一样，数据的格式不一样，数据的类型不一样，数据的主题不一样，这些不同可以通过不同的维度来表达。如图 1.3.13 所示，用户在做选择的时候，用多维度的可视化来帮助搜索，如搜索到 1 000 条结果，其中可能只有 10 条是需要的，我们再进一步来把这个东西做一个约束，让它快速找到这个结果。这就是基于多样化可视化的基础做到的。

　　上述这些是我尝试怎么通过服务协同、共享的思想，来辅助用户搜索资源，我们从一定程度上便利了用户的资源搜索，提供了一个类似于 Google 搜索引擎一样的便利平台来帮助用户搜索各种各样的地理信息资源。

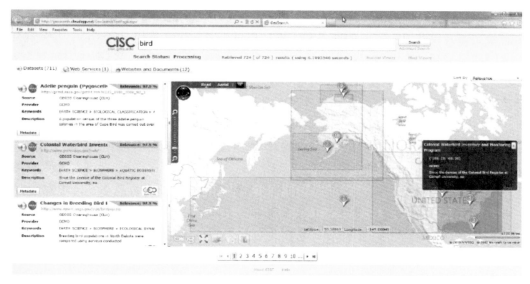

图 1.3.12 多样化的可视化技术

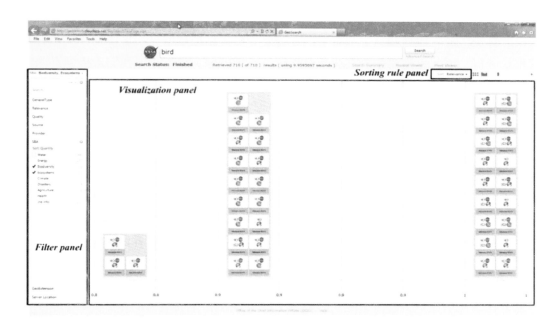

图 1.3.13 多样化的可视化技术（多维度）

（2）GeoSquare

GeoSquare 是龚健雅院士与吴华意教授牵头开发的。我们目前已经把 GeoSquare 部署在天地图的服务器上，大家可以在天地图的科学探索频道访问它。在科学探索频道里有一个陈军老师牵头的全球 30 米地表覆盖数据，另一个就是我们的服务平台 GeoSquare。这个平台主要目标是实现在线服务处理协同，那我们来看看它的需求是什么样的。我先讲一个例子：本科阶段学习过地理信息或遥感的同学都有这样的经历，授课老师会讲一些关于

GIS、遥感的基本概念（如影像分类、几何校正、样方分析等），为了让学生更好地掌握这些概念就需要开设实习。实习的准备和实施过程对于老师而言是相对痛苦的，特别是第一次上这门课的老师，老师需要精心设计实验案例、准备数据，然后去每台实习机器上安装 ArcGIS、ENVI，并分发实验数据，布置和收集实习作业的过程也很不方便，大多是通过移动存储设备拷贝或者邮件的方式。这里面有几个问题，第一，这个过程太复杂，要安装软件，耗时耗力，所有的教学资源不透明。一位老师设计了一个很好的实习案例或算法让大家去实习了，但其他老师不知道，这样教学资源没有充分地利用起来。实际上我们就是基于教学资源共享的思想，把很好的教学资源集成起来然后共享出来，这样一来对老师和学生都是一件好事。第二，传统的实习过程交互体验非常差，所有的交互过程都被打断，我们要通过 U 盘去拷或通过邮件去下载，所有的东西不能在一个时空环境得到统一。因此，我们思考能不能建立一个开放式的在线交互式的教学平台，来辅助老师做这样的事情。所有的教学资源都整合在一个平台中，实现过程也直接在平台内完成，学生提交的作业都能在这个平台看到，老师还可以在平台里打分，这样整个教学过程就非常方便了。这是第一个需求。

第二个需求是从科学研究的角度来说。做研究的过程中，有些人没有数据，有些人有数据没有算法，或者数据和算法都有了但还需要一些模型把数据算法集成到一块儿去做复杂的科学分析，因此也需要一个在线平台来解决这个问题。也就是说我们希望把资源的发现、使用、共享这三个关键环节集成起来在一个在线平台中完成。如果能把这三个集成起来就能形成一个协同网络，在这个协同网络里面我们可以共享数据、共享算法、共享模型、共享应用程序。通过共享，实际上是把人与人连接到一起，所以最后共享的其实是人，即人的智慧。

1）发现环节

那么我们怎样发现？传统的空间数据基础设施采用被动的信息采集和更新方式，也就是数据提供者注册什么，数据空间基础设施中就有什么数据，现在我们需要像 Google 搜索引擎一样主动去爬取，然后把爬取到的结果放到数据库中方便大家去搜索。我们的目标就是把主动爬取与在线注册以及质量信息集成到一起，更好地辅助资源发现。

2）使用环节

怎么在线使用呢？传统方式是单机模式，我们在机器上安装 ArcGIS、ENVI 软件。但这种使用方式非常不方便，我们希望像使用手机一样，所有的软件后台都在云端，访问客户端时，所有的计算都能在后台帮你做好，这样就很容易形成一个在线的 Web 生态系统。在线服务是一个很宏大的需求，需要一系列的技术作为支持后盾。例如，需要云计算来支撑大规模的用户并发，需要高性能计算来支持用户的密集并发计算任务及巨量数据分析挖掘对计算资源的需求，同时需要面向服务的架构 SOA 使得整个系统更加灵活、松耦合和跨平台，需要 Web 服务技术来作为一个前端与后端的集成。

3）共享环节

什么资源可以共享呢？我们可以共享数据、算法、模型和应用。共享时，还可以有不同的共享策略。我们可以对所有用户共享，可以对群组共享，或选择不共享（私有化，即上传到云平台去只允许自己使用），还可以有类似收藏夹的功能。我们需要平台有这样的能力，有不同的共享策略，可以收藏资源。另外一个共享内容是协作的模型，也就是科学工作流，我们希望这些具有领域知识和专家经验的模型也可以得到共享。同时在做这件事情的时候，我们希望数据在计算界面和存储界面之间能够平滑移动，这个需要云计算分布式存储等技术来支撑。这是我们的愿景，如果我们把这些事情做好，就可以把不同的组织联系起来。这些组织包括政府部门、研究机构、学校、还有一些其他的组织。同时把各种各样的数据源联系起来，最终目的是把这些人联系到一起，包括学者、公司、工业界的人等。

其实 GeoSquare 就是上述想法一个概念化实现。这个概念化的实现有一些逻辑上的功能：第一是在线资源搜索，即能够主动地爬取，支持用户的注册，能把资源注册进去。第二是用户管理，即有不同的权限，能把用户、资源管理起来，第三是集成资源评价功能、在线处理功能以及建模型的功能。有了这样一个逻辑上的三层功能后就能把各种各样的资源组合在一起，把计算资源也组合在一起，并形成一个科学协作的平台，学者和科学家可以一起为未来地球 Future Earth 做些事情。针对上述逻辑功能，我们有如图 1.3.14 所示的三层逻辑架构，包括交互层、服务层和资源层。其中服务层提供各种各样的服务功能。有些用来存储数据，有些提供计算功能，有些提供数据预处理功能，有些提供在线搜索，有些负责组合服务的执行调度，这里细节就不讲了。

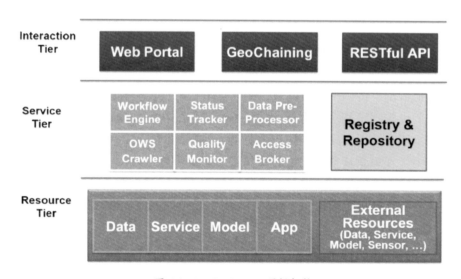

图 1.3.14　GeoSquare 逻辑架构

我们基于微软的支持以及天地图的支持，实现了地理信息服务网络（Geospatial Service Web）的理念。我们用微软或天地图提供的硬件资源搭建云平台，创建了很多虚拟机，在不同的虚拟机里构建和部署各种各样的服务。图 1.3.15 是 GeoSquare 的系统界面，类似于之前看到的 GeoSearch 的多样化查询界面，查到的结果通过不同的形式展现出来。

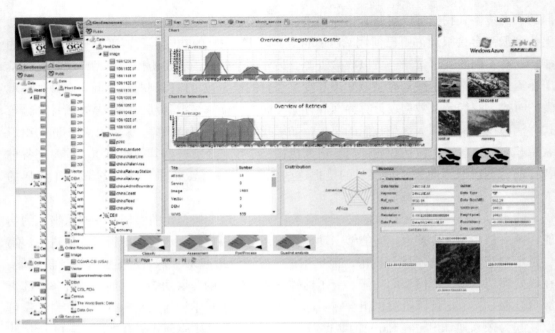

图 1.3.15 多维多样化的查询与展示界面

第二个就是我们的核心，在线做各种各样的处理。实验室江万寿老师开发了一个遥感影像处理服务集合 OpenRS，实现了并行化的遥感影像的处理功能。我们也把开源 GIS 软件 GRASS 封装成了网络服务，大家可以把自己的数据上传到平台做在线处理，例如，上传一个矢量道路网数据，来在线进行缓冲区分析。例如示例的这个服务是用来生成空间权重矩阵的。空间权重生成后，通过云存储的下载链接，用户可以把结果下载下来，也就是说，用户可以在这个平台管理自己的原始数据和结果数据。如果没有找到满足需要的数据，用户可以把数据上传到平台里面去，由这个平台来负责所有的在线处理。

目前，我们也实现了相对较为复杂的服务链模型的在线处理功能，如把缓冲区、叠置等合并在一起。用户可以在线看到执行的进度，执行的结果可以直接在线可视化。刚才老师教学的例子中，在教学环节我们把影像纠正、影像分类、评估、后处理、空间统计、样方分析等集成到这么一个平台，老师教学的时候再也不需要去安装复杂的软件，有个浏览器，打开我们的网页就可以完成。

（3）GeoChaining

前面介绍了两个不同的应用，一个是资源的在线搜索，一个是在线协同处理功能，最后一个例子我想介绍一下如何构建服务链模型。大家知道任何的处理工序都是一个工作流模型，就拿做披萨来说，我们需要面粉、奶酪、西红柿等原料。这些原料需要按照一定的处理工序（如揉面、切菜、剁馅、搅拌、烘烤等）加工并融合形成披萨，这是最简单的协同例子。我们做地理信息数据处理分析时，需要把不同来源的数据、不同功能组合到一起去，这也需要协同。如图 1.3.16 所示，比如说做一个滑坡敏感度分析，需要各种各样的数据，包括 DEM 数据及不同波段影像数据。我们要基于 DEM 做坡度分析、坡向分析，还要基于遥感影像判断植被指数、土地应用类型，最后形成一个复杂的敏感度分析模型。这些东西需要一个复杂的工作流把它组合到一起去。这里涉及数据流，数据由前一个任务转到下一个任务，从一个节点传到另外一个计算节点，这之间就需要有控制、有协同。那如何去描述这样一个过程模型，就成为一个问题。图 1.3.17 和图 1.3.18 是另外两个服务链模型示例。

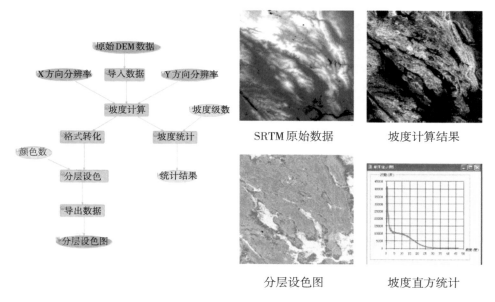

图 1.3.16 服务链模型示例 2——坡度统计与分析

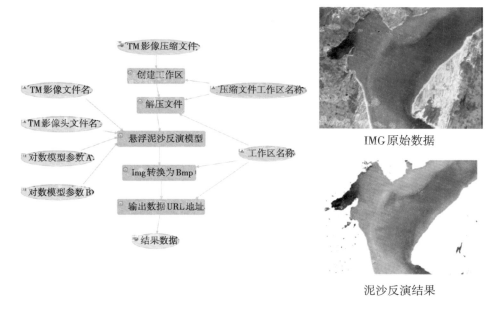

图 1.3.17 服务链模型示例 3——悬浮泥沙反演

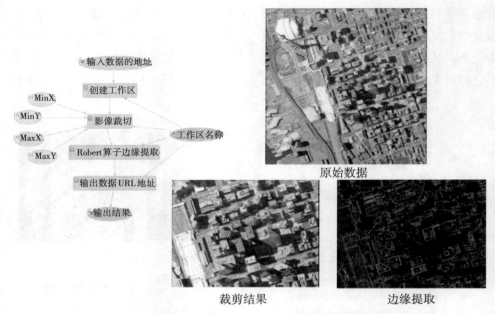

原始数据

裁剪结果　　　　　　　　　　　　　边缘提取

图 1.3.18　服务链模型示例 4——影像裁剪与边缘提取

　　在我们的现实世界中，通常有两种方式实现协同。一种是编制，类似于交响乐演奏，演奏时有一个指挥家来协调大提琴、小提琴、萨克斯等所有其他演奏者的表演，这是一个中心化的模型，因为有一个中心节点来控制协同。另一种是编排，就像舞台剧，这个过程中没有人扮演中心协同的角色，每个人都知道该如何去和其他人交互，根据表演的进度和上下文把控自己的活动。因为协同模式的不同，就产生了形式不同的模型语言方法来解决服务协同的问题。针对这样一个问题，我在做博士期间就开始探讨如何建立服务协同的模型，从理论的角度去研究这种服务协同如何表达。后面我开发了一个服务协同建模的工具。平台架构如图 1.3.19 所示，该平台从前端的服务链可视化建模到后端的执行管理整个服务链生命周期中的主要任务都在这个建模工具中实现。可视化建模主要的思想就是通过在可视化编辑面板中以图形对象元素拖拉组合的方式把网上资源连接到一起，比如矩形图形对象表示某个服务器上提供的一个处理功能，不同矩形块之间的箭头就描述对应处理功能之间的数据流或者控制流依赖关系。用户通过拖、拉方式构建图形化模型，就能描述出一个复杂处理任务中每一步工序的先后顺序。随后，模型会被转化翻译为后台工作流执行管理系统可以理解的模型描述语言实现自动化执行，其中模型本身就体现出了专家知识。如图 1.3.20 所示，比如洪水淹没分析中，需要什么样的数据、什么样的处理工序。通过这样一个模型的构建，实际上描述和保存了领域专家对于特定处理模型的专家知识和经验。一旦这样的模型构建以后，一般用户就可以直接使用这些模型而获益了。接下来向大家展示一下我做的建模工具，客户端界面如图 1.3.21 所示，是基于 Eclipse 插件模式和富客户端技术开发的，它是一个客户端应用程序。客户端的主要功能是服务链建模，用户可以通过拖、拉的方式自定义模型。用户可以选择不同的服务、不同的数据类型，还可以从数据中心查询建模中需要的原料和素材（各种地理信息资源），构建好的模型可以在线调用执行。这一块，我们做得比较早，距今已有十年时间了，所以这是一个早期的成果，我相信现在做这一块研究的其他国外团队已经做得更加完善了，如实现了 Web 端在线建模。除此以外，这一块的理论研究重心已落在语义支持的服务链建模，旨在实现服务链建模的自动化和智能化，这是一个非常有意思同时也非常有挑战的研究方向。简单地说，语义支持的自动化建模就是要能实现用户只需要输一段文本形式需求（需要什么空间范围、格式的某种数据或信息），计算机就能够把服务链的模型自动生成出来。这需要强大的人工智能和语义推理技术的支持。

图 1.3.16、图 1.3.17、图 1.3.18 和图 1.3.20 是一些服务链模型示例。

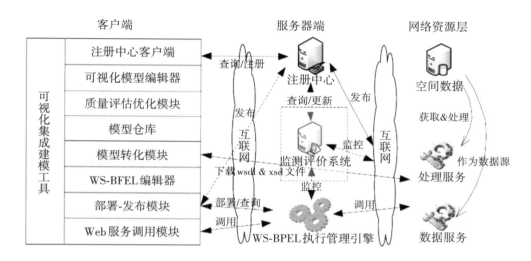

图 1.3.19　GeoChaining 平台架构

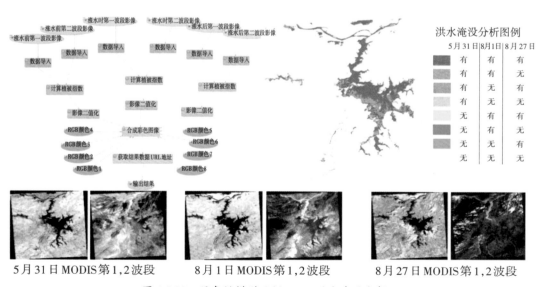

图 1.3.20　服务链模型示例 1——洪水淹没分析

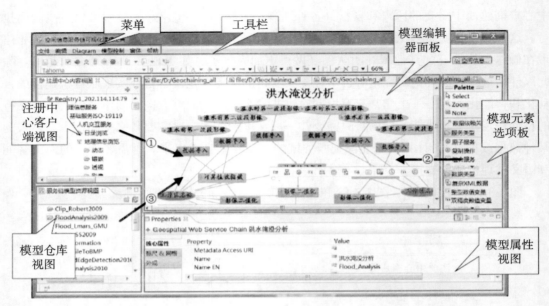

图 1.3.21　客户端界面

5. 探讨与展望

接下来从我工作的角度探讨一下服务协同可以做哪些工作，包括以下方面：

① 共享与在线协同是地理信息技术发展的必然趋势，也是产业化大众应用的关键；

② 关注服务平台的发展方向：是选择做大而全，还是做专而精；

③ 个性化与智能化服务是增长点；

④ 科学研究的方向在哪里？

a. 服务模式、模型与算法；

b. 服务质量、用户偏好与语义；

c. 与大数据处理和挖掘技术的结合；

d. 与高性能计算的结合。

⑤ 与计算机科学与技术的边界在哪里？

如果我们都去做计算机做的事情，我们可能就成为了计算机的附庸。但 GIS 发展了这么多年，我们的 GIS 到底是什么？实际上我们是在博采计算机的技术，数学领域、统计领域、制图领域的一些方法和长处，来设计和研发面向地理信息领域的业务平台和领域应用系统。我们的专业特点要求我们不断地去融合，不仅仅做计算机领域的事情，还要去找具体的应用领域，比如跟智能交通结合在一起。我们需要把计算机的技术，跟地理学和社会学中的理论方法，数学分析方法、大数据处理和挖掘的各种模型，跟应用领域的需求结合在一起。既然 GIS 是一个融合，那么我们就需要广泛地融合与跨界。只有做到了极致，这些才能形成我们的特色。我们需要向各个方向全面发展，博采众长才能做好一个事情。其他领域的人可能太专了，做数学的人可能找不到应用需求，做应用的人没有计算机的技术，我们把这些融合到一起去，我们就可能成为产业界的牵头羊。这是我的一个想法。

接下来是我下一步的工作展望：

① 在线可视化分析服务；

② 与社会、经济、公共事业应用的深入耦合。

最后是我作为一个 GISer 的一些期望，希望每一个 GISer 都能有下述的情怀：

① 做实用的 GIS 应用和产品，用技术改变世界和改善生活！

② 期待出现一批以武大人"冠名"的 LBS 应用！

谢谢大家！

【互动交流】

主持人：感谢桂志鹏师兄的精彩报告！大家对桂志鹏师兄的报告有什么疑问，现在可以提出来。

提问人一：桂志鹏老师，您刚才讲得很精彩。我想问下您做地理可视化服务的初衷是什么？是因为应用的需求吗？在我看来，目前行业应用对可视化并没有特别的需求。对我而言，只需要知道如何使用，最终结果是什么即可。

桂志鹏：地理可视化确实是目前的一种趋势。最近，我一直在关注中国大数据趋势分析方面的资料，不少资料都显示大数据可视化是未来大数据发展的第一位需求。获取大数据容易，但是掌握数据分析、数据挖掘方法却比较困难，因此一直存在这样的需求，即如何建立辅助化手段帮助最终用户直接从大数据中获取信息，而且需求量很大。地理可视化以专题地图的形式展示地理时空大数据，可以获取常规分析方法难以捕捉到的信息与知识。地理可视化服务最终目的是让用户直观地展示数据分析结果，除上传数据操作外，用户不需要进行其他操作。

提问人二：利用 GeoSearch 平台进行资源搜索之前是否需要在服务元数据中添加服务质量信息和语义增强信息？具体过程是怎样的？

桂志鹏：GeoSearch 平台中的空间数据基础设施内包含符合一定规范与格式的元数据，但并未整合语义及服务质量信息。在后台，第三方质量监测服务主动、持续获取实时服务质量数据，并存入质量信息数据库。在用户搜索阶段，根据用户的查询需求及匹配的服务资源，计算引擎对用户输入的关键字进行实时计算，分析查询结果与用户搜索需求的匹配程度，同时将之前监测服务获取到的质量信息附着在查询结果上，以新的形式进行重新组织并返回给客户端。

各个空间数据基础设施的元数据标准（如 ISO 19139，FGDC CSDGM 等）和访问协议（CSW 和 Z39.50）各不相同，它通过 URL 发送请求，获取 XML、JSON 或其他形式的数据。在代理服务层，我们将这些不同的形式进行统一，并同时增加额外信息，比如质量信息或语义信息，返回给用户。

提问人三： GeoSearch 平台集成了地理资源的服务质量。请问，如何获取服务质量的元数据？服务质量数据是实时的吗？

桂志鹏： 我们的研究团队开展服务质量研究有较长的时间，服务质量数据是通过分布式网络爬虫技术获取的。近些年来我们利用自行开发的爬虫对地理信息网络资源进行持续爬取，并对其进行实时服务质量监测。我们的监测粒度也比较细，对 OGC 服务的不同接口进行监测，同时将响应时间细分为不同的时间段。在监测时间上，每天分早上、中午、下午、晚上四个时间段进行持续监测。

提问人四： 我们在接触一个新课题时，需要先熟悉其已有的研究成果，一般通过查阅他人论文来了解课题的研究现状。您在选择和阅读这方面文献时，有什么经验或者技巧？

桂志鹏： 在文献选择方面，一般阅读影响力大的文章，首先选择顶级期刊论文，然后选择研究领域内他引频次高的文章。在文献阅读方面，一般不提倡通篇阅读，首先阅读摘要，了解其研究目的；如果符合研究主题，则阅读结论部分，了解其研究进展及未来规划，这可为未来的研究规划作铺垫；如果文章确实有研究价值，则阅读深入到方法与实验部分；最后，如果时间充足，可阅读引言中文献综述部分，找到研究领域内相关度高且影响力大的研究者或团队；还可以通过 Google Scholar 或者出版商提供的文献订阅服务，实时了解专题的研究进展，进行新发表文献的筛选。

（主持人：张玲；录音稿整理：杨超；校对：徐强、孙嘉、沈高云）

1.4　城市出租车活动子区探测与分析

（康朝贵）

摘要： 自美国奥巴马政府启动《大数据研究和发展计划》以来，GIS界迎来了大数据时代的革命热潮，大数据时代已悄然开启并试图改变我们的生活。在城市空间快速扩张的现实生活中，大数据将开启怎样的脑洞来解决城市交通拥堵问题？本期的 GeoScience Café 报告中，康朝贵博士将通过介绍在出租车频繁活动子区域探测与分析方面的研究，带领我们探究大数据时代城市出租车世界的乾坤，并和我们分享他的 MIT 留学之旅。

【嘉宾简介】

康朝贵，男，29岁，博士，2005年9月—2009年7月在南京大学地理与海洋科学学院取得学士学位，2009年9月—2014年12月在北京大学遥感与地理信息系统研究所取得博士学位，2012年9月—2013年9月在麻省理工学院感知城市实验室作为访问学者，2015年4月至今于武汉大学遥感信息工程学院任聘期制教师。

现从事轨迹计算、城市信息学与人类移动性分析与建模、时空统计等方向的科研工作。在 *International Journal of Geographical Information Science*、*Physica A：Statistics and its Applications* 等国际知名学术期刊发表论文10余篇。曾获北京市/北京大学优秀博士毕业生、美国地理学家学会 GIScience 奖学金、"全国高校 GIS 新秀"等荣誉与奖励。代表性论文包括：A generalized radiation model for human mobility：spatial scale，searching direction and trip constraint，Inferring properties and revealing geographical impacts of intercity mobile communication network of China using a subnet data set 等。

【报告现场】

主持人： 大家晚上好，欢迎来到第122期 GeoScience Café 学术交流活动！今天我们有幸邀请到了武汉大学遥感信息工程学院的康朝贵老师为我们做讲座，他的报告题目是："城市出租车频繁活动子区域探测与分析"。康老师博士毕业于北京大学遥感与地理信息系统研究所，曾在麻省理工学院感知城市实验室留学访问一年。他的研究兴趣十分广泛，在很多领域都有涉足，如城市信息学、轨迹计算等。现在有请康老师为我们作精彩报告。

康朝贵： 首先感谢主持人的介绍，在收到 GeoScience Café 的邀请之后，我认真查阅了 GeoScience Café 以往的报告，发现交流的主题主要包括两个：一是介绍自己的科研工作，二是分享自己的研究或者生活经历。今天我的报告主题属于前者，但是我更想以一个亲历者的身份，向大家展示一个小型研究从开始到完成的整个过程。我希望通过这种方式能给相关研究方向的同学提供一些借鉴。

1. 研究背景

我做这个研究工作和自己最近的经历有很大的关系。大概去年（2015 年）的时候，我从北京来到武汉，当时的武汉对于我来说是一个完全陌生的城市，我很想尽快地融入这座美丽的城市。我从朋友口中了解到，武汉是一座非常典型的具有多中心特征的城市。刚刚主持人也介绍到我做了很多关于行为轨迹和城市空间分析方面的研究，所以我自然地想到与自己研究工作相关的一个点：武汉的典型城市特征会对居民的出行活动产生怎样的影响？于是，我萌生了基于这一点开展一些研究工作的想法。在武汉生活了几个月之后，我也逐渐认识到武汉确实是个具有很多特点的城市。例如，在武汉搭乘出租车的时候，就容易出现被拒载的情况，有些区域出租车司机不愿意去。我意识到出租车的行为是城市居民出行行为的一个反映，1）武汉市出租车的运营在空间上有什么特点？2）有些区域出租车司机不愿意去，是不是因为司机在平时运营的过程中存在一个惯性的活动区域？3）是不是经过长久的运营以及惯性的思维，司机本人在某些区域接客或者送客会影响运营效率和收入？从这三个基本问题出发，我还想满足自己一个小小的"私心"：更多地了解武汉。而且，通过梳理这些问题，我开始意识到这里面存在一些科学性的问题，比如第二、第三个问题，出租车会不会在空间上有一个习惯性的行为模式？而这个模式对我们理解出租车出行系统以及优化出租车的调度有很大的参考意义。

来到武汉大学之后，我就职于遥感信息工程学院的地理信息工程系，在"智慧城市与时空大数据分析研究中心"做研究。研究中心里很多老师的研究方向都是轨迹数据挖掘。而且，中心正好有一套武汉出租车轨迹的数据，包含了 7 000 多辆出租车在 2014 年 3 月 1 日至 2014 年 3 月 31 日这段时间内的所有轨迹数据。通过对这份数据进行研究，我们可以在一个较长的时间段里观测出租车的行为。在日常生活中，我们谈论出行的"起点"和"终点"，并不是以行政区划图作为描述基准的。例如，当我们说到"广埠屯"时，更多的是居民对城市空间的一种概念认知，也是对武汉这座城市地域区划的主观认知。因此，我找到了两套背景地理数据：武汉市的行政区划图和地域空间分布图，作为研究分析的地理单元。通过进行文献阅读和调研等前期的准备工作，我明确了这个问题的研究价值在于：目前以出租车数据为代表的轨迹数据分析研究主要关注三个方面，第一，很多人拿到轨迹数据，更多地会研究乘客整体空间分布的统计规律，这种研究的缺点在于它只能统计乘客一次出行的信息，而没有利用完整的轨迹数据，因而无法做长期有规律性的研究；第二，偏计算机的视角，它更多地研究出租车司机在空间和时间上的什么位置或什么时段揽客效率更高；第三，偏空间的视角，将研究区域模拟为空间交互的网络模型，并通过模型研究城市内部枢纽型的节点以及形成的功能区划。虽然这些研究都和我的研究相关，但都不是我所研究的问题。由此可以看出，这三个问题和我所研究的问题没有重合，但都可以为我的研究提供借鉴。

2. 三个问题

在数据准备过程中，我放弃了使用武汉市的行政区划图，而是选用了从网上检索到的一幅房地产行业对武汉市的认知地图。该地图将武汉分为 36 个区域，是对武汉空间认知的一种反映。基于这 36 个区划单元，我对武汉市进行了数字化，并将每个区域标上 ID 号作为唯一标识的单元，如图 1.4.1 所示。另一个值得指出的点是，虽然当前很多专家学者都提到"大数据"，但是在大数据领域，并不是所有的数据都是有价值的。我所获得的数据集就存在很多问题，例如，有些出租车在某天的数据是有缺失的。尽管这种有缺失的数据增加了整体的数据量，但对于我的空间认知会造成偏差。考虑到研究出租车长期行为的初衷，我最终在 7 000 多辆出租车中筛选出了轨迹数据完整的 6 023 辆，基于其轨迹数据进行后期的分析。

图 1.4.1　武汉市的认知地图

从逻辑上看，前面提到的三个问题是相辅相成的。第一个问题：城市的多中心结构会对居民的出行带来怎样的影响？经过推理我们可以看出，城市的多中心性会使出行的需求在局部上得到一定的满足，在一个中心区覆盖的范围内，它内部的出行需求会明显地强于跨区域的出行需求。这些可以用网络分析的方法进行检测。

第二个问题：是否存在出租车频繁活动的区域？若将出租车连续接客的地点作为序列，那么频繁活动的区域其实就存在一种空间关联模式，即司机在一个位置揽客，那么他就会以很高的概率在另一个区域揽客。因此，一辆出租车在 30 天内的完整轨迹可以看作是多个不同空间模式的叠加。对于这个问题，我需要做的工作就是区分这些模式。这里面涉及矩阵分解的方法，该方法是一种较好的用于多模式分离的技术。

第三个问题：假如存在满足第一个问题的假设，即多中心性使得局部的出行需求很强，那么为了满足这种需求，出租车司机肯定会采取相应的策略。例如，是否一部分出租车会在特定的中心区域内服务，从而满足城市出行的需求？另一种极端的情况就是，所有的出租车都在整个武汉市区域内服务，也就是没有频繁活动的区域，这样也能满足全市的出行需求。我的猜测是存在频繁活动的区域，即某些出租车只愿意在某一个中心区域内运营。进而我就自然而然地想到，是不是在某个区域内出租车的运营效率会更高？因此，根据不同的频繁活动区域可以将出租车分成若干个类别，不同类别的出租车之间可以比较其运营效率。比较的指标有三个，分别为载客次数、行驶速度、载客距离。我期望达到的效果是：如果在某些区域内出租车的运营效率会显著地高于其他区域，就可以据此指导和调度出租车的运营。

通过对第一个问题的仔细分析，我决定对出租车轨迹进行简化。出租车的每次载客行为均存在一个"起点"和一个"终点"，在数据里面对应的是经纬度的对值，我首先在分析的粒度上对数据进行了聚合处理。主要选取 36 个空间认知单元作为分析对象，把这些"起点"和"终点"数据聚合到这些单元中，即将"起点"和"终点"的经纬度与它所在的区域进行关联，得到出租车的起点区域和终点区域，如图 1.4.2 所示。最后，将所有起点和终点的经纬度都赋值到相应的区域上，形成一个空间网络。这个网络一共有 36 个节点，1 296 条边。由于边数很多，直接将这个网络进行可视化效果不是很清晰。

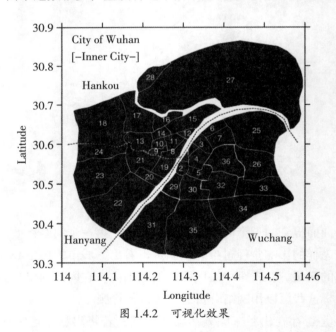

图 1.4.2　可视化效果

例如，从编号 27 的区域到编号 25 的区域总共有 5 000 次出行，因此，我利用边的粗细表示出行的次数，并过滤掉小于 8 000 出行次数的边，就可以得到一个骨干网络，如图 1.4.3 所示。简单地来看，可以看到比较典型的枢纽节点，如节点"8"与很多其他节点之间都有连接边，而且边较粗，表示流量较大，在空间上为汉口的中心区；"2"对应武昌的老城区；"32"对应光谷；"19"对应汉阳。从图中可以很直观地看出武汉有多个枢纽中心节点：汉口、武昌、汉阳、钟家村、光谷（典型的新兴中心）等，这些和我们对武汉市多中心分区的认知相一致。在图中，同一种颜色代表同一个中心区域。这里用到了组团发现的方法来优化模块度的值（直观的理解可以参考谱聚类的思想），区域与区域之间的联系可抽象为一个网络，按照功能组团的定义，组团内部的联系较强，跨组团的区域间联系较弱。如果能找到分离两个部分的一条边，沿这条边切断，就可以得到两个功能组团。找到这样一条边的方法简单来说就是枚举所有类型的切边，如果某一条切边使函数取得最大值，那么这样的切分即为最优分离策略。

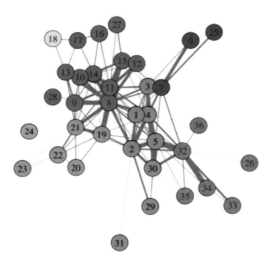

图 1.4.3　骨干网络的效果

　　将上述网络图展绘到一维上，图 1.4.4 即是把所有的节点按照不同的组团排序（颜色表示组团）得到的结果，可以分割得到 6 个子区域。首先是汉阳，在空间上与实际情况是吻合的，即汉阳区域内部出行的联系显著大于与区域外的联系；第二个子区域是光谷，光谷是一个新兴的次级中心，明显地将武昌分为旧城中心区和以光谷为中心的靠近市郊的中心区；还有一个大的子区域就是汉口，这比较符合我们对武汉城市规划的空间认知。但是通过组团发现的方法，我们将武汉多中心子区域量化出来后，发现还存在一些较为特殊的点，例如，节点 18 成为了一个单独的功能组团。通过广泛的资料检索，我发现这是武汉的东西湖区。在实际情况中，东西湖区域内的出租车是不允许驶入其他区域的，显然该区域内部的出租车出行联系非常强烈，和外部的联系则很弱，因此形成了一个单独的组团。另外一个特殊的节点就是火车站。火车站是交通枢纽，考虑到这个因素，也可以将火车站及周边的区域作为独立的组团。通过以上分析，可以定量地发现并了解关于武汉的基本认知。有的人可能认为这是一个常识，但有些现象不通过数据分析是无法发现的，如东西湖区域、火车站及其周边的区域。这一步分析得到的结果和我最初猜测的情况相吻合：多中心城市的出行呈现明显的分区特点。

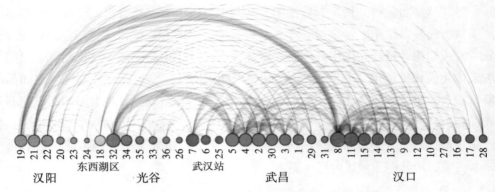

图 1.4.4　按照不同的组团排序的结果

第二个问题：既然居民的出行存在这样明显的特点，那么出租车在经过长久的运营就会形成一个固定的模式，这种固定的运营模式又会是怎样的呢？因此，第二个问题简单来说就是，出租车是否存在频繁活动的区域？为了解决这个问题，我选择了矩阵分解的方法。在选取的 6 023 辆出租车中，每辆出租车都可能会在这 36 个区域内出现，因此得到一个 6 023×36 的矩阵，矩阵里面的值表示出租车在 31 天内总的载客次数，如图 1.4.5 所示。如果存在频繁活动的区域，理想情况下该区域内的值会增高，其他区域内的值接近为 0。事实上，我需要做的工作就是将出租车进行分类并发现两类模式：①空间上 36 个节点可分为不同的类，每个类代表一部分出租车在某些特定区域内的接客次数比较多而且比较接近，但在其他区域较少；②将这种特定模式所对应的出租车进行分类。

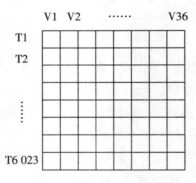

图 1.4.5　6 023×36 的矩阵

具体的方法是把这 6 023×36 的矩阵降维分解成两个矩阵 W 和 H 的乘积，即 $W_{6\,023×K}* H_{K×36}$，如图 1.4.6 所示。矩阵中 K 代表存在 K 种模式，每种模式代表一部分节点的访问概率高，其他的节点访问概率低。例如，当 $K=2$ 时，假设前面 3 个节点的接客次数接近 100，其他节点的接客次数为 0，那么这 3 个节点区域即为该出租车的频繁活动区域；假设前面 3 个节点接客次数为 0，后面 3 个节点为 100，那么就表示后面 3 个节点的区域为出租车的频繁活动区域。W 矩阵中每一行代表每辆出租车在 K 种不同模式下相对应的载客概率。

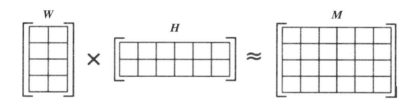

图 1.4.6 矩阵分解

这种分析方法的好处在于，它可以对出租车以及空间区域同时进行划分，达到分类的效果，方法最核心的部分就是 K 的取值。我们期望达到的效果是：当 K 为某一值时，这两个矩阵相乘的结果能和原始矩阵最为接近。有很多成熟的方法可以判断 K 的取值，最简单的方法就是对 K 的取值进行枚举，计算特定的 K 值情况下 W 和 H 矩阵的乘积与原矩阵之间的相似度，相似度最大的 K 取值即为最优取值。在测试中，我最终得到当 $K=6$ 时为最优取值。这个结果的含义是：K 的取值同时表示区域分类的数目和出租车分类的数目，将 H 矩阵以另一种方式展示出来，就会有 6 个模式，且符合之前的猜想，如图 1.4.7 所示。由于分解的过程中没有考虑空间的概念，因此可能会存在活动区域不连续的现象。但是，当我把这 6 个模式展示到空间上时就非常直观了，也打消了这种顾虑。

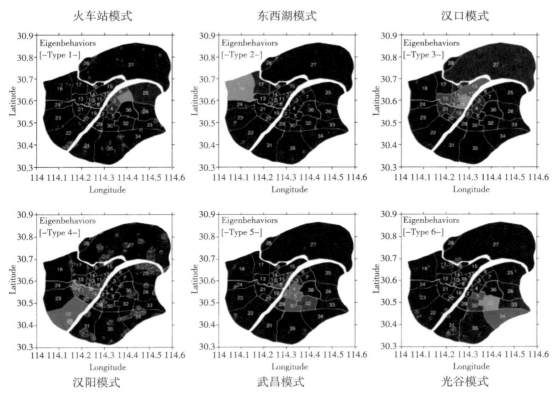

图 1.4.7 模式展示

73

第一个模式在编号 7、25、6、3 区域有比较高的接客次数，典型的就是武汉火车站及其周边接客频率；第二个模式就是东西湖区域内的接客频率；其他模式依次为汉口、汉阳、武昌、光谷。可以看出这种结果和我第一个问题的结果非常接近，即出租车司机在某一特定区域内的接客概率更高。再来看另外一个矩阵，W 代表出租车的分类，为 6 023×6 的矩阵，通过转置之后为 6×6 023 的矩阵 T，矩阵的每一列代表每辆出租车在某一个模式里的概率，红色代表概率高，蓝色则代表概率低，如图 1.4.8 所示。从图中可以很直观地看出有 156 辆出租车以两个模式出行的概率很高，基于这一步分析得到的结论是：出租车存在频繁活动区域，而且和城市空间结构所导致的居民出行的空间分布比较一致。进一步可以看出，多数出租车只存在单个频繁活动区域，也有部分出租车有两个频繁活动区域。

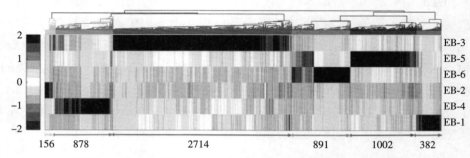

EB-1：火车站 EB-2：东西湖 EB-3：汉口 EB-4：汉阳 EB-5：武昌 EB-6：光谷

图 1.4.8 W 矩阵

在思考第三个问题的时候，我进一步将出租车的分类细化至 10 类。例如，第一类出租车可进一步分为两个部分，一部分出租车只在东西湖区域内运营，即东西湖内部的出租车无法驶出该区域，但是其他区域的出租车可以驶入该区域内，如汉口—东西湖，即一部分的出租车是在汉口和东西湖之间往返运营。第二类出租车也可以进一步细分为两部分：汉阳和汉口，在汉阳和汉口之间也有较强的出行需求，所以一部分出租车要满足这样的需求，还有一部分出租车只往返于汉阳。类似的，光谷区域的出租车可以划分为光谷—武昌之间运营的部分和只在光谷运营的部分，其他区域的出租车可划分为火车站—武昌之间运营、武昌、火车站及其周边区域、汉口、汉阳等 10 类。这 10 类出租车的运营效率是否存在较大差异？是否在某些区域运营的出租车的收入会高于其他区域运营的出租车？这个分析对于出租车的调度会有较大的指导意义。

我选择了三个度量出租车运营效率的指标：一是载客的次数，我们通常认为载客次数越高收入也越高，但是我们的数据中没有收益的信息，不像国外所提供的数据会有相关收入信息，因此我只能通过载客次数来推断收益；二是载客的时长，载客时长与载客距离以及载客次数相关，但也存在一些例外的情形，比如在距离很短，但是交通拥堵情形下，收益并不是和时长成正比；三是载客距离，理想情况下，距离越远，收益越高。对这三类指标进行统计，收益最优的情况应该满足载客次数越大、载客距离越长、载客时间越短。通过对 6 023 辆出租车载客次数在空间上的分布进行统计，我发现这三个指标的统计结果都符合正态分布，即大部分出租车的运营表现集中在均值附近。考虑到载客次数、载客时长、载客距离在全市的平均水平上属于正态分布，因此可以将其均值作为参考标准，比较10类出租车的载客次数、载客时长、载客距离的分布与全市平均水平之间的异同。

对于这10类模式下的出租车，我按照主观经验把它们归为了几类。汉口和武昌的地位是对等的（功能地位），可以分为一类。为了帮助大家理解，我选取了前1%、15%、85%、99%出租车的载客次数依次进行了区间划分，基于此类研究，可以发现武昌和汉口出行需求和全市持平。由于这两个区域的出行需求比较旺盛，距离持平，但是交通拥堵导致出租车载客时间偏长，这是第一类；第二类是汉阳和光谷，虽然都属于活动中心，但是偏郊区，因此出行需求相较于全市水平是偏低的，但是载客距离偏长，速度快，时间偏短，这类出租车为了追求速度和载客距离，载客的不确定性相对较大；还有一类，如之前提到的，汉口和武昌是等同的，汉阳和光谷是等同的，在分类当中有武昌和光谷之间的，也有汉口和汉阳之间的。因此，武昌—光谷和汉口—汉阳之间是可比较的，两种运营模式的出行需求稍微偏大，集中在均值附近，载客时间较长，距离稍微偏长。由于这类模式主要连接两个中心，中心之间是有一定距离的，而且交通状况较拥挤，时间偏长；第四类模式主要是武汉各个火车站及其周边，出行需求非常旺盛，距离偏长，由于武汉的火车站周围交通比较畅通，因此运行速度偏快；第五类为东西湖区域，此类模式非常特别，东西湖区域内出租车数量较少，竞争不激烈，因此接客次数较高，距离较短，而连接汉口到东西湖之间的出行需求不旺盛，距离为中等偏长，速度偏快。通过对这几类模式进行分析，我发现没有一种占主导性的模式。例如，前面的几种模式很明显的是追求载客次数，而不考虑时长；在郊区运营的出租车的模式则基本是距离偏长，速度偏快，载客的可能性不确定；在火车站周边运营的出租车的模式则是距离偏远，速度偏快，但是接客概率较高。

分析到这个阶段，可能很多人觉得我之前提出的三个问题已经基本解决了，然而研究多数是一个迭代的过程。在做完了前面几个分析之后，我又反过来思考了这个研究的关键性问题是什么。我认为应该是：分析单元。前面我列举了36个活动区域，是比较粗的，很多人会因此认为空间分区会对模式有影响，而不同的空间分区单元是否会对通过分解得到的模式产生影响？为了回答这个问题，我采用了一种新的方法对整个研究区域进行了分析。我选择的是500×500的规则格网，因此分解的矩阵是6 023×4 096。依照我之前的方法进行载客分布分析，最后得到的结果和前面的结果基本一致，这说明通过空间分解单元得到的模式基本上是可靠的。

以上是我从身边的小事出发，通过矩阵分解等方法研究了城市居民出行需求和供给模式，识别了出租车活动子区，最后把这个活动子区和出租车运营的效率进行了关联。方法上没有太多的创新，更多的是分析问题的思路和发现并解决问题的能力。接下来，我将要做的工作是顺着这个思路，研究是否部分出租车早上在武昌跑，下午去汉口跑的接客概率会更高？事实上，我前面没有考虑时间因素，因此后期工作可以结合时间这个因素进行研究，分析频繁活动区域是否随时间短期或长期变化？同样也可以思考，出租车在一个子区运营和不同时间段在不同子区运营，哪种效率会更高？这将是我后面研究的一个思路。

3. 留学 MIT 感言

接下来，我想和大家分享一下我在 MIT 访问留学的经历。

有意思的是，美国的一些机构会对那些外形建筑比较"丑"的大学进行排名，而 MIT 就榜上有名，它的校园环境活像一个工厂，如图 1.4.9 所示。波士顿有很多外形较丑的大学，但整个马萨诸塞州却是教育最好的地方。大家可能比较熟悉 MIT 两个有特点的地方：一个是图书馆的阅览室（图 1.4.10），另一个就是奇形怪状的教学楼，如同被捏皱的纸盒（图 1.4.11）。

图 1.4.9 神似工厂的 MIT 校园

图 1.4.10 MIT 的图书馆阅览室

图 1.4.11 奇形怪状的教学楼

我留学访问的实验室叫做"感知城市实验室"。实验室的网站做得非常漂亮，给我留下了很好的印象。正巧他们当时的研究方向和我的一致，我就尝试着与他们联系，结果比较幸运地获得了交流的机会。实验室的学术氛围很浓厚，墙面上贴满了我们做的项目、发表的论文和阶段性的成果。实验室物品的摆放也是很随意的，无拘无束，其中最特别的就是办公的位置。我刚去的时候，实验室的秘书把我领到地方后就让我自己找位置（找得到空的位置就可以坐），于是我就在两个同事的办公位置中间挤出来一个狭小的空间。虽然办公室的环境很混乱，但这却是我所认为的 MIT 风格。办公的位置实验室不负责，能找得到并守得住就属于你的，所以在某些情况下，还是要使出一些手段的，比如我对秘书说要处理大量的数据，需要配置一台电脑，然后我将电脑摆放在桌子上。在实验室小组中，我待的时间较长，大部分人都是轮流在实验室呆一段时间，流动性很大。我的老师是一个意大利人，欧洲学生比较多。很多人可能会觉得实验室既没有办公位置，人员流动性又比较大，如果没有干活的动力，是很难有意志力待在实验室的，因此必须要有很强的学习动力。在这么窄小的办公位置中，一个很大的优势就是能够很方便地看到周边同事在做什么，而每天看他们做的东西也让我学到了很多知识。

实验室还有一大特点就是开会。通常我们选择在吃饭的时间段开会，不管是邀请外面的嘉宾做报告还是每周的例会，都是在这样的环境下进行的。听众就是端着饭坐在下面，如果报告精彩，大家就听，反之就是在吃饭，这种氛围非常有意思。此外，报告的形式也是比较特殊的：实验室要求每个报告人的 PPT 一共 20 张，每张只能 20 秒，超过时间就会被打断。MIT 和波士顿相隔一条查尔斯河，偶尔实验室会组织我们到周边户外开会。

科研方面，我在融入到 MIT 实验室环境的过程中学到了很多知识。生活方面，我申请到了学校里面最便宜的宿舍，住宿环境很简单，但却可以每天看到波士顿的风景。科研之余，我也很爱参加运动，下班之后，我通常会选择去体育馆打篮球。留学期间我也曾代表 MIT 去哈佛参加足球比赛，偶尔也会拿着学生证去学习划帆船。

当然，在国外也要格外注意人身安全。留学期间我经历了几次较大的事件：第一个就是前面提到的打篮球，和美国人打球的时候，我的左脚和右脚接连受到创伤，很多爱运动的同事也遇到过类似的问题。第二个就是在 2013 年马拉松比赛时发生了爆炸案，那天我因为有事而没有参加，幸而躲过一场灾难。爆炸就发生在学校附近，事发之后，凶手逃到距离我办公地方不到 300 米的地方，枪杀了一名校警。这次事件让我意识到在美国，安全是非常重要的事情，外出参加活动，要特别注意安全。

国外留学免不了孤单，但是却让我见识了外面世界的海阔天空，学到了很多知识。在这种环境下，我养成了独立科研的能力，养成了对个人生活独立思考的能力，这对我产生了很大的影响。中国学生和外国学生最大的区别是：外国学生喜欢花费更多的时间去思考，比真正实践花费的时间要多得多。就做研究而言，有时候思考比真正动手更为重要。

以上就是我今天想跟大家分享的内容，希望能够对大家有所帮助和启发，谢谢大家!

【互动交流】

主持人：谢谢康老师为我们带来的精彩报告! 康老师对武汉市出租车的出行规律进行了全面、深入的挖掘，报告生动直观，为我们更好地了解武汉提供了新的视角。武汉是一座很神奇的城市，与其他城市有诸多不一样的地方，而这些不一样的地方也等待着大家去发现。接下来是提问环节，大家有什么问题可以举手提问。

提问人一：这是第二次听康老师的报告了，有一个小疑问就是矩阵分解的时候，矩阵的每个单元值代表什么含义?

康朝贵：在这个矩阵中，行 V 代表 36 个区域，T 则表示选取的 6 032 辆出租车，每个单元格表示出租车在这个区域内接客的次数。

提问人二：从刚才的报告中我们了解到，您研究中应用的数据分析和建模方法很多都与计算机相关，那么您觉得 GIS 专业和计算机专业相比，优势在哪?

康朝贵：目前无论城市信息学，还是城市计算，很大部分都要跟计算机打交道，但是 GIS 一个很显著的特征就是注重空间思维。例如，计算机专业人员很偏向于针对一个问题建模分析，来预测在哪接客，去哪里接客概率更高，偏向个体行为；但是 GIS 人员就注重挖掘空间模式，更加关注群体行为在空间上的分布，这就是计算机专业人员所缺乏的思维。

提问人三：您的研究方法最核心的部分应该是矩阵分解的那一部分，请问您是如何通过实验得到 K 的最优值? 另外，为何您在分析第一个问题时将出租车分为 6 类，分析第二个问题时将出租车细化为 10 类? 如果将第二个问题的结果代回到第一个问题，即 $K=10$，会得到什么样的模式和结果?

康朝贵：K 的取值有比较成熟的方法，例如可以通过将两个矩阵相乘，度量它们的差异，使得差异最小的 K 值为最优值。第一个问题是从出行需求的角度出发，得到 6 类模式；第二个问题是从出租车频繁活动区域的角度出发，按照出租车在不同区域接客的概率将出租车细化为 10 类，这个分类的过程和层次聚类比较像，可以继续细化下去。

提问人四：康老师，请问您在研究中使用的是什么可视化工具？

康朝贵：有两张图是用 R 软件做的，其他的是用 Matlab 做的。

提问人五：康老师，请问您是受什么启发而想到做这样一个研究的？

康朝贵：我的出发点是因为我对武汉完全不熟悉，我想是否可以用出租车的数据，从出行的角度来了解武汉的城市空间结构和其他背景知识。我觉得这具有一定的研究价值，于是就进行了以上的分析。所以说，我是从身边一个很小的点出发，梳理出一些需要研究的问题以及研究的思路。

提问人六：康老师，您用的矩阵分解方法中两个矩阵有没有考虑变量的独立性要求？另外，您使用的出租车数据中乘客的上车状态除了用 0 和 1 两个值表示外，是否有其他的异常值出现？如果有的话，您又是怎么处理的？

康朝贵：你的问题很好。应当要考虑这两个矩阵中变量的独立性要求，K 的取值最优的时候就是模式之间关联性最小的情况。出租车数据里乘客上车的状态确实存在一些异常值，对于这样的情况，我们可以查看异常值邻近的值，采用平滑的方式过滤掉异常值。

提问人七：康老师，我有几个问题想问一下您，您研究出来的出租车频繁活动子区是否与司机的居住地有关联？这些活动的模式会不会随时间而变化？另外，外国的学生是想得多些还是做得多些？

康朝贵：你的问题很好，我认为司机的居住地和其频繁活动的区域是相关的，但是我这次研究里没有考虑司机居住地的因素，因为我不清楚用这套数据挖掘司机居住地的可靠程度，所以这个问题我不太好回答。第二个问题也确实是我后续工作所要进一步研究的，加入时间维度后，我想变化不是随机的，应该是存在一些模式的，我觉得这是个可深挖的方向。第三个问题的话，外国学生确实会在思考上花费更多时间和精力。因为他们得保证研究问题的选择及技术方案设计的可行性，所以做得慢，但是可以做得很细。这种模式在国内不一定适用，需要视我们所处的阶段而定：如果是初级阶段，在什么都不是很了解的情况下，多做多摸索肯定是比较好的，多想反而可能会变成空想。但是当你有了一定的积累之后，我觉得肯定要多想。我待的那个实验室里都是比我更资深的人，所以他们花在想上面的时间会更多。

提问人八：康老师您好，感谢您的精彩报告！我作为门外汉有两个小想法，第一个是您提到的时间划分是上午、下午和晚上，我想能不能以月份的尺度进行研究？比如说 3 月份武汉大学樱花开了，这个区域的出租车可能就会比较多；第二个小想法是，您做的研究是基于司机意愿自行选择目的地的思路的，但是我想如果司机不拒载的话，出行的目的地更多的是乘客意愿所决定，所以这个模式是不是更多地反映了区域之间联系的密切程度，而不是出租车司机的运营模式？

康朝贵：这是两个尺度上的研究：短期和长期的。基于我目前的数据，做短期的可能会比较好，长期的也是我未来研究的一个方向。我前期做的研究基本上没有考虑时间因素，之后想把时间加进来，挖掘更深的东西。第二个问题提得非常好，这也是为什么我的出发点有两个，而第二个问题却没有得到很好的解决。在第一个问题上，我和你的看法是一致的，就是城市居民出行在空间上的分区导致了出租车出行活动在空间上出现分区。但是我觉得这不一定带来拒载，深层次来想，有些情况好像又不是完全受乘客意愿控制的，比如说武昌的出租车送一位乘客到汉口，到了汉口以后司机却不在汉口接客，很多情况下而是返回武昌继续运营，这是为什么？我的研究暂时无法解决拒载的问题，但是可以说明出租车频繁活动子区受到两个因素的影响：一个是乘客的出行需求，一个是司机的运营习惯。刚刚有同学提到的滴滴打车带来的影响，如果能拿到滴滴的数据，就可以做许多非常有意思的研究。最简单的就是，比较滴滴司机和不用滴滴的出租车司机的行为差异，可能就发现很有意思的模式，但是我目前还拿不到滴滴的数据。

（主持人：简志春；录音稿整理：钟昭；校对：阚子涵、王彦坤、肖长江、李韫辉）

1.5 学习科研经历分享

（申力）

摘要：申力博士介绍了自己在硕士、博士期间的科研成果，结合自身科研经验和留学体会分享了漂洋过海求学的酸甜苦辣和培养科研兴趣的方法，并向莘莘学子提出出国留学建议。美貌与智慧兼具的申力博士，科研硕果累累，经历经验可圈可点，所提建议贴近实际。她幽默风趣，整场报告精彩纷呈，现场观众获益匪浅。

【嘉宾简介】

申力，博士，讲师，现任武汉大学遥感信息工程学院教师。硕士就读于同济大学国家海洋重点实验室，博士就读于萨斯喀彻温大学，仅用三年零八个月取得博士学位，研究方向是城市可持续发展。曾获 2013 年国家优秀自费留学生奖金。

申力博士长期致力于科研，研究项目涉及自然地理和人文地理两大领域，硕士至今的主要研究项目有 Charactering HABs in the East China Sea，Charactering Loggerhead Shrike habitat in North American mixed grassland，Characterizing urban temperatures and LCLU，Monitoring urban sustainability-theoretical aspect 等，并先后发表在 *Journal of Environmental Protection*、*Journal of Applied Remote Sensing*、*Remote Sensing* 等期刊上。截至现在，发表 SCI 论文 6 篇，主持并参与多项国内外科研项目。参加各种论坛扩宽视野，曾为了求知自费跨省参加加拿大地理协会 CAG（Canadian Association of Geographers）年会，2012 年的遥感大会 Multi-temporal 等。研究兴趣主要集中在人文地理，尤其是城市可持续发展方面。

【报告现场】

主持人：欢迎各位同学来到 GeoScience Café。大家能够感受到天气越来越暖，春的气息也越来越近。俗话说："一年之计在于春，一日之计在于晨"，意思是，我们要在最开始的时候就为一些重要的事情做准备。对我们做学术研究的研究生来说，尽早培养学术兴趣、规划学术道路以及为留学做准备都是十分重要的事情。今天，我们非常荣幸地邀请到来自遥感信息工程学院的申力老师，她将为我们讲述空间信息方法在地理学上的应用，并与我们分享科研和留学经验，以及培养研究兴趣的方法，申老师今天的演讲内容将会十分精彩，相信大家已经迫不及待了，下面请大家用热烈的掌声欢迎申力老师，谢谢！

申力：感谢大家今天晚上能够牺牲个人休息和娱乐时间来听我的分享。这次准备比较仓促，如果与大家的预期有差距的话，还请理解。今天，我将与大家分享的内容包括四个主题：第一，空间信息方法在地理学研究中的应用。这与我个人的研究背景有关，从硕士，博士，直到现在，我的研究比较多元化，具有多面性，涉猎的领域较多。比起单纯的空间信息方法的研究，我更偏向于选择用这些方法去解释一些实际的人文地理或者自然地理现象，探讨这些现象背后的规律、机制及其内在的原因和联系。第二，如何培养科研兴趣。关于这个主题，我想分享的是如何使大家提高科研兴趣。在有限的时间内，如何对自己所做的研究工作提高兴趣和热情，对此我将根据个人经验谈谈自己的看法。第三，留学经历分享。主要是分享在加拿大读博四年期间的经历和经验。第四，留学建议。给准备出国的同学提供一些建议，希望对大家有所帮助。

1. 空间信息方法在地理学研究中的应用

空间信息包含的内容非常广泛，应用技术主要有遥感、GIS 技术、空间统计技术知识，其应用涉及两大地理学领域——自然地理学和人文地理学，如图 1.5.1 所示。

图 1.5.1　空间信息方法的地理学应用

目前，自然地理学研究已经相当成熟，已有较多成熟系统，例如：海洋生态系统、森林生态系统、草地生态系统、农业生态系统、湖泊生态系统等。然而，人文地理学仍有较大发展空间，是目前国际遥感界、GIS 界的研究热点之一。人文地理研究能否在其广阔的应用领域内（如经济、民族、政治、城市等）有所突破，是相关学者所专注的问题之一。那么，如何更好地利用空间信息方法解决社会和人文问题呢？这正是我的研究兴趣所在，下面我将通过与大家分享自己的科研内容，具体解答这一问题。

（1）东海赤潮监测（Charactering HABs in the East China Sea）

该项目提出了东海赤潮遥感监测的模型框架，获取实测水的反射率和赤潮信息，结合卫星遥感影像、国家海洋公报等，通过目视解译（visual interpretation）、水体分类（water classification）、生物物理特性研究（biophysical explanation）、地质海洋解释（geological explanation）等，确定赤潮从爆发、发展、成熟到最后消亡等不同阶段的海洋水色等物理特征，图 1.5.2 向大家展示了这一模型框架的结构。

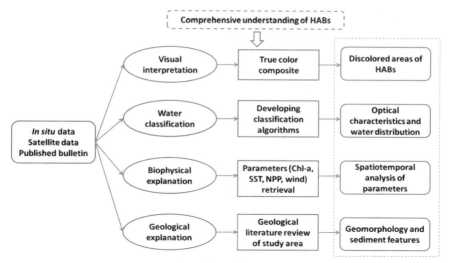

图 1.5.2　东海赤潮遥感监测的模型框架

　　该项目是硕士期间我在同济大学国家海洋重点实验室所做。在东海，用光谱仪测光谱特征，并分析其光谱曲线，确定赤潮大概的爆发范围（当时的赤潮爆发是由中肋骨条藻引起），用 GIS 简单的空间分析方法提取其频繁爆发区，结合 MODIS 数据获取赤潮爆发的大概范围并做统计。图 1.5.3 展示了测量数据现场以及数据分析过程。

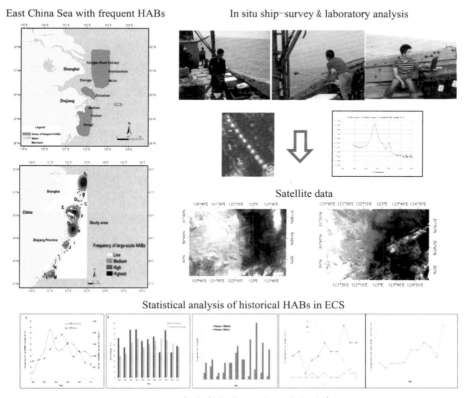

图 1.5.3　东海赤潮监测现场及数据分析

图 1.5.4 展示了这个项目的一些反演结果，包括水体分类、空间分布、叶绿素变化、海水温度、海风以及初级生产的变化，以此研究赤潮在爆发、发展和灭亡不同阶段的特征，并总结出一些特点，研究结果发表在 *Sensors Journal* 中。

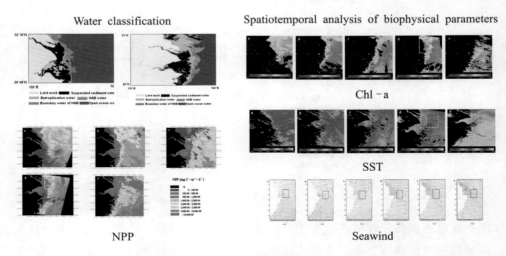

图 1.5.4　反演结果展示

（2）加拿大国家草地公园 Loggerhead Shrike（一种鸟）栖息地变化研究（Charactering Loggerhead Shrike habitat in North American mixed grassland）

该项目是我在博士二年级所做。本人博士就读于 University of Saskatchewan，位于加拿大萨斯喀彻温省萨斯卡通市。为了解 *Loggerhead Shrike* 这种鸟选择栖息地的因素，实验组每年暑假都会进行为期十几天的野外实地数据采样。白天测量光谱、LAI、土壤湿度，晚上整理测量数据，并对草样本进行分类、称重等处理。目前，Research group 有很多关于国家草地公园的信息，而且数据涵盖约十几年。该项目源于国家草地公园计划——对即将灭绝的鸟类进行调查，通过遥感方法获取鸟类栖息地。研究中，首先将鸟的栖息地分为三种：该地以前有鸟现在也有鸟、以前有鸟现在没有鸟、以前没有鸟现在也没有鸟，并调查这三种栖息地的生物物理特性，例如：草的高度、地表 LAI、空间 Topography（地形拓扑信息）、采样点与公路的距离等（图 1.5.5）；然后从不同的空间尺度（如 60 米、100 米）对这些特性进行分析（图 1.5.6）；最后，建立栖息地影响因子与鸟类栖息地类型的关系模型 Logistic regression model，并将可能存在栖息地的地方画出来，如图 1.5.7 所示。

国外的很多研究并没有利用高深、尖端的方法，其优势在于充足的实测数据，特别是遥感工作方面，使得其在期刊上发表文章很有优势。例如，用一种算法来评估图像分类精度的高低或者改进某种算法，如果有实测数据，文章则比较容易发表。总之，*Remote Sensing* 中许多很棒的文章没有十分复杂的算法，有的只做了简单的线性回归分析，由于实测数据很充足，反映信息丰富，得到的结果足以反映现实问题，所以文章相对容易发表。建议做研究时，多关注问题有没有得到解释和解决，切勿过度追求方法的特别和模型的复杂性，顶尖期刊对此并不十分考究，而是更加注重实测数据与问题的解释。

Loggerhead shrike habitat in GNPC

Field survey

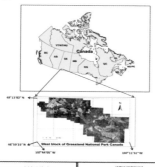

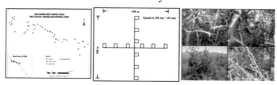

Measured Variables	Mean			Significance		
	Active Sites	Inactive Sites	Control Sites	Active-Control	Active-Inactive	Control-Inactive
Overstory						
Thorny buffalo berry of tall shrubs (%)	88	91	77	0.86	1	0.49
Dead shrubs cover (%)	34.35	20.01	32.65	1	0.08*	0.25
Shrub distance to center (m)	5.4	16.97	11.35	0.99	0.1	1
Length (m)	6.54	7.75	7.09	1	1	1
Width (m)	3.98	6.28	5.36	0.71	0.09*	1
Shrub height (m)	2.66	3.33	3.21	0.28	0.06*	1
Understory						
Dead Cover (%)	7.51	11.04	10.3	0.97	0.46	1
Litter cover (%)	67.06	82.41	91.87	0.13	0.95	1
Shrub cover (%)	24.53	18.81	43.37	0.02*	0.95	0*
LAI	1.67	2.01	2.85	0.01*	0.09*	0.08*
Biomass-Litter (g)	25.79	44.78	N A	N A	0.3	N A
Biomass-Green(g)	9.75	12.16	N A	N A	0.5	N A
Biomass-Forbs (g)	1.34	0.62	N A	N A	0.5	N A
Grass height (m)	0.31	0.44	0.55	0.018*	N A	N A

* Small significance values (<0.1) indicate group differences.

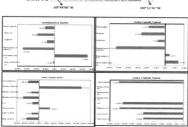

biophysical characteristics for three habitat sites

图 1.5.5　三种栖息地的生物物理特征

Measured Variables	Statistical Variables	Active sites	Inactive Sites	Control Sites	Active-Inactive	Sig.+ Active-Control	Inactive-Control
Distance to road(m)	Mean	2,227	1,779	1,315	0.30	1.00	1.00
Elevation(m)	Mean	779	775	773	0.24	0.43	0.02*

* Small significance values(<0.1) indicate group differences.

Topological characteristics for three habitat sites

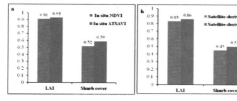

Relationships between Vis and biophysical parameters

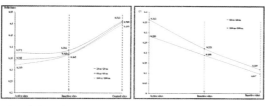

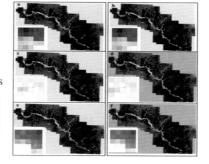

Scale analysis based on different VIs

Spatial variation and heterogeneity for different habitat types at 20 m, 60 m and 100 m

图 1.5.6　60 米和 100 米空间尺度下鸟类栖息地的分析过程与分析结果

Logistic regression model of active habitat

Logistic model for mapping suitable shrikehabitatin GNPC

$$Y = \frac{1}{1+e^{-U}}, \quad U = 0.73 + 0.127Ds - 12.6 \times ATSAVI$$

图 1.5.7　Logistic regression model 分析

（3）城市温度、土地利用和土地变化（Characterizing urban temperatures and LCLU）

该项目研究区域是加拿大萨斯喀彻温省萨斯卡通市。萨斯卡通市是加拿大省会城市，人口 20 万左右。此研究计算了地表温度（surface temperature）和城市空气温度（urban air temperature）之间的关系，用 MODIS 和 Landsat TM 进行回归分析得出结论，如图 1.5.8 所示。并利用当地气象站获得的实测温度数据，分别研究 Saskatchewan River 和绿地对其周围温度的影响及其变化范围，结果如图 1.5.9 所示。

The city of Saskatoon, SK, Canada with three weather stations

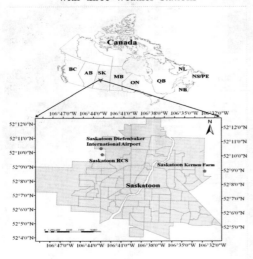

Landsat TM, daily MODIS LST, and monthly average MODIS LST

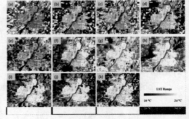

Surface brightness temperature derived from multi-temporal Landsat thermal imagery

图 1.5.8　用 MODIS 和 Landsat TM 进行回归分析

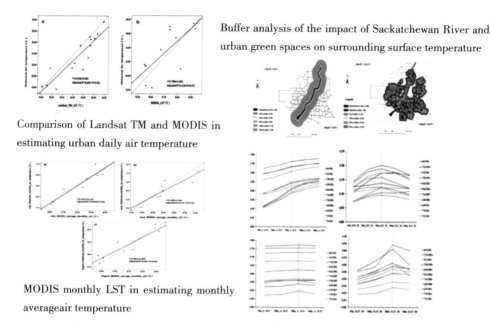

Buffer analysis of the impact of Sackatchewan River and urban green spaces on surrounding surface temperature

Comparison of Landsat TM and MODIS in estimating urban daily air temperature

MODIS monthly LST in estimating monthly averageair temperature

图 1.5.9　Saskatchewan River 和绿地对其周围温度的影响及其变化范围

欧美国家非常注重环保，提倡公交车、步行、自行车等出行方式。为了解环境友好型交通方式的选择和某些因子（绿色空间覆盖面积百分比（green space percentage）、水覆盖面积百分比（water percentage）、不透水层表面百分比（impervious surface percentage）、可持续旅游指数（sustainable traveling index）之间的关系，以及交通方式对环境的影响，我用逐步多元线性回归模型进行分析并得出结论，图 1.5.10 为该分析的部分结果。

Summary of the stepwise multiple linear regression model between standard land surface temperature (SLST) and its relevant factors green space percentage (ST_GP), water percenage (ST_WS), impervious surface percentage (ST_IP), and sustainable traveling index (ST_STI)

Models	Sig. for the model	Sig. for variables	Adjusted R^2	Std. error of the estimate
$SLST = -0.441ST\_GP + 0.893$	0.000	Constant (0.000) ST_GP (0.000)	0.506	0.097
$SLST = -0.4415ST\_GP + 0.228ST\_IP + 0.802$	0.000	Constant (0.000) ST_GP (0.000) ST_IP (0.000)	0.634	0.083
$SLST = -0.397ST\_GP + 0.215ST\_IP - 0.146ST\_STI + 0.828$	0.000	Constant (0.000) ST_GP (0.000) ST_IP (0.000) ST_STI (0.023)	0.661	0.080
$SLST = -0.331ST\_GP + 0.227ST\_IP - 0.170ST\_STI - 0.223ST\_WS + 0.826$	0.000	Constant (0.000) ST_GP (0.000) ST_IP (0.000) ST_STI (0.006) ST_WS (0.010)	0.694	0.076

图 1.5.10　多元线性回归模型的分析及结论

（4）城市可持续发展的研究（Monitoring urban sustainability）

该项目的目标是建立一个可持续发展评估模型，并对加拿大萨斯卡通市可持续发展的能力进行定量分析。图 1.5.11 是该项目建立的一个可持续发展评估模型，这是一个概念模型。图 1.5.12 展示了可持续发展能力评估的具体方法。通过加拿大萨斯卡通市官方发布的统计数据、社会调查数据（该数据是花费 3 000 加币请社会调查公司通过电话访问获得），分析不同因素对生活质量的影响程度，并根据分析结果设定权值，然后结合遥感数据、空间信息数据、政府官方发布的 Census data 以及 Survey Data 建立一个空间数据库，并对加拿大萨斯卡通市可持续发展的能力进行定量分析。得到 1.5.13 所示结果——萨斯卡通市城市可持续发展不同层级的指标及空间统计相关分析结果。

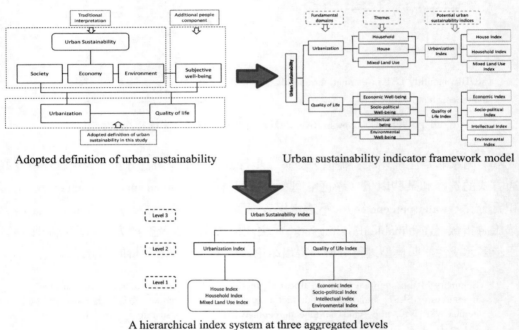

Adopted definition of urban sustainability

Urban sustainability indicator framework model

A hierarchical index system at three aggregated levels

图 1.5.11　可持续发展评估模型

（5）过去、现在、将来（Previous，Current & Future research）

本人从 2008 年硕士到 2014 年博士期间所做的研究如图 1.5.14 所示。来到武大之后工作比较忙，事务繁杂，能集中用于做研究的时间比较少。现在，我仍想从可持续发展入手，研究自然地理、人文地理相关问题。之前所做的研究主要有：海洋遥感、草地遥感和城市遥感，现在，想更多地在人文、城市可持续发展方面进行深入研究，例如，比较国内外城市的发展等。

在硕、博期间，由于更换课题较频繁，研究方向一直在改变，所以每个方向研究都不够深入。其间还有一个小插曲——开始读博时，导师指定一个课题 LAI modeling（叶面积指数建模），这个课题做了大约一年半。其间，读了很多文献并写了开题报告，最后却发现比较困难必须换题目，好在导师很开明也比较支持，最后换成了社会学方向的研究。以

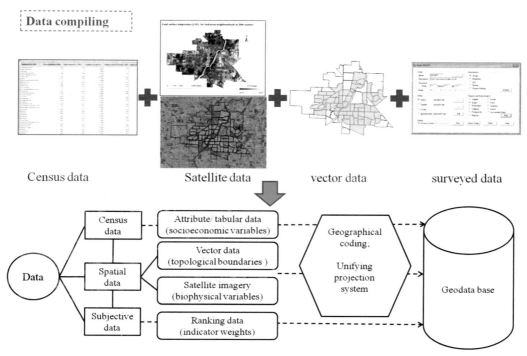

图 1.5.12　可持续发展的研究方法

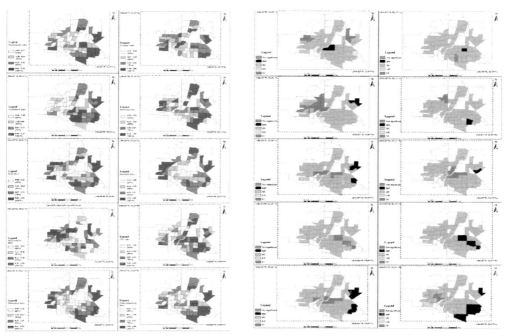

Equal interval classification of Saskatoon intra urban sustainability in 2006

Local spatial pattern of Saskatoon intra urban sustainability in 2006 （Lisa cluster and outliner）

图 1.5.13　萨斯卡通市城市可持续发展研究

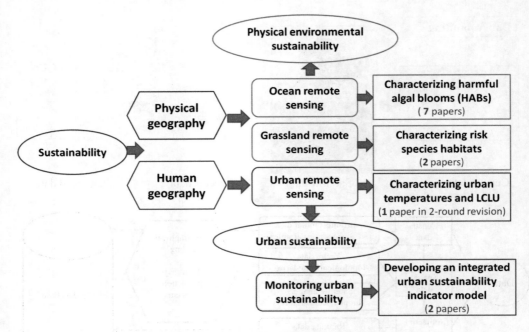

图 1.5.14　申力博士硕、博期间的研究

城市可持续发展为研究方向，完成了开题报告并顺利进行了后续研究，最后顺利毕业。读博的三年零八个月，期间做了很多课题，首先做了叶面积指数建模，同时也整理了硕士论文的海洋遥感内容，又做了一个 HABs 项目，最后两年完成博士论文——城市可持续发展的研究，所以说读博时间比较紧张。

2. 如何培养科研兴趣

结合自身经验，分享一下如何培养科研兴趣。这里说的培养科研兴趣，并非爱上科研，因为爱上科研非常难，只有少数人能做到对科研感兴趣并富有激情，对大多数人而言，科研更多的是面对升学就业压力而被迫选择的结果。所以，我们现在要做的是如何对科研这份工作不产生厌恶感，提升工作兴趣。

（1）由易到难去研究

拿到一个课题之后，不要急于开始，应先想一下对于这个问题可以从哪些简单的方面入手。例如，做城市遥感方面的研究（当时我没有城市遥感的基础），就可以先拿一些大家做过的研究进行分析，如 surface temperature 反演、如何提取土地覆盖信息及进行相关分析等。先从最简单的软件操作入手，逐步达到熟练的程度。在这个基础上，随着对城市系统的进一步理解，可以提取城市的其他特征，并思考其他方法，了解更深层次的规律。其实，导师在指导学生的时候也是遵循由易到难的规律，并不会直接给一个课题，要求马上完成，而是让我们从简单的软件操作、数据搜集开始，慢慢上手。大家在发表文章的时候也要这样，不要一开始就将目标定为 *Remote Sensing of Environment* 等高影响因子的期刊，可先由普通期刊开始，逐步积累经验。

（2）扎实基础理论（阅读教材、教学视频、旁听课程）

很多同学做科研，一开始就阅读大量的文章，研读一些高端、前沿的文章，但往往因为缺乏基本知识，事倍功半。例如：我们在做城市空间结构的繁衍或空间结构的提取时，如果连城市空间结构最基本的理论都不懂（比如不清楚它的三个基本古典模型是：同心圆模式、扇形模式、多核心模式），直接就看文章往往事倍功半。我们应该做到认真阅读基础教材，耐下心逐字逐句钻研；也可以在网上学习国内外精品课程视频，打牢基础，步步为营；还可以旁听课程，当自己所选方向与导师研究方向不一致时，可以通过旁听其他老师的课程，扎实地学习理论基础，吸收知识精华。

（3）扩展视野（会议、论坛）

积极参加会议和论坛。以我自身的经历为例：读博期间我的研究兴趣和方向是城市可持续发展，但与导师研究方向不同。当时感觉自己是在孤军奋战，好在加拿大有一个与我研究方向一致的会议，名为 CAG（加拿大地理学术年会）。因此我征求导师同意，希望参加这个会议，但导师没有经费支持，虽然这个会议召开地与我所在地并非同一个城市（来回费用需要 1000 多加元），但该会议会有很多研究城市可持续发展的牛人参加，所以我就自费（节省出生活费）前往，通过此次会议，我获益匪浅。另外，我在会议上做了一个与赤潮有关的报告。在该会议的城市可持续发展的论坛上，我有幸遇到了一位多伦多大学的教授，她在城市可持续发展方面颇有造诣，后来我还请她作我毕业论文外审专家。我对可持续发展很感兴趣，学校中几乎所有可持续发展的论坛我都会参加，虽然很多论坛的主题与我的研究方向不太相符，但多学点东西总归是好的。所以说，要积极主动地通过不同方式拓展视野。

（4）向专家学者取经。

大家可以与学院或者重点实验室的各位相关专业的老师专家多交流，在会议上遇到大牛也要主动交流打开思路，不要错过机会。同学之间也要互相交流。通过交流，我们可以对所做研究的特性和该领域的发展历史有进一步的了解，进而对研究主题驾轻就熟。即使对一个研究模型不够了解，如果对这个研究对象的特性很了解，完成这项研究也就不再是问题。以做菜为例，比如鱼香肉丝，虽然还不知道做出来的色香味如何，但多与厨师交流会帮助我们做好这道菜。

以上就是我总结的关于如何培养科研兴趣的几种方法，同学们如果有其他好的经验可以相互学习交流。

3. 加拿大留学生活

在加拿大留学，除了顺利毕业拿到博士学位外，还有许多额外收获。练就厨艺，留学期间经常自己做饭，不仅节省开支还练就了不错的厨艺，尤其对面食很有研究；收获友情，室友之间、师兄弟姐妹之间都建立了深厚的感情，结识了不同国籍不同经历的朋友；开阔视野，经常参加活动以培养自己主动式的交际能力，如探访老年公寓，了解国外老人的生活状态，参加冰球赛，参观艺术展览等，丰富课余生活的同时也拓展了视野；欣赏美景，领略了国外建筑的独特和四季如画的风景；改变态度，留学经历磨练了自己，使之前浮躁的心态更加平和。

异国求学期间，当科研不顺、孤独思乡或遇到其他不顺利的情况时，首先要做的是让自己开心起来。其次，要感受到温暖，来自老师、朋友的温暖，同时也要给予别人温暖。再次，要懂得寻求合作，不要孤军奋战。最后，一定要努力，不管是国内还是国外，做科研一定要有真才实学，而国外的生活学习相对更难更苦。

4. 留学建议

（1）正确认识自己

留学不要盲目跟风，出国留学并非仅有他人眼中羡慕的光鲜，更多的是海外漂泊的辛酸。大家一定要正确认识自己，弄清出国的目的。拿学位抑或扩展视野？如果只是为了扩展视野，获取知识，增长见识，那就不建议你留学。因为留学（特别是读博）过程真的很苦，这种苦不单单是累，更是一种接受磨砺的心理疲惫。国外的博士培养过程和国内不一样，在国外，第一年要写开题报告，这个过程中，需要阅读大量文章做很多笔记。之后是综合考试（国内也有，但国内可能更多的就是走形式），国外的要求比国内严格得多。以我所在学校为例，综合考试分为两次笔试和一次口试，笔试时间从早八点到第二天早八点，要连续 24 小时不睡觉完成 40 页的内容（相当于两篇文章），并且两次笔试之间只休息一天，在写作中所有的引用都必须标注出处而且需要用自己的语言转述，不然将被记入诚信档案。笔试过后两三天是三个小时的口试，要回答的问题很多。这三次考试都只有一次补考机会，所以说考试任务量之大，时间之长，难度之大，要求之严超乎想象。想要留学就必须先问自己：是否已经做好吃苦准备？是否有读取博士的勇气和决心？另外一点是与国外导师的交流磨合，建议大家出国之前就先联系好导师，可以通过推荐、会议等形式先沟通了解。这一点很重要，会直接影响到你能否顺利毕业。最后还要强调：不要为了出国而出国，对自己应有正确的认识，制定明确的目标和合理的规划。

（2）清楚研究兴趣

对自己有了正确的认识并且确定要留学后，还要明确研究兴趣。要考虑是否对导师的研究感兴趣，是否与自己的研究基础相吻合，不能只看 offer，却不看研究方向。例如，你的研究方向为 GIS，而导师的方向是 LiDAR 算法，这两个方向完全没有交集，如果你的学习能力不是很强，对导师的研究方向也没有很强烈的兴趣，那你的读博过程将会非常痛苦。所以大家在确定学校和导师之前，一定要认真考虑研究方向和兴趣匹配的问题。

（3）吃苦准备

决定出国与否的另一个因素就是是否做好吃苦准备。这里所说的吃苦不仅指身体还有心理方面。例如：在国外读书，中午一般不休息，有些课程从上午十点到中午两点，全英文授课，而且在课堂上还必须全神贯注听讲，参与讨论并回答问题，否则你的课堂成绩将会很低，会直接影响到你最后的成绩。出国留学是对身体和心理的双重磨练，做好吃苦准备是出国留学前的必修课。

（4）资金准备

读博分为公派和自费。对于自费博士生来说，包括基础语言考试费用（包括报考托福、GRE等所需资金）、出国前的学校申请费（标准为每所学校约1 000元，一般来说至少得申请七到八所学校）、签证办理费用、来回机票费用等，出国所需资金并不是一个小数目。相对而言，公派留学的话，个人经济压力会小很多。

（5）知识能力准备（英语、科研、文化、思维、沟通）

知识能力的准备是出国准备中最重要的一部分。在语言方面，出国留学意味着即将身处全英语环境中，如果没有扎实的英语基础，势必影响生活和学习。在科研方面，导师选择学生十分看重科研能力，比如发表文章的数量、质量以及在该领域是否有研究成果。要想提高自己的科研能力一定要多阅读文献。在文化方面，可以通过读书、与当地人交流等方式，了解留学国家的衣食住行、人际交流等方面的习惯和文化。在思维方面，更多地与导师交流沟通，读懂他的语言和表情，了解他的想法，以便更好地完成研究。在国外，导师有很大的权利，决定学生能否拿到学位，顺利毕业；在发表文章方面，要求相对宽松。建议与导师做好沟通，有助于早日顺利完成学业。

以上就是我总结的留学建议。我在国外待了三年零八个月，不算很长，建议或许不够全面，同学们还可以多咨询有经验的师兄师姐，做到有备无患。有强烈出国意愿的同学可以体验一下；但对科研不是很感兴趣的学生，如果只是想出国开阔眼界，可选择旅游、交流等多种方式。希望以上的建议对有需要的同学有所帮助。

最后，我想说，留学路漫漫，且行且珍惜！

【互动交流】

主持人：请大家掌声感谢申力老师。刚才申力老师讲述了自己的科研经历与留学体会，给出了非常接地气的留学建议，下面大家可以自由提问。

提问人一：人文地理与社会学等方面的数据比较模糊，不像自然地理的数据，可以通过调查获取，对于数据中存在不靠谱的成分这一观点，您是怎么看的？谢谢！

申力：这是一个很好的问题。在国内，大家会觉得人文地理方面的数据很难获取，比如：武汉市的犯罪率等，但是在国外这些数据都很容易得到，每座城市都有很全面且详细的统计。所以在国外，社会或人文地理方面的研究者较多，而国内则较少。我自己也存在这方面的困惑，回国以来，还想继续人文地理方面的研究，但碍于数据限制，只能从宏观角度研究，细的方面很难有进展。不过，随着地理学的发展和对人文地理的重视，相信数据的全面性和详细度、可获得性以及数据共享程度等方面都会有长足发展。

提问人二：关于地理信息和消费者行为之间的联系，现有的研究基本是从宏观层面展开的，例如：淘宝、京东等，如果想做详细研究，应该从哪些方面入手？谢谢！

申力：这个问题涉及大数据和数据挖掘，完全是基于技术手段（例如：建立一个算法、模型等）对所搜集到的数据进行分析，类似于黑匣子式研究。这与我所说的人文地理研究不一样，人文地理研究最经典的一点是，首先必须对研究对象有详细全面的了解，是基于已知信息的研究。我认为，大数据和地理学有交叉，对大数据的研究也可以挖掘出一些地理学所需信息。数据挖掘侧重于用技术手段对数据进行分析，而人文地理更多侧重文学方面的学术观念的争论。地理学的范围很广，深入学习需要多看书、多了解。

提问人三：实测数据很重要，在国内怎样获取？谢谢！

申力：我回国时间还不长，现在仍在延续之前在国外进行过的一些项目，聚焦于国外的研究对象、研究理念。在国内做人文地理方面的研究较难，受到条件、经费、人力等各方面的限制。例如：很多数据难以获取或者获取的数据不具有很高的研究价值。不过，我还是会坚持我的研究理念，偏向于人文地理方面的研究，相信通过努力可以挖掘出有价值信息。

（主持人：陈必武；录音稿整理：张振兵；校对：赵欣、张玲、幸晨杰）

1.6　地理加权模型

——展现空间的"别"样之美

（卢宾宾）

摘要： 随着地理信息科学的不断发展，空间数据关系异质性研究已经成为了空间定量分析领域的研究热点。1996 年，Fotheringham 等人提出的地理加权回归分析（GWR）技术，迅速成为主要的区域分析方法之一。本次报告重点介绍 GWmodel 研究团队在 GWR、GWSS（地理加权汇总统计量）、GWPCA（地理加权主成分分析）、GWDA（地理加权判别分析）等方面的理论进展与技术成果。

【报告现场】

主持人： 非常感谢大家今天晚上来参加我们的 GeoScience Café 交流活动。本次报告我们特别邀请了武汉大学遥感信息工程学院的卢宾宾老师，为我们介绍空间异质性及地理加权模型方面的研究进展。非常感谢大家过来一起交流，下面让我们用掌声欢迎卢老师为我们作报告。

卢宾宾： 谢谢大家给我这个交流和学习的机会。今天的报告分为三个部分：第一个部分将介绍空间异质性与地理加权思想；第二个部分主要阐述地理加权模型与空间权重设置；最后将举例说明地理加权模型在 R 语言 GWmodel 函数包中的应用。

1. 空间异质性与地理加权

大家好！今天我给大家带来的报告其主题为"地理加权模型——展现空间的'别'样之美"，此处打引号的"别"字，代表的是差别、差异，而差异体现在空间里，就是今天我们所要探讨的空间异质性。

作为世界上最有影响力的地理信息科学家之一，Michael Goodchild 在 2004 年提出了"Spatial heterogeneity"（空间异质性）的概念。为什么会有这个概念呢？众所周知，现实中的地理世界是复杂的实体，而空间异质性即是指生态、社会等空间过程和格局在空间分布上的不均匀性及复杂性。空间异质性理论是一个"定律级"的理论，其实质可以看作"备选"第二定律。其中最典型的思想是"uncontrolled variance"，我认为"variance"在这里不能直接翻译为"方差"，应该更偏向于"variation"，也就是"变化"。

95

在现实的地理世界中，到处都有不可控的变化。应该如何建模，如何模拟，如何发现这种变化和多样性？这就要求我们进行现代分析，其中最关键的是分析。所谓 Move the study area，and the results will change，就是说，当你的研究区域或研究范围发生了一点变化时，结果也应该是变化的。而这个理论恰恰点明了现代科学中一门很重要的学科——"local science" 或 "local geo-science"，即局域、局部的空间科学。

空间异质性的成因大概包括以下几个方面：

第一个方面是数据关系。数据关系中存在着空间异质性。一个典型的例子——房价。房价本身就是一个空间关系，它是单位面积住宅和货币之间的定量关系，这种关系随空间的变化而明显变化。我们知道，北京、上海等城市的房价都非常高，但在我们国家其他的地方，如二三线城市、农村，房价就很低。这样的数据关系本身就存在着空间的差别。这是空间异质性最主要、最本质的来源，也是为什么需要我们去研究空间异质性的原因。

第二个方面是抽样的差异。目前大家所研究的科学问题，包括 GIS（地理信息系统）、社会经济等，其研究的都是样本，而不是全集。没有人的研究对象可以是全集。所谓样本，就是全集中的一部分，它是一个有限的东西。抽样的方式是多种多样的——在我们地理学范畴中，"多种多样"还牵涉到如比例尺、时态等诸多因素。这些抽样的差异性都会造成数据关系的差异，这是空间异质性的第二个成因。

第三个方面是模型的差异。什么叫模型的差异？我们再以房价为例。在研究房价的时候，每个人考虑的因素有所不同。比如有人考虑房子的样式、周边的设施；有人考虑开发商、地理位置、房型，等等。这些因素的差异导致模型的差异，从而导致空间关系的差异，这就是异质。

当然，除了以上三个主要因素以外，还有一些其他的隐性影响。总的说来，现实的地理世界关系充满了变化，具备明显的空间异质性，这也就是我们为什么要去研究空间异质性的原因。

那么如何去研究呢？我们来看 Tobler 在 1970 年提出的地理学第一定律（Tobler's First Law）："all attribute values on a geographic surface are related to each other, but closer values are more strongly related than are more distant ones." 大家可能觉得定律应该是很高深的东西。但是这句话其实很简单——它描述了现实地理世界中两个事物之间的关系：两个事物距离越近，它们之间的关联就越强。在这里面体现了两个概念：第一个概念是远近的问题，用以衡量远近的，就是 "distance"（距离）；另外一个是 "relationship"（关系）。把这两者结合起来，就是我们现在经常看到的采用距离加权进行空间分析技术的基础。最典型的空间插值算法基本上都是地理加权的方法，比如 IDW（反距离加权插值）、克里金插值等，这些都是基于距离加权的方法。此外，还有聚类算法、空间自相关分析等。今天要介绍的地理加权模型也是其中一个方法。

2. 地理加权模型与空间权重设置

什么是地理加权模型（geography weighted models）？地理加权模型几乎是我们团队研

究的核心内容，所以我自己给它做了一个定义——地理加权模型是通过权重函数对空间位置变化所带来的变量关系空间异质性和多相性进行建模的过程。通俗地说，就是用空间的距离或是空间的临近关系建模。它的权重规则非常简单：解算点临近度越近，权重越高。通过计算权重，所有的统计量在计算权重的基础上都是关于位置的函数。这句话是什么意思呢？大家知道，如果 A 是 B 的函数，那么变量 A 是随着 B 的变化而变化的。统计量是通过关于位置的函数来定量地表达空间异质性。空间异质性的本质就是数据关系随着空间物质的变化而变化。由此给出地理加权模型的解算是关于位置的求解——即你在哪个位置求解，便得到哪个统计量的值，这就是地理加权模型从定义到本质的思想。

给大家简要展示一下地理加权模型的思想（图 1.6.1）。引用数据点，并在研究区域内任意定分析点。首先计算它的临近度，在计算距离的基础上计算权重并进行解算，然后移到下一组数据点和分析点进行计算，得到关于分析点位置的统计量变化。最后，我们得到了一个空间数据关系，它随着位置的变化而变化。

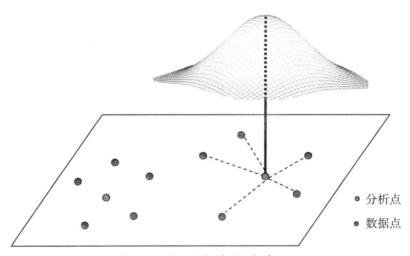

●分析点

●数据点

图 1.6.1　地理加权模型思想展示

如何确立权重？常用的方法有均值核函数、高斯核函数、盒装核函数、二次核函数等。如果权重恒为一，就是我们常说的全局建模，比如回归分析里的线性回归分析。它们的形状如图 1.6.2 所示，横轴表示距离。大家看这个图的一半就行，因为现在的带宽不会出现负距离。距离最基本的定义就是：距离永远大于等于零。这个图说明随着距离的增大，权重是不断减少的。另外，核函数里面有一个重要的参数 b，"bandwidth"（带宽）。当带宽不一样时，核函数的形状会被拉伸或被缩小一点，即下降的幅度或是大一点或是小一点。

通过带宽可以控制权重所度量的区域，所以带宽很重要。简而言之：带宽就是一个域值。那么这个域值代表什么意思呢？如果我们给定一个带宽的值为 b，围绕这个分析点画一个半径为 b 的圆，圆里面的点是我们考虑的对象，而圆外面的点其权重是零，不进行考虑。计算该点与其相邻数据点的距离，算出权重，便完成了地理加权。

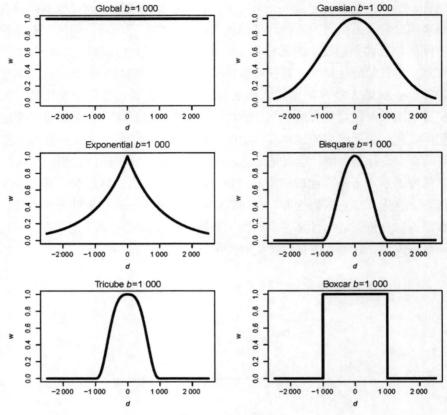

图 1.6.2　核函数形状

　　带宽分为固定型和可变型。如图 1.6.3 所示，大家可以发现固定型的缺点：在右边这个研究圆中只包含了两个样本点，而左边的圆则包含很多个点。在统计学中，对抽样的量（number of samples）要求很严格，最典型的例子就是不可能用两个点去做回归——这几乎是没有意义的，用两个点去做回归，那不就是划一条唯一确定的线吗？固定型的带宽会导致这样的情况：当点的密度不均匀时，某一些回归分析点上可能出现采样不足，统计结果不准确。为改善这个问题，我们定义了另外一种带宽类型：可变型（adaptive）。举例来说，定义一个大的整数 N，固定一个分析点，固定取 20 个数据进行估计。比如说 $N=3$，选择离它最近的 3 个点，取这个距离作为在这个点的带宽。下一个点再取 3 个点的距离作为带宽，这样的方式最起码可以保证在每一个点上它们所采用的分析点的数量是足够的。另外，由于在每一个分析点得到的带宽是不一样的，所以称之为可变型带宽。

　　随之而来的是一个新的问题。这个 "bandwidth" 可以随意选定吗？答案是否定的。图 1.6.4 给出一个 "bandwidth" 的准则。大家知道，把 "bandwidth" 取为零的话，用数据点本身来估计当前点，就是用它自己估计自己，得到的 "bias"（偏差）肯定为零。但是，在统计学中有一个概念：模型能解释百分之多少的 "variance"。如果你用它自己这个点去解释它自己，能解释的 "variance" 最大，此时 "bandwidth" 最小，"bias" 也最小；反之，若 "bandwidth" 逐渐增大，"bias" 也不断增大，"variance" 则不断降低。遵循此规律，我

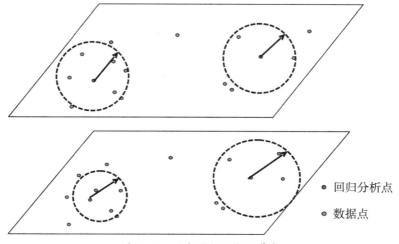

图 1.6.3 固定型与可变型带宽

们希望取一个方差和偏差达到最小的区域。当然,图 1.6.4 只是一个示意图,在现实中它们不可能相交。

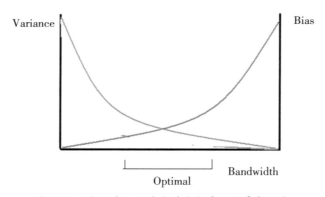

图 1.6.4 使偏差和方差达到均衡最优的带宽区域

上述就是我们优化"bandwidth"选择的规则,"bandwidth"的选择其实非常重要。图 1.6.5 给出了在同样的数据和估值点的情况下,"bandwidth"由小变大时所得结果的差异。大家看到什么?估计的变化越来越平滑了。其实当"bandwidth"越小,所用的数据点就越少。而当"bandwidth"无限大的话就是基于全局的统计。所以,"bandwidth"对模型的影响是非常大的。

根据前面的"bandwidth"准则,目前我们有两种最为典型的选择方式。第一种叫十字交叉验证。如何理解十字交叉验证呢?当估计进行到这个数据位置的时候,把当前数据点的数据 Y_i 抹掉进行估计得到 Y,然后用 Y_i 减去 Y,得到十字交叉验证值。当这个值达到最小的时候,它在一定程度上可以接近"bandwidth"最优的选取。另外一个叫赤池信息准则(AIC),来源于一篇发表在 1973 年的一个国际会议上的文章。它对于统计学领域的意义太大,我的导师给过它一个明确的说法——模型解算出来的结果距离一个潜在的最优结果之间的距离,就是距离最优解还有多远。因为信息准则不仅衡量误差,还衡量复杂度。

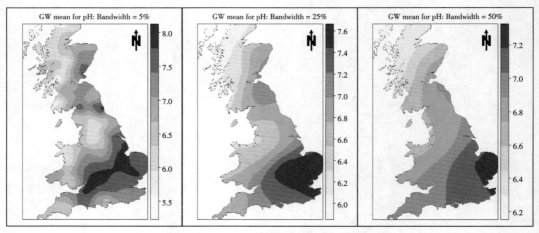

图 1.6.5　带宽由小变大时的估计结果

大家知道，模型解算的时候不一定要不惜一切代价做到最优。代价有时候非常大，牵涉到模型复杂度的问题。所以当 AIC 达到最小的时候，就是距离最优解最短的时候，得到的就是一个最优解。通过这么一个量，可以衡量、寻找最优带宽。这两种方法大家只需要知道就可以，因为在程序调用函数时，申明函数后，所有程序都是自动套用的。

它的结果如图 1.6.6 所示，一目了然，最小值会自动返回。在这个过程中，因为"bandwidth"不可能穷极搜索到每一个值都去尝试来算出一个 AIC 值或是十字交叉值。为解决这个问题，我们有一个很流行的优化算法，叫黄金分割算法。距离空间不断地被黄金分割，让它逼近最优解。以上就是典型的权重问题——如何去选择"bandwidth"。

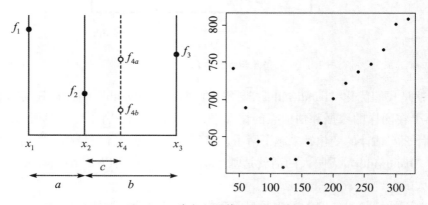

图 1.6.6　黄金分割算法与最优解

知道以上内容后，我们就可以直接进入地理加权模型了。在算出权重之后，下面就是和各个方法相关系、关联。首先最常见的叫地理加权回归分析，这应该是在现今的空间异质性定量方法中比较流行、重要的算法之一。

图 1.6.7 是为什么用地理加权回归的一个很好的例子。给出如图 1.6.7 所示的一些数据点，如果做回归分析的话，是画一条线，代表"density"（密度）和"price"（价格）之间

是一种"positive"（正相关）的关系。但是如果告诉你这个数据集是来自两个地方（图中分别用空心和实心点表示）的话，分别对这两个数据集进行回归，会得到两条这样的线。而这样得到的两条线，它代表"density"、"price"之间明显的"negative"（负相关）关系，与上图是恰恰相反的，这就是有名的辛普森悖论。如果数据来源是真实的，真实情况很明显，应该是下面这种负相关关系而不是上面的正相关关系。如果不考虑地区的差异直接用上面的关系来描述的话就是南辕北辙了，这也是为什么要引入局部分析方法的原因。

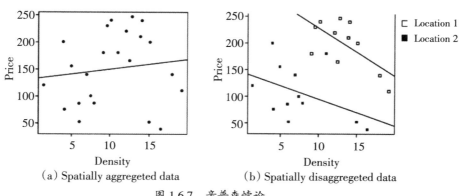

（a）Spatially aggregated data　　（b）Spatially disaggregeted data

图 1.6.7　辛普森悖论

典型的线性回归分析表达式如（1）式。实际操作中，由一个数据集得到一组系数 β_0、β_1、β_m 的估计值。地理加权回归跟前面比，多了一个 (u_i, v_i)，就是指空间坐标（（2）式）。这个空间坐标表示的这组系数刚好是空间位置的函数。这刚好是我们定义地理加权模型时强调的东西——任何统计量都是随着空间变化而变化，是关于位置坐标的函数。通过地理加权回归，得到的空间回归分析系数不再是单一的数值，而是关于位置空间坐标的函数。随着空间位置变化而变化的模型系数估计，通过这样的方式来定量反映空间关系异质性，可以说是地理加权回归分析最典型的一个体现。

$$y_i = \beta_0 + \beta_1 x_1 + \cdots + \beta_m x_m + \varepsilon \tag{1}$$

$$y_i = \beta_0(u_i, v_i) + \beta_1(u_i, v_i)x_{i1} + \cdots + \beta_m(u_i, v_i)x_{m1} + \varepsilon_i \tag{2}$$

地理加权回归实质上并不是一个新的东西，在统计学或者日常接触的算法中都有非常类似的思想。解算时，它就是我们在线性代数的课程中学过的加权线性最小二乘，可以说这是一个很简单的方法。它的"新"，就新在权重矩阵 **W** 是基于空间距离上的，因此将这个概念引入到完全空间化的概念里去。而相较之下，普通的加权回归也好，或者是加权线性最小二乘也好，**W** 都不是特殊定义的。从这个角度来说，最起码它形成的体系是新的。

3. 地理加权模型的应用

现在用一个本人博士期间的课题来阐述，如何由一个数据集开始，通过完整地运用地理加权回归分析的方法解算模型，发现空间异质性。基于伦敦市在 1999 年出售的总共约 3 100 多个房屋的数据，我对伦敦市房地产市场的数据进行了分析。

一般情况下，拿到的数据里会有很多变量，比如房价、有没有车库、有几个卫生间、有没有中央供暖、建造时间、房屋类型——比如别墅、连排别墅、"bungalow"（平房）、flat（公寓）。再比如这个房子是不是位于富人区——富人区被定义为高收入人群占整个地区的百分比大于一定的比例。我们在获取了这些数据之后，第一个问题是要怎么样去衡量房屋的售价和这些因素之间的关系呢？第二个问题就是要用这个来做模型的解算来发现它的空间异质性。

大家经常会犯的一个大忌，就是找到因变量和自变量后，就开始写模型了。但其实这是远远不够的，因为当你的变量过多的时候，很容易导致共线性（collinearity）的现象，而共线性的发生会导致模型不可靠。估计空间回归分析实际上是一个线性最小二乘，或者是假设性最小二乘，里面有一个很明显的公式：求 $(X^t W_i X)^{-1}$，而所谓的共线性就是这个解是非唯一的。大家知道，当矩阵不满秩时，有时候会有这样的现象：在 R 里面用代码直接解是会报错的。当矩阵是奇异的，用逼近算法求逆矩阵的时候，可能会得到一个解，但是这个解是完全不可靠的，即非唯一解，这会造成结果不可靠。

所以，不管是地理加权回归分析还是其他任意一种回归分析，首先要做的事情就是自变量的选择，不然会出现不可靠的结果。经常会有学生问我，为什么他们做的线性回归分析有的 t 检验值是三颗星，有的是两颗星一颗星或是一颗星都没有，有的甚至会出现 0.9，这样就什么都看不出来。所以大家做回归分析的时候要先进行变量选择，如果不选择，直接把结果摆出来是不行的。因为这样没有任何价值，模型估计出来的结果也没有任何价值。所以大家一定要记住，自变量的选择是做回归分析的第一步。

在变量选择里面，如果用 R 语言的话，最常用的是 Step AIC。SPSS 软件里面也有这个算法，叫逐步筛选算法，有前向的和后向的，也有前向后向相结合的（both）。其中前向是指，先由一个变量在这个模型里面跟因变量之间进行回归，接下来让这个变量出去并让下一个进来，然后再出去，保留一个优的。如此循环，看它的 AIC 值的变化，就是实时信息准则的变化。我做了一个算法叫 Stepwise-like，跟传统算法的不同之处在于，这个变量回归运算结束后，会在模型中保留最优的变量而不再出去了。

那么，Step AIC 是选择变量要做的第一个东西，做完之后应该怎么办呢？

这个是我思考了很久的一个方法。有十几个变量，然后我用这些变量做了大约 129 个模型。但在发表论文时，不可能列个表把 129 个模型放上去，这样太浪费资源，129 个模型放进去得好几十页。所以我就用了这个办法，用这一张图（图 1.6.8）表现 129 个模型。我把因变量放在中间，自变量是每一条 C 线。我用不同的颜色和形状代表每一个不同的自变量，让每一条线代表我算过的每一个模型。然后我给它编个号，这样可以大概地看出来每一个编号对应了哪些模型。我就是用这样的方法，看到 AIC 值的变化，来表现这 129 个模型到底怎么样。

问一个问题，大家觉得我应该选哪个模型？

其实 AIC 有一个准则，就是在那本书里说，当 AIC 的变化超过 3 的时候，我们就认为它在统计意义上显著不同。所以说，AIC 到这里的时候，值的变化已经很小了，虽然它大于 3，但是非常非常小，所以我选择的模型就是这个了。这个模型是我跑完了 129 个模

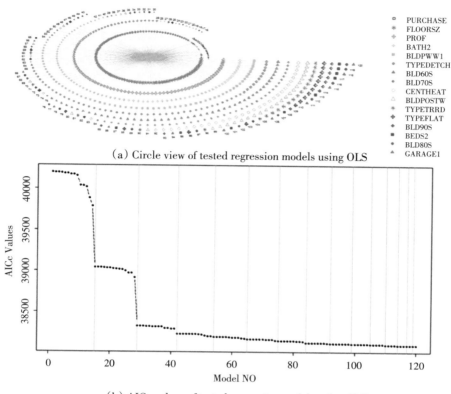

(a) Circle view of tested regression models using OLS

(b) AICc values of tested regression models using OLS

图 1.6.8　模型选择

型之后最后选择出来的，仅仅保留了 3 个变量在里面。

　　另外还有一点，大家都知道 R-square 值（拟合优度），我可以告诉大家，任何一个不相关的变量加进来，R-square 值是只增不减的，不可能下降。所以，大家不要想着用增加变量来改变 R-square 值，那样的方法是不合理的。

　　选择了变量之后，接下来如果要用 GWR 的话，该怎么办呢？答案就是带宽选择。因为模型确定后如果要算 GWR，还缺一个参数不知道，就是"bandwidth"。关于它的计算，其实只需要在那个函数包里面用这样一条命令就可以了：approach＝"AIC"。只需要选 approach（方法）等于 AIC，它就会自动用 AIC 进行选择；如果把 approach 改为 cv，它会自动的用 cv 进行选择；如果改为其他的，它还是会自动用 cv 进行选择，因为默认的是 cv。

　　在我刚进行开发的时候，当点数大概超过一千个点时，这个算法的运行速度就开始下降，但是现在速度已经很快了。接下来要看的是 AIC 值怎么变化，而且还可以把这个东西给复制下来，做成一个图 1.6.1 那样的图。因为在发表论文的时候，要展示"bandwidth"选择的过程，把这个复制到 Excel 里面，用这两页做个图就可以了。

　　带宽选择之后就是求解了，求解也很简单，用选择的带宽声明一下，然后就可以求解了。求解后会给出一个结果，其中包括：模型的信息、程序运行的时间、选择的参数、因变量是什么，有多少个点。在做 GWR 的论文时，我看看文章，如果用了 GWR，那么要先看看，用 OLS 做出来是什么结果。想要知道地理加权回归分析和线性回归分析之间的差别到底有多大，这样会给我一个心理上的认识。很少有人做非平稳性检验——其实也可以不做，但是要附一下 OLS 的结果，如果它们之间差距很明显的话，就默认用这个地理加权回归分析是合适的。这个东西会给出一个全局的回归分析（Global Regression），其实全局的回归分析就很好看。这些结果都是标准的 R 语言里面 LM 函数返回的一个标准包，大家在 SPSS 里面可能会经常看到这些——参数、估计值、方差、T 值。不过大家可能最头疼看到的也是这个，你们经常会发现，这个地方不对，有的时候偏向 0.9，令人发疯。

　　然后是其他的对比，我还提供了一些跟 GWR 对应的整段信息，如 RSS（误差平方和）、AIC 值。现在 R 语言里面，也有单独算 AIC 的函数，那个函数算出来的 AIC 值跟我这个算出来的 AIC 值是不一样的。我用的是一个纠正的版本 "Corrected version of AIC"，因为版本不一样，算 AIC 的公式是不一样的，所以就不具有可比性。大家用这个包的时候要注意这一点，当你对比 AIC 的时候，就用这个 AIC 作为全局的回归分析的 AIC 值，然后与下面这个对比就可以了。另外，还有 GWR 的结果，这个结果其实也会带来一些信息，就是用的 Kernel function（核函数）是什么。比如这里（图片 1.6.9 中①处），采用的是高斯函数。下面一行表示用的是什么类型的带宽，其中 "fixed" 代表固定性。而 "regression points" 这一行（图片 1.6.9 中②处），"the same locations as observations are used"就表示没有申明独立的 "Regression location"。"Regression location" 可以在任何一个位置做地理加权回归分析，但是一般情况下，默认的即是分析点，不会去做第二个，这样很方便。原因是，只有在这种情况下，才能算 AIC 值和帽子矩阵（Hatmatrix）等信息，你们只需要知道，如果不申明一个独立的、不同的 "Regression location" 的话，就直接用这个。这一句话就会给出这样一个提示，然后下面这些（图 1.6.9）整段信息已经被如期地返回

```
****************************************************************
*         Results of Geographically Weighted Regression      *
****************************************************************

********************Model calibration information********************
Kernel function: gaussian                    ①
Fixed bandwidth: 1318.991
Regression points: the same locations as observations are used.  ②
Distance metric: A distance matrix is specified for this model calibration.

****************Summary of GWR coefficient estimates:****************
               Min.     1st Qu.   Median    3rd Qu.    Max.
Intercept  -258100.0  -73750.0  -40270.0  -17720.0  481800
FLOORSZ        368.8    1123.0    1364.0    1736.0    3235
BATH2       -86640.0    -108.8   20330.0   49980.0  295800
PROF         -8884.0    1039.0    1617.0    2218.0    4588
****************Diagnostic information****************
Number of data points: 2108
Effective number of parameters (2trace(S) - trace(S'S)): 460.531
Effective degrees of freedom (n-2trace(S) + trace(S'S)): 1647.469
AICc (GWR book, Fotheringham, et al. 2002, p. 61, eq 2.33): 49624.02
AIC (GWR book, Fotheringham, et al. 2002,GWR p. 96, eq. 4.22): 49139.35
Residual sum of squares: 1.393039e+12          ③
R-square value:  0.8811336
Adjusted R-square value:  0.8478857

****************************************************************
Program stops at: 2016-05-26 00:12:34
```

图 1.6.9　GWR 模型求解

出来。如果用的是不同的，那就是没有下面的信息了，因为这是没法算的。

之所以这样是没法算的，是因为连"Residual"（残差）都没求出来。这个分析点如果不是兴趣点，在那个点就没有观察值了，没有观察值就没有误差。所以大家可以看一下，在这儿（图 1.6.9③处），系数这个地方，跟 OLS（全局的回归分析）是不一样的，这典型地叫五数概括法（Five-number summary）。这里的 GWR 系数的返回值是变化的。Min 代表最小值，然后依次是 25%、50%、75%、最大值（这是五分位数的总结）。然后下面是跟上面对应的，AIC，RSS，和 R-square。这里（图 1.6.9），R-square 是 0.88，AIC 是 49139，RSS 是 1.39×10^{12}；而这里（图 1.6.10），AIC 是 50837，RSS 是 3.65×10^{12}，R-square 值是 0.688。

```
Call:
lm(formula = formula, data = data)

Residuals:
     Min      1Q  Median      3Q     Max
 -206597  -23235   -2885   18848  292447

Coefficients:
             Estimate Std. Error t value Pr(>|t|)
(Intercept) -82633.40    4154.56  -19.89  <2e-16 ***
FLOORSZ       1431.40      30.20   47.40  <2e-16 ***
BATH2        41605.07    4142.81   10.04  <2e-16 ***
PROF          2627.11      82.11   32.00  <2e-16 ***
---
Signif. codes:  0 '***' 0.001 '**' 0.01 '*' 0.05 '.' 0.1 ' ' 1

Residual standard error: 41690 on 2104 degrees of freedom
Multiple R-squared:  0.688,     Adjusted R-squared:  0.6876
F-statistic:  1547 on 3 and 2104 DF,  p-value: < 2.2e-16

***Extra Diagnostic information
Residual sum of squares: 3.656346e+12
Sigma(hat): 41667.21
AIC:  50837.82
AICc: 50837.85
```

图 1.6.10　GWR 模型求解

做回归分析，看到这样的差别还是蛮激动的，尤其 R-square 值是 0.88 和 0.68，代表你多解出了 20% 的 variance，如果让评审人看到了他会说结果很好。但其实它本身也存在问题，即多重假设检验（multiple hypothesis test），而这个多重假设检验导致了它的假设检验不太可信。例如，前段时间 Griffith 教授在这个地方给大家讲课，他有一篇文章专门批判 GWR 的共线性，即他认为 GWR 不可靠。同样，Roger Bivand 教授也批判过，可见在空间环境领域有几个大咖对 GWR 还是有批评的。我觉得这样很好，有人批评就说明这个技术受重视。

这个代表它是做非平稳性检验，意思是，如果关系是有变化（variation）的，你才需要用 GWR，如果它本身就没有变化，GWR 就没用。其实在做 GWR 前应该要做一次非平稳性检验，但是一般情况下做这个东西都很麻烦，所以有好多 paper 里面就把这个忽略掉然后直接用了。如果你的方法、结果和 OLS 之间差别很大，并且所有的变量又是"significant"的，这也是 OK 的。

大家知道 GWR 因为其所有的系数都是关于位置变化而变化的，所以它有一个特点——"mapable"（可制图的）。在每一个位置上的数值，空间插值的结果，或者插值或者做成点式的或者基于点、基于多边形的专题图，这些都是很方便的。所以说，当估计了这些参数，做完了所有的这些之后，可以用 GWR 的结果做成很漂亮的专题图。给大家举一个例子：如果用房子的面积和出售价格做回归，它的系数就代表单位面积的售价，单位面积的售价乘以房子的面积不就刚好等于它的总价格吗？就是说大家要解释估计出来系数代表什么意思。所以，它的单位应该是"Pounds per square meter"，每平方米多少英镑。

这个（图 1.6.11）是 1999 年房屋价格的分布情况，区域（图 1.6.11③处）不进行考虑，这个红的地方是数值缺失点，这个估计是有点问题的。大家主要看这个地方和这个地方（图 1.6.11④处），可以明显地看到，基本是伦敦市房地产价格最高的区域。如果熟悉地图的话，大家会发现，其实这个地方对应的是伦敦的中心。①那个地方有大英博物馆、白金汉宫，基本上是伦敦最繁华、最有历史的地方，所以房屋价格高也不足为奇。而②这个地方是哪儿呢？切尔西，也是一个著名的富人区。所以说通过这样的图可以看出很有意思的一些"variation"（变化），当然，只拿这张花花绿绿的地图是没法看的。

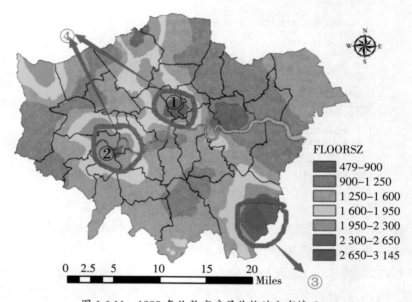

图 1.6.11　1999 年伦敦市房屋价格的分布情况

另外，如果做一个"bathroom"，这个房子有两个或两个以上的卫生间，就表示：第一，这个房子很大；第二，一般情况下，两卫的房子会贵一些。其实它的系数就是两个以上的卫生间对于房子的价格有没有加价或者减价因素。所以整个回归的结果正负值很明显，基本上是加分的。尤其是在这一块（图 1.6.12①处），我推测它属于比较平均的，不是富人聚集区或者穷人聚集区。但是有明显的负值区（图 1.6.12②处），刚好是中心区那一块。大家想，在中心区能有个小房子就不错了，若想要个很大的房子，还多开一个卫生间是不太合实际的。我讲这个的意思在于，大家起码要学会去解释自己得出的结果，这很重要。我发现很多 GWR 的论文里，把回归分析算出来之后不知道怎么去解释，然后就把结果丢在一边不管了。自己做出来了自己不解释难道让别人来解释吗？这是不可能的。可以说那样的就是 GWR 没用好。

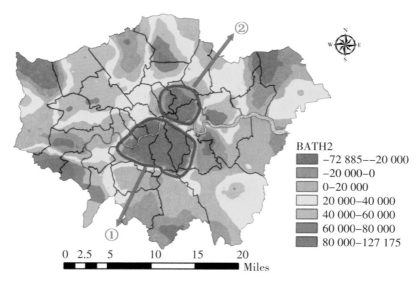

图 1.6.12 变量 bathroom 的系数分布图

还有误差分析。再考大家一个问题：误差是看起来越散越好还是越集中越好？答案是越散越好。大家可以看一下 GWR 误差图，OLS 明显比 GWR 有聚集效应。所以，GWR 在回归分析这一方面来说优势是比较明显的，这是其一。其二，大家会看到这一块一块的，尤其是当值被定得很高的时候。大家知道误差可以帮助我们发现它是不是"random"，还有一个明显的作用，就是找异常值（outlier）。如果得到了异常值，那么这个地方一定有一个很极端的误差存在。换而言之，就是说如果有一个非常明显的异常值，可以通过成图找到或感觉这个地方可能存在一些异常值。当然这个异常值不一定是错的，打个比方：如果英国女皇在某所房子住过一年，这个房子的价格就会比别的高，这也是正常的。这是因为存在其他没有包含进来的因素影响了这个房子的价格，所以出现了异常值。

这是地理加权汇总统计量（图 1.6.13）。平均数、标准差、偏差、偏度等这些说白了都变成了关于位置的函数。如果我做相关性分析的话，相关分析在不同位置会有不同的相关情况。

主成分分析大家只需要了解两点：第一，主成分分析最主要的就是为了降维；第二，因子选择。这两点其实也能算作是一点。如果做地理加权（即降维）的话，普通的 PCA（主成分分析）三个变量就变成两个了，或者说十个变量就变成两个了。找出两个主成分就行了。但其实，它的每个主成分在每一个地方也是不一样的，有的时候，"the first-winning component"（第一主成分）都不一样，所以，在我们团队里 Harry 一直在做的 PCA 算法做得非常好，还可以做个很漂亮的图。

然后就是地理加权判别分析，判别分析是为了在有数据的情况下预测数据是哪一类。我们做了一个很有意思的东西。布什参选那一年，我们用这个东西来估计谁会赢（win or

107

$$\text{地理加权平均数：} \bar{x}(u_i, v_i) = \frac{\sum_j x_j w_{ij}}{\sum_j w_{ij}}$$

$$\text{地理加权标准差：} SD(u_i, v_i) = \frac{\sqrt{\sum_j \left(x_j - \bar{x}(u_i, v_i)\right)^2 w_{ij}}}{\sum_j w_{ij}}$$

$$\text{地理加权偏度：} Sk(u_i, v_i) = \frac{\sum_j \left(x - \bar{x}(u_i, v_i)\right)^3 w_{ij}}{SD(u_i, v_i)^{3/2}}$$

$$\text{地理加权相关系数：} \rho_{x,y}(u_i, v_i) = \frac{Cov_{(x,y)}(u_i, v_i)}{SD_x(u_i, v_i) \bullet SD_y(u_i, v_i)}$$

$$\text{地理加权相协方差：} Cov_{(x,y)}(u_i, v_i) = \frac{\sum_j w_{ij}(x_j - \bar{x}_i)(y_j - \bar{y}_i)}{\sum_j w_{ij}}$$

图 1.6.13　地理加权汇总统计量

lose），在哪个州会赢。我们用普通的判别分析和地理加权判别分析进行实验，相比之下我们这个方法使精度提高了 1.5 个百分点。

就地理加权模型在 R 软件上的应用方面，GWmodel 函数包已被广泛地运用于地理加权计算领域。对于全局模型不能很好拟合的数据，GWmodel 函数包展现了较强大的分析能力。其功能涵盖了地理加权分析的各大类别。我已用 C++ 更新了函数包，极大地提高了运行效率。函数包的安装也十分便捷。就安装而言，打开 R 软件后，单击菜单栏的"Packages"选项，在下拉框中选择"Install packages"，在系统提示下选择以"China"开头的镜像地址，后在 Packages 列表框中点击 GWmodel，系统便会自动安装。

以上就是我的报告，谢谢大家！

【互动交流】

观众 A：请问可以基于多边形做空间回归吗？空间权重的选取有哪些文献可以参考？

卢宾宾：空间回归可以基于点或多边形进行，基于多边形时，只要取多边形的中心进行权重设置即可。而权重选取的规则与要求除课件中讲述的外，还可以查阅 R 软件 GWmodel 函数包里的 Reference。

观众 B：请问在空间回归时，自变量数目会对回归结果带来什么影响？

卢宾宾：首先在回归结果中，会有一个拟合优度统计量，即 R 方。一般认为 R 方越大，模型拟合越充分，即自变量对因变量的解释越充分。但实际上，R 方会随自变量数目的增多而增大，所以后来人们又构造了调整后 R 方（adjusted R-square）。自变量数目增加还会对模型带来多重共线性风险，使得 OLS 估计式 $\beta = (XWX)^{-1}X^T Wy$ 中的逆矩阵不唯一，给系数估计带来不良影响。所以要通过赤池信息准则等判别方法选择最优模型。

（主持人：王银；录音稿整理：王银；校对：罗毅、陈易森、许慧琳）

2 精英分享：
GeoScience Café 经典报告

编者按：珞珈山下，东湖之滨，物华天宝，地灵人杰。一代代探求真理、追求理想的武大学子，遵循着智者先锋的谆谆教诲，躬耕一隅，被德承泽。"宣父犹能畏后生，丈夫未可轻年少"。2016年，我们特别邀请了在不同领域出类拔萃的9位硕、博士——他们用艺术搭建学术报告的脉络；他们用色彩填充世界的版图；樱雨飘零，他们带领众人穿梭校史百年，一览武大风情；琉璃瓦青，他们在求学、求职之路上披荆斩棘、砥砺前行！在异彩纷呈的演讲背后，是"俨骖騑于上路,访风景于崇阿"的心迹，是"晨兴理荒秽，戴月荷锄归"的辛勤，更是"采菊东篱下，悠然见南山"的欣喜。

2.1 学术 PPT，你可以做得更好

摘要：十年前，她爱上了 PPT；十年来，她一直深爱着 PPT。本次报告，博士女神王晓蕾与大家分享了她与 PPT 十年辛酸但甜蜜的恋爱收获——学术 PPT 心得体会。通过剖析学术研究型 PPT 的特点，她详细讲解了如何学习并掌握制作学术 PPT 的方法和技巧，教你如何让学术 PPT 为科研路增光添彩。

曾经，你想在课堂上配合大气美观的 PPT 侃侃而谈，收获大家羡慕又敬佩的目光；你想在学术汇报中用 PPT 展示优秀的研究成果，得到导师的赞美；你希望在毕业答辩中用完美 PPT 展示成果，为学生生涯画上完美的句号。

可是，你真的做到了吗？

如果你想要在各类科研汇报中大放异彩，那么制作精良的 PPT 无疑将是这条璀璨道路上不可或缺的一部分。本次报告为你解读：如何让 PPT 在科研中发挥更好的作用。

对于学术 PPT，多数人心中定存有这样的疑问：

为什么自己总是做不出满意的学术 PPT？

它到底有什么不同？

要掌握它，应该从哪里入手？

是否有什么模式或流程可寻？

是否有快速入门并掌握学术 PPT 的技巧？

秘诀如下：

1. 想要掌握它，必先了解它

为什么你总是做不出满意的学术 PPT？那是因为你并未深刻思考过"学术 PPT"里的"学术"二字的含义。学术由科研而生，学术 PPT 指以科学研究为主要内容，由教师、学生等科研工作者制作的幻灯片。那为何不叫学术幻灯片呢？因为多数人习惯用 Office 出品的 PowerPoint 软件来制作幻灯片，其简写为 PPT，所以通常学术 PPT 可代指采用各类软件（如 Keynote、WPS、Prezi）制作的学术类幻灯片。

正是学术 PPT 的科研特质，使得每个学术 PPT 都具有自己独有的逻辑思路，而这个逻辑即是学术 PPT 的灵魂所在。逻辑不同决定了每个学术 PPT 应该有不同的模板结构。所以，在网络上虽然存在着各种 PPT 资源，但真正适合学术科研的 PPT 很少。通常，我们看到了好的 PPT 作品，也正因为和自己的研究思路不符，而不能直接套用它的模板。

所以，想要掌握制作实用美观学术 PPT 的方法，必须要学会牢牢地抓住学术 PPT 的灵魂。

2. 请牢牢地把握住它的灵魂

想要牢牢地抓住学术 PPT 的灵魂，保证你的学术 PPT 好看又实用，首先需要准确定位制作的学术 PPT 类型，从而明确清晰的逻辑思路。

（1）研究型

这类 PPT 贯穿我们整个学生时代。例如，讲解新的研究方向，介绍一下最近的研究进展，讲解已发表文章的思路等。总的来说，此类 PPT 用于研究工作汇报。

（2）汇报型

年底对参与的项目进行年终汇报，项目中期汇报，项目结题汇报，参加国际会议进行汇报，还适用于个人竞赛、奖学金评定、工作面试等场合。

（3）娱乐型

此类 PPT 的适用场合比较随意，但其内容也独具学术色彩。例如，学院的元旦晚会中需要展示这一年的科研成果；研究团队的宣传，必然和研究成果相关。这类 PPT 灵活多变，但也需要具备学术 PPT 的严谨。

虽然学术 PPT 的类型多样，但只要紧跟以下这些步骤，保证你能搞定各类 PPT。

◆ 流程不改，灵魂不散

思想上：重新认识 PPT

PPT 仅仅是一种工具，归根结底它展现的是人的思想。我们要爱 PPT，但不要完全依赖它，更不能被它控制。它是我们思想的呈现，是有了你才有它。在讲台上，应该让观众看到你，听你说话，而不是将更多的精力放在 PPT 上。如果你无法领悟这一点，就永远也掌握不了 PPT。

行动上：采用正确的制作顺序

多数人接到一个 PPT 的任务，通常是打开 PowerPoint 软件，然后开始制作，或在开始之前先选择一个合适的模板。如果你仍然遵循上面的流程，是很难快速做出完美 PPT 的，制作学术 PPT 的正确流程如下：

PART 1：准备工作

① 明确 PPT 制作的所有要素。

展示型 PPT，不需要汇报人，仅仅需明确 PPT 的宣传对象、时长要求、是否需要动画、是否需要自动放映以及展示的主要内容等；演讲型 PPT，需要汇报人，因此就需明确汇报的主讲人、汇报时间安排（时长和时间段设置）、汇报地点、听众特点及人数、PPT 有无固定模板的要求和汇报主要内容等。总之，前期的准备工作越详细越好，不然可能会导致返工的后果。例如，如果汇报的要求时长为 5 分钟，就不能做 100 页 PPT。

② 根据材料，定逻辑，绘制思维导图或流程图。

若时间充裕，可在电脑上详细绘制思维导图；若时间较紧张，就绘制简略的思维导图或列出章节目录等。切记此步，绝对不可或缺！它决定着 PPT 精华能否完美呈现，直接影响 PPT 的质量。如果思维导图绘制得好，那么你会发现 PPT 制作速度将大幅度提升。请相信一个拥有 10 年学术 PPT 经验的博士的真实感触。

③ 按照 PPT 的思维导图，选择合适的 PPT 版式。

按照选择的 PPT 版式，采用电子触控板或手绘每一页 PPT 的草图，并调整顺序。手绘时可以将每一页 PPT 绘制在便利贴上，也可将多页 PPT 绘制在一页纸上，用于全局浏览。到底选用哪种形式依据个人习惯。相比于电子触控板，手绘的方式修改起来更方便。

PART 2：PPT 制作

① 选择版式结构并进行选项设置。

打开制作软件，选择颜色搭配（可以采用 PPT 插件，如美化大师、Nordri 等），设计幻灯片母版的字体类型、大小和 Logo 等，分别制作母版中封面、目录、章节、内容页和致谢的版式。采用母版的方式进行统一设置，可以极大地提升 PPT 的制作效率。

② 按照设计草图填写 PPT 内容，并对顺序进行细微调整。

填写 PPT 内容时，应尽量选用列表和关键字表示文字；用图表表示数字；用思维图示表示研究思路。总之，选用一目了然的方式，切忌大段文字。争取每一页 PPT 都让人秒懂，瞬间抓住听众的注意力。只有你帮听众省时省力，听众才会对你的研究感兴趣。

③ 撰写讲稿。

参照每一页 PPT 内容撰写讲稿，此时你会发现为了保证讲稿流畅，需要修改 PPT 中的很多小细节。

④ 反复练习和修改。

最好在会议室进行计时演练并录音，据此修改 PPT 讲稿，使表达内容和 PPT 内容一致。

PART 3：经验总结

在汇报完成后，应对出现的问题进行汇总并修改，并在一次次报告中反复实践，慢慢地你会发现 PPT 制作水平日益提升。

当然，有些类型的学术 PPT 需要一些特定步骤，以答辩 PPT 为例。毕业答辩前，应准备答辩材料（个人简历、答辩论文、答辩决议草稿、答辩日程）；预测答辩委员的提问，并准备答案；准备着装；准备多个版本的 PPT，保证 PPT 的完美播放。在答辩 PPT 讲解完毕后，还要对答辩委员的提问进行记录与录音。回答问题时需注意：不要因为急于解答而打断提问者；不要直接说不，造成双方观点的直接冲突；不能夸大研究成果；不要遗漏任何老师的问题；要逐条回答，这样既保证条理清晰，又节省时间；回答时多采用礼貌用语。

其实，PPT 制作流程中最重要的是思维导图。下面介绍学术 PPT 结构，定会帮助你绘制出令人满意的思维导图。

◆ 结构固定，灵魂永在

把握学术 PPT 固有结构，就可以保证学术 PPT 内容完整、重点突出。下面以答辩、课题研究和项目申请为例分别说明。

（1）毕业答辩 PPT

一份精良的答辩 PPT，有助于顺利答辩毕业。优秀的答辩 PPT 的特点如下：逻辑连贯，结构完整，重点突出，对比鲜明。为了达到上述要求，答辩汇报时应先分析研究问题，再提出解决方法，详细说明论文的实验和结果，并对其讨论和分析，结构如图2.1.1。可将其简化为问题、方法和效果三个部分，其中，论文中的效果是评价毕业论文质量的重要指标，即相较于已有研究，该论文是否改进或解决了某些问题，这是答辩 PPT 的重中之重，即图 2.1.1 里红框中的第四部分。

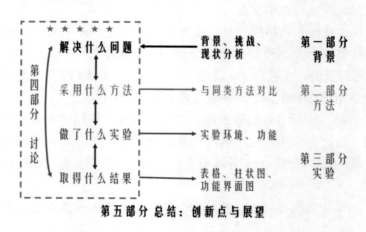

图 2.1.1　答辩 PPT 完整结构示意图

按照上述要求，时长要求 20 分钟以内的答辩（本科/硕士答辩）章节划分包括四个部分（研究背景、研究方法、实验与对比、总结与展望）；40 分钟以内的答辩（博士答辩）章节需要增加一个章节，用于详细介绍研究方法。

以 20 分钟以内的答辩 PPT 为例，每一部分要求如下：

PART 1：研究背景

1）背景

一开始就要告诉答辩评委，为什么要选择这个方向，即研究的出发点。在开场的 30 秒内，就要切题，一下子抓住答辩评委的心。

2）现状

现状的剖析要深入，并有理有据。最好的方法是将相关研究分类，明确每一个研究的研究内容、优点和局限性。

3）问题

从研究现状出发，总结出已有方法的不足，例如，模型上的缺陷、实验方法上的局限，或是应用方面的问题。切记要提出自己论文中已解决的问题，否则答辩的效果会大打折扣。

4）意义

指出论文在某些方面发挥的作用。

PART 2：研究方法

这是答辩的重点，应占据 PPT 的大部分篇幅。研究方法一般提出新内容或改进已有内容。在阐述过程中，由于研究内容不同，其风格形式并不固定，不要过于纠结表现形式。需要特别注意的是：明确指出毕业论文中方法的内容和特点，才能让评委深刻理解这项研究，也为后续的对比分析做铺垫，这是答辩应该达到的效果。

PART 3：实验与对比

1）实验环境

这部分的说明主要是为了保证实验的可信度，需展示实验区域、数据以及选用的软件或编码语言等。

2）实验结果

结果应与研究背景提出的问题相互对应，进行重要结果的展示，而非所有成果。对于数据分析类的实验，用文本、折线图、柱状图等相结合的方式表现。

对于系统设计类的实验，采用系统功能界面图和系统性能测试图来说明结果。

3）实验效果对比

实验效果主要是看实验是否解决了研究背景中提出的问题，并且要说明解决的程度。在答辩 PPT 中，讨论和对比的展示可以放在两个位置：一是在介绍研究方法的每一个章节后面，适用于较长的博士答辩；二是将对比分析作为单独的一部分展示，适用于所有类型的答辩。PPT 中对比展示可以分别进行横向和纵向对比，要足够深入且全面。横向对比，是和自己之前的研究进行对比，比如说相同的数据，不同的方法，对比其处理效果，其展示效果主要是数值定量对比；纵向对比，是和别人的相似研究进行对比，方法改进后的对比或应用效果上的对比，其展示主要采用表格进行多方面说明。

PART 4：总结与展望

好的总结可以让整个汇报锦上添花。为了加深答辩委员对于研究的了解，这部分的创新点与展望绝不可草草带过。请注意，创新点源于研究内容，但不是研究内容，要说明：解决了什么问题，突破了什么，有什么是新的或有意义的；展望也不是说大话和空话，指出 1~2 点即可。

PART 5：参考文献与致谢

参考文献要挑选最核心的，不必过多。致谢要足够简单，"谢谢"两个字足以表明你的诚心。

（2）课题研究型 PPT

这类 PPT 在科研生涯中接触的频率最高，准确把握此类 PPT 的结构，肯定会让你的科研路更加顺畅。其结构包括研究简介、研究内容、思考与计划、总结、参考文献与致谢五个部分。

1）研究简介

和答辩 PPT 相同，都包含动机、现状、意义三个方面，还需要新增一个研究思路。在汇报前，说明研究思路，可以让听众快速掌握本次汇报的主要内容。

2）研究内容

这部分依然是整个 PPT 的重点，包括总体架构图、设计的模型与流程等。这部分的表示形式多样，可以图文结合，也可以用单图或单表。这部分样式的多样性和学术 PPT 美观不可分离。若想一个学术 PPT 更美观些，参见第三部分"学术 PPT，好看一点又何妨"。

3）思考与计划

详细列出研究过程中遇到的问题，可以让老师帮你出谋划策。列出下一步研究计划，可以明确表示你具有科研规划意识，这是一个科研人应该具备的科研态度。

4）总结

概括展示已取得的研究成果。

5）参考文献与致谢

参考文献的添加既可以说明阅读文献的相关性和选文质量，也方便和老师们讨论研究内容。当然，所有的报告不应该少了致谢。

（3）项目申请 PPT

项目的申请一般都有明确的格式要求，总的来说按照项目类型的不同，其章节安排略有不同。

① 注重应用的项目，申请 PPT 包括项目背景、目标、内容、技术路线、成果指标、研究基础、可行性分析与经费需求。

② 注重理论研究的项目，申请 PPT 包括国家重大需求分析、拟解决的关键科学问题、主要研究内容与目标、总体研究方法与创新性、推荐首席科学家及研究队伍、工作基础、研究条件和经费等。

◆ 你的表达，灵魂之光

按照上述过程和结构，相信你一定可以制作出优秀的学术 PPT，但你不一定可以完成一场完美的汇报。因为报告不只需要 PPT，最重要的还是汇报人的讲解。PPT 效果的完美呈现，人的因素占据 99%！如果在汇报中没有呈现出理想的效果，那么通常是出现了表 2.1.1 左边的状况。

表 2.1.1　　　　　　　　　学生 PPT 汇报易出状况与应对策略

易出现状况	真　　相
害怕，不敢表达，导致表达不到位或者语句不连贯	犯错一点都不可怕，老师更不可怕。学生时期的我们怎么可能不犯错
以为听众不明白，去科普某些基本概念，导致重点不突出	不要以为老师不知道那些基础知识，其实他们比你懂，汇报时要挑最主要的说
觉得内容太简单，大家肯定都懂，于是讲得太快且过程模糊	不要以为老师和你一样对于你的研究过程了如指掌。因为没有人比你更了解，所以你必须讲清楚所做的工作

认清上述状况的真相，充分做好以下准备工作，可以让表达为报告更加增色。

（1）表达要简单易懂

开门见山，前30秒就牢牢抓住听众的心；拒绝使用口头禅，丢掉不需要的语气助词；不使用抽象语句和长句。

（2）动作要大方得体

对于面部表情来说，需要尽量保持全程微笑，表情与语言内容一致；注意目光交流，增强感染力；手部动作不可过多，不要过多地晃动鼠标或激光指示器；更不可晃动身体或随意走动。

（3）请充分尊重你的听众

合理利用时间。按照研究内容，合理进行时间分配，对于重点部分，讲解要尽量细致；学会合理运用断句和语调，给观众足够的思考和消化时间。总之，在报告前，做好PPT，写好台词，模拟场景，反复练习才是对观众最大的尊重。

3. 学术PPT，好看一点又何妨？

PPT只要灵魂不改，模式也可千变万化。一个成功的学术PPT需要学术思想、内容与设计的完美融合，否则，它就是失败的。对于学术PPT来说，如何使其更美观：一是选择合适的版式；二是选择合适的颜色和背景。

（1）学术PPT的版式

一个完整的学术PPT，按照类型可以分为封面页、目录页、章节页、内容页和致谢页五个部分。这五个部分可以选用的版式千变万化。（举例说明什么是版式：一页PPT的上下、左右、全图和全文字等结构设置统称为版式，图2.1.2中列出了一些典型的版式设计。）不管版式如何变化，其设计应该遵循以下两个原则：

① 一致性。如封面和致谢保持一致，内容页是封面页元素的延伸性。

② 内容页的版式最好只有两种形式，不超过三种。

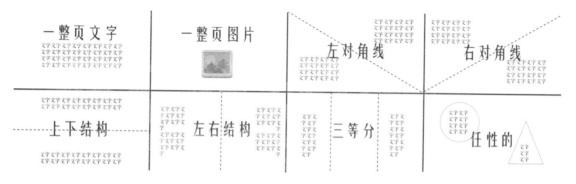

图 2.1.2　版式示例图

学术PPT的五个部分中，内容页的页数最多，其版式种类也最多。对于答辩PPT，首选左右版式，其次是不规则三分式。左右版式是学术PPT中最好的选择，理由有三：

① PPT 16:9 的宽屏比例显示的内容比 4:3 的更多，渐渐成为主流趋势。因此，为了让观众的注意力在宽屏上更聚焦，选择左右结构比较合理。

② 学术研究要求有理有据，有因有果，所以在同一个页面上表示现状与问题、问题与方法、方法与实验、实验和结果会让观众更快了解研究内容并抓住重点。例如，图 2.1.3(a)(b)和(c)描述的纯文字对比、配图与文字的左右结构、实验与结果的左右结构，更易理解。

③ 在对比分析中采用图 2.1.3(d)的形式更容易说明研究产生的效果。

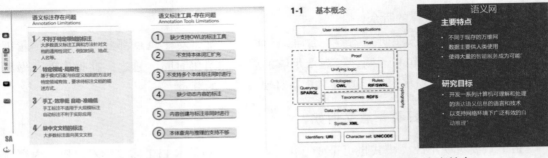

(a) 纯文字左右图示 　　　　　　　　　(b) 配图与文字结合

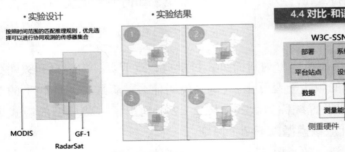
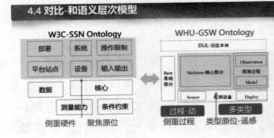

(c) 实验与结果说明 　　　　　　　　　(d) 已有研究和自己研究的对比

图 2.1.3　PPT 左右版式

不规则三分式是学术 PPT 最常见的版式，图 2.1.4 中列出了常用的几种形式。为了让听众秒懂每一页的 PPT，在每页 PPT 下方加上一句总结，让听众快速把握本页研究重点和亮点。

（2）学术 PPT 的颜色和背景

不同于商业类型 PPT，学术 PPT 的颜色和背景应该尽量反映严谨客观的学术风。只有颜色和背景选对了，才能避免学术 PPT 变得华而不实，从而实现学术 PPT 好看又耐看、看了还想看的终极效果。

学术 PPT 最稳妥的颜色搭配是蓝白黑，深蓝色显得大气沉稳；亮蓝色客观又不呆板；白色底板和黑色字体的搭配更是百搭。蓝白黑的布局显得学术 PPT 更为可信。当然，为了重点更突出，部分地方还可以选用深红色，图 2.1.5 列出了典型的蓝、白、黑、红颜色搭配实例。

（a）上下结构的三分式，中间为图示

（b）上下结构的三分式，中间为表格

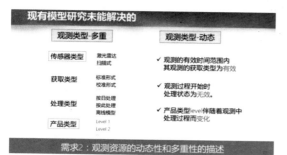

（c）三分式结构与左右结构的结合

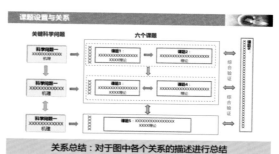

（d）上下和左右三分式的结合

图 2.1.4　PPT 三分式版式

封面页

目录页

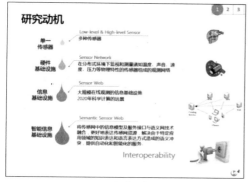

内容页

致谢页

图 2.1.5　蓝、白、黑、红颜色搭配的学术 PPT 实例

　　除了最稳妥的搭配，你还可以根据学校特色来设置特定的背景，例如，武汉大学可以采用樱花作背景，图 2.1.6 中显示了樱花和蒙版结合的背景效果。为了让内容显示得更清楚，内容页的底色尽量保持白色。

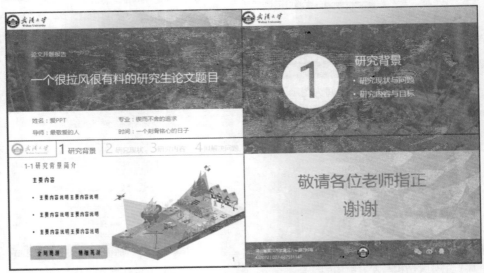

图 2.1.6　樱花为背景的 PPT

　　如果想要 PPT 与众不同，建议根据专业来选择背景，图 2.1.7 显示了以地图相关的底图作为背景、设计的地学遥感专业相关的模板。

图 2.1.7　地学遥感专业 PPT 实例

　　PPT 背景和专业结合时，要注意背景的设置不能影响内容显示，如果背景过于复杂可选用蒙版进行遮盖。图 2.1.8 分别列出了适用于地学、计算机、化学、建筑、农学和医学的背景。

地学

计算机

化学

建筑/土木

农学/植物学

医学

图 2.1.8 六大专业的 PPT 背景

（3）小窍门

1）选择学术 PPT 模板的黄金法则

不要采用炫酷的商业汇报模板。显而易见，商业类的 PPT 模板即使再好看，也不适合学术研究，尤其不适合理工科的科研汇报。

按照文理科的特点分别选择模板。工科类的报告显然不适合采用过于文艺的模板；同理，文科类的模板采用理工科的模板也不合适。

不要为了选择某个模板，而改变某类 PPT 的固定结构。比如说，随意变动毕业答辩 PPT 的固有模式，会让答辩评委很不习惯，答辩效果也会大打折扣。

2）如何让你的学术 PPT 精益求精

学术 PPT 的掌握并非一蹴而就，妄想 get 到极速制作方法不可能。但是，当你掌握快速梳理逻辑思路的方法，并从各大网站（演界网、锐普 PPT、PPTstore）积累了各类学术 PPT 模板，建立自己的模板库之后，相信你的学术 PPT 水平已经前进了一大步。当然，如果你并不满足于采用别人的模板，希望可以创作出属于自己的作品，就需要在平时注意以下多方面的积累。

例如，需要学习 PPT 制作的相关理论知识，包括设计理论和 PPT 理论，这些可以通过网页（hao.shejidaran.com）、书籍、微信公众号（幻方秋叶 PPT）、微博（无忧 PPT、PPT 研究院、i_slide）等资源获取；还需要精通各类制作 PPT 的软件，达到想要什么效果都可以快速实现的地步；拥有一批精品素材的网站（如 easyicon.net、stocksnap.io 和站酷），并在花瓣等图片管理工具上形成图片素材库；大量模仿精品 PPT，并定期制作各类学术 PPT。只要你把上面的都做到，那就已经精通 PPT 了。其实，PPT 的网上资料千千万，关键看你是否会发现，是否会善用，资源量不在多而在精，贪多可嚼不烂。

3）PowerPoint 软件技巧 TOP 5

通过 PowerPoint 的多年使用经验，以下总结出最有用的五个操作技巧。

Top 1：选择窗格（如图 2.1.9 所示）。

打开方式：Alt+F10，或者"开始"→"选择窗格"。

作用：调整图层的显示或隐藏，再也不要选择"上一层""下一层"了；快速调整图层的顺序；修改图层名称；快速选定多个对象，再也不用担心选不中对象了。

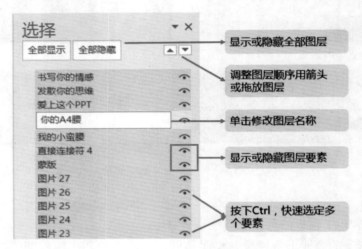

图 2.1.9 选择窗格

Top 2：排列对象（如图 2.1.10 所示）。

打开方式：菜单栏"开始"→"排列"→"对齐"。

作用：快速对齐要素或进行多个要素的平均分布。

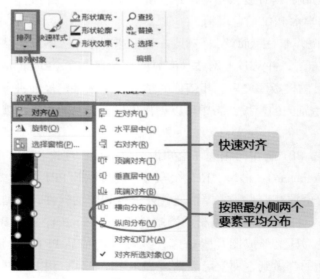

图 2.1.10 排列对齐

Top 3：分节（如图 2.1.11 所示）。

打开方式："开始" → "节" → "新增节"，或者在两页幻灯片之间右击添加新增节。

作用：为幻灯片划分章节，非常适用于多页幻灯片的制作和放映。制作时，将幻灯片切换到"幻灯片浏览"模式，可以看到按照章节分布的幻灯片；在放映模式下，按下"→"即可看到分节效果。

（a）打开方式一

（b）打开方式二

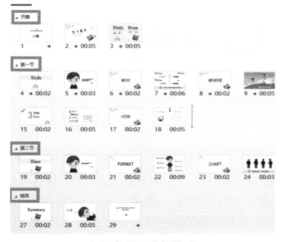

（c）应用于编辑模式

（d）应用于放映模式

图 2.1.11　分节操作

Top 4：参考线

打开方式："视图" → 选中"参考线"，或者 Alt+F9。

应用方式主要有以下几种：

① Ctrl+Alt+单击某个参考线拖动，出现新参考线，拖动时显示的距离和界面中心参考线对比。

② Shift+Ctrl+单击某个参考线拖动，出现新参考线，并且拖动时显示的距离是和原参考线对比。

③ Ctrl+Shift+移动某个元素，可以沿着此元素的横纵方向平行移动，并复制新要素。

④ Shift+移动某个元素，可以沿着已画的参考线移动。

作用：

① 同一张幻灯片上要素的快速摆放或对齐；

② 多张幻灯片中同一类要素对齐，保持 PPT 的一致性。

Top 5：剪切板（如图 2.1.12 所示）。

打开方式："开始"→"剪切板"右边的小箭头。

作用：跨 OFFICE 文档多个对象复制和粘贴，这个技巧在 Word 中同样适用。

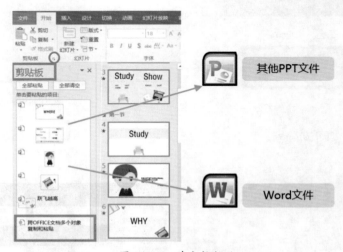

图 2.1.12　跨文档粘贴

以上的讲解，已解答了开始提出的问题，可以看图 2.1.13 自己总结一下。此刻，想必诸位对于掌握学术 PPT 会更加有信心。这世间并没有学术 PPT 的速成法，可千万不要妄想三五分钟就搞定它。我深爱了 PPT 十年，在我成长的每一个角落里，都有它的痕迹，如今也只不过刚刚入门。通过 PPT 我收获了无法言喻的快乐，也为此承受过打击与挫折。也正因如此，我才发现，在人生中最青春的年华里，我都深爱着 PPT。

曾经有人问我：你为什么要做 PPT？为什么要分享？

我的回答是：因为喜欢，因为热爱。

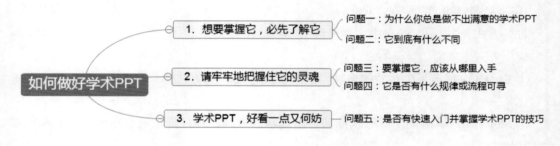

图 2.1.13　如何做好学术 PPT

也许你无法理解这种情感，但是我知道在说出这个答案的时候，我的眼里肯定在发亮，满满的都是深情。我爱PPT，它是我十年来唯一坚持下来的事情，已成为我人生中的一种信仰和依恋。这种感情，就像你抓住了生命中最感兴趣最值得付出的东西。它会让你夜不能寐，辗转难眠，会让你忘记一切烦恼和辛苦，会让你沉浸其中不可自拔。

你也可以这样问问自己：现在的你是否真正拥有挚爱的事物，并愿意为它始终如一！无论怎样，不付出永远没有收获。学习PPT，只有平时积累，才让你的报告大放异彩，真心地希望"学术PPT，你可以做得更好"可以为大家的科研之路锦上添花！

（作者：王晓蕾；校对：张玲、刘璐、赵欣）

2.2　地图之美
——纸上的大千世界

摘要：地图是严谨的科学产品，更是美轮美奂的艺术品。地图之美不仅仅体现在于它蕴含的信息，更体现在于它是地理和美学的完美结合。分幅、布局、符号和配色，无一不体现着美的理念。本次报告，秦雨博士讲述了中国地图美学思想的产生和发展过程，并结合自己在地图生产方面的实践经验，与我们分享了地图设计的一些小诀窍，最后展示了一些自己收藏的奇特有趣的实物地图，打破了大家传统观念上对地图的理解，让同学充分领略到了别样的地图之美。

【报告现场】

主持人： 欢迎大家参加第 107 期 GeoScience Café 学术交流活动，现在已经是秋天了，秋天的自然世界是美的，而秋天的地理世界更美，我听说地图工作者就是善于将这种美定格和分享的魔术师。今天，我们也有幸邀请到这样一位魔术师——秦雨博士。秦雨博士是四川南充人，武汉大学资源与环境科学学院 2011 级博士研究生，他曾作为核心成员参与南北极科学考察地理底图、武汉城市群城市化与生态环境地图集和 2013 中图北斗广州城市地图的设计和制作。可以说，在地图制作方面他有着丰富的经验和独到的见解。下面，让我们用掌声欢迎秦雨博士为我们带来一场有关于地图的饕餮盛宴。

秦雨： 谢谢大家来听关于地图之美的报告，今天我的报告主要分为四个部分："地图，邂逅了美学""地图，怎么画才美""地图，画遍全世界""地图，有什么好玩"。其中第一部分向大家介绍一些基础的地图美学理论知识，也就是从美学的角度来看地图设计的一些思想。讲完美学的"世界观"，接下来就应该介绍"方法论"了，所以第二部分从方法上介绍地图怎么画才美观。在第三部分我选取了自己之前做过的一些有代表性的成果，结合它们向大家介绍一下我是怎么设计和绘制地图的。第四部分则是我今晚打算着重介绍的，即一些有趣的地图产品，我希望通过对这一部分的介绍，使大家能够爱上地图——即使你现在对地图不是那么感冒。

1. 地图，邂逅了美学

第一部分给大家介绍一下地图的美学基础。这里的"美学"和我们以为的"美术"或者"艺术"的概念是不一样的，它是哲学的一个分支，是整个文化艺术大学科的哲学基础之一。我们希望一幅地图能被设计得漂亮，首先就要明确一个问题，"地图到底是不是艺术品？"这直接关系到我们是否能"名正言顺"地应用美学原理来解决地图设计问题。

这里给大家介绍一下两种比较主流的地图学科理论的观点。一种是前苏联的地图学理论，他们认为地图不是艺术品，而是一个纯科学、纯技术的产品。在这个理论下，地图就是一个普通的数学图像，只需要按部就班地简单绘制就可以了。然而，另一种以欧美为代表的西方地图学理论则认为地图是艺术品，绘制地图和作曲、绘画一样，都是艺术的创造行为。

众所周知，在新中国成立初期，我国的学科建设受前苏联的影响比较大，所以当时也认为地图不是一种艺术品。但从20世纪80年代至今，我们开始倾向于接受西方理论的观点，认为地图是一种艺术品。我们国家的地图产品从那时起开始也变得丰富和精美起来。

接下来我们看看，地图美学作为一种哲学基础研究的到底是什么？地图美学理论的研究主要分为四个部分：① 地图美的本质、审美特征和形态；② 地图语言特点和形式美的统一；③ 地图的审美风格、意境和心理过程；④ 地图美的创造和制图者的美学修养。

第一部分，我们首先介绍一下地图美的本质。它可以由美学的本质推导出来：地图具有一些能引起人类的超功利愉悦的属性。地图美的审美特征包括视觉形象的平面造型性、语言系统的综合性、形式意蕴的二重性、真善美的统一性和审美性向的多样性。而地图美的形态包含地图的科学美、技术美、功能美和艺术美。其中科学美是由地图的数学基础决定的；技术美则来源于从数据采集到最终成图的一系列过程中各类技术的运用；功能美即地图的实用功能给用户带来的方便快乐的体验；艺术美就是指使人觉得愉悦的地图中富有艺术气息的美感。

第二部分中，地图语言包括文字语言、图形语言和色彩语言三个部分，地图语言系统的特征是图像语言与自然语言、再现性语言与表现型语言、具象性语言与抽象性语言的统一。地图的形式美则具体表现在地图内容的多样与统一、对比与协调、对称与均衡、比例与尺度、整齐与错落、节奏与韵律、重点与层次等多方面。

第三部分是关于地图的审美风格、意境和心理过程。地图的美感来自于读者对地图的感知、联想和想象的关系，这属于地图信息传达的一个过程。从20世纪80年代有学者提出关于地图信息传达的理论之后，就陆续有学者在研究这方面的内容。地图不同的审美风格取决于对色彩、图面等要素的不同组合，而审美风格又恰恰是审美意境的具体描述。在地图的审美过程中，读者产生的审美心理共性与差异，地图美感与认知、联想和想象的关系，都属于地图美学研究的审美心理过程。

最后一点就是地图美的创造和制图者的美学修养。如果地图的设计者和制图者自身的美学修养就很不足，那么做出来的地图效果一定很难令人满意。所以，为了提高地图的创作水平，一方面制图者可以根据对地图审美风格以及心理过程的研究，归纳出一些关于地图科学美、技术美、功能美和艺术美的创造和表达方法；另一方面，制图者必须不断提高自身的艺术修养和美学修养。

　　我的研究主要是从中国地图美学的发展史开始的，我比较关注的内容是，地图美学作为地图学下面的一个小学科，是在地图学学科体系发展过程的哪一个阶段出现的，它在整个学科体系中又扮演着怎样的角色。

　　首先，从新中国成立初期到改革开放前的将近三十年时间可以称作我国地图学学科体系发展的第一阶段，这一阶段之所以较长，主要是因为在20世纪六七十年代，地图学受到一些政治原因的影响，发展得相对比较慢，甚至出现了停滞。

　　在新中国成立初期，新中国第一代1∶5 000和1∶10 000的基础地形图、各省区地图以及国家的一些自然和社会专题图已经完成。随后在前苏联的帮助和影响下，我国的地图学学科体系逐渐形成了具有中国特色结构的、较为完整的地图学和地图制图学理论，包括地图投影、制图综合、符号设计、地名规范、专题地图标准化、综合制图、地图印制等方面，这时的研究重点开始转向了专题地图的分类原则与图例设计、表示方法与图形设计理论等方面。

　　第二个发展阶段大概处在20世纪80年代。学者吴忠性（1912—1999，中国著名地图学家，前国家领导人吴邦国的父亲）在这个时期提出"地图学"和"地图制图学"应该被区分开来。因为地图学已经发展成为一门跨多学科领域的科学，而地图制图学应该是地图学下面的一个分支。廖克院士（1936—）则更进一步指出，地图学应当包括理论地图学、地图制图学和应用地图学三个分支。与此同时，"信息传输理论"和"感受理论"首次明确地在中文文献中进入地图学的范畴，这些理论从科学的角度为地图制图学和美学的结合奠定了坚实的理论基础。

　　到20世纪90年代左右，由于地图学学科内容的不断扩充，有学者认为地图学体系应扩展到七大分支，分别是地图哲学、理论地图学、地图教育学、地图方位学、地图规范学、地理信息系统和应用地图学。这时，地图美学理论开始出现，武汉测绘科技大学的俞连笙教授当时提出"地图的科学美与艺术美是同时存在的，相互不妨碍，同时，地图也具有技术美"。郭庆胜老师指出"地图的审美特征可以理解为读者地图的适应性，包括内容适应性，即制图数据种类和数量的选择，以及形式适应性，即地图表示方法的设计和选择"。

　　进入21世纪后，对地图学的学科体系组成的认知经过融合和归纳，又回归到之前的三大分支的理解，即理论地图学、地图制图学和应用地图学。而地图美学的理论框架已经初步形成，出现了"世界观"和"方法论"的分化。其中，"世界观"的基调就是确认了地图是艺术品，地图制图就是艺术创造活动。而地图的形式美法则也被完整归纳，使其成为指导地图图面、符号、色彩设计的"方法论"。基于对前人的成果进行了归纳和总结，安徽师范大学的凌善金教授编撰出版了《地图美学》一书，这也是国内第一本正式以"地图美学"命名的大学专业课教材。

　　2010年以后，地图美学的研究方向变得更细了，其中的一些小问题开始引起研究者的兴趣。目前最新的研究领域就是地图语言的艺术化，国内主要是凌善金教授在做这一方面的工作。地图语言艺术化的目的是提高地图的艺术性，让其具备与艺术语言一样的特性。艺术语言是什么呢？打个比方，就好像文学中的"语句"、音乐中的"旋律"、绘画中的"线条"、建筑中的"结构"。艺术品在本质上具有能全面满足人的美感需要，令受众易于接受又乐于接受的共性，它们都具有审美性、形象性、情感性、技巧性等基本特性。地图作为艺术品，自然应该具有这些特性，这也是地图语言艺术化所要追求的主要目标。根据地图语言的三要素——色彩、图形和注记，地图语言艺术化的研究对象包括地图色彩语言艺术化、地图图形语言艺术化和地图注记艺术化这三方面。

在对地图发展的理论框架有了一定的了解之后，接下来我们看看在各个时期具有代表性的地图产品，主要从地图的科学美、技术美、功能美和艺术美这四个方面来评价它们。地图的科学美一直作为地图产品的生命基础而存在，而其他三种形态，即技术美、功能美、艺术美，则通过不同的比例融入到各个时期的产品中，下面我们来看看它们是如何融入的。

在 20 世纪 50—60 年代，基本的大比例尺的地形图都已经有了，而我国正处于社会主义建设的初期，所以这一时期的地图作为国家建设和开发的基础辅助性工具，主要以实用性为主。此时的地图产品较 20 世纪 40 年代的产品没有很大的更新，很多甚至沿用的是新中国成立前的产品。但是由于新中国成立前的地图比例尺范围很小、内容不多、资料不完善、专业针对应用性也不强，所以 50—60 年代的地图主要是针对上述的缺点进行改进，提高地图的实用性，也就是功能美。图 2.2.1 是 1954 年 12 月《新华本国地图》全国气候专题的一个示例。

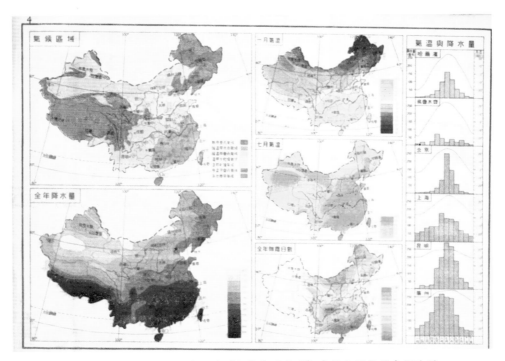

图 2.2.1　1954 年 12 月出版的《新华本国地图》中的全国气候专题地图
（图片来源：武汉大学图书馆网络电子图书阅览页面）

20 世纪 70 年代末至 90 年代，是一个技术横行的时代，从数据采集技术（如遥感技术），到数据分析技术（如地理信息系统），再到计算机制图和电子印刷技术——技术的全面兴起和发展，再次掀起了一个编制新版省区图和全国图的高潮。同时，专题图又增加了很多新的内容，比如生态环境、自然保护，疾病地理和城市规划等方面。这个时期最经典的例子就是 1983 年出版的《中华人民共和国地图集》。这本地图集的编排方式和上面提到的《新华本国地图》没有太大的区别，同样首先是专题图，然后是省区图。然而相比之下，这本图集有着更多的亮点。首先是专题地图的大量增加，专题图组足有数十幅专题地图，涉及学科广、图面设计精美。其次是将每个省份都单独成图，这是《新华本国地图》中没有实现的。再次，新加了一个省会城市的城市地图图组。图 2.2.2 是我拍摄的部分城市地图，从图上大家可以看出武汉这几十年以来的变化是很大的。

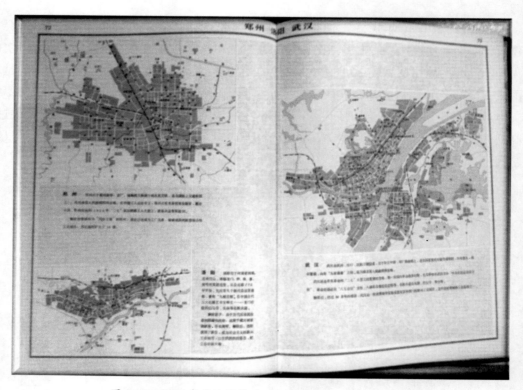

图 2.2.2　1980 年代地图展示（郑州、洛阳、武汉城市图）
（图片来源：《中华人民共和国地图集》，地图出版社，1983 年版）

到了 21 世纪，地图产品的发展为技术美和艺术美打造了新的体验。从技术上来说，地图的产品形式上摆脱了纸质图"一家独大"的局面，电子地图、网络地图和移动地图开始兴盛，使得地图在使用上更为方便快捷。而地图的艺术美开始显现其重要性，静态美和动态美在产品中常常是共存的状态。不过，尽管如今的实物地图市场略显疲态，但一些别具匠心的设计仍赋予实物地图产品丰富多变的形式和新的生命力。图 2.2.3 就是利用中国传统山水画的形式绘制的《京沪高铁沿线风光图》局部。

图 2.2.3　京沪高铁沿线风光图（局部）
（图片来源：国际制图大会的优秀地图作品选集，Atlas of Design）

2. 地图，怎么画才美

　　第二部分我们将介绍地图怎么画才漂亮。我们知道地图语言要素包括色彩、图形和注记，在这一部分中，我们讨论一下地图的各类要素是如何设计的。

　　地图上的要素都包含了六个基本的图形变量：色相、明度、饱和度、形状、尺寸和方向，前三个和色彩有关，后三个和图形有关，而注记和这六个都有关系。

　　基本图形变量中的色彩变量包括色相、明度和饱和度。色相是指我们对颜色按照波长所划分的不同种类，在图 2.2.4 中，第一组三种颜色主要就是色相上的区别；明度是指色彩的明亮程度，第二组颜色的色相都是青色，但是它们的明度不同，右边的青色显得更明亮一些；饱和度是指颜色的纯净程度，第三组颜色中左边是最纯净的黄色，右边两个是混入了不同比例的灰色，大家可以看看这三种颜色的区别。

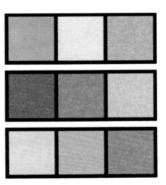

图 2.2.4　色彩的色相、明度、饱和度对比

　　那么，如何运用色彩的三要素将地图画得漂亮呢？一般来说，"质"的区别常用色相区别来表示，同一类地物的不同"量"的区别常借助于明度或饱和度的区别来表示。以福州行政区图（图 2.2.5）为例，我们利用不同色相的颜色来区分不同的行政区划。在图 2.2.6 中，我们用一系列同一色相不同明度的颜色代表量的不同。

图 2.2.5　区别底色常用不同的色相以示区别（秦雨 制图）

不透水面面积变化

1 : 2 000 000

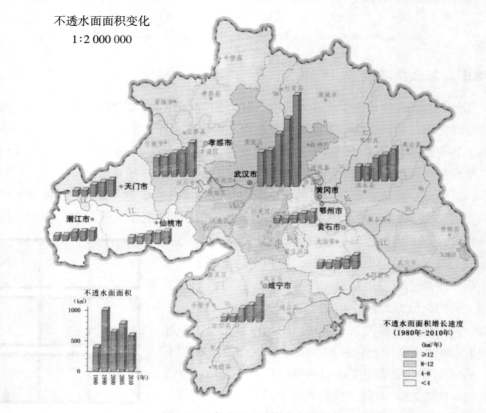

图 2.2.6　色彩的明度在地图中的应用

（图片来源：《武汉城市群城市化与生态环境地图集》，测绘出版社，2015）

在色彩的使用过程中需注意，一般情况下，地图要素越大，它所使用的色彩就越浅越灰暗；地图要素越小，设色则需要越深越醒目。原则上面上要素的符号最浅最灰暗，而点状符号和线状符号则最深最醒目。这符合人的视觉习惯和美学习惯，能提高读者的信息接收效率。

那么，如何调出自己想要的颜色呢？接下来，我们就要看看具体的"调色大法"了，也就是一些调色的基本原理。图 2.2.7 是一个色相环，里面包含了所有主要色相的最纯净状态下的色彩，其中我们标注出了 R、G、B、C、M、Y 六个色彩。R、G、B（Red 红、Green 绿、Blue 靛蓝）是所有电子显示屏在显色时采用的原色，而 C、M、Y（Cyan 青、Magenta 品红、Yellow 黄）这套印刷三原色再加上一个表示黑色的 K 就是打印机墨盒里面的四个颜色。不管采用怎样的三原色，三原色彼此在色相环上间隔的角度都是 120°，这样做的好处就是可以用最少的颜色把色相环里所有的颜色调和出来。RGB 调色，各原色的取值范围均为 0~255，表示的是不同强度的三种颜色的光的叠加，值越大越亮，当三个颜色均取最大值叠加时即可得到白色；CMYK 调色，四色的取值范围均为 0~100，表示的是经不同浓度的四色颜料过滤之后剩下的反射光的色彩，值越大越暗，当四个颜色均取最大值相加时为黑色。

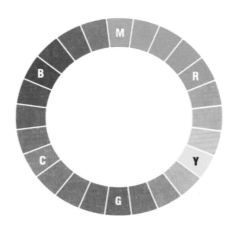

图 2.2.7 CMY、RGB 与色相环

人类对不同的颜色能产生不同的联想和感受，这和我们的生活经历有关，叫做色彩的通感，例如，看到绿色能联想到树叶，看到红色能联想到血液，等等。除此以外，我们还能根据色彩的通感引申出一些色彩的象征意义，例如：红色象征着禁令、危险；绿色象征着安全、环保；紫色象征着神秘、有毒等。

基本图形变量中的图形变量包括结构、尺寸和方向。具体的符号设计是一门较为复杂的"技术活"，今天时间有限就不展开讲了。不过，我可以向大家介绍一下总体的图面配置的方法。

读者在阅读平面设计作品时，视线有一个自然的流动习惯，通常是从左到右、从上到下，这种流动过程叫做视觉流程。根据视觉流程理论，读者对版面上的要素的注意程度一般是从左上到右下逐渐递减，呈线性分布。因此，如果图面配置符合人眼习惯的视觉流程，那么这个图面看起来就是"舒服的""好看的"，这也符合美学中的一般规律。这里我举一个例子，源于我的本科毕业设计。这是一幅旅游地图册中的展开页，主要内容是一大一小两幅景区地图，另外还附带一些图片及说明文字。首先我们排列两幅地图，图 2.2.8 即为四种不同的排列方案。按照刚才视觉流程的理论，图 2.2.8 里的第一种方案，即大地图置于左上方，小地图置于右下方，较其他几种排列方案显得更加合理，因此选用。之后，再在其他空白的部分加上图片和说明文字，就可以得到图 2.2.9 完成后的页面。

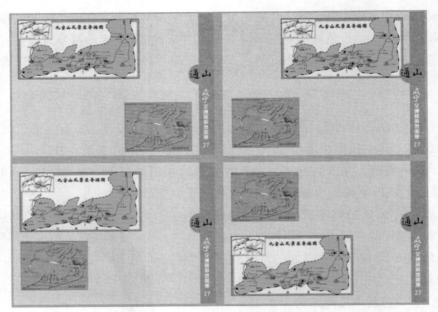

图 2.2.8   不同版面排列方案的优劣对比

（图片来源：《咸宁市交通旅游地图册》项目）

图 2.2.9   图面配置示例完成图

（图片来源：《咸宁市交通旅游地图册》项目）

3. 地图，画遍全世界

第三部分介绍一下我在生产实践中所参与的一些项目。

首先是 2013 中图北斗出版的广州城市地图。它是一张单张图，正面是广州城区地图。图 2.2.10 是我截出的其中的一小块。这张图我们着重将区域的底色做了色彩设计。不同的区域的底色采用不同色相的颜色表示，例如，截图中粉红色的部分是越秀区，黄色的部分是白云区，橙色的部分是天河区；在同一个区内，则使用了同一种色相、不同明度的两种颜色，分别代表建筑区和空地。

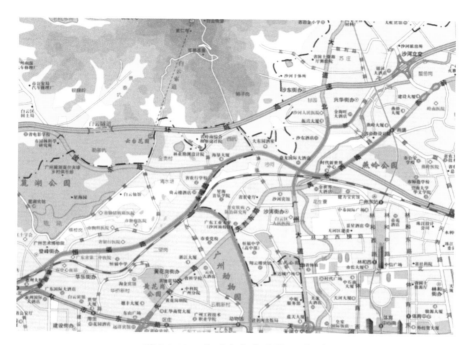

图 2.2.10　广州城市地图展示（一）

地图的背面布局如图 2.2.11 所示，其中我主要负责了两个部分，一个是广州旅游，一个是商业街精选（图 2.2.12）。这两个部分其实和地图关系不算大，不过它们也是地图上重要的辅助信息，让我们制图者在辛苦查找资料的同时也能更好地了解制图的对象，也就是这座城市，这也方便我们在制作地图的时候去避免一些常识性的错误。

接下来给大家介绍的是《武汉城市群城市化与生态环境地图集》的相关工作，在整个项目中，我主要负责部分展开页的设计、最后的统稿、版式设计和封面的设计。封面（图 2.2.13）中的拼图的形式主要想表达生态环境在城市化的过程中变得支离破碎，同时也希望城市和环境可以融为一体这两层意思。这个地图集包含五个图组，我们分别用了不同的颜色对它们进行区分和表达（图 2.2.14），其中序图使用的是暗黄色，影像图组使用的是蓝色，社会与经济用的是紫色，城市扩张使用的是红色，生态环境使用的是绿色。从色彩的通感和象征意义的角度来说，这几种颜色的选择与相应图组的主题是比较契合的。

第三个比较大的项目就是我们小组为国家南北极科学考察制作的地理底图，其中我负责的部分是前期符号的设计以及少量图幅的绘制。因为这组地图包含了不同比例尺和不同图种（基础线划图、晕渲地势图、卫星影像图）的地图，所以即使在地物较少的南北极，其符号的设计也是比较复杂的。在这个项目中，我们一共设计了 250 多种符号 1 200 多条

图 2.2.11 广州城市地图展示（二）

图 2.2.12 广州城市地图展示（三）

规范，每条规范包括该符号在不同图幅大小的地图中的设计方案共五条。在这里我截取了我绘制的《北冰洋西部》地图的一个局部（图 2.2.15）给大家看一看，大家可以发现其实这里面的内容也是很多的。

图 2.2.13　《武汉城市群城市化与生态环境地图集》封面

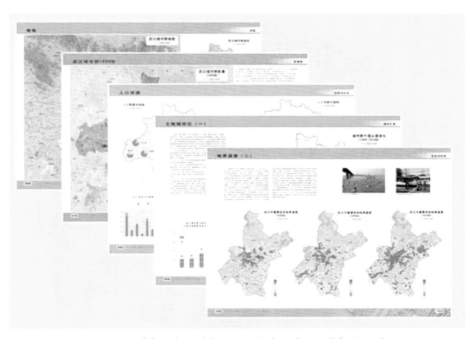

图 2.2.14　《武汉城市群城市化与生态环境地图集》内页展示

　　接下来还有一些帮组内的同学做过的论文插图，如图 2.2.16 所示，这是一幅描述北冰洋不同海域的海冰厚度图。在这个图中的级别底色（表示海冰平均厚度）我用了一个单色相的渐变，而且渐变的幅度比较大，主要是因为这个图要用在论文当中，需要较大的色差，这和我们平时做图集时色差应较小的要求是不一样的。

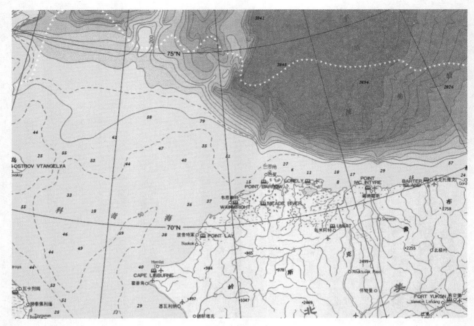

图 2.2.15 南北极地图符号设计示例

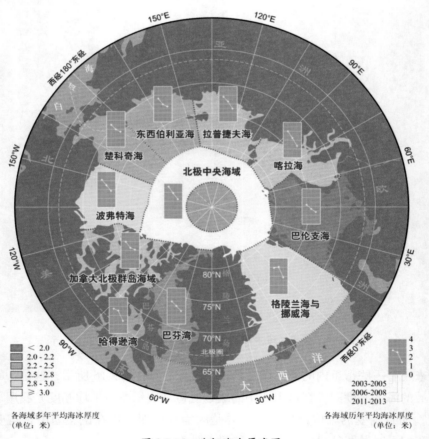

图 2.2.16 北极海冰厚度图

图 2.2.17 是一个关于北冰洋各个海区不同纬度的积雪深度分布图。制图的数据范围是从北纬 65°到 80°，我本来打算做成一个环形，然后从不同的方向延伸出去，这样就成了一张大图。但后来我发现那种情况下，不仅柱形图的方向不一致，会造成对比和读图的困难，而且整张图幅面过大，不适合放置于论文中，所以最后换了一种形式，将大的环形裁开成 9 个 45°的范围成图。以前我从来没有做过这种图，也没有见别人做过类似的。

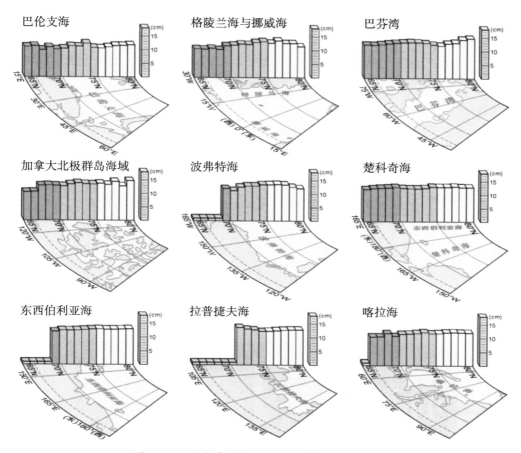

图 2.2.17　北极各个海区沿不同纬度的积雪分布图

4. 地图，有什么好玩

前三个部分给大家介绍的是关于地图比较专业的知识，那么接下来的第四部分给大家讲讲关于地图好玩的事儿。

先来讲个有趣的话题。从小我们就知道中国的版图像一只雄鸡，可是你有没有想过它的鸡头在哪儿呢？通常我们会认为东北是鸡头，西北是鸡尾。但是大家看看图 2.2.18，是不是发现了这只雄鸡有好多种不同的"打开方式"？除此以外，中国各省的轮廓似乎也是"藏龙卧虎"。图 2.2.19 的两期《中国国家地理》杂志封面，一个把山东省的轮廓比作一只展翅欲飞的雄鹰，另一个则把陕西省的轮廓比作兵马俑，大家看看是不是很奇妙？

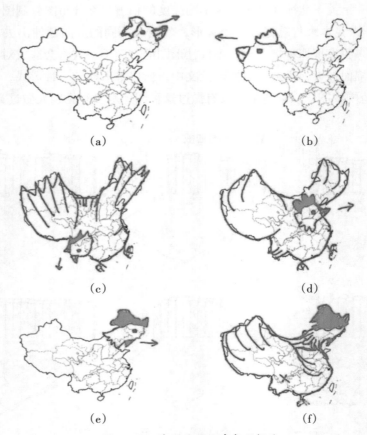

(a)　　　　　　　　　　　　(b)

(c)　　　　　　　　　　　　(d)

(e)　　　　　　　　　　　　(f)

图 2.2.18　中国地图轮廓象形解读

（图片来源：bbs.tianya.cn/past−funinfo−6634646−1.shtml）

图 2.2.19　省区地图轮廓象形解读

（图片来源：http://tieba.baidu.com/p/2662526217?pn=4）

地图能"玩"到这个份上，大家是不是觉得特别有趣？不过遗憾的是，目前这样的实物地图，它们的市场正在逐渐萎缩。萎缩的原因是多方面的。首先是图书市场的萎缩，随着新媒体发展的不断壮大，大家可以发现身边售卖实体书的书店越来越少。其次是现在网络地图、移动地图等新兴地图产品的实用性更好，它们的兴起挑战了传统地图的地位。再者，传统纸质地图的同质化现象越来越严重，例如书店里的地图书柜，里面几乎全是一模一样的公路图、旅游图、中国地图和世界地图，这四种地图简直可以号称地图市场上的"四大金刚"了；而与此同时创意地图产品却很缺乏，它们明明是可以有一定市场的。最后一个原因就是经济利益问题，因为纸质地图的需求日益减少，地图出版单位自然也会将工作的重心转移到其他更能获取经济利益的方向。这似乎成为了纸质地图难以逃脱的宿命。

那么，对于实物地图的困境，我们要怎样做才能吸引大众的关注，改变目前的局面呢？前面提到创意地图是有一定市场的，地图产品只要制作得"走心""有创意"，实物地图也一样可以赢得消费者的心。

下面我就与大家分享一个"走心"的地图产品诞生的故事。一个英国的小伙子在父亲生日想送一个地球仪当作礼物，却发现市场上的地球仪大多是一些劣质的产品，设计难看，注记错漏。于是，极度不满的他干脆召集了一群志同道合的朋友，亲手制作地球仪。制作时，首先要在一种特殊的纸上画出分带的地图，然后用药水将纸泡软变形，之后精细地贴到球体上，风干后再根据需求和风格的差异来设计和修改具体的图案（图 2.2.20）。虽然每一步听起来都很简单，总共也没几道工序，但却需要十足的细心与耐心。一般来说，新手从开始学习到掌握完整的工序做出一个手工地球仪需要至少半年的时间。这群人从绘图到制作的每个细节都精益求精，所以他们的手工地球仪在市场上的销量出乎意料的

图 2.2.20 "走心"的地球仪

（图片来源：http://www.sohu.com/a/29216483–116032）

好，很容易就开拓了一片新的市场。如果我们也能用这种态度设计制作实物地图产品，有创新有诚意，我相信也会受到读者的欢迎和喜爱。

除了走心之外，创意更是一剂吸引读者的良药。下面我就结合一些好玩的有创意的实物地图产品来和大家谈谈地图产品能够做出什么新奇的创意。

首先是对地图的形式进行的创新。在这里首先我们可以看看地形图的创新。我可以给大家举三个例子：第一个是立体的地形图（图 2.2.21）或者地球仪。这种地图是用塑料热成型或者直接雕刻的工艺表现出立体化的地形的。这种地图给人有很惊艳的感觉，不过它的缺点也显而易见：既不易保存，更不便携带。比如这种形式的中国地形图，时间长了之后我们会发现，地图上凸起的喜马拉雅山会因为油墨被磨掉变成了白色。

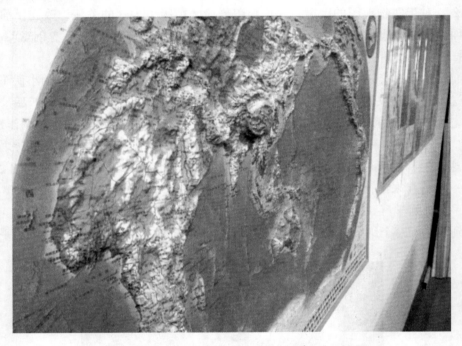

图 2.2.21　立体地形图（摄影：秦雨）

第二个例子是灯光地球仪（图 2.2.22）。灯光地球仪目前在市场上比较常见。它的构造原理当然看起来并不复杂，但其中比较牛的一种可以"变魔术"。比如有一种灯光地球仪，球壳上面其实印了两层墨，平时不开灯的时候看到的是外面的一层地形图，开灯之后就能看到里面的那层政区图了。这是一个很棒的创意。

更牛的是光栅地图（图 2.2.23），我觉得这是我今晚给大家看的最牛的一件——虽然摸起来是一张平面的地图，但在视觉上却是非常有立体感。这种图以光栅画的形式带给我们强大的视觉体验。大家可以着重对比一下青藏高原和太平洋，是不是相较之下太平洋就像一个特别深的"大坑"？光栅地图的原理类似于三维视觉技术，利用光栅画的形式，在其中印了两幅不同视角的地形图，以造成肉眼观看的视角错觉。所以，对这张地图拍照其实是很难获得肉眼观看那样震撼的效果的。

图 2.2.22 灯光地球仪
（图片来源：www.deifei.com/p200988）

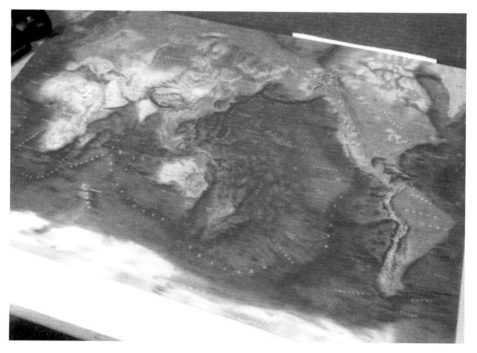

图 2.2.23 光栅地图（摄影：秦雨）

此外，其实交通图也可以有很多的创意，比如我收藏的一本《中华人民共和国国道地图集》，就是以每一条国道为主角，将这条国道从头到尾经过的地方描绘出来，新颖又有趣（图 2.2.24）。

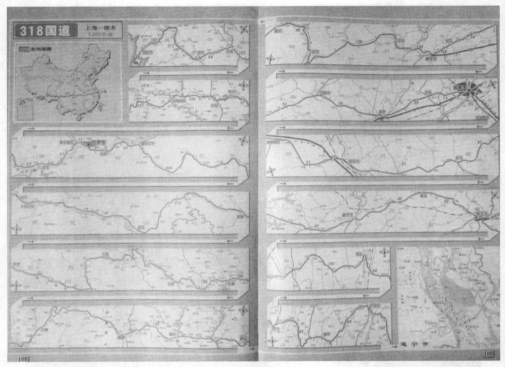

图 2.2.24　《中华人民共和国国道地图集》的编排形式（摄影：秦雨）

　　影像地图也是现在相对热门的图种。与其他地图相比，以卫星拍摄的影像作为背景的地图能让读者拥有更多身临其境的感觉（图 2.2.25）。

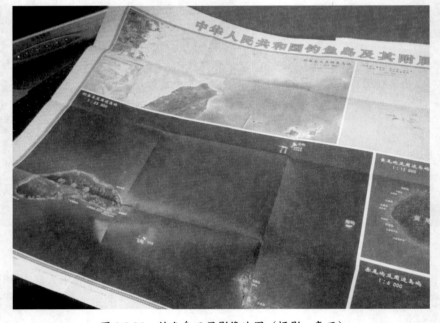

图 2.2.25　钓鱼岛卫星影像地图（摄影：秦雨）

　　除了地图的形式和内容可以发挥新的创意，实物地图所存在的介质同样可以有创意。

　　首先，地图可以做成很多玩具的形式，例如地图拼图（图 2.2.26）。实物地图开始向玩具的方向发展，既不失科普教育意义又更添趣味，何乐而不为呢？

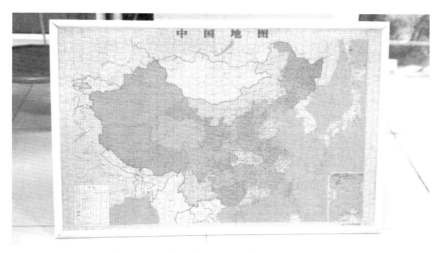

图 2.2.26　中国地图拼图（摄影：肖长江）

　　最能体现气质的可能要数丝巾地图或绸布地图（图 2.2.27）了吧。把地图印制在丝巾或者绸布上，轻便美观撕不烂，非常实用。不过它也存在印制工艺复杂、容易变形、价格昂贵等不足。

图 2.2.27　绸布交通地图（摄影：秦雨）

　　最有意思的应该是地球仪气球（图 2.2.28）了。这种静可以当摆设，动可以当玩具的东西真是太适合所有爱玩的朋友了，并且它还很便宜。不过它的问题则是精度略差，这是由其气球的本性决定的。

图 2.2.28　地球仪气球（摄影：秦雨）

随着现代社会活动和科学研究的不断发展，新的地图制图主题也是地图产品创新的方向之一。在这里向大家推荐三本地图集——《长江流域生物多样性格局与保护地图集》《上海市地图集》（上海世博会版）《中国海洋国土知识地图集》。这三本地图集都用美轮美奂的地图向我们介绍了一些全新的知识。

地图不仅可以在现实生活中为我们带来便利，在虚拟世界中同样是富有魅力的。比如很多竞技类或角色扮演类的游戏中会有游戏世界的地图，它们设计得也很有特点，想必大家多多少少对它们都有着自己的感受和想法吧，在此我就不作详述啦。

以上就是我和大家分享的有趣的地图世界，谢谢大家的聆听！不知大家听完之后，对地图的好感度有没有一点点提升呢？（笑）

【互动交流】

主持人：谢谢师兄！刚刚师兄从理论到实践给我们系统性地介绍了地图美学的发展过程和其中的核心思想以及自己的一些成果，最后的趣味话题更是引人入胜，我们都觉得受益匪浅。从师兄的讲述中，我们可以感受到地图制作者的用心与细心。正是有了他们，我们才能欣赏到这么优美的地图作品。下面是我们的观众问答时间。

提问人一：师兄，我想问一下这些地图是用什么软件绘制的？

秦雨：我们针对出版和印刷主要使用的是绘图软件 CorelDRAW，底图数据的处理是在 ArcGIS 中完成。处理好之后保存为矢量文件，然后导入到 CorelDRAW 里面再进行设计。

提问人二： 师兄，请问平时我们论文的用图和出版的地图有什么区别呢？论文中的图要怎么做才能让人感觉比较高大上呢？

秦雨： 刚才我也提到过，用于文献中的图和出版的图要求是不一样的。论文中的图要求简明扼要，出版的图要求花哨好看。拿图中的分级来说，论文里面的图要求分得越详细，表达越清楚越好，图集中只需要按照印刷的效果将图级分清楚就可以了，色差色相不能相差很大。因为如果色相差别太大，会导致印刷成品让人感觉很混乱；而如果在同一色相上的明度和饱和度相差很大的话，就会造成深的太深，浅的太浅，尤其是深色的会接近黑色，很影响美观。

提问人三： 师兄，在我看来美学比较偏向于艺术学，您是工科出身，有没有觉得美学有点偏离了自己的专业呢？

秦雨： 其实我觉得工科和美学艺术学也是分不开的。众所周知，典型的工科专业建筑学的学生是严格要求美术功底的。而且从学科融合的角度来看，理工学科中工学与艺术的距离反而更近一些，所以当我们拿着颜料和调色盘去上课的时候，我们会感到很自豪，因为我们不是大家想象中的那种没有文艺细胞的理工人，我们也很有艺术气息！

主持人： 听完秦师兄的讲座，我很羡慕师兄坚持自己从小的爱好并在这个工作上不断付出和收获。让我们用掌声感谢师兄今天为我们带来的精彩的报告，也衷心祝愿秦师兄今后继续为自己的爱好倾注细心和耐心，为我们带来更多更精致更有创意的地图产品！谢谢大家今天冒雨前来，我们下期报告再见！

（主持人：张翔；录音稿整理：张宇尧；校对：李韫辉、陈易森、雷璟晗）

2.3 西班牙人的中德求学之路

摘要： 来自西班牙的 Pedro Rodriguez Perez（中文名：佩乐）做客 GeoScience Café 第 111 期学术交流活动，讲述了中德两国学习生活给自己的学术生涯带来的影响，并介绍了自己在测绘遥感国家重点实验室的科研内容。整场报告生动有趣，大家不仅领略到大洋彼岸的同龄人是如何生活和学习的，还了解了外国友人对中国的看法，使我们可以从一个全新的角度看待自己所处的生活。

【报告现场】

主持人： 各位同学晚上好，欢迎大家来参加第 111 期 GeoScience Café 的讲座。今天我们有幸请到了留学生佩乐。他来自西班牙塞维利亚市，参加了欧盟伊拉斯莫交流计划，研究生阶段分别在慕尼黑工业大学和武汉大学攻读双硕士学位。目前他结束了在慕尼黑工业大学的学习生活，在武汉大学继续深造学习。下面我们就以最热烈的掌声欢迎佩乐！

Pedro： I'm just very happy to be here and I'm going to tell you a little bit about my experiences. The title of my presentation is "The Albatross' View: on the academic advantages of living in other countries". I'll explain later about why I chose the word "Albatross" in the title of the presentation.

1. The wall of knowledge

Figure 2.3.1 is a picture of my house in Spain. It was taken a few days ago. And there should have been more books. My parents are not academics, but they both share love for knowledge, and they pass down this hunger to know things to me. Since very young, I was directed towards an academic career. I think this has probably been the key driver for all my experiences here. And why did I end up traveling and swimming against the current that you see nowadays in Spain? It had probably a lot to do with

Figure 2.3.1 The wall of knowledge in Pedro's home

148

what my parents taught me back then. As you can see, I spent pretty much of my entire childhood reading, which might not sound interesting, but I think there was a key thing here—imagination of a child. As an adult, if you still keep the imagination of a child, you can easily turn it into critical thinking and problem-solving abilities. And those two abilities are strongly related to creativity, which is born from the imagination of the child. These books make me who I am today. They are the beginning. And that's why I think it is important to mention them here.

2. The city of Sevilla

I was born in Spain. Figure 2.3.2 is my city Sevilla. What can be said about it? It's also important to say it from the academic point of view. Sevilla is a very traditional city. There is not much room for new ideas. And when there is one, there will be a strong opposition to it. In this way, what my city has taught me is the value of traditions. The positive sense of traditions is what they can give to your life, and the negative sense is what they can take from you. If you follow too much tradition, you will fall into the mistake of not thinking towards the future. But if you forget about your roots, you can end up in really bad places.

Figure 2.3.2　Sevilla: the hometown of Pedro

3. The "encyclopedic" university

Figure 2.3.3 shows the building of my university, which was built at the end of the 1500s. And the university itself is more than 500 years old, even older than the USA. It is very beautiful. Maybe you have heard about the Western opera called Carmen. And that opera is set in this building. So, you can imagine what a long history it has. When you walk there, you can even smell the history between those walls. This is what I have been experienced during the first 22 years of my life—a world where everybody keeps telling you that your life has to be like this, like your father's, your grandfather's, and your ancestors'. But I said, "Well, maybe not." I'd like to describe my university as encyclopedic. What do I mean by encyclopedic? It means that they give you the knowledge, as you find in the books, and it urges you to "Learn everything". This is not necessarily something bad. I learned linear algebra and geometry, calculus, probability, electromagnetism, mechanics and waves, relativity, thermodynamics, quantum physics, atom physics, solid state physics, statistical physics, and my major, electronics. All of them are packed in the four years of my degree. So in a word, I learned a lot. But is it the right way of learning? I will discuss that a little bit later.

Figure 2.3.3   The encyclopedic university in Spain

4. The ERASMUS

Then there came the "ERASMUS". Maybe some of you have heard of this word before? This is an European exchange program: it helps you travel to a different country. At the beginning, to be honest, I didn't think about applying for it. But later I changed my mind because I thought it was an opportunity to learn something new. As I said in the first slide, it's everything about learning, getting new knowledge and getting new ideas. And Figure 2.3.4 is the landscape of my ERASMUS city. This year was very special for me, not only because I learned many new things — including German, a new language for me, but also because I came in contact with all those different cultures and ideas. I made plenty of friends from different countries, such as those from France, Brit-

Figure 2.3.4   The Landscape of Pedro's ERASMUS city

ain, Ireland and of course Germany. I didn't make many Chinese friends during this time. And we'll get to that later.

5. The "dynamic" university

What did I learn from this experience? The answer is the key to acquire knowledge resides on the people around you. Of course, in this University, I also learned a lot. And I would regard this university as dynamic. There were less courses compared with what you saw before. I attended general physics, solid state physics, and quantum physics again. I also took a course on partial differential equations. And this is probably one of the best things that I have done in my career, because it told me what should not be done. This course was so theoretical that I made a decision "I don't want to spend my life doing something like this". That's why I chose engineering as my master's degree later.

I label this university as dynamic because students here have the freedom to make choices. You can choose the courses you like from plenty of available ones. While in Spain, the courses were compulsory. What's more, since Germany has a lot of funding compared to Spain, I had the opportunity to conduct some expensive experiments, even as a bachelor student, not a postgraduate, I had access to an atomic-force microscope, which is quite expensive. The number of students in a class was fewer than that of in a Chinese class, usually 15 or 20. While a typical Chinese class has 50 or 60 students. A smaller class had the advantages of better communication and management. We could discuss weekly assignments in class with classmates, and a master or a PhD stu-

151

dent would be assigned to each class. So, you could ask for advice when you encountered problems or made some mistakes. Besides the university does not follow the grade–oriented principle in Spain, which believes grade to be everything. In Germany, I enjoyed learning, even though there was not so much content as in Spain.

6. The teaching paradigm

What are the advantages and disadvantages of these two kinds of learning? The advantage of the encyclopedic learning in Spain was that it strengthened my foundation and made me well–prepared to acquire higher education. With a wide background of basic disciplines, the courses containing things such as matrix and linear transformations were no longer a problem for me when I came here in China. I learned a lot of unnecessary knowledge, like how a quantum operator reacted under different conditions, which may never be used in later study, but it structured your thought in some way. If you learned many different courses to a great depth, it heightened your ability for logical thinking and global viewing, which helped you distinguish the important things from the useless things. Dynamic learning, on the other hand, as the word suggests, is much faster and more efficient. There is more movement in it. It's more customized to the needs of each student. Encyclopedic learning comes from a culture or an environment which is set on learning from the past, without thinking too much about the future. When you try something new, you tend to think what your ancestors have been done and what you can learn from that. Dynamic learning is set in the future. It encourages you to learn everything as fast as you can. And now that the knowledge has been mastered, you can get to work, do something or even create something. Maybe a good solution is to combine these two different learning paradigms? I don't have the answer. Maybe China will teach me that.

There is a metaphor says think of ideas as we breathe the air, which implies another problem the Spanish system has. We'll die if we take oxygen out of a room. The Spanish university system has no air coming into it. The air here means new ideas. Spanish people do not want to study abroad or go out and say "Hey, what's the idea you have? Maybe more communication can help me solve my problem." Of course, they do that through papers, conferences, and so on. But I'm talking about a deeper understanding of what's going on. This is why I'm here in China. I want to learn new ways of thinking deeply and structurally, not just "Oh, I have this really cool idea!" and "Yeah, tell me about it". No. I want to know not only your cool idea but also how you get to it? What happened in your life that makes you think of this idea?

In Spain, there is a lack of innovation. Once a student starts studying in a university, he or she will follow the same professor until he or she finishes the PhD thesis. After graduation, he or she may become a professor, follow the traditional mode and be satisfied with the current situation. None of them have ever thought about change or leave Spain to breathe a new and fresh air. There are no brain storms. I think this is a big problem. It's something that you have to fight against.

7. Research in the University of Sevilla

After the ERASMUS, I came back to Spain and stayed there for a year to finish my bachelor degree — Physics with a focus on electronics. What I did most is circuit testing. Although there was not much funding in Spain to support expensive experiments, the researchers had found a way to work with them. That's why they are highly appreciated when going abroad. In the last year of my university, the teachers in Spain provided me the equipment, and taught me how to take a micro circuit and analyze it to a very deep level. It was interesting and valuable. Because I learned how to work in a lab and made a good foundation for what I'm doing here at LIESMARS. For example, my supervisor from here and I were doing an experiment one time and he left for a moment. But I encountered a problem. When I was looking around, I found an old circuit board that can be reused in my experiment to solve that problem. When my supervisor arrived, he was surprised that an old circuit board can make such a difference. At that moment, I was happy that encyclopedic learning taught me that. Figure 2.3.5 is the circuit board being used.

Figure 2.3.5   A circuit board

This is my experimental setup. Figure 2.3.6 shows all the devices involved. To be honest, this work is pretty boring. But until now, I have learned that you should never give up. No matter how boring the work is and how much you hate it, you can achieve a lot if you hold on until the end. The seemingly useless things might become a surprise a few years later. Just like the boring signal processing work helped me get this wonderful exchange student opportunity later. So stop complaining and just do it. A potential present will finally come to you.

Figure 2.3.6　Pedro's experimental setup

8. München, a new beginning

I started the third journey to Germany. The destination this time is München. Figure 2.3.7 is München. I chose München because a friend once told me how amazing and beautiful the city is. But when I moved there, I realized soon that "Oh my god, I don't like it". (laugh) It's expensive and snobbish. Do you know the word "snobbish"? It means "very proud of being rich". Maybe it's

Figure 2.3.7　The city of München

not the most appropriate description. But as time went by, I came to understand the beauty of the city. It was not a metropolitan like Berlin which impressed you with huge buildings and big museums. But you could really get lost in the unexpected beautiful things just around the corner scattered everywhere in the city. It taught me to appreciate small and common beauty. And this aesthetic principle has rooted deeply in my mind. So, it is fun for me to find beautiful things around the streets and corners in China. München was such a place that if you loved it, it loved you back. Another advantage for München is that there are lots of job opportunities. It was not only a great city to live, but also a perfect city to find a good job and stay. You might not love München for the first sight, but you must fall in love with it in its fascinating charm and tenderness.

So, why space? It was probably a dream that accompanied with me from my childhood. When I was still a boy, I usually hid in a box and imagined that I was an astronaut and was flying in space with a rocket. So, when there was a chance to study something related to space as a master, I applied for it. Fortunately, I was accepted. It was a dream—come—true journey and I really enjoyed the study there. Figure 2.3.8 was taken from a window of a real jet fighter in the Technical University of München (TUM). I was sitting in it and imagining traveling in space. And the others were models of a plane and a satellite. The "space" experience inspired my enthusiasm to make in—depth exploration in the aerospace institute in Germany. This was what made me study there. You go there and you think about it and say, "What am I doing with my life? I'm studying space engineering. That's what I'm doing."

Figure 2.3.8　Inside of the Technical University of München

Concerning the work I did, Figure 2.3.9 gives the answer. That's the Range-Doppler model for SAR images. It is used to calculate the satellite orbit. If you have parameters of the satellite, the orbit, and the SAR pixel, then you know the distance to the ground. In the second round of the satellite, with the position on the ground known, you can get the distance from the satellite. That's what I did: finding out the exact positions of two ends of a satellite so that further research can be done, like SAR interferometry. It is interesting to mention that I was picked by my professor because the signal processing experience. Thanks to the boring job that I did before, I ended up doing something I loved.

Range-Doppler Model

- Algorithm obtaining the 3D coordinates of pixel: Newton's solver and orbit interpolation.

$$\frac{2}{\lambda r}(\boldsymbol{v}-\boldsymbol{v}_p)\cdot(\boldsymbol{s}-\boldsymbol{p})=0 \qquad (1)$$

$$(\boldsymbol{s}-\boldsymbol{p})\cdot(\boldsymbol{s}-\boldsymbol{p})=r^2 \qquad (2)$$

$$\frac{x^2+y^2}{(N+h)^2}+\frac{z^2}{[N(1-e^2)+h]^2}=1 \qquad (3)$$

(1)：Doppler equation

(2)：Range equation

(3)：Ellipsoid equation, with $N=\dfrac{a}{\sqrt{1-e^2\sin^2\phi}}$ and

$$\tan\phi=\frac{z}{\sqrt{x^2+y^2}}\left(1+\frac{e^2 N\sin\phi}{z}\right)$$

- Algorithm for obtaining baseline: Newton's method, geometric determination.

Figure 2.3.9　Range-Doppler Model

What did I learn in München? Being in the environment full of excellent scholars, the key for learning is communication. And the key for communication is language. I learned German before as an exchange student in ERASMUS. Now I have the second chance for an insight learning. Learning German is not just about daily conversations like ordering food in a restaurant or having a talk with my professor or friends. It also affects my structure of thought, and helps me understand the underlying structure of society. As you know, German is one of the most rigorous languages in the world. I will stay in China for a year and I may not have the time to master Chinese well enough to understand its structure. It is such a pity and I want to keep learning Chinese when I go back home. I believe that language has the magic towards good communication. Besides mutual help is also inevitable. Before you write a paper, you read plenty of papers written by other scholars and have endless discussions with your professor or peers. Your paper in turn helps others develop their ideas and get inspirations for their research.

I think being assertive is important in this process, which means being able to express your thoughts and feelings without making others feel uncomfortable. This actually applies to any situations of social life, especially in the academic cases. To be more specific, being assertive is to show respect to other scholars' ideas and work. Only in this way, your ideas and work can be respected in return. Language and mutual help serve as the human component in the process. While the numbers, figures, tables are the machine component and represent their owner in a different way. Both of them deserve your respect. That's what München taught me, and being abroad has taught me this to a much deeper level. When you're talking with someone, and you do not know whether what you say is offensive, or whether your opinions are opposite or not, then you have to reconsider it before saying. If you apply this principle to the academic situation, you are 90% on the way of making a good job.

9. The ESPACE program and the Double Degree

So why ESPACE? I said it before, it was my dream as a little boy. What's more, it's also a dream as a scholar who wants to do something to make the world a better place. I wish to do something that has never been done before. And the exploration to unknown fields is a valuable treasure to other people, and to humanity. And I think that's why I chose this program, because I thought I can make a contribution here.

Why remote sensing? As you can probably imagine, I like physics. For all the specializations provided by the ESPACE program, remote sensing relates to the machines, the electronics and physics the most. That's why I enjoy this discipline. And now I'm working on robotics, right over there in the No. 2 Building.

Another big question, why China? The majority of foreigners will say because of its fascinating culture, food, all of that. And for me, there are two major reasons. The first is the philosophical ground. In Spanish, we have a saying. Do you want me to say it in Spanish? It means that philosophy is the mother of all sciences. I guess I'm not the most appropriate person to tell you how great Chinese philosophers are. The Western and Eastern philosophies share completely different teachings and structures. While the modern science is based on the Western philosophy. So, what would come out when it is integrated in the environment of Eastern philosophy? I am eager to get the answer. With a more deep and wide fusion of Western and Eastern philosophy, I couldn't help but think "What is going to happen in the future?" If I want to get the answer, I need to understand the underlying structures, and that's why I'm here — to know the way you think, speak, and develop ideas. I am sure there is a lot to be learned from that. As I said at the beginning, knowledge is what keeps me alive. And I have so many questions to ask. The teaching paradigm, dynamic versus encyclopedic, which I discussed before, is very interesting. So how does it being applied to China? How can I include what Chinese think into that paradigm? How is the research method being influenced? And how does the whole thing being affected by the fusion of Eastern and Western thinking pattern?

Considering the organization system, everything here in China is organized differently with respect to that in Europe. And I think many things can be learned from that. To be honest, I am personally more German than Spanish. And it is interesting to find out that China share more similarity with Spain than Germany. And I am curious about the reason. When it comes to the priority system, which is related to your philosophy system and everything you do, the Western and Eastern modules undoubtedly show large differences. So what can I learn from that? How can I integrate that into my own way of thinking?

10. The Global Stage

This is about the second reason why I came to China. Figure 2.3.10 is an Albatross, the word in the title. The Albatross is a bird that fly for a long, long time without stopping. I have been flying here and there for the past four years. Even the one year back in Spain is just a preparation for the next journey. After being in contact with so many cultures, it is natural to wonder "Well, what's going on in the bigger picture? What's happening not just here in the west?" I talk to Americans, Europeans from Britain, Germany, Spain, Italy, etc. We have no problem understanding each other because the underlying thinking structure is the same. But when I talk with the Chinese, they usually response me in a way that I think "Wow, that's interesting." I could not have thought the same way. China is huge and there are 1.3 billion people with a booming economy. What's going to happen in the future? There is an invisible wall between the East and the West, blocking the communication and understanding. So, I thought "I need to go. I need to see what's going on and find out what's going to happen in the future by myself." Science is future-oriented. How can I do it well while ignoring the other half of the world? The answer is it is impossible. So, I came here.

Figure 2.3.10   An Albatross

11. My view of China

My friends say you can't really know China if you don't travel much. But for a busy international student, it is a luxury to afford the time for doing that. I even don't travel much in Wuhan. Fortunately, it doesn't stop me experiencing the culture of China. Because I can make friends and talk with them. I usually ask my Chinese friends about their opinions of China. It helps me understand the country and the people. China is beautiful. And I am surprised to find that it shares much in common with Spanish. You may ask "What do you think is different then? Why does it surprise you?" It surprised me how similar in some ways China is to Spain. There are so many street lights and so many people in the street all the time. But I don't think it is as crowded as people tell me it should be. And the similarity, for example, is to bargain when shopping. In Spain, people tend to ask for a lower price when buying something. It is not that common now. But when I came here and see the familiar situation, I am happy to find that "Oh look! They do the same thing!"

Figure 2.3.11   A picture of Wuhan

12. My view of Wuhan University (WHU)

And of course, Wuhan University is also a topic that should be mentioned. Before I came here, my friends had showed me the pictures and told me that Wuhan University was one of the most beautiful universities in China. So, I was looking forward to be here. And I was excited to start a brand-new journey here. All the international students were gathered together to a relatively small place, while Wu-Da was so big, as big as my ERASMUS city. The advantage of a big university is that it is full of different interesting people and ideas. And the people here are friendly. You could easily come across into someone on the road and have a nice talk with them. It was a fun for me to randomly ask a passerby on the road "你会说英文吗". If their answer was yes, we could happily talk. So, every day, I learn something new. In München, it's difficult to talk with some non-student adults like that. I experienced the same progress I made as in ERASMUS. It is valuable and I really appreciate it.

Figure 2.3.12   A picture of Wuhan University

13. Work at LIESMARS

So, what am I doing here? My supervisor is Prof. Bin Luo, and I'm working on robotics. What's it exactly? Let me take an example to explain it more precisely. Figure 2.3.13(a) is a panoramic view, the red box in Figure 2.3.13(b) shows the moving objects in the picture, and Figure 2.3.13(c) shows a statue which is previously static but can be moved if someone blows it up. My work is to track the moving object in the picture. A wider-view and lower-resolution camera is first used to track the moving object and capture its localization. Then the high-resolution camera is directed to the target location, and to avoid the situation that the target quickly escape out of the view. The work is interesting and I will continue the research after I go back to Germany. And I'd like to keep in touch with LIESMARS to provide advice to other exchange students like me who want to come here from the TUM, and the students from China to TUM. Coming to a strange country concerns many difficult issues, such as how to find a house, what to eat, how to deal with the troubles in life and study. If you have the experience being abroad, you must understand what a disaster it is. You are suddenly living in a strange country with strange people. Everyone is speaking the language you don't understand. Everything is going in a way you are not familiar with. And then all these things are happening at the same time, and you don't know what's going on. In this situation, some advices from experienced people would help a lot. After the ice-breaking period, you gradually learn how to face new situations. And you can learn a lot from these new situations.

(a) A panoramic picture

(b) A panoramic picture with a moving target

(c) A statue

Figure 2.3.13

14. Conclusions

If you are keen enough, efficient enough, and love knowledge enough, you can include what you learn into your thought patterns. "How can I apply this when I go back to my home country? How can I apply this when I start with my new job? How can I apply this when I get a girlfriend?" The answer is learning from everything. I hope you could at least learn from the talk that what you learn from being abroad can be applied in your personal academic life, by incorporating your thoughts about the teaching paradigm and thinking "Is what I've done in my country good? How can I improve it? How can I make it better?" To pass knowledge to the other generations, maybe I'll become a professor one day. And I'll try to take the best from all the countries that I have been to teach my students. How can I use what I have learned to treat my peers better? How can I make them understand my ideas better? How can I learn a new language, give people help and be assertive with them? How can I show them what I know without them saying "Oh, no. I don't like this." This is the key if you go abroad. If you learn from the situations where you live, you'll be able to share your ideas a lot better.

And finally, I want to talk about the global stage. We're scholars, and we are under the effect of globalization. We are in contact with people from all over the world, such as the USA, Norway, Africa, etc. Wherever there is a scholar, there is a contact that you can have. And being abroad and learning from other cultures will teach you how to treat this new contact and how to think about the bigger picture. "How is the research that I'm doing appropriate? How does it apply to the global situation?" You have to always keep that in mind.

15. Acknowledgements

I'd like to thank LIESMARS for giving me the opportunity to talk with you. I'd like to thank the TUM for giving me the chance to study abroad. And I also want to show my gratitude to the Geo-Science Café organizers. It's such a great platform to share ideas and thoughts. Your work is really very important. And finally, I want to thank my friends and family for all their support and everything they have done for me. Thank you. 谢谢！

【互动交流】

主持人： 大家有什么问题，可以向这位帅哥提问！

热心观众： 如果你不想讲英文，讲中文也可以的，我尽力帮你翻译。

Audience One: As I know, you are one of the students from the ESPACE program. In which year of this program are you in now?

Pedro: The ESPACE is a three-year program. I spent the first year in München. This is the second year, I will stay in China and I have been here for three months.

Audience One: As for the third year, you'll have to go back to München?

Pedro: Technically I don't have to. I could choose to stay here, but I think I'll be more helpful there. If I go back with the students from LIESMARS who are going there, I can help the students who are coming there.

Audience One: That's very important. Actually, I'm one of the alumnus of ESPACE program 2012. From my experience, students in Germany seldom come to China. Maybe they have fear, and they have difficulties in finding financial support or they lack understanding of the education in China. It will be very helpful if you share your experiences here. Thank you.

Pedro: I think it's one of the many reasons why I came here. As I mentioned in the global stage, there is a lack of communication between the East and the West. And I think this is not sustainable anymore, because we have a gradually globalized environment. So, I want to help build some sort of bridge between the two cultures. Of course, I don't think I can do it alone, but I want to make my little contribution.

Audience One: You have mentioned that you got shocked when you first know the daily life of Chinese people. Could you give us some examples?

Pedro: When I came here, I found out that everything that I know about China was wrong, everything that people told me about China was wrong. I was expecting to find narrow streets full of people, crowded stores everywhere — the kind of scenes that you see in a movie. And I came here and find a very modernized city with wide streets and not quite so many people as I expected. I have been told that in the Sakura Festival you can barely even walk. But in my hometown, for every Saturday evening, which is a normal shopping day, you are actually cannot walk. While you still have space here. That's not too many people for me, I mean.

Audience One: Do you want to try a crowded version? I have a suggestion for you. Take the subway to the east end of the subway line, get off at Guanggu station and don't get lost!

Pedro: Oh, I have been told by my friend. Apart from this, I'm also surprised about some of the common points that I didn't expected with Spain. For instance, the late-evening sport life. In my city in Spain, it's so hot during the day that people do sports in the late evening, like 9 and 10 p.m. It's pretty similar here. I remember the first night I was walking down this road here, I saw people running and playing basketball, just like in Spain. I was surprised maybe not by how different China is, because I knew it was going to be different. I was more surprised by how similar they are in some ways.

Audience One: I also find some similar points between China and Spain. I went to Madrid one summer. I found the city of Madrid very active, like some modern cities in China, for example Wuhan. In München, I think you also have the experience that after 8 o'clock in the evening, all shops are closed. We have to mind the time when we go shopping in the afternoon.

Pedro: There is a funny thing. I remembered one day that I waked up in München. It was 8 a.m. and I was going to work. My first thought was not to make breakfast, or something. My first thought was "Oh my God, only 12 hours left before the supermarket closed!"

Audience One: And on Sundays, all the shops are closed. It's quite nervous for strangers. We spent much time to get used to that strange style. What about that in Spain?

Pedro: On Sunday, some stores are closed. Some restaurants and bars not. There is also a street life on Sunday. But many stores still close. So are the supermarkets and clothes stores.

Audience One: This is a point where China is very different from Germany. Sunday is a day for Chinese people to go shopping and have activities.

Pedro: Actually, it's in fact a common point with Ireland. I was there visiting my sister before. In Ireland, everything is opened on Sundays. My sister goes shopping that day for the rest of the week. While in Germany, it's the opposite.

Audience Two: Can you tell me how did the Chinese taught you the Chinese "哪里哪里"?

Pedro: Oh that! When I decided that I was going to come here, I started learning Chinese, maybe seven months ago. I was sent to a course which was a little bit higher than zero because of some schedule problem. Every day the teacher would teach some not so related expressions, like if you want to go to somewhere, it's "去"; if you want to drink something, you use "喝". I remember one expression that I used one day with one of my Chinese classmates and she was very amused. She was like, "Oh, my god! How do you know this?" "Yeah, my teacher told me." "Oh, that's amazing!" So, when I get a chance, I use the expression.

Audience One: You must have some talent in learning languages.

Pedro: Not really, I just love talking. I learned German for 3 to 4 years before coming here, and I used it every day. Even when I was back in Spain for one year to finish my degree, I still used German. I got some German friends, and I could talk with them in German. That's the best way to learn a language. I tell everybody if you want to learn a language, just use it. Here I try to use Chinese, though without much success.

主持人：今天的报告就到此结束，谢谢大家参加这一期的报告！

（主持人：李韫辉；录音稿整理：孙嘉；校对：幸晨杰、周妍、袁艺宁、许殊）

2.4 CO₂探测激光雷达技术应用与发展及论文写作经验分享

摘要： 韩舸博士以"CO_2探测激光雷达技术应用与发展"为主题，结合自己的科研经历，以及现有的科研成果，讲述了CO_2探测激光雷达技术研究的背景意义及其研究现状，使得现场听众详细地了解了目前CO_2探测激光雷达技术发展的整个历程。同时，韩舸博士不厌其烦地向大家传授了科研论文的写作经验。本次报告吸引了众多实验室以及其他院系的学生，大家互动频繁，现场学术氛围浓厚，座无虚席。

【报告现场】

主持人： 首先感谢大家在百忙之中参加我们 GeoScience Café 今天的讲座。不知道现场的观众对CO_2探测激光雷达有没有概念？今天我们很荣幸邀请到了颜值高、身高、技能高的韩舸博士来为我们详细讲解CO_2探测激光雷达技术的应用与发展。韩舸博士 2015 年毕业于测绘遥感信息工程国家重点实验室，现任国际软件学院老师。他在博士期间发表了 16 篇论文，其中 SCI 检索第一或通讯作者一共有 6 篇，曾荣获国家奖学金以及光华奖学金等，科研成果丰富。现在掌声有请我们今天作报告的韩舸博士。

韩舸： 首先谢谢大家，谢谢主持人的介绍，我感觉压力很大。最早来 GeoScience Café 听报告是在 2008 年，也是在那个时候认识了这个组织的创始人毛飞跃老师。当时我是一位听讲者，现在有机会站在这里跟大家分享一下我的科研经验，我觉得很荣幸。今天的报告主要有两部分，一部分是简单介绍我的工作研究，另一部分是应 GeoScience Café 的邀请，给大家介绍一下科研与论文写作方面的一些经验。在第一个部分之后会有一段休息时间，大家可以提一些问题，如果没有问题我再接着讲下一部分。

第一部分：CO₂探测激光雷达技术应用与发展

现在我开始讲报告的第一部分，题目为"CO_2探测激光雷达技术应用与发展"。现在我讲的这个 PPT 是在今年"中国激光雷达大会"上所作的一个主题报告，我个人觉得这个 PPT 很符合 GeoScience Café 的主题，是一个比较好的报告材料，所以带到这里和大家分享一下。

1. 科学意义

首先介绍一下 CO_2 探测激光雷达的意义。工业革命以来，大量化石燃料的燃烧以及土地利用类型的转变，使得很多储存在岩石圈以及生物圈（如森林）里的碳被过多地释放到大气中，如图 2.4.1 所示。

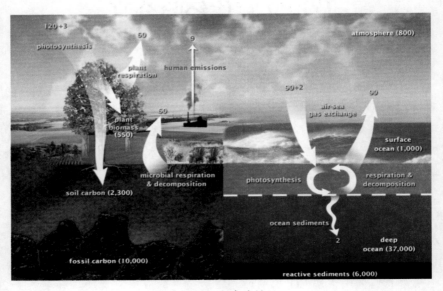

图 2.4.1 全球碳循环

（图片来源：http://genomicscience.energy.gov）

研究表明：碳元素的总量在地球生物圈、岩石圈以及大气圈整个系统中是不增不减的，也就是说，如果碳没有存在于岩石圈与生物圈中，就会存在于大气圈中。人类活动使得很多储存在岩石圈以及生物圈（如森林）里的碳被释放到大气里面，造成大气中 CO_2 浓度持续上升。1958 年，人类在夏威夷设立了第一个能够精确测量 CO_2 浓度的测量站（在此之前也做过一些记录，但是因为它们精度有偏差，不适合研究分析）。图 2.4.2 是夏威夷观测站自 1960 年到 2010 年大气中 CO_2 浓度的变化趋势，从图中可以看到，CO_2 浓度是呈现一个持续上升的趋势。

研究表明，CO_2 对热红外波段具有很强的吸收作用。大气中的 CO_2 相当于

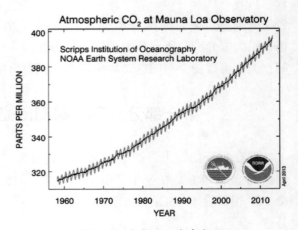

图 2.4.2 大气 CO_2 浓度变化

（图片来源：http://www.agrogene.cn/info-2718.shtml）

在地球上盖了一层棉被，太阳的短波辐射透过大气射入地球表面，地表增暖后释放的长波辐射却被大气中的 CO_2 重新吸收，再辐射回来，将热量滞留在了低层大气中，使得地球的净输入能量呈现上升的趋势。图 2.4.3 是联合国政府间气候变化专门委员会（Intergovernmental Panel on Climate Change，简称 IPCC）在 2007 年的报告中对各种辐射强迫因子值的估计。从图中可以看出，相对于其他长生命周期温室气体（CH_4 和 N_2O），CO_2 的辐射强迫要大得多，甚至大于其他温室气体辐射强迫的总和。研究数据表明，人类活动所引起的正强迫量与 CO_2 的正强迫量相近，可以看出 CO_2 所造成的全球影响是巨大的。

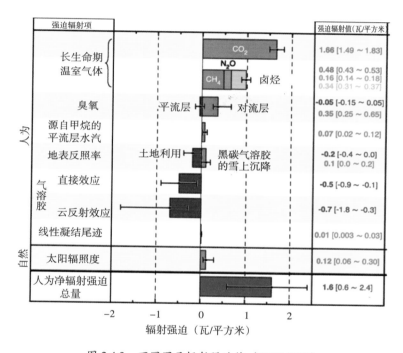

图 2.4.3　不同因子辐射强迫值（IPCC 2007）

（图片来源：http://www.kepu.net.cn/gb/special/200912_olgbhg_02/wz/21-1.html）

辐射能量平衡一旦被打破，就会产生一系列影响，比如现在大家比较关注的全球变暖及气候变化问题。全球变暖今年提及的频率在减少，因为这并不是一个很确定的结论。但是气候变化，大家肯定都已经感受到了，比如海平面上升，一些极端气候的加剧。之前大家可能有一个误解，认为 CO_2 多了，光合作用作物营养量也会增多，实际上由最近几年在 *Science* 上发表的文章来看，CO_2 浓度的增多反而造成农作物产出物里面营养物质呈下降的趋势。辐射能量平衡被打破还可能会使得封冻在极地的远古病毒又重新活跃起来。为了抑制全球气候变化的趋势，国际上的科学家达成一个共识，即应该把全球平均气温的上升控制在 2℃ 以内。

我们现在所研究的全球碳源/碳汇，目的是为了搞清楚碳循环，解决科学问题。但实际上，关于碳的排放量同时也是一个政治问题，到底哪个国家排放的碳多，各个国家说法不一。国际碳交易体系的形成是一种趋势，即把市场机制作为解决二氧化碳为代表的温室气体减排问题的新路径，把二氧化碳排放权作为一种商品进行交易。现在研究碳源/碳汇分布流程如图 2.4.4 所示。

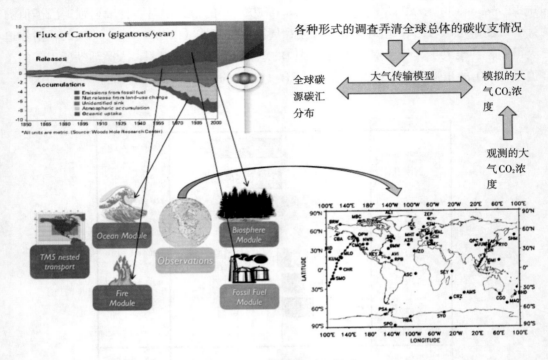

图 2.4.4　全球碳源/碳汇探测

（图片来源：https：//www.esrl.noaa.gov/gmd/ccgg/carbontracker/CT2008/documentation_assim.html）

　　首先通过全球各个国家的调查，将石油、煤等化石燃料的使用转换成碳的总消耗量。并且统计各行各业的碳的总消耗量，然后将这些数据代入到大气传输模型中，模拟这些碳排放之后造成的 CO_2 全球分布情况。另外，自 1958 年以来，全球建立了很多 CO_2 监测站，把这些监测站记录的 CO_2 浓度与前面通过模型模拟得到的 CO_2 浓度分布进行对比，两者之间会产生一定的偏差，通过使这个偏差最小化可以得到一个碳源/碳汇的分布图。我们认为这个分布图是比较准确的，因为基于这样一个地理分布的碳源/碳汇所造成的 CO_2 的分布与我们观测到的大气 CO_2 分布是很相似的。得到比较准确的碳源碳汇分布之后我们就可以利用它做进一步的分析。

　　目前研究表明，大约有一半人类活动释放到大气中的 CO_2 莫名其妙地消失了，很多模式没有办法模拟出消失的这一部分，很多科学家认为这一部分主要是被海洋吸收了，但是具体的吸收机制还不是很清楚。除此之外，这些也暗示我们目前的模型中还有些没有考虑到的碳源/碳汇机制，比如很多科学家认为消失的那一部分 CO_2 是被海洋所吸收，实际上除了海洋，陆地上的生态系统也存在着很多碳汇，特别是北半球，目前并不清楚哪些地区会存在这种碳汇机制。如果没有研究清楚这些存在的机制，就意味着我们应用现有模型得到的碳源/碳汇的分布是有问题的，如果我们根据这样的碳源/碳汇分布制定减排措施，对有些国家不公平，而且也有可能不能把全球温度上升控制在 2℃ 以内。为了解决这个问题，必须要有足够的 CO_2 浓度观测值。目前实际上是把通过模型得到的 CO_2 浓度与观测得到的 CO_2 浓度进行比较。如果有足够并且准确的 CO_2 浓度观测值对模型进行限制，那样就能够得到一个相对更精确的碳源/碳汇的估算结果。为了对模型有足够强的限制，国际科学家提出了两点：一个是要有更稠密的 CO_2 点浓度或柱浓度的观测，另外要有时间连续的 CO_2 廓线浓度观测。所谓点浓度，就是地表某个点 CO_2 的浓度；所谓柱浓度，就是从地面一直垂直到大气层顶的 CO_2 整体平均浓度。而 CO_2 廓线浓度就不仅仅是一个点或者一个柱的平均浓度，它主要是指在不同高程处的 CO_2 浓度，比如 CO_2 在地面浓度是多少，距离地面 100m 处浓度是多少，200m 处浓度是多少，这样一直到高处。如果一个地区是碳汇地区，那么通过这个地区探测的 CO_2 廓线浓度就可以看出，地表 CO_2 的浓度很低，越往上 CO_2 浓度越高；相反地，如果是碳源地区，那么这个地区地表 CO_2 的浓度就会很高，越往上 CO_2 浓度越低。沙漠地区既不属于碳源也不属于碳汇，这个区域的 CO_2 廓线浓度就是一条垂直的直线。

2. CO₂探测发展历程

（1）In Situ 测量

原位测量中比较有代表性的就是全球温室气体参考网。它是由两个部分组成的：一部分如图 2.4.5 左图所示，是由很多的地面观测站组成，它所提供的数据就是地表 CO_2 的浓度；另一部分如图 2.4.5 右图所示，是航空观测，即不定期地组织一些飞行计划，由飞机携带气体采样瓶，一边飞行一边采样，降落之后再测量采样瓶的气体浓度，由此得到此飞行高度上大气 CO_2 浓度。这两个观测数据是目前做碳观测研究最重要的两个指标，目前比较可靠的、能够相信的结果基本上都出自于全球温室气体参考网的测量数据，此外，CNS（*Cell，Nature，Science*）中的文章所采用的数据也多是出自此参考网。

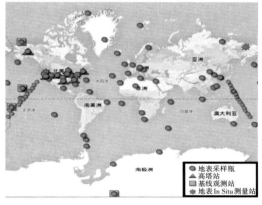 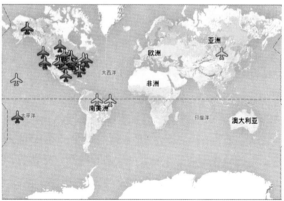

（左为地面站，右为航空测量）

图 2.4.5　全球温室气体参考网

但是这两种产品也都有缺陷,首先地表监测站点覆盖不足,虽然从图上看有很多的观测点,但是实际上很多地方是没有观测点的,覆盖非常不足;另外一个缺陷是它只能测量地表的 CO_2 浓度,并不能代表整个观测地区的情况。航空测量的一个缺陷仍然是覆盖不足,第二个缺陷则是连续性问题,即它没办法进行持续的观测。因为 CO_2 的浓度廓线是随着时间不停变化的,如昼夜交替的时候,由于植物的光合作用开始启动,它就会造成地表 CO_2 浓度下降的趋势,所以如果无法提供连续观测,就会导致很多碳源/碳汇的信息无法被监测出来。而且航空测量还有一个比较严重的问题,从图中也可以看出,这些探测飞机基本上是在美国的,而巴西的两个观测点实际上也是美国进行的飞行探测;另外,欧洲与俄罗斯也有一个飞行计划,大概是在西伯利亚到欧洲这一个区域进行飞行探测;也就是说,持续的航空探测是世界上最顶级的发达国家才能够做到的。这两种测量都是精度很高的测量技术,我们暂时称它们为原位测量。

(2)被动遥感

为了解决这些问题,CO_2 的测量又逐渐向遥感方向发展。首先是被动遥感,利用被动遥感可以测量很多国家或区域的 CO_2 浓度。以 OCO 为例,2009 年 OCO 卫星第一次发射失败,之后 NASA 重新推出了 OCO 卫星的升级版,即 OCO-2(图 2.4.6 左)。这颗卫星于 2014 年 7 月发射成功,同年 12 月 IPCC 发布了全球 CO_2 浓度图(图 2.4.6 右)。以往所得的全球 CO_2 浓度分布图是由地面插值或者模式计算而来,而这张是真正测量得到的。之前由于其他问题,主要测量的是高层的如对流层、平流层 CO_2 的浓度,而这颗卫星对对流层低空的 CO_2 浓度测量也有比较好的响应。

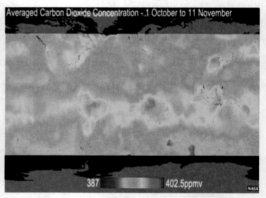

美国 OCO-2 卫星   2014 年 10 月 1 日至 11 月 1 日碳排量数据图
(图片来源:NASA)   (图片来源:NASA)

图 2.4.6   OCO-2 及其所测量的全球 CO_2 浓度分布图
(https://news.cnblogs.com/n/5115441)

除了卫星探测,被动遥感在其他方面(地基方面)也有一些进展。图 2.4.7 是总碳柱浓度观测网(Total Carbon Column Observing Network,TCCON),它主要是利用傅里叶快速变化光谱仪,在地面直接接收照射到光谱仪上的太阳光,因为太阳光在经过大气的时候不停地被 CO₂ 所吸收，通过测量吸收之后的光谱与标准光谱的差就可以反演得到 CO₂ 的柱浓度。

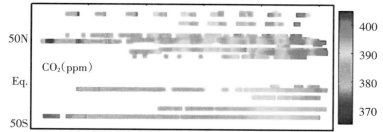

图 2.4.7　总碳柱浓度观测网（TCCON）站点及其观测的全球 CO₂ 浓度分布[1]
（图片来源：https：//directory.eoportal.org/web/eoportal/satellite–missions/o/oco–2）

OCO-2 的优点就是覆盖范围广，更新速度快，缺点则是精度不足。现今大气中 CO₂ 的浓度大约在 400 ppm，工业革命之前大约是 280 ppm。1 个 ppm 是指百万分之一，400 ppm 是指如果大气中有 100 万个气体分子，则大约有 400 个 CO₂ 气体分子。CO₂ 浓度的测量精度是 1 ppm 左右，最多不能超过 4 ppm，即 1%的精度，这是研究工作中所能够接受的最低精度，如果 1%的精度也达不到，那么测量得到的结果是不可用的。被动遥感一个很大的问题就是精度可能达不到碳源/碳汇反演的要求，在定量遥感中，90%的精度已经很好，而 CO₂ 测量精度的要求是在 99%以上，这是非常高的，被动遥感估计无法达到。另外，从图 2.4.6 右图可以看出，OCO-2 所测量的全球 CO₂ 浓度分布在两极是没有数据的，这个不是制图的失误，而是因为两极太阳高度角的原因使得卫星无法进行观测。除了同样具有 OCO-2 所存在的两个缺陷外，TCCON 还有一个问题就是容易受到云和气溶胶的影响，如果有很严重的雾霾，也是无法进行观测的。

（3）主动遥感

为了解决被动遥感中存在的问题，CO₂ 浓度探测又向主动遥感方向发展。主动遥感观测主要就是指激光雷达探测。图 2.4.8 是安徽光机所在 2004 年前后研制的一台 CO₂ 测量

---

[1] Debra Wunch，etc. The Total Carbon Column. Observing Network.

Raman 激光雷达，这套系统已经被认为是不可用的系统。但这也是我们国家 CO_2 探测激光雷达发展的一个阶段性成果，也是第一个研制出来的一套 Raman 激光雷达 CO_2 探测系统，在这里还是稍微提一下。其实这套系统不是不能工作，说不能用主要是因为它的测量精度太低，达不到需要的精度，而且它的测量量程也太短，只有不到 2 km，这是远远不够的。

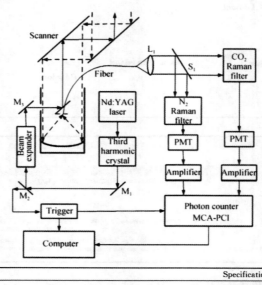

Unit		Specification
Laser transmitter	Laser type	Quantel Brilliant B Nd：YAG
	Wavelength	354.7 nm
	Pulse repetition	20 Hz
	Pulse energy/energy fluctuation	50 mJ/±3%
	Beam divergence/pulse width	0.5 mrad/4 ns
Scanner	Efficiency diameter	300 mm
	Scanning spatial range	0～360°(horizontal)×0～180°(vertical)
Telescope	Telescope type/diameter	Newtonian/300 mm
	Focus length/field of view	1000 mm/0.15 mrad
CO_2 Raman filter	Aperture/central-wavelength	25.4 mm/371.68 nm
	Band width/Transmission	0.5 nm/>60%
N_2 Raman filter	Aperture/central-wavelength	25.4 mm/386.66 nm
	Band width/Transmission	1.0 nm/>60%
Signal acquisition	PMT type/quantum efficiency	9214QB/25%
	Photon counter	MCA-3 P7882
	Preamplifier	Phillips 6954
	Computer	Main frequency 2.5 GHz

图 2.4.8　安徽光机所 CO_2 测量 Raman 激光雷达[①]

　　总体而言，目前 CO_2 浓度测量的现状主要有两点：一是虽然能够覆盖很多地区，但是高纬度地区的 CO_2 浓度我们还是无法测量，而且测量精度比较低；二是虽然可以实现连续观测，但是误差在 10% 左右（Raman Lidar）。相应的需求主要有两点：一是得到覆盖全球的高精度柱浓度观测，二是能够实现高时空分辨的高精度的廓线测量。

① 于海利，胡顺星，苑克娥. 合肥上空大气 CO_2 Raman 激光雷达探测研究，光子学报，2012，41(7)：812–817.

图 2.4.9 是 CO_2 浓度测量技术发展的时间历程。最近几年对于 CO_2 浓度测量技术的研究主要在激光雷达方面，下一代的碳观测卫星采用的就是激光雷达技术，对于 CO_2 浓度廓线测量利用的也是地基激光雷达技术。

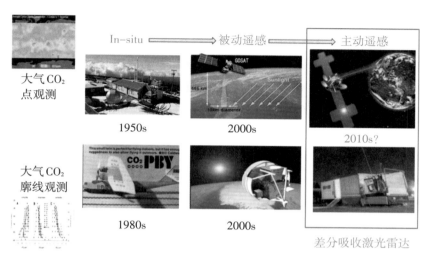

图 2.4.9　CO_2 浓度测量技术发展历程

3. CO₂探测激光雷达技术研究现状

（1）基本原理

图 2.4.10 所示激光雷达的全称叫做差分吸收激光雷达，它的原理可以用公式（2-4-1）来表达，看起来很复杂，实际上是非常简单的。

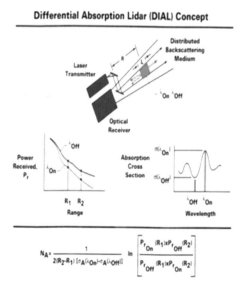

图 2.4.10　差分吸收激光雷达测量原理

（图片来源：https://science.larc.nasa.gov/lidar/instruments-dial.html）

$$P_i(r) = \frac{\xi_i \cdot P_{0,i} \cdot A \cdot \beta_i(R) \cdot c \cdot \tau_p}{2 \cdot r^2} \cdot \exp\left(-2 \cdot \int_0^r (\alpha_i(r) + N_g \cdot \sigma_{g,i}(r)) \mathrm{d}r\right)$$

$$N_{CO_2}(r) = \frac{1}{2(r_{\text{top}} - r_{\text{bottom}}) \cdot [\sigma_{CO_2, \lambda_{on}}(\bar{r}) - \sigma_{CO_2, \lambda_{off}}(\bar{r})]} \ln \frac{P_{\lambda_{off}}(r_{\text{top}}) \cdot P_{\lambda_{on}}(r_{\text{bottom}})}{P_{\lambda_{on}}(r_{\text{top}}) \cdot P_{\lambda_{off}}(r_{\text{bottom}})} \tag{2-4-1}$$

$$X_{CO_2}(r) = \frac{N_{CO_2}(r)}{N_{\text{air}}(r)} = \frac{\tau(r)^{'}}{2} \cdot \frac{1}{[\sigma_{CO_2, \lambda_{on}}(\bar{r}) - \sigma_{CO_2, \lambda_{off}}(\bar{r})] \cdot N_A P/RT} = \frac{\tau(r)^{'}}{2} \cdot \frac{1}{WF(r)}$$

　　光谱的形状是一个连续上凸下凹的线型，在光谱的峰与谷分别发射一束激光，如果这两束激光波长间隔很窄，那么其他的效应，如地表反射率、大气散射等，对这两束激光的影响可以认为是一模一样的，这样造成两束激光测量得到的激光能量有差别的原因就只有一个，那就是光谱的变化。例如测量 CO_2，两束激光一个在吸收峰测量，一个在吸收谷测量，两束激光能量的损失就完全是因为 CO_2 的吸收造成的，两束激光能量的差越大，代表 CO_2 的浓度越高，这就是利用差分吸收激光雷达进行 CO_2 浓度测量的基本原理。

　　（2）CO_2–DIAL 的技术难点

　　差分吸收激光雷达技术于 20 世纪 80 年代提出，在 90 年代开始使用，目前已经被广泛应用于 SO_2，氮氧化物以及臭氧的测量，甚至被用于测量汽车排放的尾气是否超标。我们之所以现在才将这项技术用于 CO_2 的测量，主要是因为测量 CO_2 有一些难点问题。一个是，如图 2.4.11 所示，CO_2 的吸收谱线很窄，对于测量系统提出了苛刻的要求。高光谱的光谱分辨率达到纳米级，一般为 10nm 左右，但是从图 2.4.11 我们可以看到，一个 CO_2 吸收谱线从谷到峰的距离只有 0.132 nm，如果想要准确测量，那就需要 pm 级的精度，也就是千分之一纳米。第二个难点就是硬件方面的限制，在近红外波段的激光器与探测器实际上是很有限的，对于 532 nm 波长的激光器的研究已经很成熟，能够达到很强的激光能量，如图 2.4.12 所示。但是，目前测量 CO_2 只有两个波段可以用，一个是 1.57 μm，一个是 2.0 μm，在这两个波段的激光器发射的激光能量都不是很强。另外这两个波段的探测器也比较少，1.57 μm 的探测器好一些，但是这个波段的激光器就稍微差一点，而 2.0 μm 则正好相反。所以，以上两个因素从硬件上决定了 CO_2 浓度的测量比较困难。

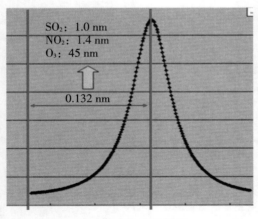

图 2.4.11　CO_2 吸收谱线

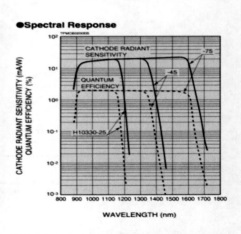

图 2.4.12　近红外波长探测器的光谱响应

第三个难点就是上面提到的，CO_2的浓度测量精度要求很高，但是目前的硬件条件却比较差，所以要想达到很高的测量精度就只能通过长时间的积分平均来获得。但是气溶胶的变化非常快，如果进行长时间的积分，进行差分吸收测量的两束波长激光所受的一些影响就不能够认为是近似相等的，就会产生不能忽略的误差。理论计算表明气溶胶浓度5%的波动下所得的CO_2浓度测量精度就已经不满足要求，这样的计算是在认为仪器没有任何误差的前提下得到的，而实测表明大气气溶胶浓度波动在5%以下的情况是很少见的。图2.4.13为气溶胶变化的时空分布与概率分布。

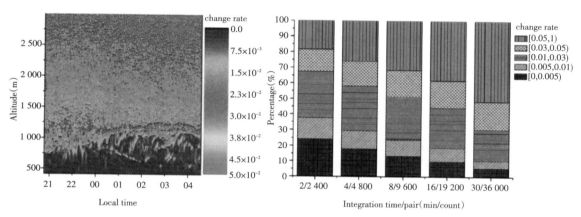

图 2.4.13　气溶胶变化的时空分布（左）与概率分布（右）

（3）发展规划

为了解决这些难题，在2005年之后，ESA和NASA分别提出了基于路径积分差分吸收技术（Integrated Path Differential Absorption，IPDA，又称硬目标差分吸收激光雷达）的嗅碳卫星计划，即A-SCOPE和ASCENDS计划，旨在提供精度达到0.3 ppm~1 ppm的CO_2反演结果，同时空间分辨率在陆地上达到100 km，在海洋上达到200 km。最近A-SCOPE计划一直都没有看到任何新的进展，所以认为已经搁浅；ASCENDS计划则还在进行之中，但现在仍然处于一个预演的阶段，还没有列入计划发射的名单中。

（4）现有样机

前面已经讲到，差分吸收激光雷达可以用来测量两种产品，一种是星载测量得到全球的CO_2浓度分布，另外一种是地基测量以获得CO_2浓度的廓线分布，也就是刚刚提到的两个问题，即全球柱浓度与廓线的高精度测量。如果以这两个目标来进行讲述的话可能比较发散，因为目前已开发成功的仪器中一些尽管定位于柱浓度测量，但是实际上也具备廓线测量的能力，同样有些能够进行廓线测量的，也能够测量柱浓度，如图2.4.14所示。前面已经提到由于CO_2吸收谱的特性和目前激光器和探测器工艺的限制，所有用于CO_2浓度测量的激光器工作在1.57 μm和2.0 μm波段，所以在此以激光器工作波段的分类，对目前已有的设备发展现状进行介绍。

图 2.4.14　激光雷达柱浓度探测（左）与廓线探测（右）样机示意图[1]
（图片来源：https://science.gsfc.nasa.gov/solarsystem/projectsa/pha）

　　图 2.4.15 是 CO_2 探测差分吸收激光雷达的发展历程。2006 年法国的皮埃尔西蒙拉普拉斯研究所成功研制的一台工作在 2 μm 波段的外差式差分吸收激光雷达（Differential Absorption Lidar，DIAL）；美国 NASA 的朗格里研究中心也在 2008 年前后利用类似技术研制了一台工作 2 μm 波段的外差式 DIAL。自 2008 年之后，所有的机构包括德国宇航局、日本宇航局、日本三菱电机、NASA 的戈达德太空飞行中心以及我国的武汉大学及中科院的一些单位都开始研究开发工作在 1.57 μm 波段的激光雷达。这可能是因为 2008 年以来工作在 1.57 μm 波段的激光器性能提升较快，所以目前主要以 1.57 μm 波段探测为主；而 2.0 μm 由于探测器发展仍然比较缓慢，已经很少有单位进行这个波段的 CO_2 探测研究。

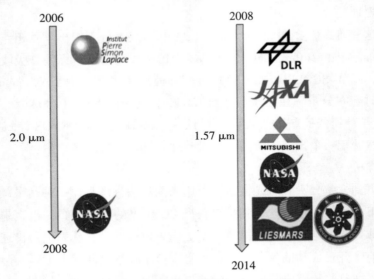

图 2.4.15　CO_2 探测差分吸收激光雷达的发展历程

　　接下来介绍一些样机的具体情况。

---

① Wojcik M，Growther B，Lemon R，et al. Demonstration of a differential absorption lidar for emissions measurement of a coal-fired power plant［C］//Lasers and Electro-optics，IEEE，2015，1-2.

① 第一台外差式 DIAL 由法国的皮埃尔西蒙拉普拉斯研究所 2006 年研制成功，工作波段为 2 μm。该系统利用一台闪光灯泵浦的紫翠玉激光器去泵浦一个 Tm，Ho：YLF 棒从而产生重复频率 10 Hz，能量为 10 mJ/pulse 的出射激光，同时利用两台连续波激光器注种实现出射激光波长的稳定，回波信号则用一个铟镓砷（InGaAs）探测器进行检测。图 2.4.16 是该系统的结构图和系统参数，图 2.4.17 则是系统的实物图。

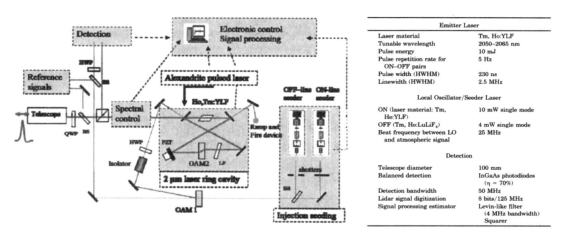

图 2.4.16　皮埃尔西蒙拉普拉斯研究所 2 μm 外差式 DIAL 结构图（左）①及系统参数（右）

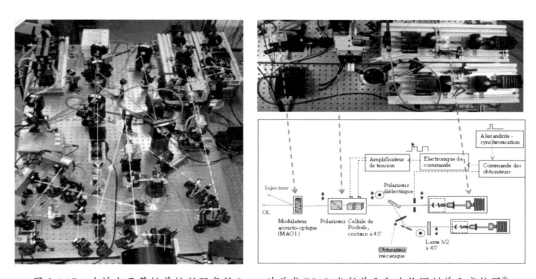

图 2.4.17　皮埃尔西蒙拉普拉斯研究所 2 μm 外差式 DIAL 发射单元和波长调制单元实物图②

另外，该研究所也对这套系统做出了评估，实测实验表明该系统在大气边界层内能够实现精度为 4%，时间分辨率为 3 分钟的边界层内 CO₂ 浓度测量（图 2.4.19）。虽然这套系

① Loth C，Bruneau D，Gibert F，et al. Two-micrometer heterodyne differential absorption lidar measurements of the atmospheric CO₂ mixing ratio in the boundary layer[J]. Applied optics，2006，45(18)：4448-4458.
② Loth C，Bruneau D，Gibert F，et al. Two-micrometer heterodyne differential absorption lidar measurements of the atmospheric CO₂ mixing ratio in the boundary layer[J]. Applied optics，2006，45(18)：4448-4458.

统的测量精度低于 1% 的最低要求，但是仍然要优于被动遥感。图 2.4.18 为原始信号计算的 CNR。

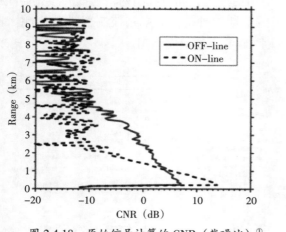

图 2.4.18　原始信号计算的 CNR（载噪比）[1]

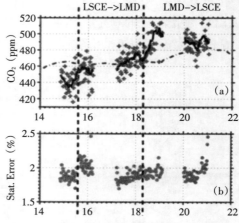

图 2.4.19　CO_2 浓度测量精度分析[2]

② 第二个样机是美国 NASA 喷气推进实验室制作的一套系统（图 2.4.20），很早就已经进行机载测量，工作波长也是 2.0 μm。但是现在已没有其任何相关信息，可能原因有两个：一个是这项技术已经被淘汰，另外一个是技术已经很成熟，被选中作为上星的一个计划，美国把它作为机密给保护起来了。我更倾向于的是这个样机在性能上边有一些无法克服的缺点，无法再进行深入研究。

JPL 2.06 μm Laser Absorption Spectrometer	
CO_2 Absorption Wavelength	2.06 μm
Number of Discrete Wavelengths Measured	2
Transmitter	CW laser
Receiver	Single telescope
	Heterodyne detector
Approach to Obtaining Needed Additional Measurements	
Altimetry	Not directly measured
Surface Pressure	Not directly measured
Aerosols	Not directly measured

图 2.4.20　NASA 喷气推进实验室 2 μm DIAL 系统结构图（左）及参数（右）[3]

③ NASA 另外一家研究机构朗格里研究中心同样在进行 2 μm 工作波段的 DIAL 系统

① Loth C, Bruneau D, Gibert F, et al. Two-micrometer heterodyne differential absorption lidar measurements of the atmospheric CO_2 mixing ratio in the boundary layer[J]. Applied optics, 2006, 45(18): 4448-4458.

② Loth C, Bruneau D, Gibert F, et al. Two-micrometer heterodyne differential absorption lidar measurements of the atmospheric CO_2 mixing ratio in the boundary layer[J]. Applied optics, 2006, 45(18): 4448-4458.

③ Christensen L E, Spiers G D, Menzies R T, et al. Carbon Dioxide Laser Absorption Spectrometer (CO_2 LAS) aircraft measurements of CO_2[J]. Proceedings of SPIE-The International Society for Optical Engineering, 2011, 8159 (17): 81590C-81590C-8.

研究，图 2.4.21 是他们所研制的样机系统结构图，已经进行系统集成，图 2.4.22 为其观测结果与系统参数，但是目前已没有其后续信息。

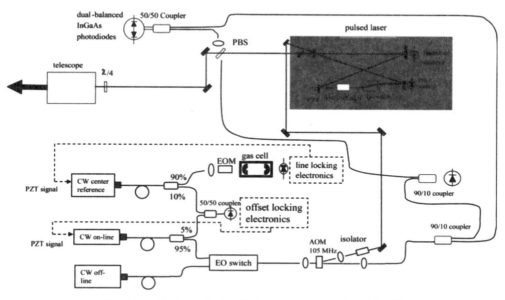

图 2.4.21 NASA 朗格里研究中心 2 μm DIAL 系统结构图[1]

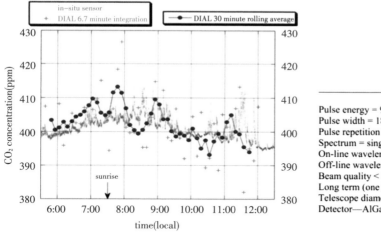

Pulse energy = 90 mJ
Pulse width = 180 ns
Pulse repetition rate = 5 Hz doublets
Spectrum = single frequency
On-line wavelength = 2050.967 nm
Off-line wavelength = 2051.017 nm
Beam quality < 1.3 time diffraction limit
Long term (one hour) stability < 2 MHz
Telescope diameter = 16"
Detector—AlGaAsSb/InGaAsSb phototransistor

图 2.4.22 NASA 朗格里研究中心 2 μm DIAL 系统参数（右）及观测结果（左）[2]

④ 德国宇航局也在 2008 年研制了一台工作在 1.57 μm 波段的 DIAL 系统（图 2.4.23），旨在获取大气 CO_2 柱浓度的 IPDA。该系统以 Nd：YAG 激光器为主激光器，利用光参振荡器（Optical Parametric Oscillator，OPO）作为激光波长调制单元，采用铟镓砷光电探测器

① Koch G J，Beyon J Y，Gibert F，et al. Side-line tunable laser transmitter for differential absorption lidar measurement of CO₂ design and application to atmospheric measarements[J]. Applied Optics,2008,47(7):944-956.
② Koch G J，Beyon J Y，Gibert F，et al. Side-line tunable laser transmitter for differential absorption lidar measurement of CO₂ design and application to atmospheric measarements[J]. Applied Optics,2008,47(7):944-956.

（InGaAs-PIN）接受回波信号。实验表明，该仪器能够很好捕获 CO_2 变化的趋势，但是其精度有限，在 2.5%～8%之间，图 2.4.24 为其系统参数及观测结果。

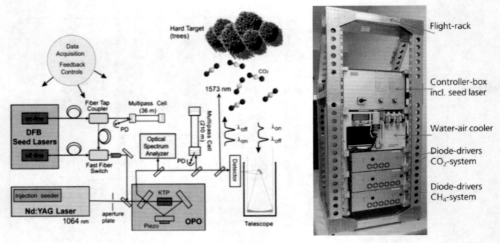

图 2.4.23　德国宇航局的 1.57 μm DIAL 结构图（左）及实物图（右）[1]

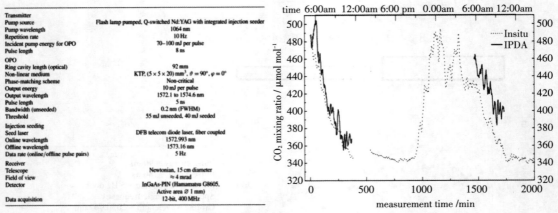

图 2.4.24　德国宇航局 1.57 μm DIAL 系统参数（左）及实验结果（右）[2]

⑤日本宇航局紧接着也研制成功了一台工作在 1.57 μm 的 DIAL 系统（图 2.4.25），该系统使用一个由二极管激发的调 Q Nd：YAG 激光器作为主激光器，出射光倍频后注入光参振荡器，同时在这一过程进行种子注入，种子激光器选用连续波分布反馈激光器（Continuous-wave Distributed Feedback Laser，CW-DFB）。该系统采用的技术与德国宇航局十分相似，唯一的改进之处就是探测器的改进。因为日本的光电探测技术非常发达，所以系统的探测器技术比德国宇航局的系统有了很大提高。

① Arslanov D. D，Spunei M，Mandon J，et al. Continous-wave optical parametric oscillator based infrared spectroscopy for sensitive molecular gas sensing［M］//Laser & Photonics Reviews，2012：188-206.

② Arslanov D. D，Spunei M，Mandon J，et al. Continous-wave optical parametric oscillator based infrared spectroscopy for sensitive molecular gas sensing［M］//Laser & Photonics Reviews，2012：188-206.

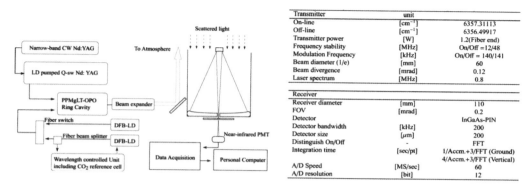

Transmitter	unit	
On-line	[cm⁻¹]	6357.31113
Off-line	[cm⁻¹]	6356.49917
Transmitter power	[W]	1.2(Fiber end)
Frequency stability	[MHz]	On/Off =12/48
Modulation Frequency	[kHz]	On/Off =140/141
Beam diameter (1/e)	[mm]	60
Beam divergence	[mrad]	0.12
Laser spectrum	[MHz]	0.8
Receiver		
Receiver diameter	[mm]	110
FOV	[mrad]	0.2
Detector		InGaAs-PIN
Detector bandwidth	[kHz]	200
Detector size	[μm]	200
Distinguish On/Off		FFT
Integration time	[sec/pt]	1/Accm.+3/FFT (Ground)
		4/Accm.+3/FFT (Vertical)
A/D Speed	[MS/sec]	60
A/D resolution	[bit]	12

图 2.4.25   日本宇航局 1.57 μm DIAL 系统结构图（左）及参数（右）①

实测实验表明，该系统在距离分辨率为 500 m，时间分辨率为 5 h 的情况下对于 5.2 km 以内的 CO₂ 探测可以达到 2% 的精度，对于 2 km 以内的 CO₂ 探测可以达到 1% 的精度。

⑥日本除了宇航局以外，三菱电机集团也成功研制了一台工作在 1.57 μm 的 DIAL 系统，该系统所采用的是连续波激光，利用光纤放大器进行激光能量放大，通过对其进行调频发射，从而在频率域上区分出双波长，实现两个波长激光的同时发射和接收。该系统技术难度较低，系统结构图如图 2.4.26 所示。我国中科院也采用此技术研制了一台测量系统，如果说日本的第一台样机是借鉴德国的技术，那么日本的第二台样机就成为我们所借鉴的对象。

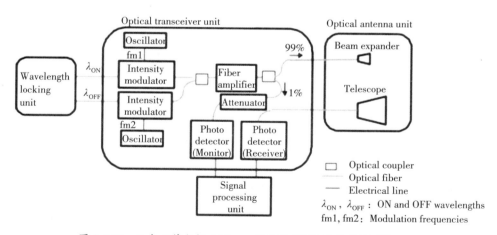

图 2.4.26   日本三菱电机 1.57 μm 连续波 DIAL 系统结构图②

模拟分析和初步的性能检测结果表明该系统在时间分辨为 32s 时，对 2 km 光程的柱状空间的探测精度可以达到 1%，图 2.4.27 为其系统参数与实验结果。

① Sakaizawa D，Nagasawa C，Nagai T，et al. Development of a 1.6 μm differential absorption lidar with a quasi-phase-matching optical parametric oscillator and photon-counting detector for the vertical CO₂ profile[J]. Applied Optics，2009，48(4)：748.
② Kameyama，Shumpei Imaki，et al. Development of 1.6 μm continuous-wave. Modulation hard-target differential absorption lidar system for CO₂ sensing[J]. Optics Letters，2009(5).

Table 1. System Parameters of the System	
Parameter	Value
Laser wavelength	1572.992 nm (ON)
	1573.193 nm (OFF)
Laser linewidth (FWHM)	0.005 pm
Wavelength stability	0.1 pm (rms) (ON)
	0.4 pm (rms) (OFF)
Modulation frequency	10 kHz (ON)
	11 kHz (OFF)
Optical output (average)	1 W
Aperture diameter of telescope	110 mm
Field of view	0.4 mrad
Transimpedance gain of photodetector	100 MΩ

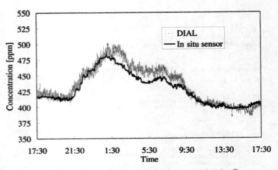

图 2.4.27　日本三菱电机 1.57 μm 连续波 DIAL 系统参数（左）及实验结果（右）[1]

⑦ 图 2.4.28 所示是美国 NASA 的戈达德太空飞行中心所研制的测量系统，该系统所采用的技术是利用 20 束不同波长的激光，覆盖整个 CO_2 的吸收谱。该系统使用一个 CW-DFB 二极管激光器作为光源，利用掺铒光纤放大器（Erbium-Doped Fiber Amplifier，EDFA）对激光进行放大，通过调节二极管激光器在 CO_2 吸收线附近进行扫描，实现多波长的近同时发射。该测量系统已经不再是两个波长的差分吸收，而是采用 20 个波长甚至是 30 个波长的激光来进行 CO_2 浓度测量，直接能够得到 CO_2 的整个精细光谱。这种技术已经做过多次机载测量实验，2010 年成功研制了工作在 1.57 μm 波段的机载 IPDA，是世界上最早利用大飞机进行综合机载实验的 CO_2 探测差分吸收激光雷达。图 2.4.29 为 1.57 μm 机载 IPDA 系统原理图，图 2.4.30 为其系统配置及波长序列反演示意图。

图 2.4.28　NASA 戈达德太空飞行中心 1.57 μm 机载 IPDA 系统实物图[2]

---

① Kameyama，Shumpei Imaki，et al. Development of 1.6 μm continuous-wave. Modulation hard-target differential absorption lidar system for CO_2 sensing[J]. Optics Letters，2009(5).

② Abshire J B，Ramanathan A，Riris H，et al. Airborne Measurements of CO_2 Column Concentration and Range Using a Pulsed Direction IPDA Lidar[J]. Applied Optics，2013，6(1)：4446.

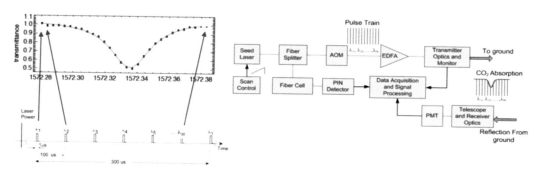

图 2.4.29　NASA 戈达德太空飞行中心 1.57 μm 机载 IPDA 系统原理图[①]

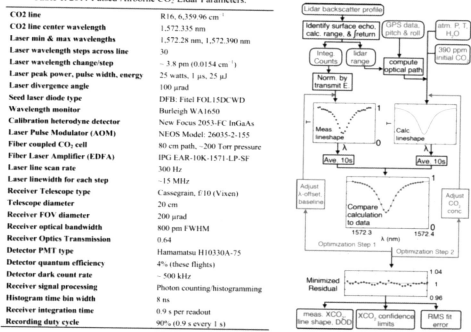

Table 1. 2011 Pulsed Airborne CO_2 Lidar Parameters.

CO2 line	R16, 6,359.96 cm⁻¹
CO2 line center wavelength	1,572.335 nm
Laser min & max wavelengths	1,572.28 nm, 1,572.390 nm
Laser wavelength steps across line	30
Laser wavelength change/step	~ 3.8 pm (0.0154 cm⁻¹)
Laser peak power, pulse width, energy	25 watts, 1 μs, 25 μJ
Laser divergence angle	100 μrad
Seed laser diode type	DFB: Fitel FOL15DCWD
Wavelength monitor	Burleigh WA1650
Calibration heterodyne detector	New Focus 2053-FC InGaAs
Laser Pulse Modulator (AOM)	NEOS Model: 26035-2-155
Fiber coupled CO_2 cell	80 cm path, ~200 Torr pressure
Fiber Laser Amplifier (EDFA)	IPG EAR-10K-1571-LP-SF
Laser line scan rate	300 Hz
Laser linewidth for each step	~15 MHz
Receiver Telescope type	Cassegrain, f/10 (Vixen)
Telescope diameter	20 cm
Receiver FOV diameter	200 μrad
Receiver optical bandwidth	800 pm FWHM
Receiver Optics Transmission	0.64
Detector PMT type	Hamamatsu H10330A-75
Detector quantum efficiency	4% (these flights)
Detector dark count rate	~ 500 kHz
Receiver signal processing	Photon counting/histogramming
Histogram time bin width	8 ns
Receiver integration time	0.9 s per readout
Recording duty cycle	90% (0.9 s every 1 s)

图 2.4.30　戈达德太空飞行中心 1.57 μm 机载 IPDA 系统配置及波长序列反演[②]

戈达德太空飞行中心所研制的这套系统已经进行过多次机载测试，我认为美国 NASA 的 ASCENDS 计划可能选择此套测量系统作为上星的样机。该系统测量的激光精度已经比较高。利用此系统进行机载廓线探测已经发现我们在碳循环方面一些假设所存在的问题。如图 2.4.31 所示，绿线与红线在 1.8 km 处出现了一个突然的抖动，这与我们之前所设想的 CO_2 的浓度变化是一个缓慢的趋势不符。NASA 的实测结果表明 CO_2 浓度在边界层上下会有一个很明显的尖峰，这也是我们一直要测量 CO_2 浓度廓线的原因。

① Abshire J B，Ramanathan A，Riris H，et al. Airborne Measurements of CO₂ Column Concentration and Range Using a Pulsed Direction IPDA Lidar[J]. Applied Optics，2013，6(1)：4446.

② Abshire J B，Ramanathan A，Riris H，et al. Airborne Measurements of CO₂ Column Concentration and Range Using a Pulsed Direction IPDA Lidar[J]. Applied Optics，2013，6(1)：4446.

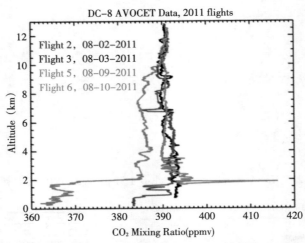

图 2.4.31　戈达德太空飞行中心机载 IPDA 多次飞行得到的不同廓线特征[1]

⑧ 图 2.4.32 是中科院上海技术物理研究所研制的一台全光纤的连续波 IPDA。该系统与日本三菱电机研制的系统很相似，改进较少。该系峰尖波长激光器和峰外波长激光器由各自的波长控制单元进行波长调控，电光调制器对两束激光进行不同频率的强度调制。输出激光的一部分经过探测器进行光电转换，该信号用作调制器的偏压控制信号，其余激光耦合进入光放大器，其出射光由反射镜反射一部分进行能量监视。

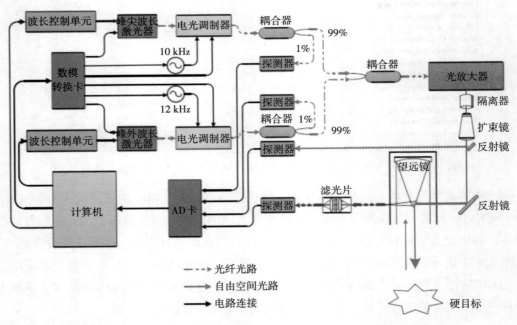

图 2.4.32　中科院上海技术物理研究所全光纤连续波 IPDA 结构图[2]

---

① Abshire J B, Ramanathan A, Riris H, et al. Airborne Measurements of CO₂ Column Concentration and Range Using a Pulsed Direction IPDA Lidar[J]. Applied Optics, 2013, 6(1): 4446.

② 刘豪,舒嵘,洪光烈,等. 连续波差分吸收激光雷达测量大气 CO₂[J]. 物理学报,2014,63(10):205-210.

⑨图 2.4.33 是我们小组目前所研究的 CO_2 浓度探测系统结构图。此系统最大的特点是第一次采用染料激光器来进行波长调谐，其他机构主要是通过 OPO 或者光纤可调器来实现。染料激光器的一个特点是十分稳定，并且寿命很长，但是它的缺点就是所得到的激光质量比较差，这就需要我们在算法等方面进行改进来弥补这个缺陷。

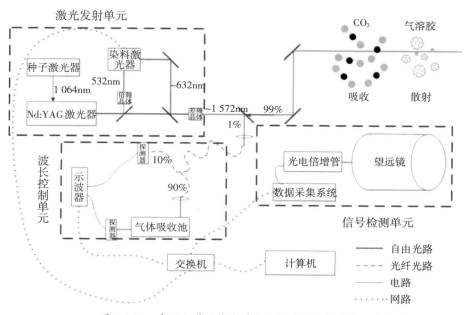

图 2.4.33　武汉大学脉冲染料 CO_2 探测激光雷达系统结构图

图 2.4.34 是此系统的一个实物图以及一些前期实验的情况，从图中可以看出此系统比较简洁，没有非常复杂的光路系统与接收系统，这也是染料激光器作为可调谐光源的一个优势。整套系统已经集成到集装箱中，集装箱的外观如图 2.4.35 所示，主要分为激光舱、望远镜舱以及操作舱三个部分。

图 2.4.34　武汉大学脉冲染料 CO_2 探测激光雷达系统实物图及前期实验情况

图 2.4.35　武汉大学脉冲染料 CO_2 探测激光雷达系统集装箱外观

　　我们已经对这套系统进行过测试，分别在实验室条件以及大气条件下，图 2.4.36 为实测结果，测量精度还是比较可靠的，最高已经达到 4 ppm，也就是 1% 的精度，因此，此系统还是可以用的，后期还要在不同区域进行测量实验。

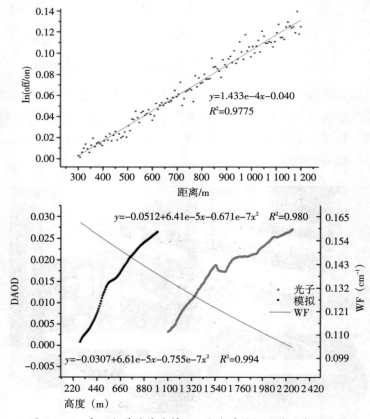

图 2.4.36　武汉大学脉冲染料 CO_2 激光雷达探测系统实测结果

⑩ 最后，要提一下的是在 2015 年八月国际上也出现了第二台利用染料激光器作为变频单元的系统（图 2.4.37）。这套系统是意大利的帕勒莫大学研制的，研制成功后在火山口进行了 CO_2 浓度测量，结果显示碳通量的测量误差达到了 30%，但是即使这样一个很大的误差也为火山碳源的测量提供了非常重大的改进。这篇成果成功发表在 *Nature* 子刊 *Scientific Report* 上。

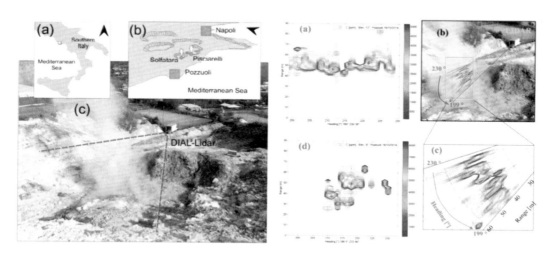

图 2.4.37　帕勒莫大学脉冲染料 CO_2 探测激光雷达系统[①]

4. 总结与展望

最后对报告做一下总结，主要有以下四点：

① 2005 年之后，以美国、法国和日本为代表的发达国家开始竞相研制 CO_2 探测激光雷达。

② 发展历史显示，1.57 μm 波段的 CO_2-DIAL 目前正逐渐成为主流。

③ 以地物或厚云反射光作为信号源的路径积分差分吸收激光雷达（IPDA）目前已经开始进入成熟阶段，机载设备性能已经突破 1% 大关，目前正在逼近 0.3%。

④ 依靠气溶胶作为媒介的，CO_2 廓线探测激光雷达绝对精度相对有限，依然处于发展阶段。

相应的展望也分为四个方面：

① 对于 CO_2-IPDA 而言，进一步的工作应该侧重仪器的稳定性和小型化，以实现机载向星载的突破。

② 对于 CO_2-DIAL 而言，应该就不同应用目的，调整其时空分辨率，以获得合适的精度。

③ 地基 CO_2-DIAL 的发展方向是移动式系统和全角度扫描式测量。

---

① Aiuppa A，Fiorani L，Santoro S，et al. New-ground-based lidar enables volcanic CO_2 flux measurement[J]. Scientific Reports，2015，5：13614.

④ 发展高功率，窄带宽的近红外（1.57 μm）激光器和对应的高光电效率探测器是推动一切 CO_2–DIAL 发展的关键要素。

【互动交流】

主持人：师兄的技能应该很高吧，大家有什么想要跟师兄交流的，赶紧趁这个机会来问一下。

提问人一：脉冲染料 CO_2 探测激光雷达系统的优势主要在哪些地方？

韩舸：你说的是我们小组所做的这套探测系统吗？它的优势主要是可重复性非常高，只要有钱，就可以在任何国家做出这样一套系统来。我感觉这个就是它最大的优势，其他的比如精度高，国外的很多系统精度能够更高，但是他们的系统都有一些很关键的技术，不可能出口到任何国家，只能他们自己来做。我们这台系统所用到的元部件基本上在各个国家都可以买到，没有限制问题。另外一个，我刚刚也讲到，地基 CO_2 探测系统不可能只做一台，以后肯定是要进行组网观测的，那样就需要很多台这种探测系统，成本就非常得高。国外做得比我们这套系统好，但是要贵得多，我们这套系统精度虽然比不上他们，但是胜在成本低，可以大量地制作出来形成一个大范围的观测网，这是这套系统一个很大的潜力。

提问人二：相同的土地利用类型，比如你刚刚提到的沙漠、森林等，另外同样是森林，不同植被的话，它们上方的 CO_2 浓度是类似的吗？

韩舸：这个与它们所处的纬度有关，高纬度的森林与赤道附近的森林吸收 CO_2 的能力是不一样的。比如亚马孙雨林，我们现在基本上的一个共识就是位于俄罗斯附近的森林，它是一个纯的碳汇，它是完全吸收 CO_2 的，而对于亚马孙这个地区，一直到现在还没有足够的证据表明这一区域到底是碳汇还是碳源。森林一方面吸收 CO_2，另一方面它的呼吸作用也会产生 CO_2，实际上目前碳循环中呼吸作用与光合作用产生的效果，即呼出的碳与吸收的碳我们认为是 1:1 的，但是实际上不是 1:1 的。由于目前没有能够很好地测量到它们上方 CO_2 浓度廓线的变化趋势，也就不知道这个比例到底是多少。所以，就像你所说的这些情况，我们现在所假设的这个比例是 1:1，但是实际上肯定不是 1:1 的。

提问人三：用来测距的激光雷达与你刚刚讲的用来测量吸收的激光雷达在原理上有什么区别？

韩舸：测距激光雷达的原理我不是很清楚，但是我觉得测距的话主要机制一个是利用激光的发射与接收时间来测量，另外一个是利用相位信息来测量。而我们这个激光雷达主要通过测量激光回波能量的变化来测量大气的参数，而测距激光雷达则不怎么关注激光的回波能量，关注的是发射与接收的时间差或者相位差，而测量浓度的激光雷达则关注的是激光回波能量的一个差值，这就是它们之间的区别。

提问人四：刚刚你已经说了很多测量 CO$_2$ 浓度的技术的发展，我想问的是现在可以用到的精度比较好的全球 CO$_2$ 浓度的数据有哪些？

韩舸：你说的是遥感的数据吗？日本有一颗卫星叫做 GOSAT，这个卫星的数据也不是很好但是还是可以用的。OCO-2 的数据好像是今年要发布，我现在不确定能不能下载到，如果能够下载到的话，最好用 OCO-2 的数据，其次就是 GOSAT 的数据。其他的很多卫星也能够测量 CO$_2$ 浓度，但是我建议你就不要用了。

第二部分：科研与论文写作方面的一些经验

韩舸：如果大家没有什么问题，我就接着讲报告的第二部分。

这一部分 PPT 的原作者是王伦澈，不知道大家有没有知道他的，他是我们实验室今年刚刚毕业的博士，现在是地大教授。我在这里也算是借花献佛，把这个 PPT 改了一下，给大家讲一下，希望大家能够得到一些启示，也能够收获自己的一些东西。

这部分报告主要分为三个部分：文献阅读、论文写作与投稿过程。

1. 文献阅读

以下是文献阅读方面总结出来的几条规律：

① 博士论文阅读起步；优先选择近三四年的文章。

写论文的时候，我们可能会借鉴一些 20 世纪 70 年代甚至 60 年代的文章，但是大家在读文献的时候最好还是从最近几年的文章中去选择比较好，时间不要太早了。我给大家的建议是，能够找到最近两三年相关的博士论文是最好的，因为博士论文一般是很完整的，不管是什么研究方向，只要你能够找到这个方向的博士论文，你很快就能够对这个方向有一个很好的了解；而且博士论文它最大的优点就是中文写作的，大家很快就能够入手。我在硕士期间实际上做的是遥感地质，属于地质类。我本来是想用激光雷达测量滑坡的，然后误打误撞最后到这里测大气来了。当时研究转型是一个很痛苦的事情，我原先是研究滑坡，现在来研究大气了，一开始就很难入手。所以对大家的建议就是最好找一些相关方向的博士论文，一篇就够了。

② 注意期刊的等级，文章被引用次数，继续追踪。

其次就是找一些近两年比较好的论文，文章不仅要新，还要好。所谓好的文章，首先它的期刊等级要高，要是能够找到 *Nature* 和 *Science* 上的文章是最好的，最差的也是要一区二区的文章。另外，因为这些期刊中也会存在不怎么好的文章，所以大家还要注意一下文章的引用，找一些引用较高的文章。再有一点就是要持续追踪。如果一个人是你这个研究方向的"大牛"，那你就可以利用一些方式来对他进行随时关注，一旦他有新论文发表，你马上就能够知道。你可以追踪某个方向，某个关键词或者某个作者，持续追踪，就能够做出很多东西。

后面的几点大家比较常见，我就不细讲了。

③ 订购感兴趣的 alert，以防止撞车；定期读 *Nature*，*Science*。

④ 学习效率的提高最需要的是清醒敏捷的头脑，不同时间做不同的事……

⑤ 作者做了什么：标题+摘要，读现在有用的，收集以后会用的。

⑥ 浏览图表观察作者说什么，详细阅读方法、过程和结论，从别人的工作得出自己的结论。

接下来是我总结的，在阅读文献时候需要注意的几点：论文阅读顺序：标题→摘要→结论→图表（一篇论文中最重要的部分依次是：图表、讨论、文字结果、方法）。

大家都知道，阅读中文文章对我们来说不是很困难，如果是英文的文章，就是中等篇幅的也有十几页，阅读起来就比较困难。我相信大家的英文都很好，尽管如此也不希望整天阅读很多英文文章。所以我们读文章的时候，首先要先阅读标题，因为标题决定是否要阅读这篇文章，其次文章的摘要也是很重要的，摘要可以很快地介绍这篇论文解决了什么问题，所采用的方法是什么，大概达到了什么样的精度。把标题与摘要读完之后，就可以直接去看结论，看文章有什么发现，得到什么结果，之后再去看文章中间的一些内容、讨论、图表等。这样可以节约很多时间，如果你看了标题没有放弃这篇文章，看了摘要跟结论之后还没有放弃这篇文章，这个时候就可以去看文章的图表，一个文章图表做得好不好，基本上就能够确定这篇文章是不是你想要的。一篇文章可能从摘要上感觉是你想要的文章，但是阅读正文后发现不是你想要的，这样就很浪费时间。读正文之前可以先看一下文章的图表，如果发现文章中的图表在之前相关的文章中也有，那就说明这篇文章肯定是与你的研究相关的。如果有的时候文章的标题或者结论看起来与你的研究内容很相关，但是从图表看完全是从别的角度来研究的，这样你就可以放弃阅读这篇文章了。通过这些方法就能够很快地确认这篇文章是不是你想要的，如果确认了之后，就要精细地去阅读文章。

下面有一些阅读文章时候的方法：

① 看文章时做笔记（记录文章中的方法、创新点）并定期总结，不仅了解别人做了什么，还要考虑别人没做什么，寻找突破口。

在看文章的时候大家也不要忘记要做一些笔记，虽然现在科技很发达，有很多可以在电脑上直接做笔记的东西，但是我建议大家最好还是记到纸上。因为有时候由于电脑损坏或者更换电脑等原因，导致存储的材料丢失，如果记在纸上或者打印出来不仅会避免上述问题而且方便阅读。

② 大量地、仔细地阅读文献，注重与外界交流（比如说中科院），获取最新信息（QQ、ResearchGate），对研究的领域有一个全局性了解。

大家要注重与外界的交流。现在 ResearchGate 大家用得比较多，它实用性强，特别是当文章下载不到的时候，我们可以直接在 ResearchGate 中联系相应的作者获得。QQ 群方面，比如大家这个 GeoScience Café群就很好。大家可以通过各种渠道同外界进行交流，虽然我们实验室在测绘遥感方面还是很强的，但是也不是每个方向都是最强，可能遥测方面做得很好，偏遥感应用方面中科院和北师大也是很强的，所以大家还是要注重交流，国内与国际上的交流并重。

③ 学会总结：弄清目前的研究现状和要解决的问题等；总结感兴趣领域内尚未探讨过但很有意义的课题；总结争论性很强的问题，反复比较研究方法和结论，从中发现切入点。

大家要注意选择比较好的研究领域，不能选择一个夕阳产业。选择那些很有意义并且没有多少人做的朝阳产业是最好的；如果是朝阳产业，虽然很有意义但是做这个研究的人有很多，这样你可能要做好多工作，费很大的力气才能写一篇 SCI，并且有可能只发表在三区四区期刊上。如果你做的是一个很有意义并且很少人做的研究，你可能很快就能获得成果，并且发表一区二区 SCI，这个是很正常的事情。所以大家一定要注意这一点，做之前方向一定要选好，不要埋头死干。

2. 论文写作

① 做实验写文章之前，必须想清楚：结果能不能发表？发表在哪里？

大家写论文的目的是为了发表，这点应该是没异议的。论文写作的第一步就是要先想好，文章写出来之后能不能发表，发表在什么期刊上。如果你花了很长时间，做了很多工作，写了一篇文章却一直发表不了，是很打击士气的。

② 文章的关键在于结构完整、思路清晰、概念清楚、层次清楚、表达清楚。

关于这一点我将在后面做仔细讲解。

③ 建议少用长句，多用短句，加强文字功夫，不要炫技。

这一点是一定要强调一下的。这几个字虽然看起来很平淡，但是大家写论文投论文的时候都会有这个体会，不要随便用长句。我们都是中国人，也许你的托福或者雅思都很好，但是由于思维方式不同写出的文章外国人不一定能够读懂；而且现在我们进行国际交流的时候，有些外国人很喜欢用长句，而且会写很长的句子，我们有时候可能需要找好多人来看这个句子是什么意思，这是很正常的现象。我们写论文是为了让人读懂，最重要的是为了让读者读懂，最实际的则是为了让审稿人读懂，审稿人的母语不一定是英语，有可能是个法国人，英语不是很好，甚至很多审稿人都是中国人。你虽然写长句子，但是别人读不懂什么意思，到时候只能自尝恶果。而且长句子是很难写的，你可能花一下午的时间就写一两个长句子；但是用短句子，你可以很快而且很准确地表达你的意思。短句子又好写又实用，所以建议大家尽量用短句，少用长句，不要去炫技，不要炫你的词语，时态用得多么好，这都没什么用的。

④ 体现新意：新方法（技术）、新资料、新发现。

a. 新技术、新仪器获得新资料；分析新资料，进而提出新概念。

b. 用新的思路或方法对观测资料进行分析，得到新的结论。

c. 新的自然现象和特有的自然条件（灰霾、南旱北涝）等……

另外一点是论文要有新意，论文的新意体现在哪些方面，就是新方法（技术）、新资料、新发现，这三个词需要大家牢记在心，这也是我本次报告的核心。这三者实际上是一个递进的关系。首先是新方法，一般好期刊上的文章是不会讨论算法的，我没有在 *Nature* 和 *Science* 上看到讨论算法的文章，一区的文章是很少有讨论算法的，可能二区会有一些，也就是说你的新方法实际上就决定着你文章的一个等级。新方法的研究可以借助他人的文章，从算法入手进行改进创新。新资料实际上是一个很好的东西，比如大家拿到了一些新数据，你如果能够拿到新资料，文章基本上就可以二区起步，如果能够拿到新资料是最好的，而且在中国新资料是特别难以获取，大家都深有体会。不要说获得很复杂的数据，就像气象数据这种比较简单的数据都存在难度。所以说，如果大家有机会能够拿到新资料，就可以从这些新的资料入手，再提一点改进的方法，甚至不需要提改进的方法，只要把这些资料用传统方法进行处理，一旦得到了某些结论，某些现象，并且你的发现是没有人提到过的，经过反复验证后，如果确实不是你的数据误差，或者是操作失误造成的，那么你就相当于中彩票了。

另外，它们三者之间是有相互关系的，新算法与新仪器会有助于你拿到新资料；分析这些新资料才能得到新的概念。用一些新的技术方法对新资料进行分析能得到新的结论，一旦这些新的结论能够转换成某种新的发现规律的话，就很厉害了。比如说 2001 年左右在《中国科学》提出的，由于气候变化引起的南旱北涝，实际上所需的资料也不用太清楚，甚至只要拿到一些降雨的数据，分析后就会发现南旱北涝的自然现象。可能大家觉得这是很习以为常的东西，但是当年提出的时候，就是一个很厉害的发现。

下面具体来讲一下写作技巧：

① 题目（title）：突出主题、清晰、吸引人。

首先是标题，写论文一定要做一个"标题党"。标题不要很繁琐，让人读不懂。标题要做到突出主题、清晰、吸引人。之前美国一个老师建议文章中用到的关键字一定要出现在标题里面，否则这个关键字就没有意义。当然我也不完全赞同这个观点，但是我觉得还是有一些道理的，大家选出的关键字一定要与标题有紧密联系。标题的话，能够做到吸引人是最好的，要是不能的话也不需要刻意去那样做，避免适得其反。国外很多人写标题喜欢用反问句，比如"差分吸收激光雷达能够测到对流层的 CO_2 吗？"这就是标题党，实际上它的结果也只是分析差分吸收激光雷达在什么时候能够测到对流层的 CO_2，但是它的题目起得好。

② 摘要（abstract）：研究主体和目的、主要方法和过程、结果和意义。

摘要首先要表明研究目的，然后是研究方法，最后是实验结果以及所具有的意义。

图 2.4.38 是一篇论文的摘要，它的目的是研究 PAR 的季节特征。方法如蓝线所示：分析了依赖性，考虑了各种气候下的变化，基于模型重构了一些数据；结果为紫线所示：日均 PAR 是多少，季节特征是什么；最后的意义是什么，文章很巧妙地使用了 "would" 一词，而不是一定怎么样，那样太绝对，但可以说可能有什么发现，也可能不是，这样就很好。

ABSTRACT

Measurements of photosynthetically active radiation (PAR) and global solar radiation (G) at WHU, Central China during 2006–2011 were used to investigate the seasonal characteristics of PAR and PAR/G (PAR fraction). Both PAR and PAR fraction showed similar seasonal features that peaked in values during summer and reached their lowest in winter with annual mean values being $22.39 \, mol \, m^{-2} \, d^{-1}$ and $1.9 \, mol \, MJ^{-1}$ respectively. By analyzing the dependence of PAR on cosine of solar zenith angle and clearness index at WHU, an efficient all-weather model was developed for estimating PAR values under various sky conditions, which also produced accepted estimations with high accuracy at Lhasa and Fukang. PAR dataset was then reconstructed from G for 1961–2011 through the new developed model. Annual mean daily PAR was about $23.12 \, mol \, m^{-2} \, d^{-1}$, there was a significant decreasing trend ($11.2 \, mol \, m^{-2}$ per decade) during the last 50 years in Central China, the decreases were sharpest in summer ($-24.67 \, mol \, m^{-2}$ per decade) with relatively small decreases being observed in spring. Meanwhile, results also revealed that PAR began to increase at a rate of $0.1 \, mol \, m^{-2}$ per year from 1991 to 2011, which was in consistent with variation patterns of global solar radiation in the study area. The proposed all-weather PAR model would be of vital importance for ecological modeling, atmospheric environment, agricultural processes and solar energy application.

图 2.4.38　写作技巧之摘要分析

总之，撰写论文摘要需注意四点：第一句要表明文章的目的，第二句介绍所用的方法，第三句总结得到的结果，最后是这些结果可能带来的一些新的技术应用，对科学界的帮助，也就是论文的意义。

③引言（introduction）：

a. 研究方向背景意义，说明本研究的重要性，建议引用高质量文章。

引言的写法跟摘要不一样。引言最重要的是突出文章的重要性，实际上是在向审稿人推荐自己的文章。审稿人如果觉得你的文章的引言没有问题，那文章最多也就是大修。如果你的方法是真实的，数据是真实的，引言又写得好，那文章基本上就可以接收了，无非是大修小修的问题。所以引言要重点介绍文章的重要性。

第一点就是介绍背景，这个大家肯定都很熟悉，大家有的认为引言就是堆砌一些文字，实际上这是不对的。引言的写法是很巧妙的，首先要假装堆砌一些文字，大家注意到图 2.4.39 中引的最开始 1~3 篇文章，虽然我没读过这篇文章，但是我也能够猜到肯定是 CNS 上边的文章。大家最开始引用的几篇文章最好是 *Nature* 和 *Science* 上的论文，即使不是，也要是你们这个领域很顶尖的期刊，比如我们 CO₂ 方向的文章开篇就会引用 IPCC，使得别人完全无法反击你。文章一开始就要强调研究的问题很有意义，是大家所公认的，表明自己走的是正路而不是旁门左道。图 2.4.39 中绿线所示就是文章的重要性，虽然有可能不是那么重要，但一定要写得很重要。开始几篇参考文献使你的文章研究站住脚以后，接下来的几篇引用也是非常权威的期刊文章，使得你的文章更加有理有据。文章第一句可能是个大背景，比如气候变化，证明这个研究很重要；然后接着讲 CO₂ 测量很重要，那怎么去证明呢？不会有 *Nature* 和 *Science* 上有文章说 CO₂ 怎么测量，但是一些次一级的重要期刊如 JGR、环境遥感等上边就会有文章指出某个东西是很重要的，很具体的东西是很重要的，而这个东西实际上就是你在研究的内容了。比如你的论文研究的是图像分类，这一块就要介绍图像分类的重要性了，你介绍这些东西，一定要有很硬的论文撑得住。

Solar radiation provides essential energy basis for most land surface processes and it is also primary energy sources for the whole Earth system [1–3]. PAR is defined as the visible portion (400–700 nm) of global solar radiation (G). It is always absorbed during photosynthesis and then transformed into chemical energy for living organs of plants such as root, stem, and foliage [4–6]. Especially, PAR has a fundamental role in modeling vegetation growing due to its relation to botanical photosynthesis process [7,8]. It is also a key parameter controlling many biological and physical processes, for example, evolution of environmental and agricultural fields [9]. Therefore, PAR plays important roles in agriculture, atmospheric physics, forestry, ecology, energy management and photon science [10,11].

图 2.4.39 写作技巧之引言分析（一）

b. 研究现状、成果简介、实际不足和需求（注意用词要准确），引出进一步研究的必要性和意义（可分段）。

上述背景介绍是讲文章研究的大方向，相当于文章的方向是正确的，并且文章所研究的内容也是公认的、很新颖、很好的。等理论站住脚以后，就要开始介绍文章真正研究的内容，细节上所用的算法等。这部分的论文引用就不需要那些虚无的东西，而是你确确实实读过的一些好的文章，就不用太注重分区。一定要提前调研好，在你所研究的这个方面到底有哪些人做了什么。大家一定要注意，引言绝对不是文献堆砌，你说任何人做得好不好都是有原因的。比如你说别人的东西做得好，那我也可以这么做；别人的东西做得好，但是还有一些问题，所以我接着做。这就是文章引言中文献综述的一个核心思想，即你一定要记住你说的每句话的目的，比如说刚刚表扬了一个人的工作，你一定不要批评，说某个人做得不好，你可以说他们有些地方没有考虑到，但是不能直接说人家是错误的。如果你水平像爱因斯坦一样，直接说这个不对那个是错误的，你有这种水平我当然很佩服，但是建议大家如果没有那个水平，就不要显示自己太厉害了，可以柔和地表示人家没有时间，不想做的东西，你有时间去做，去补充，大家可以看看图 2.4.40 中的语言表述。

补充完之后，就是介绍自己所做的部分，这部分就没有参考文献了，就是按照你自己的研究内容去介绍。一定不要忘了强调自己所做的东西也是很重要的，也许有的人比较谦虚，做得很好，但是不说出来，"桃李不言下自成蹊"，你不说出来别人怎么知道你做得好呢？这一段介绍完自己的方法之后，即使你不自信，方法不新颖，你也要勇敢大胆地说出来，我的方法好，这个时候你还不说，那你也没地方说它好了。

c. 本研究的主要目的（创新性）和文章思路。

引言的最后一部分，实际上就是介绍文章相关的内容，比如研究的内容、创新之处、最后还是要强调文章的重要性，比如强调自己第一次实现的内容，当然也不能随便乱说，要确定了之后再这样说，不然也是很不好的。最后一段大家实际上都知道怎么写，就是把文章的构架写清楚就可以了，如图 2.4.41 所示。

Two major PAR measurement principles are: (1) measurements by pyranometer covering with hemispherical glass filters; and (2) measurements by sensors with silicon photodiodes [12]. With increasing requirements for understanding about energy situation and global climate change, more knowledge of PAR distribution is needed [13]. However, the number of PAR observation stations is limited and a worldwide PAR network has not been set up till now, not to mention that in China [14–16]. As a result, PAR has to be obtained through either modeling simulations or empirically derived techniques to fill this gap, for example, irradiative transfer model and the artificial neural network method [17,18]. Another widely adopted method is to model PAR from G by thinking PAR/G as a fixed value for a specific study area [19]. However, the estimation accuracy of these models varied with seasons and locations reported in literature, therefore, it is believed that recalibration to account for local conditions like cloudiness, diurnal pattern of solar radiation and daylength should be carried out before application [20,21]. But it will take much time and cost, the accuracy of above methods was also not good enough for specific application [22,23]. Therefore, these problems necessitate PAR estimation from analyzing its characteristics with direct measured data, developing all-weather models which can work well under various sky conditions.

图 2.4.40　写作技巧之引言分析（二）

Meanwhile, there are relatively less studies focusing on the temporal variation characteristics of PAR in Central China [8,24,25]. Though Zhu et al. analyzed the PAR variability in different regions across China, the model performance was not validated [26]. Xia et al. [36] analyzed the parameterization of photosynthetic photon flux density in Northern China. We have no clear understanding of how PAR evolved during the past 50 years, especially in Central China [27,28]. The aim of this study is not only to show the monthly PAR and PAR/G using 6-year measured radiation data (2006–2011), but also to introduce an efficient all-weather PAR model using observations in Central China by studying the dependence of PAR on clearness index. According to this new PAR estimation model, PAR dataset was developed for 1961–2011 and the variation characteristics of PAR in Central China were then investigated and analyzed for the first time.

图 2.4.41　写作技巧之引言分析（三）

总之，引言就是要保持鲜明的层次感和极强的逻辑性，分析过去研究的局限性并阐明自己研究的创新点。要层层递进，就好比卖药做推销一样，上来就是先吓唬别人，比如说你印堂发黑，然后接着说你这里解法，我这个领域（比如风水领域）就可以解决，这样就慢慢转到自己所研究的领域：印堂发黑应该怎么解，要注意一下风水。接着慢慢具体化，我这个领域是怎么解决问题的呢？比如卖我一把镜子什么的，怎么挂，这就是开始介绍你这个小领域的好处。然后就开始介绍你自己的东西，别人的镜子都对着正门挂，我的对着厕所挂，介绍与前人方法的不同。最后，总结的结果就是，这样做你的病能够治好。一定要有煽动性，有层次感，不要上来就直接说别人怎样去做，人家可能一下不会接受，也不相信你说的，如图 2.4.42 所示，先讨论中国，再向下细分到武汉，再谈及武汉下的各个城

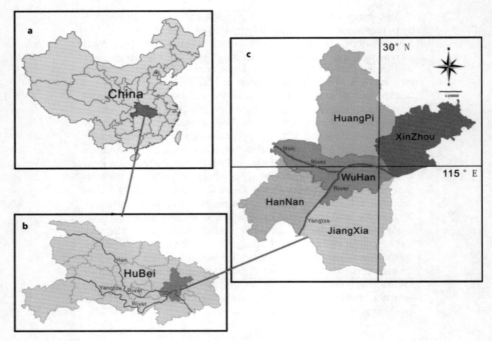

图 2.4.42　写作技巧之材料与方法

镇，这样层层递进。这就是为什么大家在引言开头要引用一些 CNS 权威文章的原因。

④ 材料和方法（materials and methods）：研究区自然、社会条件，细节，（仪器）参数、原理、数据处理过程等；数据来源和观测手段描述清楚。

紧接着的一部分，要很严谨地介绍清楚你的研究区域、条件、细节、参数，等等。大家一定要注意你论文所用的方法一定是可重复的，不要去篡改数据，不要使别人做不出来。比如你的算法，明明这个参数是需要人工手调的，但是你没有言明，人家用你的方法去做却发现效果很差，那他们就会觉得你做的有问题。文章正文一定是很严密的，一定要把你的研究对象、研究方法、研究数据、数据处理方法，处理过之后可能存在的误差，以及误差应对方法或说明没有应对的原因，等等，每一点都要说清楚。一定要实事求是，不能明明有误差却说没误差。

⑤ 结果（results）：客观真实，简明扼要，准确无误；图表描述，Matlab、Origin、Excel。

⑥ 讨论（discussion）：显示作者研究问题的深度和广度，一个重要作用就是要突出自己研究的创新性，体现出显著区别于他人的特点；从多个角度进行讨论，说理要有根据、问题要讲清楚、讲透彻。

文章中的讨论实际上是显示作者的水平，同样一个图表，水平高的人就能讨论得很好，比如简单的一个均值方差，你讨论不好，别人就能讨论好。如果你具有不同学科的背景，比如化学生态学，等等，你都可以联系到这上边来，建立某种关系。再比如上一次某位老师讲观测风的一个指数，如果把这些指数给我，我也不知道这些是什么，为什么会是这些指数结果。但是他不仅能够清楚知道这些指数，还能解释这些指数结果：如这个垂直风场是怎么通过重力波破碎造成的一个变化。这个时候很考验人的能力，很强的学科背景能够使你更好地解释某些现象，文章就会上档次。如果只是简单地进行统计，得到垂直风场的指数是多少，文章可能普通二区就到头了；如果讨论得好，文章就可以发表在 JGR 甚至更高的期刊上。这一部分完全就是凭大家的积累，完全没有任何技巧可言，大家平常要对一些东西有所了解。分析的角度也很重要，比如从科学的角度或者政治的角度。实际上文章挂上政治是很好发表的，比如说水利工程、污染等。前几天我看到一篇文章，就是把全国几百个城市的 PM2.5 进行统计，而且只是统计了一年的，就发表了。不过这样也许符合了外国人的观点，但是在中国申请项目就不好说了。除了科学的角度，还可以从别的角度去分析。

　　图 2.4.43 是文章的一个例子，比如 "Since 1990s…" 即 1990 年以来，中国政府实行可持续发展，所以造成了什么样的结果，实际上这种结果并不一定是政治的原因，他没有做过系统关联性分析或者进行调查。但是文章讨论不一定是确定性的，只是讨论可能的原因。讨论这部分你可以从很多方面去说，不一定是对的，自己觉得可能是这样就可以了。不管别人信不信，你要先说出来，人家可能根据自己的经验，判断你说的哪一方面是对的哪一方面不一定是对的。

> It is thus can be concluded that there was a significant decreasing trend for PAR in Central China during the last 50 years and the decreasing trend was sharpest in summer with slightly decreases being observed in spring. This distinct seasonal difference was probably attributed to higher temperature, humidity and cloud cover in the summer that favored the formation of secondary sulfates, which can absorb and scatter solar radiation for a large part [45–47]. A large number of fossil fuels were burned in order to achieve the goal of rapid economic development in China, causing an increase in anthropogenic aerosol loadings over the past several decades. Because aerosol particles can both absorb and scatter solar radiation in the atmosphere, leading to the decrease in PAR, so the temporal variation of PAR may also support the theory that increasing aerosol loadings were at least partially responsible for the decrease of PAR. It was reported that there was a decrease in cloud amount over China for the period 1951–2006, so it seems reasonable again to attribute the decline to the increased aerosol emissions [47,48]. Since 1990s, the Chinese government began to seek for sustainable development and adopted some methods for improving the air quality, for example, some heavy-polluted factories (including cement processing and coal mining) were banned or moved out the city, this may be one of the reasons for the slightly increased PAR. There are still many causes for the long-term variations of PAR in Central China, for example, the effect of global change, which needs further investigation in future studies.

图 2.4.43　写作技巧之讨论

　　⑦ 结论（conclusion）：总结全文，严谨、时态、不足以及未来工作的展望。

　　总结完结论之后还要讲一下文章的不足，但是不要讲解决不了的不足，比如论文所用方法有系统性的问题，讲这个东西不是砸自己饭碗吗？你要讲是我实验操作的原因，或者说下一步要解决的。比如我的药只是卖了一个疗程，你病没好不是药不好，而是还要再吃一个疗程。你不要真的去说我这个系统本质上有什么问题，这一部分要点明不足，但一定不要是致命的不足，一定是可以下一步的工作能够解决的，大家以后都可以接着做。比如图 2.4.44 的例子，"我们的模型将在下一步的工作中进一步优化，但是作者可能并不打算进一步的优化"。实际上文章写作就是这样，前一个阶段的工作很轻松，但后续的工作是比较困难的，当然你有能力坚持做下去是最好的，如果没有这个能力，你也要在文章指出一些下一步工作的方向，有人有可能会接着做下去，这也是很正常的现象。

The analysis in this paper may improve our basic understanding of long-term variations of photosynthetically active radiation energy in Central China. Meanwhile, they have the potential to map the PAR energy distribution in large scales from routinely measured global radiation with high efficiency, which will provide scientific solutions for climate protection and energy sustainable development in China. Additionally, a clear understanding of energy situation will contribute to the comprehensive study of atmosphere–land surface interactions, and the proposed models may also play important roles in ecological process simulation and agricultural production. It should be emphasized that the model developed here did not take into consideration of surface albedo and ozone absorption, so our model still will be improved in next step.

图 2.4.44　写作技巧之结论

⑧ 致谢（acknowledgement）。

⑨ 参考文献（references）：相关重要文献，并非越多越好，近几年文章最好。

最后的致谢以及参考文献这两部分在此不做赘述，因为大家都比较熟练，可以用 EndNote 等软件进行操作。

3. 投稿过程

（1）期刊选择

（a）期刊刊登的文章可分为：

a. 研究文章：原创的原理、方法、过程和分析等。

b. 综述文章：总结某领域的研究，通常有权威专家，有时为编辑约稿完成。

c. 评论：由编辑或客座编辑发一篇短文，评述本期的几篇文章或某一个专辑。

最后讲一下论文投稿，论文主要分为三类：研究论文、综述论文、评论。我估计在座的大家要是投稿的话，基本是投第一类文章，基本上你发表了二区以上的文章后才会去讨论综述的文章。我帮着审稿的时候也看过一些综述类的文章，我觉得你要有一定的水平才能去写综述。你不能看着别人写就写，如果没有什么真东西，期刊是不会接受你的综述论文的。后两类你就先不要去想了，大家主要是围绕研究论文去做。

在大家选择期刊时，我建议可以用 LetPub 进行查询，当然大家也可以用别的网站去查询，我们学校图书馆的网站上边也有类似的查询，但是我觉得 LetPub 还是比较好一些，比较方便。图 2.4.45 是这个网站期刊查询的一个界面，大家可以按照分类去查询，比如查询遥感类的期刊，只要进行搜索，所有的期刊都会查询到，还可以按照一定的顺序进行排列，非常方便。比如我对 *International Journal of Applied Earth Observation and Geoinformation* 这个期刊比较感兴趣。然后我就可以点击进去查看其详细信息，如图 2.4.46 所示，这个期刊的影响因子，每年的文章量是多少，包括投稿的难易程度跟周期都写得非常清楚。当然这个不一定很准，但是我感觉还是有一定参考性的，比如一些显示比较难中的期刊投稿确实比较有难度；特别是期刊的审稿周期还是很准的，比如大家马上要毕业了，如果投国际遥感学报，那你只能延期毕业了。

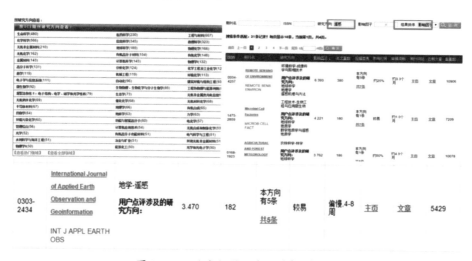

图 2.4.45　论文投稿之期刊选择（一）

International Journal of Applied Earth Observation and Geoinformation期刊基本信息

基本信息				分享到
	International Journal of Applied Earth Observation and Geoinformation			
期刊名字	INT J APPL EARTH OBS			
期刊ISSN	0303-2434			
2014-2015最新影响因子	3.470			
期刊官方网站	http://www.elsevier.com/wps/find/journaldescription.cws_home/622741/description#description			
期刊投稿网址	http://ees.elsevier.com/jag/			
通讯方式	ELSEVIER SCIENCE BV, PO BOX 211, AMSTERDAM, NETHERLANDS, 1000 AE			
涉及的研究方向	地学-遥感			
出版国家	NETHERLANDS			
出版周期	Bimonthly			
出版年份	1999			
年文章数	182			
中科院SCI期刊分区（最新版本）	大类学科	小类学科		Top期刊
	地学　2区	REMOTE SENSING 遥感　2区		非Top期刊
PubMed Central (PMC)链接	http://www.ncbi.nlm.nih.gov/nlmcatalog?term=0303-2434%5BISSN%5D			
平均审稿速度（网友分享经验）	偏慢,4-8周			

图 2.4.46　论文投稿之期刊选择（二）

　　在期刊的详细页面里还会有期刊的分区情况，包括大类学科的分区和小类学科的分区。这个也是有一定的技巧的，比如你想要一些分区比较高的论文，那么应该怎么办？这时候你就可以去找一些大区分区是一区，但是小分区比较低的期刊。因为不管你是评奖学金还是工作之后评论文，目前中国对于这个评估还没有进入一个专业的阶段，大家还是非常认可一些很热门的大分区的。如果你能够选中了一个大分区是一区而小分区是三区的期刊，那你就捡到宝了。如果期刊在大学科方面非常好，但是在你这个领域内比较低，你的论文一旦中了之后，也许达不到这个大分区的平均水平，但是你在这个大分区内，也可以吹一下了。如果你选择了一个大分区是四区，小分区是二区的期刊，那这就是自找麻烦。实际上我觉得评价一个论文的水平最好是看小分区的等级，但是现行的政策是大家只认大分区，所以大家可以选择一些大分区比较高，但是小分区比较低的期刊。当然最好是实打实的，大小分区都是比较好的，比如我这个方向，环境遥感是最好的期刊，那我就投这个期刊，当然，最好的期刊就是投 *Nature*，连选都不用选。

　　（2）论文投稿

　　不同期刊的投稿系统是不一样的，但基本结构相同。图 2.4.47 是 Elsevier 的 EES 投稿系统的审稿过程，主要分为投稿、修改和完成三大部分。虽然文章直接接收是最好的结果，但是这是很少见的，一般文章投稿之后都需要进行修改。如果是小修也是很好的结果，小修基本上是一天就能够改完，没有多少问题。大修是占比例最多的，之前与期刊的工作人员交流发现期刊被接收的文章有百分之七八十是大修之后的，大修是一个很普遍的现象。如果期刊要求是大修，你不要慌张，实际上大修只要认真去修改一般都是会被接受的。审稿人进行审稿也很辛苦，一篇文章最少要有两个审稿人，如果花了很多精力让你文章进行大修，实际上还是觉得文章是有一定价值的。另外，我想期刊的编辑也是有一定的考评标准的，如果一个月他负责的一篇文章也没有接收，肯定也不好，所以编辑想大修，其实是想接受这篇文章的。所以要是文章要求进行大修的话，大家一定要认真地去修改。

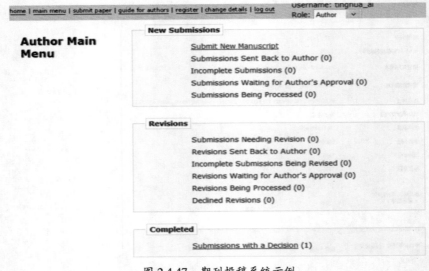

图 2.4.47　期刊投稿系统示例

最后一种情况就是拒稿，拒稿也分为两种，一种是拒稿修改后可以重新提交，一种是拒稿后直接修改。后一种情况是最差的，你要是拿到一个拒稿之后不让再重新投的，那是很惨的，我想这种情况也是很少的，我也只是听说有这种情况但却没遇见过。

（3）审稿回复

投稿之后，有什么信息期刊会及时地通过邮件的方式来通知你。实际上一般审稿人给的意见分为两部分，一部分是 general 的意见，另外一部分是表示你的文章基本可以，但是还有一些问题，然后会给出一条条详细的意见。这些细节意见包括你的方法有问题，你的数据处理不当，有的需要你加实验加图，而有的就只是说你的公式或者图表有什么小问题，单词拼写错误，等等，国外审稿人是很细致的，在这一方面做得很好。这个时候就是"人为刀俎我为鱼肉"，大家在这部分一定记住人家说什么就是什么，你如果不服，可以等最后文章接收之后再去想办法找编辑要审稿人的联系方式进行讨论，最好不要在回复审稿意见的时候就跟审稿人进行讨论，当然也可以讨论，但是会浪费更多的时间。最好还是按照审稿人的意见去进行修改，除非你实在是改不了，这个时候你一定要多引用几篇高水平的文章去说明这个地方确实改不了。某些情况确实是客观原因无法进行修改，还有一些情况是主观原因不想去改，这个时候你要是能找到一些客观的理由也是可以的。这时候如果不是太挑剔的审稿人，也就让你的文章修改通过了；如果审稿人说不行，还是需要修改，那你就老老实实地去进行修改。除非你确实改不了，我相信确实改不了的东西审稿人也不会提的，审稿人的水平也不会很低，他要是知道这个确实改不了是肯定不会说的，基本上让你修改的地方都是可以进行修改的，无非是你想不想做的问题。如果你能够把不想做的东西说成做不了并且能够说服审稿人也算是你的本事，要是没这能力就要认真地去进行修改。

① 每位审稿人的每条意见都要回复，逐条回复；

② 审稿人指出的参考文献加进去；

③ 有些不好在文章多加说明的 comments 可以在回复中详细解释；

④ 回复时语气要尊重审稿人。

回复的语气一定要尊重审稿人，我记得有的回复每一句开头都说 "Thank you very much for your suggestions"，回答完之后再次谢谢审稿人，这也是可以的，你多说几次"谢谢"，没有人会烦你的。图 2.4.48 是审稿回复的一个示例，语气一定要尊重，多次"Thanks"。

最后，就是大家最希望看到的结果了，编辑发邮件告诉你的论文已经被接收，这个时候大家肯定会很开心，可以去庆祝了。

（4）总结

最后进行一下总结，主要包括以下几点：

① 多看文章，多做实验。

一定要多看文章，多看才有思路，不要一开始就写文章、做实验。看了文章，选定自己的研究方向之后再多做实验，你肯定要做过很多次实验之后才会有机会发现哪条路可以走。

② 制定短期目标与长期目标。

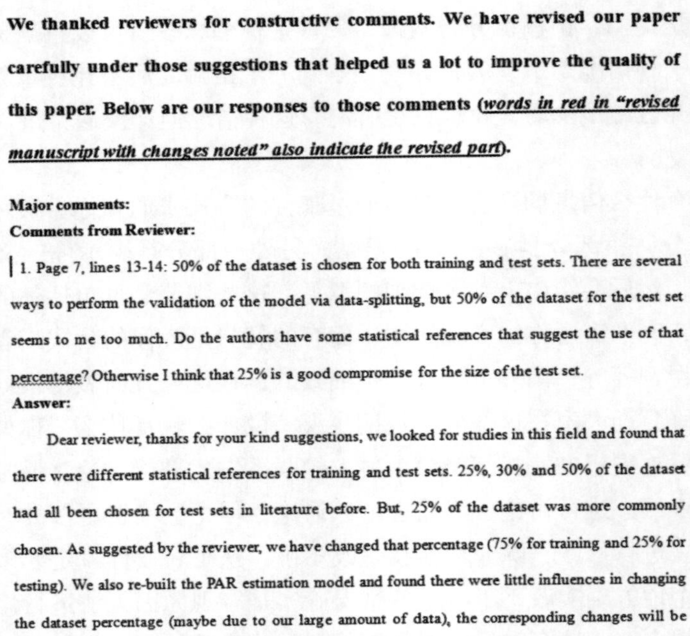

We thanked reviewers for constructive comments. We have revised our paper carefully under those suggestions that helped us a lot to improve the quality of this paper. Below are our responses to those comments (*words in red in "revised manuscript with changes noted" also indicate the revised part*).

Major comments:
Comments from Reviewer:

1. Page 7, lines 13-14: 50% of the dataset is chosen for both training and test sets. There are several ways to perform the validation of the model via data-splitting, but 50% of the dataset for the test set seems to me too much. Do the authors have some statistical references that suggest the use of that percentage? Otherwise I think that 25% is a good compromise for the size of the test set.

Answer:

Dear reviewer, thanks for your kind suggestions, we looked for studies in this field and found that there were different statistical references for training and test sets. 25%, 30% and 50% of the dataset had all been chosen for test sets in literature before. But, 25% of the dataset was more commonly chosen. As suggested by the reviewer, we have changed that percentage (75% for training and 25% for testing). We also re-built the PAR estimation model and found there were little influences in changing the dataset percentage (maybe due to our large amount of data), the corresponding changes will be

图 2.4.48　审稿回复示例

③ 实现前人方法思路，作为突破点。

④ 根据实际情况，权衡写作策略。

写作有一些硬功夫，比如介绍你的实验，介绍你的方法等。但是在引言、摘要、结论这些部分的写作还是有一些技巧的，大家可以思考一下。

⑤ 文章要敢写，写出来才能修改。

文章一定要敢写，你只要写出来了才能够修改。写出来的文章总是可以中的，我从来没有见过哪篇文章写出来之后不中的。你文章只要写出来了，即使文章被拒了，审稿人也会给你审稿意见，按照审稿意见修改之后换一个期刊再投，反正期刊很多。再投之后文章要是再被拒，又会有审稿意见，这样你反复进行修改，一般修改两次，第三次再投就很少被拒了。两次被拒就会有 4~6 个审稿人给你提审稿意见，肯定要比你导师帮你修改得还要好，这么多审稿人给你提的意见是非常详细的，详细到你公式写错了他们都会给你指出来。这种情况下，你就算写出来的文章很差，经过反复修改以后也会变成好文章。所以大家一定要敢写，感觉好的点子，一定要先写出来。

⑥ 根据实际情况，合理选择期刊。

⑦ 文章投出前要多次修改，避免语言表达等低级问题。

文章投稿之前一定要仔细检查一下你的语法，这点也是很重要的。我也听说有些人投的文章语法有问题，甚至在文章摘要里面都会出现病句，这样有时候编辑就会直接给你打回来，不送审。所以，大家不要因为这些事情导致文章被拒，也许你的文章有一定的创新性，但是因为语法问题编辑都没有给送审，这是很麻烦的，那就没有被指导修改的机会，这样你被拒多少次也没有提高。所谓的提高是在有审稿人意见的情况下被拒才会有修改提高，如果编辑把你拒了，那就没有任何提高。

⑧充分尊重审稿人意见。

最后这一点前面已经说过了，这里就不再详细介绍了。

好的，我的这个报告就结束了，谢谢大家，请指正！

【互动交流】

主持人： 论文写作通过师兄幽默风趣的讲解之后感觉也不是这么困难了。但其中的艰辛相信师兄体会过，在座的投稿 SCI 或者核心论文的人也一定体会过。我相信在座的各位同学肯定有很多问题想跟师兄交流，大家可以踊跃地提问，学习他的经验并学以致用，明年发两篇 SCI。大家有什么问题？

提问人一： 一年发多少篇 SCI 比较好呢？

韩舸： 我文章的数量不是很多，我感觉一年发两三篇也就足够了，如果再想往上走的话，那这里面的技巧你就要问王伦澈教授了。当然我们学校的老师一年发五篇十篇是很正常的，他指导的博士一人一年发一篇，加起来就很多了。但是你要说你一个人一年发五篇十篇，我反倒有些怀疑了。你可能咬咬牙没日没夜地写，一年写个八九篇都可以，但是你想每年都保持这个数量的话，这里面的技巧就只能你自己去思考了。

提问人二： 读了文章做了实验之后再去写文章，那么文章的参考文献是之后加，还是之前积累的文章呢？

韩舸： 参考文献肯定是之前加的，你不要放到最后再加。大约有七成的参考文献是你以前积累的，最后再补大约三成。我刚刚也跟大家讲过，写论文最重要的是一开始要读论文。你要是写完论文之后再重新找参考文献，很有可能这篇论文就是发表不了的。你完全不看别人的文章就自己去搞，你很有可能就走错了路，虽然不是绝对的，但是很有可能会走错。所以建议还是先看一些论文，有一定积累之后再去做实验。写论文的时候，基本上七成的论文已经存储在你的 EndNote 里面了。

提问人三： 看文献的时候肯定也会受到别人的启发，有一些 idea，当发现一些 idea 的时候就停下来去做实验呢？还是先把它记下来接着阅读？

韩舸： 我刚开始的时候也会这样，看文章会有一些启发，也有做实验的冲动，而且我也确实犯过这种错误，看到别人做的东西，我自己就用 C 语言把这些算法实现一遍，最后却发现完全不能用，这些现象都是很正常的。所以，我建议大家能够让你构思出一篇文章的论文一定要是二区以上的，大家一定不要通过看三区的文章去构思你的文章。二区以上的论文如果能够激发你的一些想法，是比较靠谱，可以去尝试的。另外，我感觉实际上你真正能够从别人的论文里面激发出一些好的想法是很有难度的，你一定要有很深刻的洞察力，读一篇论文发现了什么问题。每篇论文在最后都会说展望，以后将怎么做，我刚刚也提到过，实际上这些东西写的时候是这样写的，每一篇文章都这样写，但是很有可能你真正去做的时候做不出来。这些东西要不然就是工作量特别大，你一旦陷入进去，两年的时间就没了；要不然就是他们自己都觉得不靠谱。所以你一定要读很多很多的论文，而且不要只读一个人的。要读很多人的论文，如果你发现他们的文章有意无意都针对某个问题，你再去研究。你不要指望读几篇论文就能够构思出一篇 SCI。

提问人四：我英文不是很好，那么我写文章是写先中文的还是直接写英文的？

韩舸：肯定是直接写英文的，当然你也可以投中文的 SCI。我建议你还是直接写英文的，当然如果你老板比较慷慨的话，你可以写成中文，然后直接找公司帮你翻译，这也是可以的。但是如果你不想用这种的方式，想提高自己的能力，那就直接写英文。每个人的第一篇都是很难的，我的第一篇也是觉得很难，第一篇总是觉得写得好烂，这样的话你可以写短一点，写三四千个单词。一篇论文 introduction 与 conclusion 就占了很多篇幅，你真正的东西就那么一点点，多用短句，简单句，是可以凑合过去的。写完之后可以找跟你一个方向的师兄帮你看一下改一改，最后再找公司帮你润色一下。你自己先把文章写出来，即使写得很烂，润色公司也会帮你润色的；你写成英文之后让公司帮你润色跟直接写成中文让公司帮你翻译，这两者的价格完全不是一个等级的，而且对你的提升也完全不一样的。你写了一篇文章，虽然很烂，但是经过润色之后再投稿，你人是很自信的。如果你直接写成中文，让公司帮你翻译以后再投，如果文章被接收了，你就会觉得这也是一种途径，以后就只是写中文让人帮你翻译。如果你一旦进入这种模式的话就很不好了，一定要克服这种心理障碍，大不了打开有道词典一边查一边写也是可以的。

提问人五：问题一：今天我听了师兄讲的报告收获颇多，我想问的是刚刚师兄说如果审稿人看完你的引言部分基本上就可以判断你的文章是否被接收。那么说的话引言部分是很重要的，那么引言引用的文章是不是每篇都要很柔和地指出他们的不足？但是有的文章找不出不足或者不好总结的话，这样的文章是不是要避免放到引言中间去？

韩舸：我觉得你这个问题问得很好，世界上没有绝对的垃圾，只是它们放错了地方而已。如果你觉得这个文章写的很好，很完美，那么你可以把它放到前面，介绍你这个研究重要性的时候进行引用。总有一些文章是有问题的，你就把那些有问题的文章找出来，你如果觉得一篇文章很好，想引用，但是你不一定要把它放到批评的那一部分，可以放到靠前一点的位置。比如说，我做遥感图像分类，我觉得这个研究很重要，你就可以把那些觉得写得很好的论文在这个地方进行引用。你既然没有发现这个文章有缺点，就不要乱扣帽子，总会有文章有缺点，这个时候你就把它引用在不足的那部分就可以了。

提问人五：问题二：引言中一定要引用一些有缺陷的文章吗？

韩舸：对的，一定要引用一些有缺陷的文章。一定不要妄自菲薄，这部分引用的每篇文章一定要有不足，如果别人都做的很好了那你还做什么？打个比方说，你是一个卖药的，如果你跟人家说这个药能够治好你的病，那个药也能够治好你的病，我的药也能治好你的病，那人家为什么一定要买你的药呢？你肯定要跟人家说别的药治不好你的病，或者别的药虽然能治好你的病，但是价格高，所有的药都能治好你的病，但是总有药有一些问题，比如价格高。例如，我们的激光雷达系统，精度比不上 NASA 的激光雷达系统，但是我们的便宜。你总可以找到你的优点，不一定是精度要比人家的高，可能是你计算速度更快，也可能是你系统稳定性更强，等等，你总会找到你自己的优点。别人再完美的文章也会找到缺点，比如做全球卫星遥感的话，总会存在一些地物处理不好的问题，这是特别普遍的现象，不可能用一个方法能把全球每一个地方都反演得很好，肯定有地方反演不好。

提问人五：问题三：引出的他人文章的缺点一定要是你接下来正文里要写的内容？

韩舸：是的，你不要乱提别人文章的缺点。一定要记住引言里面的每一句话都有作用，可能一篇文章有很多方面做的不好，但是你不要都说出来，你只需要说你这个研究方向他做的不好的那部分就可以了。

提问人五：问题四：对于文章里面的截图，实验部分的截图跟方法部分的截图是不一样的，有一些对方法部分介绍的截图与图片的话做起来就比较局部一点的，实验部分的截图就是总体的图。那么，对于这些方法截图细节描述的时候是不是可以手画，而不用电脑编程作图。就是对方法细节的描述，不是用文字？

韩舸：我觉得那种是有点创意感觉的图是最难做的，反正我是没有见过手画的图，但是你要是想搞那种图的话，我觉得你应该找一些公司，把你的想法告诉他们，让他们来做。这种图已经比较复杂了，你想用一张图来展示你的算法，这个确实比较难，你要是没有方法自己做的话最好是请人帮你做。而且我觉得你直接用文字就可以，不需要画这种图，因为有没有这种图并不影响你文章是否能被接收。你要是比较追求完美，一定要画这种图的话，还是找人帮你做好一些，一定要用软件画，不要徒手画。

提问人六：师兄，你刚刚说一开始写文章的话可以写得短一些，但是那样的话别人三点问题写了一页半，而我只写了半页，这样会不会让人觉得你做的工作不够？

韩舸：你看过爱因斯坦写相对论的那篇论文吗？那篇论文加参考文献也才只有两页。所以说文章的长度不是问题，也不能完全这样说，如果你要投武汉大学学报这样的期刊，你不能写得太少，写少了人家也许会觉得你水平低。但是实际上对很多英文的 SCI 期刊而言，版面从来不是问题，当然你也不要写的太少，最少也要四页，你要是写两三页就成了会议论文。你写四页是完全可以的，有很多论文就只有四页，而且还是那些分区很高的文章。不要有这种障碍，觉得写得少就水，你只要把你的论文讲清楚了，说明白了它的优点是什么就可以了，有理不在身高，东西新不在篇幅。

提问人七：我看过一些二区以上的文章，他们都是有可能解决问题的每一个步骤都用了很多复杂的方法，写的流程图你都看不懂。假如我们一开始发文章，想要比较快的话很有可能只是写了一个大问题下的某个小问题，但是写的时候觉得只是写那个小问题不是特别有价值，这样可行吗？

韩舸： 我建议你最开始还是从解决小问题开始，小问题也可以做出大成果的。每个水平很高的期刊上有七成左右的文章是由很多复杂的方法得出来的，它同时有很简单方法的情况，这也是很正常的。而且你说的那个情况，可能你觉得是一个很重要的东西，但是可能在别的领域已经是很成熟的了，就比如说某一个步骤需要一个模式，你可能觉得把这个模式下载下来或者进行运行就可以了，别人可能早就跑过或者已经很成熟了，甚至已经当做一个产品来用了，你这个时候去做就很难，而且你写文章也不一定能用。另一种情况，比如我拿到了一个 NDVI 的数据，然后如果投的期刊可能不是遥感类的，你甚至可以讲一讲卫星的探测，等等，因为他们不是专业做遥感的，你这样一讲，他们就会觉得你这个东西不得了，卫星方面的技术都懂，这个时候你再讲你的算法。实际上如果懂行的人一看，你这实际上就只是仅仅下载了一些 NDVI 的产品。实际上你看的很多文章觉得很高深，如果真正是那个行业的人去看，很有可能他们已经有很成熟的方法，可以直接做。人家已经做了一次，我自己有这个代码，然后我在这个基础上再做，可能你觉得那是一个很复杂的系统，实际上他可能也是在很大的方面都没有改。比如你的文章跟大气有关，但只是做了一小部分的研究，如果你觉得没把握的话就选择差一点的期刊，要不然你就试一下好的期刊，到时候可以写得厉害一点。

提问人八： 师兄我想问一下你在写文章的时候是自己一个人在那"闷头搞"，还是跟别人一起交流？如果是跟别人交流的话是怎么交流呢？

韩舸： 如果你已经开始写论文的话就不要再跟别人交流了，你写论文之前你就要先跟别人交流好，你要问清楚有没有用到什么，有没有需要帮忙的。王伦澈教授就有一些技巧，比如他拿到了一些东西，这些东西需要很复杂的方法处理才能够做出来，如果他自己不会做，他可以请人帮他做，这个时候就要跟别人进行交流。如果你一旦开始写论文，你就不要再跟任何人交流，直接自己写就可以了。写完了之后找个英语好的人帮你看一看语法有没有什么问题，然后再给你导师看一看你文章的构架有没有按照一些论文特定的格式来就可以了，不要一边写一边问。

主持人： 大家还有什么问题？如果没有什么问题我们以热烈的掌声再次感谢韩老师给我们带来的精彩报告。

通过韩老师今天的报告，我们了解到 CO_2 探测激光雷达的技术发展背景以及如何能够很好地完成一篇论文，韩老师语言风趣幽默，相信大家都受益匪浅。应该说，对待科研我们是认真的，但是写论文同样需要技巧。虽然我们没有能够有幸邀请到王教授给我们讲授论文写作的方法，但是今天能够有幸听到韩老师讲授论文的写作及投稿技巧，我们同样获益良多。我们希望通过今天的报告，每个人在毕业的时候能够至少发两篇 SCI。谢谢大家今天晚上的到来，我们下一期再见。

（主持人：郭丹；录音稿整理：相成志；校对：郭丹、郑玉新）

2.5　多源激光点云数据的高精度融合与自适应尺度表达

摘要：本期的 GeoScience Café 报告中，臧玉府博士主要介绍了多源激光点云数据融合和自适应尺度表达的理论和方法，并展示了相关的应用成果，与观众分享了自己的科研心得。报告主要分为四个部分：第一部分介绍激光点云数据融合的研究背景，第二部分介绍激光点云数据的高精度配准方法，第三部分介绍自适应尺度表达的研究背景及方法，第四部分介绍相关应用以及科研心得。

【报告现场】

主持人：这里是 GeoScience Café 第 114 期活动现场，欢迎大家的到来。关于 LiDAR（Light Detection And Ranging，激光雷达技术）大家或多或少都听说过，因其能够快速获得物体表面三维坐标数据而得到了广泛应用。今天我们很荣幸邀请到了在激光雷达方面有着深厚造诣的臧玉府博士来为大家介绍一下 LiDAR 系统及其数据处理方法。

臧玉府：谢谢主持人，深厚造诣不敢当。大家好，很荣幸参加 GeoScience Café 第 114 期活动。今天我的报告主要分为三个部分：第一部分是激光点云数据融合的研究背景，第二部分是基于我们的研究成果介绍激光点云数据的高精度配准方法，第三部分介绍自适应尺度表达的研究背景及方法。报告的最后将介绍一些我们所做研究的实际应用，以及我个人的科研体会。

1. 激光点云数据融合研究背景

在实际的科研与工作中，有很多种用来获取空间数据的测绘平台。不同平台上的测量系统所获取的数据也有很大的不同。图 2.5.1（a）中展示的是传统航空摄影平台，即有人驾驶大飞机，其高度一般在 500m 以上，精度能够达到米级~分米级；图 2.5.1（b）展示的是无人机平台，其高度一般在 200m 左右，精度能够达到分米级~厘米级。低空无人机也可以根据需要搭载相应的相机，但相比于大飞机，无人机在空中飞行的姿态不稳定，相对航高较低，因而获取的相片姿态也不稳定、相幅小、数据量大，这些使得无人机数据相较于大飞机数据在处理方面有更高的难度；图 2.5.1（c）中展示的是移动测量平台，即车载激光扫描仪。该系统数据精度能够达到厘米级，有专家说该系统能够在测量环境非常好的条件下满足 1∶500 测图需要；图 2.5.1(d) 中展示的是地面激光扫描仪，图片中的仪器是奥地利 Riegl 公司生产的 VZ400，它的水平扫描角度为 360°，垂直扫描角度为 100°（上 60，下 40），频率为 30 万点每秒，精度可达 2mm；最后一种平台是我介绍的几种中精度最高的——手持扫描仪，如图 2.5.1（e）所示，图中所示的是加拿大生产的 HANDY SCAN 手持扫描仪，重约 5 斤，精度可达亚毫米级。

（a）航空摄影　（b）低空无人机

（c）移动测量　（d）地面激光扫描仪

（e）手持扫描仪

图 2.5.1　常用测绘平台

（图片来源：www.point3d.net/.pd.jsp?id=6.，www.pcpop.com/doc/0/371/371193.shtml）

　　以上的几种平台是我们在实际科研工作中经常使用到的。它们在实际生产中主要有以下几个应用：智慧城市、空间大数据分析和移动测量。这些应用对空间数据需求非常大，所需空间数据的分辨率从米级到毫米级不等。它们需要在有效控制成本并保持信息全面性的基础上，充分利用多平台、多视角、多维多态的数据特点，融合多种平台数据，实现多平台优势互补、协同作业来快速获取立体空间数据。

2. 激光点云数据的高精度配准方法

　　多平台数据融合带来了新的问题，首先遇到的是如何实现多源数据的配准和融合的问题。结合具体的例子来看，如当前热门的无人机，如果搭载相机就可以获取二维影像，如果搭载三维激光扫描仪（如 Riegl 公司生产的 MS 系列扫描仪）就可以获取物体的三维点云数据；地面车载激光扫描仪可以获取大范围的激光点云数据，如街道立面三维点云信息；地面基站激光扫描仪所获取的数据覆盖范围比较窄，但可同时搭载相机，从而在获取物体三维点云数据的同时获取纹理信息，有的地面激光扫描仪也可以直接获取三维彩点。以上平台可以获取常用的三维点云数据，其中机载点云数据和车载激光点云数据之间的配准和它们各自内部的配准都较为简单，一般通过这两种扫描平台中自带的 GPS 数据和 POS 数据来进行配准即可。特别的，机载相机获取的二维影像数据可以通过传统的摄影测量方法来生成三维点云数据，直接与机载三维激光点云进行拼接，所以不对这几种点云数据的拼接问题做详细介绍；重点介绍地面基站数据如何与机载点云数据进行拼接、手持激光点云数据内部如何拼接以及多站之间的点云数据拼接问题。

下面结合我们正在做的文化遗产保护项目来介绍高精度配准（也可称为拼接）方法，所用的数据为佛像的手持激光扫描点云数据。

先了解一下图 2.5.2 所示的激光点云数据建模的基本流程，以及如图 2.5.3 所示的佛像点云数据建模流程图。

首先获取数据，图 2.5.3 中第一列为手持扫描仪获取的左右两站的佛像的三维点云数据；然后通过两份数据的高精度拼接得到佛像的完整激光点云数据；最后通过构建 TIN（Triangulated Irregular Network，不规则三角格网）、数据简化、曲面拟合、纹理映射等一系列步骤得到图 2.5.3 中最后一个图像所示的完整模型。在这个流程中，我们可以看出，点云数据的拼接是一个至关重要的环节，拼接的质量直接影响了后面模型构建的精度。

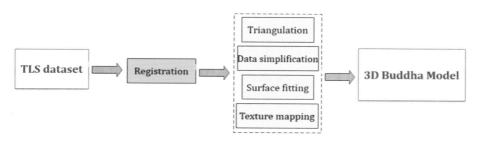

图 2.5.2　激光点云数据建模基本流程

图 2.5.3　佛像点云数据建模流程图

　　常用的配准方法有：基于曲率变化的点云数据拼接方法（Kwang-Ho & Derek，2002，2008，Curvature change）以及基于体积分的点云数据配准方法等。这些方法都是基于局部的邻域特征来做拼接，在处理小范围的点云数据或者特征较少的点云数据时效果很稳健，但是在处理相对较大的物体以及特征比较多的物体如佛像时，就会产生很多误匹配。以 Armin Gruen（Armin Gruen，et al.，2005；Least squares 3D surface and curve matching）为代表的基于代数曲面或者曲线的点云数据配准方法考虑到了曲面、曲线特征，但这些方法的缺点是计算特别复杂。基于平面片的点云数据配准方法（Brenner，et al.，2008）在建筑物点云配准时可以取得很好的效果，但是针对我们今天讨论的佛像数据，该方法难以取得好的结果。

　　回到我们项目中，主要有以下几个难点：第一，佛像是文化遗产，是不可接触的，也就是说在扫描数据的时候不可以贴标靶，因而常用的基于标靶的配准方法是不能够使用的；第二，佛像形态各异、造型复杂，在扫描的过程中，不可能将一个佛像的完整信息全部扫到，每一个佛像或多或少都会存在一些数据获取死角；第三，扫描方向的不同，得到的点密度也可能会不同；第四，在获取数据的时候，会存在不同程度的噪声等。这几个因素导致前面所述的基于点基元的方法可用性不高；同时由于佛像是自由曲面、自由曲线特别多的物体，上述的基于直线、双切曲线、代数曲面等方法也不可行。

　　综上可知，我们需要提出一种新的方法来实现稳健的文化遗产点云数据高精度拼接。基于佛像数据中曲率突变的边特征信息比较丰富的特点，我们提出了脊线的概念。脊线满足位于条带点云的中间位置、路径最短以及曲率最大这三个条件。我们的方法使用了佛像数据中的空间曲线信息来进行点云数据拼接，其中有两个关键的步骤：空间曲线提取与空间曲线匹配。

　　图 2.5.4 显示了我们所提出的脊线提取过程：获取原始点云数据之后，计算主曲率（图 2.5.4 中第二列是根据主曲率大小做出的渲染图，颜色越深，曲率越大），从图中可以看出曲率最大值一般都分布在产生阶跃的部位；下一步根据加约束条件的聚类生长方法来进行条带聚类，这一步所得到的结果是曲率变化最大的曲线条带（图 2.5.4 第三列），而不是单点的空间曲线，需要做进一步的提取；脊线生成主要考虑条带中间位置的曲线是位于阶跃最明显的地方，曲率最大，然后做空间曲线的平滑；最后，在得到脊线后，对脊线进行匹配来实现点云数据的高精度配准。这套流程的匹配精度可达毫米级，但这只是一个粗配准过程，在它的基础上还可以做如 ICP（Iterative Closest Point，迭代最近点法）的精配准。

　　接下来，我们讨论一下如何进行空间曲线的配准。在这一步，我们引入了形变能量模型来衡量两条曲线之间的形状差异。模型有四个描述参数：一是弯曲能量，主要通过曲线的曲率来计算；二是扭曲能量，通过曲线的挠率来计算；三是延伸能量，就是两根曲线的拉伸比例，在我们的方法中认为它为零，因为我们在进行左右两站数据采集的时候没有缩放；四是同名点的距离残差。任何曲线的差异都可以由这四个描述参数来表达，因而我们可以通过这四个描述参数来衡量两条空间曲线的差异。

图 2.5.4　佛像数据脊线提取

$$
\begin{cases}
M_{\text{Strain Energy}} = \alpha \int [k_2(f(s)) - k_1(s)]^2 \mathrm{d}s + \beta \int [\tau_2(f(s)) - \tau_1(s)]^2 \mathrm{d}s + \gamma \int \left[\frac{\mathrm{d}s_2(f(s))}{\mathrm{d}s} - 1 \right]^2 \mathrm{d}s + \\
\qquad\qquad \delta \| C_2(f(s)) - RC_1(s) - T \| \\
\alpha + \beta + \gamma + \delta = 1.0
\end{cases}
\qquad (2\text{--}5\text{--}1)
$$

公式（2–5–1）是形变能量模型公式，如何确定四个权重系数（其中第三个参数延伸能量为 0，无需考虑）是需要我们进行实验的。在实验中，因为 α，β，δ 三个系数和为 1，所以我们只需考虑 α 与 β 值的组合即可。图 2.5.5 是我们在不同的 α，β 组合的配准误差分布曲面图，颜色越深（即越接近红色，以下篇幅中颜色越深即越接近红色）代表配准误差越高。我们选取低谷区域来进行 α 与 β 系数值组合的选择，大致为 0.4、0.2。

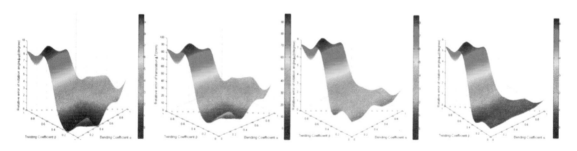

图 2.5.5　不同的 α，β 组合匹配误差分布曲面图

在得到系数组合，获得具体的衡量两条空间曲线差异的形变能量模型之后，采取怎样的匹配策略就是接下来研究的重点。图 2.5.6 是曲线匹配的原理图，左右两站各获取了一条空间曲线，将较短的曲线 A 在较长的曲线 B 上做移动匹配，每次移动的间隔为一个采样点的间隔（可试验不同值来设定，一般为 40 个采样点左右，约为 40mm，影响并不大），获得一系列的形变能量值，选取最小值为最佳能量值。

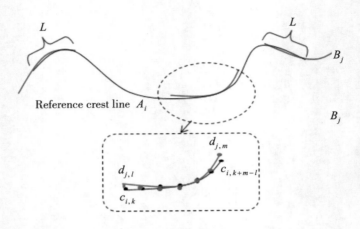

图 2.5.6　曲线匹配原理图

　　图 2.5.7 为曲线匹配结果（选取四个佛像数据为例），上方一排为原始点云数据，四尊佛像各不相同；下方为曲线匹配后的效果图，其中有颜色区域为两站数据的重叠区域的配准精度渲染图，颜色越深代表误差越大。在这四个佛像数据中，第二尊与第四尊佛像上曲线并不多，特别是第四尊，只有两条曲线，而且形状很相似，但是经过我们的方法依然可以将两者区别出来，其配准精度已经可以满足粗配准的要求（可控制在 1mm 以内）。

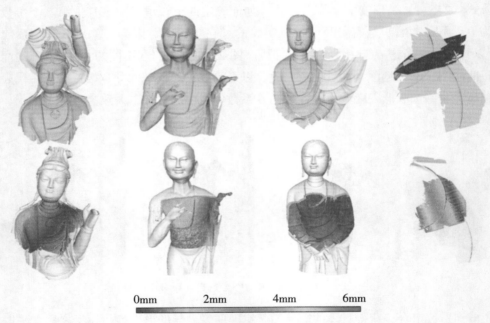

图 2.5.7　佛像数据曲线匹配结果渲染图

　　在上述案例中，我们考虑的是曲线特征较多的情况，在实际中，我们将该套方法进行扩展，也可以用于人工建筑。我认为这套方法解决了手持激光扫描仪的自动化高精度配准问题。

地面点云数据可以分为两类：车载点云数据和地面基站点云数据。车载激光扫描系统可以快速地获取大范围的地物点云数据，特别是大范围的街道两旁建筑物立面点云数据，但在小范围的或者较窄巷子的情况下，地面基站更为合适。

地面点云数据有以下几个特点：①精度一般很高，点密度也很大，图2.5.8是利用地面基站激光扫描仪扫描到的数据，它们的精度都非常高，约2mm，点密度很高；②扫描角度使得地面点云存在遮挡问题，特别是在树木较多的城区内、通视条件差的地区，在这些地方通常20m左右就需要换一站；③数据获取存在死角，视角较为狭小。

图 2.5.8   地面基站激光点云数据示例

机载点云数据特点主要有：①数据范围广；②机载点云数据具有精确的高程信息，但是相比于地面基站缺少纹理信息，在地面基站中可以搭载相机来直接获取地物的三维彩点；③相较于地面基站，机载点云数据点密度不高（点密度与飞行高度、飞行速度与采样频率有关）。图2.5.9为机载点云数据样例。

图 2.5.9   机载点云数据样例

在进行机载点云与地面点云拼接之前，我们需要先处理机载点云数据。机载点云数据可以依靠自带的 GPS 与 POS 数据来进行自身拼接，但是在某些信号不好或者受到干扰的地区（如临近军区），POS 数据就会不准确。图 2.5.10 中左侧所示为只依靠自身的 GPS 与 POS 数据进行拼接时的效果图，图中标识出的就是一条河流与一栋建筑在拼接后产生错位情况，大概有四五米的错位（出现几率很小），这在实际应用中是需要解决的。右侧为经过条带纠正算法处理后的效果图，精度可以控制在 1 米之内，一般情况下可以用于实际生产。

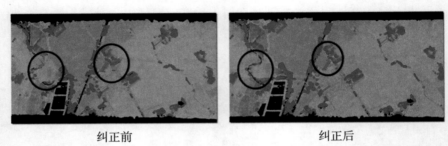

纠正前   纠正后

图 2.5.10 机载数据拼接效果图

机载点云经过自身拼接后，可以与地面基站数据进行拼接。图 2.5.11 是地面激光点云与机载激光点云数据配准的大致流程。两种点云数据做拼接最大的问题就是扫描角度的不同：机载激光是俯视，得到的数据大多为地物的顶部信息；而地面基站一般得到的是建筑物的立面信息，这使得两者的同名特征很稀少。

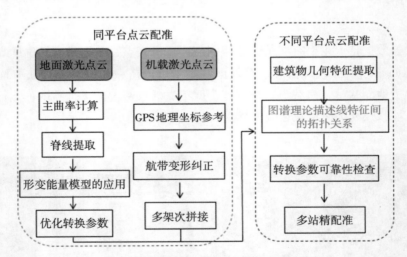

图 2.5.11 地面基站与机载点云数据配准流程图

在树木遮挡较为严重的区域，机载激光不一定能够扫到，我们利用建筑物的边界线来做拼接，因为建筑物边界在机载系统中比较容易提取，而且我们的边界提取算法也比较稳健。在提取出边界线之后，我们采取了拓扑的理论。由于地面基站扫描范围小，提取出的边界线个数也较少，我们需要充分利用边线与边线之间的拓扑关系，所以用图谱理论来描述这种边线之间的拓扑关系。图 2.5.12 是两种数据提取出的边界线结果，其中左侧为机载数据，右侧为地面基站数据。从图中可以看出，机载数据提取的边界线较为完整；地面基站数据是通过提取立面，然后投影到地面来提取边界线的。特别强调的是我们在实验的过程中都做了屋檐改正，这是因为在所处理的数据中，很多都是中式建筑，其屋檐可能越过边界线达 1m。通过屋檐改正之后，机载数据与地面站数据之间的线特征就会非常一致，可以用来进行拼接匹配。结合实际数据，图 2.5.13 所示的武汉龙泉山数据显示的就是典型的中式建筑，屋檐伸出半米左右，如果不做屋檐纠正，机载数据与地面站数据之间提出的边界线差别会非常大。

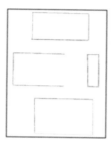

图 2.5.12 边界线提取结果

图 2.5.13 武汉龙泉山数据

图 2.5.14 是龙泉山机载数据与地面基站数据的配准结果，其中红色线与绿色线分别代表两种数据提取出来的特征线。图 2.5.14(b) 是两站的配准结果，可以看出两种数据提取出的特征线放在一起时，差别不大，间接说明了我们提取的线特征比较准确。图 2.5.14(c) 是总体的配准结果。

图 2.5.15 是广州萝岗数据，其数据特点是城区树木很多。图 2.5.16 是广州萝岗数据的配准结果。由于树木的遮挡，地面基站数据中街道两旁的建筑物立面信息很少，因而提取出的边界线也很稀少，但是我们的拓扑分析在边界线稀少的情况下也可以将两者进行拼接，并达到一个很高的精度。

利用点云建模软件，对拼接后的点云数据进行白模构建，图 2.5.17 与图 2.5.18 分别为龙泉山拼接后数据和萝岗拼接后数据的白模，利用高程来赋色，放大几个建筑物来看，其屋檐部位也相当吻合。

利用地面基站来扫描数据时，往往需要扫描十几站甚至几十站，如果采用闭合环这种方式来采集数据，由于累积误差的存在，第一站与最后一站之间的重叠区域数据会产生很大的差别。在实际操作中，不可能每两站之间就布设标靶，所以我们需要处理无标靶、大数据量、无整体闭合环的点云数据。

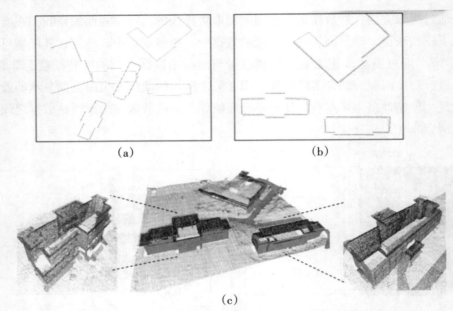

图 2.5.14 武汉龙泉山机载数据与地面基站数据的配准结果

图 2.5.15 广州萝岗数据

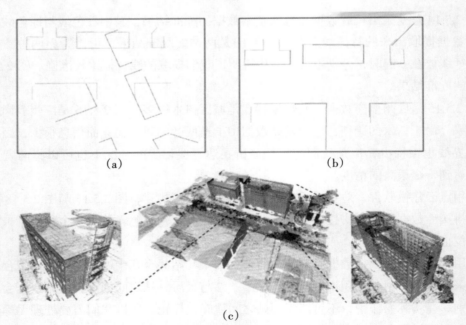

图 2.5.16 广州萝岗数据配准结果

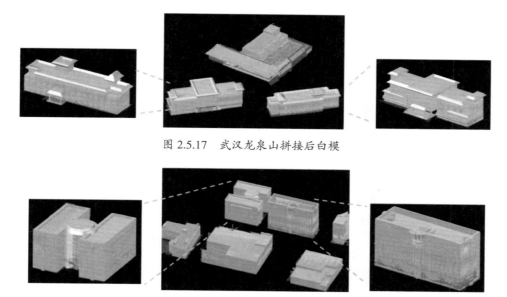

图 2.5.17　武汉龙泉山拼接后白模

图 2.5.18　广州萝岗拼接后白模

　　针对大数据量特点，我们提出了虚拟同名点这一概念，即只存储左站重叠区域的采样点以及第一次迭代计算出的转换参数，利用第一站的数据与转换参数计算得出第二站的相对应的采样点，通过这些点对进行迭代，计算得出新的转换参数，直至最后收敛。其原理类似于 ICP，通过存储虚拟同名点，将点云拉至最优位置。

　　实际工作中无法实现整体闭合环，我们通常会按一条线来扫描，或者是局部闭合环来扫描。针对完整闭合环（完整闭合环即如绕房屋完整扫描一圈）的特点，结合实际佛像数据来看，如图 2.5.19 所示，其中有 6 站，我们通过站与站之间的重叠程度，可以构成如图 2.5.20 这样一个连接图，其中每一个节点代表某一站，节点之间的连线代表它们之间有重叠，在图中每一个小环都可以认为是一个局部闭合环。首先，选取最大的局部闭合环（如 1、2、3 这一局部闭合环）进行拼接，这三站之间两两重叠，根据同名点约束，构建如公式（2-5-2）的一个误差方程，实现这一闭合环的整体拼接。拼接完后，将 1、2、3 这三个节点认为是一个新的大节点，与剩余的节点进行连通性分析，再取出一个闭合环来进行拼接，依次类推。通过这样的策略，我们可以利用局部闭合环作为约束条件来最大限度地减少两两拼接造成的累积误差。图 2.5.21 是两两配准后误差与多视配准后误差渲染图比较。误差大小由两两配准的 0.3~0.4mm，经多视配准后可以降低到 0.1mm 左右。

$$\underset{12\times1}{V} = \underset{(3*N_{12}+3*N_{23}+6*N_{13})\times12}{\begin{bmatrix} A_{12} & 0 \\ 0 & B_{23} \\ A'_{13} & 0 \\ 0 & B'_{13} \end{bmatrix}} \underset{12\times1}{[\Delta\varphi_{s_{12}}\,\Delta\omega_{s_{12}}\,\Delta\kappa_{s_{12}}\,\Delta X_{s_{12}}\,\Delta Y_{s_{12}}\,\Delta Z_{s_{12}}\,\Delta\varphi_{s_{23}}\,\Delta\omega_{s_{23}}\,\Delta\kappa_{s_{23}}\,\Delta X_{s_{23}}\,\Delta Y_{s_{23}}\,\Delta Z_{s_{23}}]^T} - \begin{bmatrix} L'_1 \\ L'_2 \\ L'_3 \\ L''_1 \\ L''_2 \\ L''_3 \end{bmatrix}$$

（2-5-2）

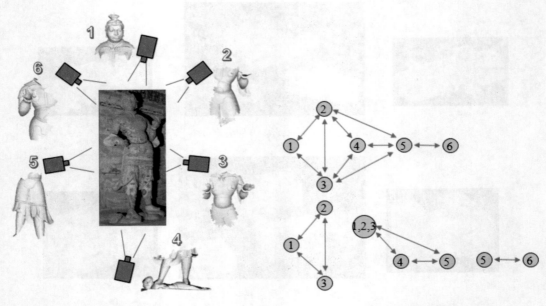

图 2.5.19 佛像多站扫描图   图 2.5.20 闭合环连接图

两两配准后误差   多视配准后误差

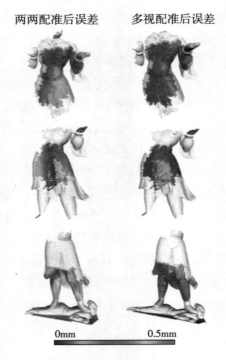

0mm   0.5mm

图 2.5.21 两两配准后误差渲染图与多视配准后误差渲染图

为了验证这一方法的有效性，我们将其应用于建筑物地面点云数据配准。如图 2.5.22 所示，有 6 站数据，不同颜色代表不同站数据。表 2.5.1 是多视平差前后的配准精度评价表，其中第 6 站与第 1 站之间的平差结果尤为明显。

图 2.5.22 建筑物地面点云数据

表 2.5.1   多视平差前后的配准精度评价表

评价类型		S1–S2	S2–S3	S3–S4	S4–S5	S5–S6	S6–S1
平均距离	平差前(m)	0.289	0.275	0.244	0.337	0.359	0.685
	平差后(m)	0.098	0.166	0.150	0.075	0.145	0.151
手动选点	平差前(m)	0.342	0.334	0.259	0.409	0.532	0.535
	平差后(m)	0.104	0.186	0.147	0.175	0.231	0.232

激光点云配准的趋势有如下四个特点：

① 点云配准自 1992 年 ICP 算法推广后得到广泛关注，因 ICP 算法对初值有一定的要求，所以带动了粗配准的发展。其中，基于几何基元（点、线、面基元）一致性的配准因其优异性能成为热点。虽然发展时间长，但近期国际权威期刊上（IJCV，ISPRS，TGRS 等）配准文章依然占有很大比重，可以预料在未实现全地形数据稳健自动化拼接前，配准都将会是热门话题。

② 山坡、洞窟的点云拼接依然有较大需求，自动稳健地拼接依然是研究热点。这对常规的基于点、线基元配准提出挑战，追求复杂的曲面特征将会是拼接此类数据的趋势。

③ 随着激光采集设备的普及，点云数据量急剧增加，必将促进最佳质量点云选择方法或海量数据拼接方法的发展。

④ 多源传感器（包括大众终端设备）应用广泛，为了及时获取有用的信息、弥补单源设备的不足，多源数据融合算法是必要的，未来的数据拼接会向大众娱乐级数据发展。《速度与激情 7》中的天眼系统也许并不远。

3. 自适应尺度表达

在介绍自适应尺度需求与现状前，先介绍一些概念。

第一个是 Geometric Multi-Scales，几何多尺度，也可以翻译为空间多尺度。以具体数据为例，如图 2.5.23 所示，该图就是佛像数据保留不同程度细节特征信息的多层次多尺度表达。图中最左侧为第一尺度，在这个尺度下，佛像的细节特征描述很精细，可以把佛像的衣褶都表达出来，而到了最右一幅，其细节特征已几乎看不出来。它们的效果类似于影像金字塔，但是其原理不同，影像金字塔是通过 4×4 抽 1 或者 8×8 抽 1 得到的，因而第一层影像与最后一层影像其像素个数不同。但以图 2.5.23 中为例的佛像多尺度表达方法中，第一尺度与最后一个尺度的点个数是相同的。一般情况下，我们可以使用高斯多项式来获取不同层次的细节特征，但是这种方法有一定的缺陷，它在抹掉细小特征的同时，也使得一些特征显著的曲面形状产生了形变，比如佛像中的鼻子。所以这种方法并不可取。

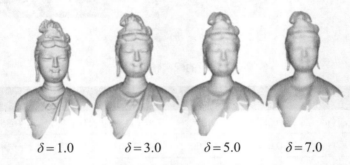

$\delta = 1.0 \qquad \delta = 3.0 \qquad \delta = 5.0 \qquad \delta = 7.0$

图 2.5.23　佛像数据几何多尺度

第二个概念是自适应几何尺度。将尺度放大到纳米级时，可以分辨出原子和分子，而从宏观角度来看，我们可以分辨出星系。通常这种多尺度是无穷的，如果事先构建好多尺度，工作量将是非常大的。于是我们提出要让尺度空间自适应于实际应用，而不是让实际应用来适应我们所构建的多尺度空间。

第三个是遮蔽效应。遮蔽效应相当于在嘈杂与安静的环境下，使用同样大小的音量来听音乐，听到的效果不一样。在视觉上同样也是如此，一只灰色鸟飞在天空，阴天的时候很难发现，而在晴天的时候我们就可以立即发现。因此在识别目标的时候，会受到背景的影响。

在实际的点云数据采集中，往往存在极大的冗余，面对不同的生产需求，最佳质量点云的衡量标准是亟待解决的问题。也就是说，我们所抽取出来的点，既需要满足生产需要，又要相对于原始点云有一个最大的压缩比。

结合实际数据，图 2.5.24 是佛像点云数据的自适应尺度表达的流程。如果直接对佛像的原始点云数据进行高斯平滑，会破坏点与点之间的拓扑关系以及曲面的形状，因此我们只通过高斯平滑来计算曲面变化值，结合曲面变化值与径向基函数，可以生成多层点云。多层点云中第一层点云表达得比较精细，细小的特征得以保留，而最高的一层就较为粗糙，只保留变化显著的大尺度特征点。通过我们的视觉度量方法来挑选出一个点云，该点云与原始点云在一定的观察范围内差别很小，肉眼难以区分，但相对于原始点云有一个很大的压缩比。

不同尺度平滑距离分布图

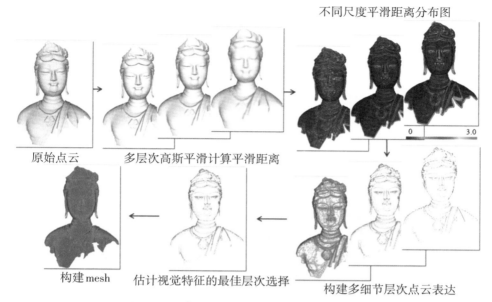

原始点云　　多层次高斯平滑计算平滑距离　　构建多细节层次点云表达

构建mesh　　估计视觉特征的最佳层次选择

图 2.5.24　佛像点云数据的自适应尺度表达流程

在这个流程中最重要的是两个步骤：多层次的构建和最佳层次的选择。

如何进行多层次构建？结合曲面变化及径向基函数，考虑特征点周围的特征点分布进行构建。传统方法在做简化的时候，没有考虑周围特征点的分布，只考虑某点的曲率，保留大曲率点，去除小曲率点，但是在类似佛像这种自由曲面的时候，平缓部分如果被去掉之后，在构 TIN 时就会产生很大的变化，所以我们需要加入径向基函数考虑周围点的分布对当前点的影响，即若某一特征点位于特征区域，就可以通过该函数模型降低该特征点的显著值。

多尺度构建是特征的多层次构建，最高尺度的饱和描述大尺度特征，低尺度的饱和描述小尺度特征。在构建多尺度时，要和尺度自适应挂钩。构建多尺度时，无法构建无穷多的尺度，我们采用人眼识别的最小观测角，在中等光线或者对比度的情况下，根据最小识别角度确定最精细的邻域范围，将其作为最精细尺度的邻域范围，进而计算出其他较粗糙尺度的邻域范围。在构建出多尺度之后，需要确定最佳质量点云，在这一步，我们进行了一个主观性的实验。我们找来三十个同学，让它们坐在距离屏幕 35cm 的位置，将模型在屏幕上缩放到 6cm，将多层次模型按照尺度大小从左至右来排列，最右侧为最大尺度，观察者可以任意地旋转平移模型（不可缩放），让观察者选出一个最大的尺度，该尺度满足相较于原始点云差别最小。根据实验的结果，得到视觉度量的阈值为 0.3 左右，将距离 0.3 这个阈值最近的尺度作为最佳视觉特征尺度。

在实际扫描数据的时候，我们得到的数据往往比实际需要的数据多很多，这就带来了数据量大、难以处理的问题，如何来解决这个问题，就是我们的自适应尺度表达的研究意义所在。该方法既可以处理佛像这种自由曲面，也可以进行扩展，应用到人工建筑这种规则的结构当中，扩展方法还在试验中。

4. 具体应用介绍及科研心得

（1）武大校区内建筑物点云数据拼接

在 2015 年暑假期间，我们对武汉大学的 4 栋不同建筑进行了数据采集，所用的仪器为 Riegl 公司的 VZ400，精度为 2mm。4 栋建筑（图 2.5.25）分别为理学楼附楼、文理学部教五、信息学部 15~16 宿舍楼以及武汉大学行政楼。这 4 栋建筑形状都较为复杂，其中最为复杂的是行政楼，分了 30 站左右，并结合了机载数据。图 2.5.26 是经过点云拼接之后的点云数据渲染图（以高程赋色）。

（a）理学楼附楼

（b）教五楼

（c）信息学部15~16栋宿舍楼

（d）行政楼

图 2.5.25　四栋建筑图片

（a）理学楼附楼

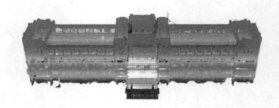

（b）教五楼

（c）信息学部15~16栋宿舍楼

（d）行政楼

图 2.5.26　拼接后点云数据渲染图

（2）青岛某地滑坡监测

图 2.5.27 为无人机获取青岛某地区的影像，该地区沿海部分，我们需要对其进行土方量变化监测。试验所用地面基站仪器为 Leica 公司的 C10 激光扫描仪，为了获取顶部数据，加入了机载激光雷达数据。图 2.5.28(a) 为机载点云数据，其中空白条状为数据漏洞，图 2.5.28(b) 为地面基站点云数据中的某一站数据，图 2.5.28(c) 为拼接后点云数据。从拼接结果图来看，数据漏洞得到了很好的补充。

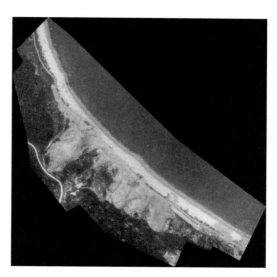

图 2.5.27　青岛某地无人机影像

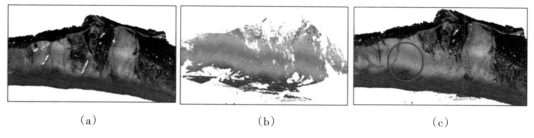

| (a) | (b) | (c) |

图 2.5.28　青岛某地激光雷达点云数据渲染图

（3）烟台某地数字洞窟应用

烟台某地的洞窟内部，洞窟内壁变化很小，很难找到显著的特征点，对数据拼接造成了很大的困难，我们利用面特征并加以人工辅助对其进行了拼接，拼接结果如图 2.5.29 所示。

下面是六条科研心得体会：

① 做科研时要保持一个踏实的心态，踏实静心，静下来思路会更清晰，更容易产生好想法。

② 在生活中，善待自己，善待他人，保持愉悦心情。多锻炼，身体是科研的前提。

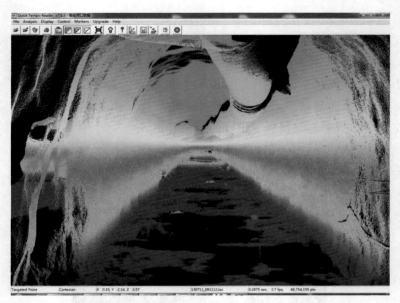

图 2.5.29　烟台某地洞窟内部点云数据渲染图

③ 搜索研究课题的有关刊物时，按 IF（Impact Factor，影响因子）排序，将重点放到高 IF 的短篇刊物，数量为 20~30 篇，以及 2~3 篇综述。

④ 读透高 IF 文献后，定期查阅低 IF 文献，这些文献一般体现了本研究方向的前沿，内容较杂但有利于启发思维。

⑤ 了解国内外同行的动向。多向师兄师姐，或者向一些在业内顶级刊物发表过文章的大牛咨询，他们做的事情很可能就代表你所在的行业的前沿。

⑥ 多总结、思考、交流可少走弯路。

【互动交流】

主持人： 感谢臧师兄的精彩报告！大家有什么问题，现在可以提问。

提问人一： 师兄您好，刚才您提到了 ICP（Iterative Closest Point，迭代最近点算法），这个方法已经出现很久了，也有很多人对它进行优化，但还是存在计算量很大的问题，请问师兄您在提高算法效率方面有什么看法？

臧玉府： 提高效率方面，我前面提到了一个方法。我刚才讲到了多视点云配准，那里面就用到了 ICP，只不过里边存放的是虚拟点云。因为影响 ICP 速度最关键的因素就是参与运算点的个数，所以点的选择就很重要，要选择特征明显的点。在采样的时候，采样点不能太少，但是在存储采样点的时候，对海量的数据来说，我们就可以对采样点进行抽稀。比如对某一站，我们只存储一半的采样点，另外一半的采样点，我们可以通过当前计算的转换参数计算出来，这就是所谓的虚拟点云。当然，目前也有很多人对 ICP 进行优化，主要是从速度和精度方面，因为 ICP 算法很容易陷入一个局部最小值，找到一个合适的阈值比较关键。你是直接用 ICP 进行配准还是先进行了粗配准？

提问人一：我先用了主成分分析进行粗配准。

臧玉府：主成分分析是一种典型的粗配准方法，但是这个方法如果用在我们类似佛像这种数据里不太合适。而基于点基元的算法效率比较高，我们采用的是这种方法。

提问人一：师兄，还有一个问题。在武汉地区做激光数据比较好的公司有中海达，请问师兄对中海达的车载激光数据有没有什么了解？

臧玉府：你是在做中海达的车载数据处理，我们之前做过一段时间的中海达数据处理，也还好，因为影响车载点云数据精度的最大的因素是你的信号好不好，在信号比较好，空旷的地方，无论是中海达还是其他的仪器差异并不大。

提问人一：在使用中海达数据的过程中，对于一条道路，上行下行，进行测量的时候会出现一个条带的错位。

臧玉府：这是一个车载点云数据处理的基本问题，可以使用面片拼接来进行校正。

提问人二：师兄你好，在刚才的报告中您提到了点云的简化，在减少数据量的同时还可以保持点云的特征。我想问问师兄，你的这个简化算法是只对激光点云数据有效呢，还是对多视影像密集匹配点云也有效呢？

臧玉府：刚才我提到了，我使用的那个简化算法分为两个部分：多层次构建和最佳层次选择。多层次构建中，我们考虑的是特征变化。无论是激光点云数据，还是多视影像密集匹配生成的点云，都具有这个物体表面的特征信息，所以，虽然密集匹配生成的点云噪声比较大，但也是可以做的。现在我们考虑将这种自由曲面目标（报告中用到的佛像的点云数据）的简化算法，应用到人工建筑里面去，这也是我们近期在做的事情。

提问人三：师兄你好，ICP 算法主要分为两个步骤，第一个就是对应点的选取，那这里的选取是自动的还是手动选取？第二就是如果两个相邻点云重叠度非常小，那 ICP 匹配结果是不是会很不理想？第三，离心点如果很远的话，会不会使得迭代陷入局部最小值而不收敛？第四，师兄提取脊线进行粗配准的时候，是单独的一个算法吗，还是在 ICP 算法的过程中加入的？

臧玉府：对应点选取是自动选取的。第二个问题：如果两个点云数据重叠度很小的话，必然会使得结果精度很低，因为参与的点很少。第三个问题，你的意思是会有粗差，如果加入摄影测量粗差检测，理论上应该是可以的。如果粗差比较少的话，正确的点的拉回力量，也就是权重，总体上是比粗差的权重大，还是可以拉回来，不会陷入局部最小值。第四个问题，脊线提取进行粗配准，是一个单独的算法。

提问人四：请问师兄，你在匹配的时候用到了同名点或者同名曲线，我想问一下，即使在点很密集的情况下，也存在不是严格意义上的同名点，您在后续的工作中有没有做后续处理？

　　臧玉府：在我们这里没有考虑，因为我在做试验时，得到的点的精度是一毫米，而且我们这里做的是一个粗配准，所以即使差了一些，影响不大。最后，我们还做了一个全局平差，所以即使有一条线有些偏差，也可以被准确的线拉回来。

　　提问人四：还有，我看师兄进行了机载点云和地面点云的配准，请问师兄在做配准的时候，是把哪种数据作为基准？

　　臧玉府：我们在进行配准的时候，是对地面点云进行抽稀，都拼接到了机载点云中去，因为机载点云有 GPS，具有大地坐标，而地面点云，是局部坐标。

　　提问人五：请问师兄，基于点的配准方法是用得最广，效果也较好的吗？还有对于同名点的选择，师兄有什么比较好的方法？在实际应用中，点密度很高，这使得处理效率很差，该采用什么方法？

　　臧玉府：不一定，就比如报告中提到的佛像数据，在这里面点基元方法匹配的效果就不好。而且，对于建筑物点云，用面基元或者线来配准更好。对于同名点的选择，就要看你用的是哪种局部描述方法，我比较推荐的是形状上下文，这个方法比较简单，效果也不错。如果你要用点基元，你就要把点与点之间的空间约束加进来，比如三角约束，这样可以减少误匹配。对于点密度过高的问题，在实际中，我们是对点云数据进行抽稀，在抽稀的过程中，可能会使得远处的特征减少，使用距离抽稀会好一点。

　　（主持人：张少彬、张宇尧；录音稿整理：张少彬；校对：韩会鹏、许殊、李韫辉）

2.6 基于时空相关性的群体用户访问模式挖掘与建模

摘要： 樊珈珮硕士介绍了在大数据背景下，基于时空相关性的群体用户访问模式的挖掘与建模。此外，她还分享了在阿里巴巴实习的经历以及获得多个 special offer 的心得。樊珈珮丰富的报告内容使现场听众受益匪浅。

【报告现场】

主持人： 欢迎大家来参加 GeoScience Café 第 117 期活动！今天我们很荣幸地邀请到了樊珈珮师姐为大家作报告。樊珈珮师姐是实验室 2013 级硕士中的佼佼者，公开发表论文已有 2 篇，还有一篇已见刊于 IJGIS（*International Journal of Geographical Information Science*）。另外，樊师姐还是一位求职达人，她获得了阿里巴巴、华为、银联等多家公司的 special offer。所谓 special offer，即企业愿意在普通合同的基础上增加额外的条件，吸引求职者的高一等级的合同。下面我们就把时间交给樊珈珮师姐，大家掌声欢迎。

樊珈珮： 谢谢大家！我是樊珈珮，实验室 2013 级硕士，专业是通信工程，研究方向是时空数据的时空相关性挖掘。首先，结合我做过的一个研究，就是刚刚主持人介绍的 IJGIS 接受的那篇文章讲解一下数据挖掘的方法，其中有些细节可能会带过。

1. 基于时空相关性的群体用户访问模式挖掘与建模

我做的研究是基于 WebGIS 环境下用户密集型访问模式的时空关联性分析。报告主要分为五个部分：引言、相关工作、建模工作、实验结果和分析、总结。

（1）引言

随着 WebGIS 的普及，越来越多的人使用 WebGIS 服务，一些移动设备，如手机、Pad，也让我们更加方便地访问和使用地球信息，这就导致了用户对 WebGIS 的密集型访问，因此给系统带来了巨大挑战。如图 2.6.1 所示，使用 WebGIS 服务的人数增加与移动设备的发展使 WebGIS 得以大众化。

学者们也做了很多相关研究。他们发现：用户的分布模式（或者说用户的访问请求）呈现一定的时空特性。Xia, J.Z. 等人在 2014 年的 IJGIS 上发表的文章表明用户对地图数据的访问呈现出一定的特征：与晚上相比，白天相对活跃；同时在访问的内容方面，也具

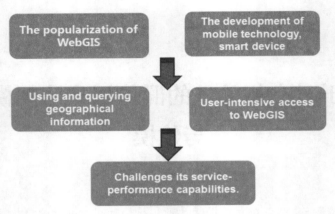

图 2.6.1　WebGIS 的大众化

有一定的时空相关性。我的指导老师李锐老师也指出：我们对分片的地图影像数据（称之为瓦片）的访问具有一定的聚集性和突发性。同时，访问模式呈现一定的长期性和短期性。短期性是指：它有一些突发的特征或是具有一定的时间局部性。Podlipnig，Böszörme-nyi 和 Baentsch 是这个领域的鼻祖，正是他们提出：瓦片的访问具有时间和空间局部性。但是这些研究有一个共同特征：它们都是定性的研究。虽然说明了瓦片的访问具有怎样的性质，但是没有对瓦片的性质进行具体的量化，不过这也给了我们可以研究的空间。同时，也有一些学者证明：时空访问模式，对于云环境下的 WebGIS 的缓存置换有一定的作用，能够有效地提高服务器的性能。简而言之，研究证明，理解时空的访问模式有助于提高服务器的性能，并且有助于服务器处理密集型访问。但是这些研究并没有给出定量描述，所以接下来我们的目的就是，对这些规律进行定量描述，即量化。

（2）相关工作

我们来看一下一些相关研究。研究表明，群体用户对于给定瓦片的访问是聚集的、突发的，这主要表现在两个方面：时序分布和访问内容。第一点是时间上的特征：访问模式具有一定的时序分布。同时，访问内容方面也有一定的特性。第二点是遥感影像金字塔模型。学习地信和遥感的同学或许比较懂。地理数据使用金字塔模型来进行分割，所以瓦片就会有一定的空间性质，这个空间性质存在于它的层间或是局部性上面。也有研究表明，瓦片在空间上有一定的相关性，能够同时满足时间局部性和空间局部性。解释一下时间局部性的概念。时间局部性是指，当我们访问地图中的某个瓦片之后，在一定相邻时间内，我们更倾向于再次访问这个瓦片。空间局部性是指，我们访问了某个瓦片后，我们更倾向于访问它附近一定范围内的瓦片。注意，这里只提到了一定范围，所以接下来我们的研究就是给这个范围定量，一定的范围究竟是多大，我们怎么来衡量这个范围？

（3）建模过程

投稿后，换了审稿人，但是受到的质疑更多。这次论文的篇幅到了 30 页，增加了很多建模环节，分四部分讲解。首先介绍一下数据样本，第二部分是时序分布的模式，第三部分是空间局部性的度量，第四部分就是空间局部性模型的建立。

我们采用的是公共地图服务——天地图，利用去年（2014 年）某个月服务的数据，研究时间和空间的相关性。我们最开始抽取了三分之二的样本作为学习样本，剩下的三分之一作为验证样本。后面采用的是交叉验证的方法，这个在后面的验证部分会讲到。开始研究瓦片的时序分布之前，我们做了一个这样的定义：假设用户对于在 WebGIS 中瓦片的集合 ζ 访问是随机的，对于这个集合中的任何一个瓦片存在这样一个函数，如式（2.6.1）、式（2.6.2），表示在 $0\sim t$ 时刻该瓦片被访问的频次或是概率。那么我们可以知道，这个函数是随机的独立增量函数，因为这个瓦片的访问概率是独立的，并且在任意两个不相交的时间间隔之内独立，那么就应该满足 Zipf 分布法则，就是指排名和频次呈现一定的反比关系。

$$F(t, \zeta_{x,y,1}) = \theta / \mathrm{Rank}(t, \zeta_{x,y,1})^{\alpha} \tag{2.6.1}$$

$$P(t, \zeta_{x,y,1}) = C / \mathrm{Rank}(t, \zeta_{x,y,1})^{\alpha} \tag{2.6.2}$$

式中，α 表示呈几次反比的关系。θ 是一个可以求出的常数。频率可以转换成概率，当我们转换为概率之后，系数 C 可以求出。因为所有概率累加之和应该等于 1，因此，就可以得出这个式子。同时，我们发现实验数据满足这个式子的特殊情况——$\alpha = -1$，这表明，它呈现简单的反比关系。这部分不是我们研究的重点，因此粗略讲解。

我们主要研究访问模式在空间上的局部性，需要进行量化。首先我们看一下分析过程，即图 2.6.2。

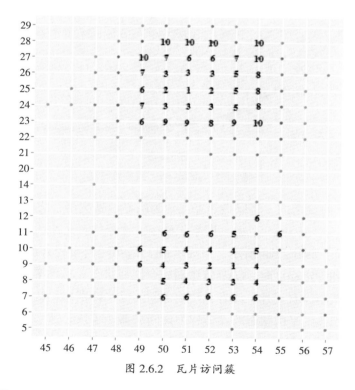

图 2.6.2　瓦片访问簇

图 2.6.2 是截取的某一层瓦片访问的热点分布，可以看到，热点被分成了两部分。我

们把每一部分称为一个簇，那么热点是成簇状聚集的。图中上方第一个簇中，用数字标记出热点的等级，共有十个等级。第一级热点就是最热点，意味着访问的频次最高。可以看到，在最热点周围，瓦片的访问频次依次下降，渐渐减到了0，即有一定的聚集性。而且上面的簇均匀下降。观察下面的瓦片簇，数字1代表最热点，发现同样的规律：由最热点到四周访问频次逐渐递减，最后减到了0。但是这两个瓦片的访问概率不同，下面这个瓦片向四周下降得更快一些。那么，如何量化这个性质呢？首先我们知道热点瓦片会对其周围瓦片的访问产生影响，影响范围可以在图 2.6.2 上看到，大概聚集在某个环径之内，为了定量地描述这个环径，我们做了以下探索：

考虑任意两个瓦片之间的欧式距离，比如 i 瓦片和 j 瓦片。在同一层里面，这两个瓦片的距离可以表示为式（2.6.3）：

$$D(\zeta_{x_i, y_i, 1}, \zeta_{x_j, y_j, 1}) = \sqrt{(x_i - x_i)^2 + (y_j - y_j)^2} \tag{2.6.3}$$

通过计算每个瓦片到最热点瓦片的距离与访问频次的关系，我们发现其具有逐渐递减的趋势。最开始，我们以为它是一个简单的反指数关系，但实际上不是，只是呈现出一种下降的趋势。我们从图 2.6.3 看到，横轴方向，到数值 11 的位置有一个拐点，表明到此处之后，频次几乎为 0，不再变化了。但是从数学上来说，这个拐点无法表示。于是，我们做了进一步探索。

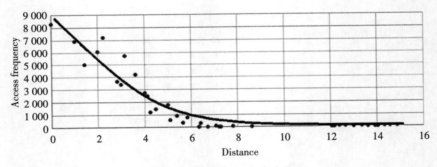

图 2.6.3　距离–频次关系图

我们定义：在 t 时刻之内，将以最热点瓦片为圆心，d 为半径之内的所有瓦片的访问概率之和称为 CAP（t, ξx, y, l, d），即累积概率。计算所有瓦片到热点瓦片的距离与它的 CAP 之间的关系，如图 2.6.4 所示。可以看到，最初随着半径 d 的增大，CAP 随之增大，但是当 d 增大到一定程度时，CAP 值达到一个饱和状态，不再增大。累积访问概率不再增大，说明周围基本没有瓦片，或者瓦片被访问的概率特别小，此时就达到了一种近似平衡的状态，我们把达到平衡状态的 d 值称为访问局部性步长。

空间局部性中，将定量化的局部性范围定义为访问局部性步长——ASLS（t, ξx, y, l），之后简称为步长。步长的值就是 CAP 达到平衡状态时，对应的半径 d 的值。在对目标进行定性之后，我们需要建立一个比较精确的模型，为实施资源配置和动态的资源优化提供坚实可靠的参数，所以接下来进行建模。

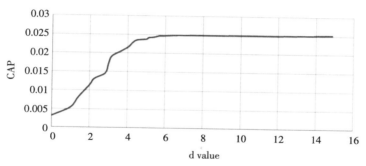

图 2.6.4　距离-累积概率关系图

众所周知，建模首先要了解关系，如步长和哪些因素相关，或者说哪些因素会对步长产生影响。在这方面，我们做了很多相关性分析，发现步长和两个因素相关：第一个是访问概率 P，就是之前我们通过时序 Zipf 分布可以得到的时序的概率 P 值。第二个是瓦片所在的层数。层数的影响，由金字塔模型固有的属性造成。图 2.6.6 反映了层数和步长之间的关系。可以看到第 3 到第 15 层的数据，每一层的步长都集中在比较小的范围内。第 4 层的步长分布稍微广一点，大部分的变动都局限在某一定范围内，而不是均匀地分布，可以看出层数对步长有影响。图 2.6.5 先从整体来看，呈现的趋势是访问概率越大，步长越小。我们把长的标识对应上去，如第 15 层这种，对于同一层也是呈现这种规律，随着概率的增加，步长减小。因此得到规律：层数决定了步长在某一个范围内，在这个范围内，步长随着访问概率的增大而减小。所以，接下来我们的目标就是找出步长和影响因素之间的函数关系。

$$ASLA(t, \zeta_{x,y,1}) = f(p(t, \zeta_{x,y,1}), 1) \tag{2.6.4}$$

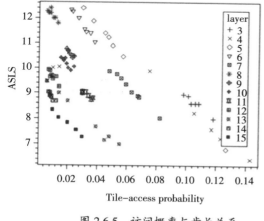

图 2.6.5　访问概率与步长关系

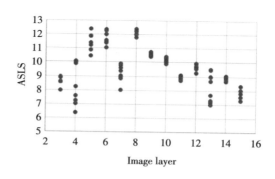

图 2.6.6　层数与步长关系

我们要对步长进行精确的预测，一般使用回归或者分类模型。这里分类模型显然不适用，我们首先从数据入手。先看步长满足什么规律。回归模型中最简单的就是线性回归，但从图 2.6.7 中可以看出，显然不是线性回归。再来看看是否是一般的广义线性回归。广义线性回归的一般步骤是，先判断因变量 Y 值满足什么分布，然后根据这个分布进行建模。这里也采用同样的方式。根据之前的图可以看到，局部性步长不是完全的整数值，有 $\sqrt{2}$ ，$\sqrt[3]{3}$ ，等等。但是，泊松分布的数值要求为整数，如果对步长值取整的话，精度就会不满足要求，而且也不符合泊松分布。所以，尝试将步长乘以 10，转换成整数。发现转换后符合泊松分布，如图 2.6.7 所示。

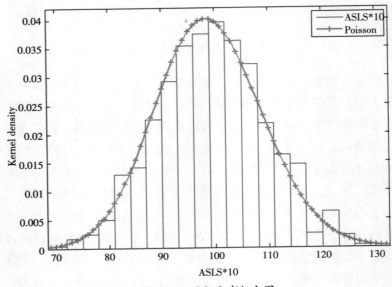

图 2.6.7　泊松分布拟合图

图 2.6.7 中，直方图部分是泊松分布的核密度分布图，曲线部分是泊松分布的拟合曲线。可以直观地看出拟合效果较好。虽然直观，但还是要用数据说话。为了验证是否满足泊松分布，我们采用单样本的 K–S 检验（Kolmogorov–Smirnov test），K–S 检验是检验泊松分布比较权威的验证方法，见表 2.6.1。

表 2.6.1　　　　　　　　　　　　　　　**K–S 检验结果**

		ASLS value（ASLS*10）
N		356
Poisson Parameter[a,b]	mean	98.89
Most Extreme Differences	Absolute	0.021
	Positive	0.012
	Negative	−0.021
Kolmogorov–Smirnov Z		0.598
Asymp.Sig.（2–tailed）		0.867
a. Test distribution is Poisson distribution		
b. Calculated from data		

实验样本共 356 个，但是审核专家认为样本量太少，所以我们增加了好几倍的样本量。用这些数据与泊松分布拟合，得到均值为 98.89，和我们实际的值比较吻合。将步长乘以 10 之后的数值大概介于 60~140，故与此相比，这个误差相当小。当相应的双侧渐进显著性结果 Asymp.Sig.（2-tailed）大于 0.1 时，说明结果比较准确。并且越接近于 1，说明结果越好。根据这个值可知，我们的实验结果可以近似看作泊松分布。接下来，我们用泊松回归进行拟合。

既然满足泊松回归，我们就套用了泊松分布的定义。表达式如下：

$$P(S=S_i)=\frac{\lambda^{S_i}}{S_i!}\exp(-\lambda)\quad(i=1,2,\cdots,\eta)\tag{2.6.5}$$

式中，S_i 代表步长。泊松分布的特征是均值和方差都等于 λ，泊松值 λ 与访问概率和层数是相关的，就有下面的关系式：

$$\lambda_{p,l}=E(\text{ASLS}(t,\zeta_{x,y,1})\,|\,P,l)\tag{2.6.6}$$

$\lambda_{p,l}$ 是在一定的 P 和 l 条件下的步长均值，这就是它们的关系式。因为接下来要用最大似然估计，而最大似然估计采用对数形式会比较方便，所以我们采用对数形式，也就是泊松回归的对数一般式：

$$\ln(\lambda_{p,l})=\beta_0+\beta_1P+\beta_2l\tag{2.6.7}$$

式中，β_0、β_1、β_2 是系数矩阵，P 和 l 是两个影响因素。我们对其求偏导就可以求出参数，这里不展开，直接看评估结果。

（4）实验结果和分析

参数估计结果见表 2.6.2。

表 2.6.2　　　　　　　　　　　　　　　**参数估计结果**

	Estimate	std.Error	z value	Pr(>|z|)	
β_0	5.263 769	0.043 392	12.1	<2e-16	***
β_1	−6.148 032	0.403 777	−15.23	<2e-16	***
β_2	−0.051 735	0.003 688	−14.3	<2e-16	***
Residual	0.082 455	AIC	647.41	df	97

表中，Residual 是残差值，对比我们的数值，残差值相当小。Std.Error 是绝对误差，Pr 值如果小于 0.05，表示相关性非常显著，用三颗星标注；小于 0.1 表示显著，用一颗星标注。我们实验的评估结果显示，Pr 值远远小于 0.05，说明他们关系非常显著。AIC 是检验的模型，因为 AIC 效果比较好，所以我们采用它来进行检验。

$$\ln(\lambda)=5.263\,769-6.148\,032P-0.051\,735\,1\tag{2.6.8}$$

上式是求出的表达式，为了验证表达式的效果，我们绘制预测值和实际值的 P–P 图，它不是一对一，而是分位数-分位数图，如图 2.6.8 所示。

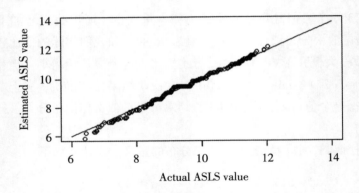

图 2.6.8　真实值与预测值的 P–P 图

如果预测值和实际值均匀地分布在 $Y = X$ 直线上，或是有一些点零星地均匀分布在直线的两侧，则说明拟合效果非常好。如图 2.6.8 所示，将近 500 个点，直观上看大多数都在线上面，少部分比较均匀地分布在直线的两侧，但基本上都在距离直线比较近的地方。我们也做了一下统计，真实值和预测值误差在 0.05、0.1、1 范围内的比例分别为 72.5%，84.7%，98.02%，考虑相对误差的话，这个误差值相对于真实值非常小。这证明我们模型的拟合效果非常好。

接下来讲解一个实际应用。我们之前讲过，很多人也证明了，WebGIS 中找到的时间和空间上的规律，对于服务器端进行资源的预取、缓存或者优化配置有很大的作用。建模完成后，需要验证对于这些是否有效果。我们在 Linux 环境下做了 12 台异构服务器的缓存模式，按照天地图的日志数据，1:1 进行模拟实验。我们将 ALSL 算法用到了资源配置端的预取策略中，同时我们预取热点瓦片一定范围内，即局部性步长范围内的瓦片，并与其他几种经典的预取算法进行比较。

ZIPF 算法完全是基于时序的，我们前面也用到过。SP 和 NEP 算法基于空间性，我们用三个指标进行对比。第一个是预测的准确度，反映了算法预测的准确性；第二个是置换频次，反映了系统缓存的平稳能力。置换频次越少，说明系统越稳定；第三个是相对缓存容量。

图 2.6.9 中，最上面的曲线是我们的 ASLS 算法。可以看出，我们的算法精度比其他三组都要高，高出 20%~30%。图 2.6.10 是吞吐量，我们的算法也比其他三组高。接下来对比系统平均响应时间，衡量系统优劣，一般就看系统的平均响应时间。响应越快，证明系统服务性能越好。图 2.6.11 中最小面的曲线是我们的算法，平均响应时间比 NEP 算法节省将近 200ms，效果较好。图 2.6.11 是在不同缓存情况下的系统平均响应时间。图 2.6.12 是在不同变化簇的情况下的系统平均响应时间。这些情况下，我们的算法都比其他三个算法高很多。另外，图 2.6.13 和图 2.6.14 显示在不同缓存容量情况下和不同变化簇情况下，我们算法的置换频次仅是其他三种算法的一半左右。显然，我们的算法在性能提升方面，效果显著。

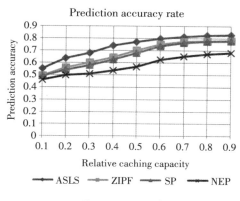

图 2.6.9 预测精度

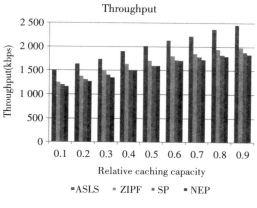

图 2.6.10 吞吐量

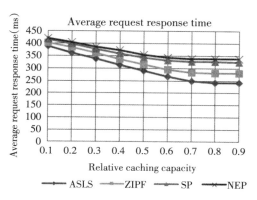

图 2.6.11 不同缓存情况下系统平均响应时间

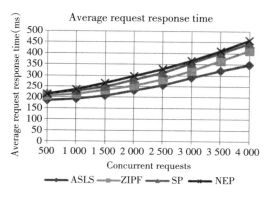

图 2.6.12 不同变化簇下系统平均响应时间

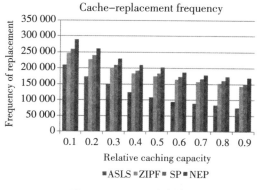

图 2.6.13 不同缓存情况下置换频次

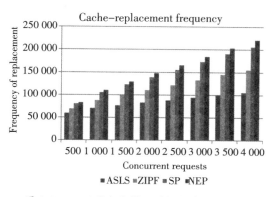

图 2.6.14 不同变化簇下置换频次

（5）总结

我们这篇文章量化了瓦片访问在空间聚集上的性质，并且定义了瓦片访问的时序分布。然后，进一步对它的空间相关性进行建模，建立了泊松分布来表示瓦片访问的时空相关性。最后，我们用实验证明：结合时空相关性的预取策略，能够保证预取的精确度、系统的稳定性，并在用户密集访问的情况下拥有比较好的性能。

但也有一定的缺点，在测量空间局部性的步长距离时，我们采用以热点为圆心画圆的形式，即默认以热点为中心向四个方向的影响度相同。但事实上不同，由图 2.6.2 可以看出，下面的簇中，热点向四个方向并非均匀扩散，存在一定的方向性。这就是我们算法的一个缺点，但是我们的算法相对于其他几个算法更具有针对性。因为，不同的瓦片在不同的时刻具有不同的热度，而不同的热度对瓦片的影响范围不同，这就是我们的算法的优势所在。之后，我们可以进一步研究它的转移概率，即马尔可夫链。

2. 阿里巴巴实习经验分享

接下来和大家分享我在阿里巴巴实习的一些经历，主要分为四个部分来讲：前期准备、模型的建立、模型的部署、总结。因为项目保密性比较高，所以会略过项目的详细内容，比如算法等，主要讲方法。

（1）前期准备

我所实习的部门是阿里巴巴的业务安全风控平台，这个平台是做什么的呢？主要是通过下面三个平台——实时风控、实时计算、二次风险验证，为阿里巴巴的多个部门和第三方业务提供安全保障。主要针对盗号、批量注册、交易欺诈、虚假交易、假货等一系列欺诈行为或者一些不正当、违法行为进行识别和实时处理，为阿里系、淘系的业务护航。这个部门隶属于阿里"神盾局"，也是今年的重灾区。

我的研究方向是数据挖掘，主要的工作就是反欺诈。我觉得自己是那种很傻很偏执的人，但是我有一个梦想，就是希望我学的知识能给大家带来便利，阿里"神盾局"满足了我的所有梦想。

我的工作是反欺诈。总所周知，交易过程中可能存在很多欺诈行为。买家欺诈、卖家欺诈，还有双方欺诈，即双方可能一起联合欺诈，比如刷单现象。作为一个安全性的平台，公司首先对卖家欺诈进行防御，而我的工作就是防御卖家欺诈。卖家欺诈分很多种，我主要做其中规格最多、最复杂、也是最常见的两种。具体工作就是找出白样本，建立可信模型，然后在订单创建初期，对白样本进行过滤，以减小通过平台的流量，从而达到提高用户体验度的目的。

淘宝每天的订单很多，达到上千万甚至上亿。总体来说，目前的风控系统是对于每一个订单设置一系列规则，判断出该订单是否含有欺诈。没有欺诈就正常进行，有欺诈就拦截下来。然而，每天这么多订单，不可能每一个都通过这个模型进行判断，这样会比较慢。虽然现在有一些简单的处理方法，但是大部分还是需要通过这个模型平台。所以，当时我的主管就思考能否建立这样一个模型：架在我们现有规则平台之上，在订单产生的初期，我们就判断它是否正常。正常的话，后续就不通过我们现有模型判断，直接进行，这就要求我们的新模型识别出来的白样本一定要是白的，因为如果这个环节，判断失误，比如把坏人识别成好人，那么他就不用通过后面的规则判断，就会产生欺诈行为。所以，这个环节的识别精度要求非常高，需 99.99%，就是说，这个环节中识别出来的好人中，要确保 99.9% 的准确率。

什么叫订单创建初期？想必大家在淘宝有过购物经历，把商品加入购物车，或者准备下单的那一瞬间叫做订单创建初期。只要下了单，虽然还没有付款，也没有其他操作，但此时，系统已经开始运作了。当然，系统并不知道顾客是否会付款，卖家是否会对顾客进行欺诈。我们的工作就是，在已知信息量很少的情况下，识别出哪些卖家会进行欺诈，以及该订单是否有问题。因此，难度相当大。

我们有哪些数据可以用？大家或许会认为公司机房里的数据都可用，实际并非如此。虽然我们是实习生，可以查看所有的表、字段。但是如果要申请数据，需要我的主管、我的主管的主管以及上层的 CTO 批准，所以申请数据很麻烦。而且，即便申请数据，也不可能得到所有的字段。我参与的这个项目比较重要，而且只有我自己在做，因此，当时申请数据，找了包括 CTO 在内的很多人办手续才获批。最后，这个模型成功用在了 2015 年的"双十一"活动中。

当时，我们结合了业务和欺诈的特征，找了四张表，每张表有四五十个字段，相当于共找了 200 个字段，之后在其中挑选。每天有几千万几亿的订单量，但业务方只给了三千多个黑样本。显而易见，数据极其不对等。那么，这些样本是怎么挑选的？淘宝有资源池，可以看到所有表的所有字段。当然，只有字段，没有数据信息，你要挑出你认为有用的字段。那么如何挑选呢？我采用人工挑选的方法，足足看了三天。并不是说淘宝采用人工挑选的方法不好。而是我认为自己刚入职，什么业务都还不熟悉，不可能事事都问别人，所以熟悉表的过程就是熟悉业务的过程。工作环境和做研究的环境不同，做研究时可能只需做自己熟悉的方面，但是在公司，是业务驱动工作，所以需要去了解业务，了解它的特征。还记得，当时用了三天时间看数据，眼睛都看得疼了。选完数据后，要从这些数据中挑选出 feature，即会对我们模型产生影响的指标。黑样本就是 label，接下来制定研究思路。

因为我们手上只有黑样本的数据，所以从黑样本入手。从订单的角度来看，黑样本可以关联出黑订单，从黑订单中可以找出黑特征，即黑订单的特征。然后从黑订单中，我们用聚类的手法可以分离出纯白的订单，但也会产生灰订单。我们可以分离出纯黑和纯白的订单，除此之外，大多是灰订单，约 90%。打个比方，90% 的人都无法分辨出是好人还是坏人。原因是黑订单的样本太少了，就像广袤星空中却只有一颗孤星的感觉。之后的思路是从白订单中找出白特征，但是后面我们发现这条路走不通。因为以订单为维度，可用的信息太少了，在订单创建初期，除了商品和价钱之外，我们一无所知。完全无法预计事情的进展，所以这条路行不通。当然，我也做了很多的努力尝试，但种种努力都表明这个思路行不通。我们接下来从另外一个维度进行探索。

因为我们有黑订单，就可以知道卖家是谁，并关联出黑卖家，和刚才的思路相同。进而可以找出黑卖家和白卖家的特征。如图 2.6.15 所示，我们把黑白特征都作为 feature 放入到我们的模型里面，训练出一个分类器，这个分类器就是我们的模型。可以看出来，我们的思路是根据数据和目的来规划，并不是最开始就直接建立模型，这很重要。所以，做数据挖掘要以数据和目的为基础。

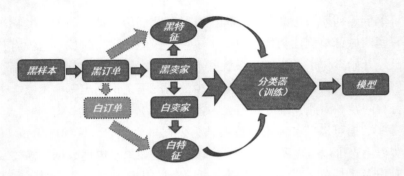

图 2.6.15   研究思路

根据刚刚讲述的，信息分两个维度，并且从订单维度走不通，所以最后从卖家的维度入手。但是订单维度有一些性质，比如实时性，而卖家维度是历史信息，不具有实时性，也就是替代性数据，这就是数据的特征。订单维度为线上，卖家信息为线下，这对我们后面的部署很关键。针对不同的数据，我们要采取不同的处理方式。根据数据分为线上和线下的特征，我们制定了最终方案：先从卖家维度入手，对卖家进行初步的筛选，也就是预处理；然后对筛选得到的这部分卖家进行训练，得到分类器，对经过分类器分类的卖家关联出订单维度；最后根据订单信息对分类结果再进行一次过滤，即二次过滤，这样得到的基本上就是白订单。但是谨慎起见，我担心万一有错，判断失误的话，如果坏人只实施一次金额较小的诈骗，问题还不是十分严重。但如果坏人大批量犯罪，则后果不堪设想，而且这会影响交易额。考虑到这些，我增加了一层指标——防御指标，进行第三层过滤，主要目的是防止发生一些大范围、大金额的突发事件。

（2）建立模型

接下来是模型建立的部分，第一部分是 feature 的提取，第二部分是我们的模型，第三部分是防御指标，第四部分是工作流，如图 2.6.16 所示。

特征的提取非常复杂，我们之前挑选了 200 多维的数据，因为数据量太大，无论用任何一种方法提取 feature，都比较困难。每天有几千万几亿的数据，无论如何训练，得到的 feature 都不太准确。有些人会建议用 PCA（Principal Component Analysis）。但是 PCA 在这里不适用，我们采用了决策树的方法，举一个很经典的例子——丈母娘找女婿，会先询问有没有工作，没有就不选，如果有就继续问是否有房子，像这样不断地判断。决策树的原理大致就是如此。那么，在决策树中我们如何判断它是不是 feature，刚刚举的例子里，

■ **Feature提取**
➤ 决策树
■ **模型**
➤ 规则（RF）
➤ 分类器（Fisher）
➤ 模型的比较
■ **防御指标**
➤ 异常值检验
■ **工作流**

图 2.6.16   模型建立

询问的每个问题都会影响到结果，那么询问的那些问题可能就是 feature。如果我们进行多次训练，这些问题都没有用到，那么证明这些判断对结果没有影响，就不是 feature。这就是我们采用决策树进行训练的思路。当然，训练过程中一部分处理由手动操作，一部分由

机器自动运行。最后，我们得到约 60 维的数据，即所需特征。

之后我们就在模型中对这 60 维的特征进行训练，规则为随机森林，在阿里巴巴称之为规则。具体的规则不方便讲解，只介绍一下随机森林的树结构，如图 2.6.17 所示的分类过程。默认分出来的树是 10 万棵，数据量非常大，所以我们会手动地截取前 10 棵或是一定份额的树。由于这种方法不能保证完全可靠，因此之后还需要进行验证。

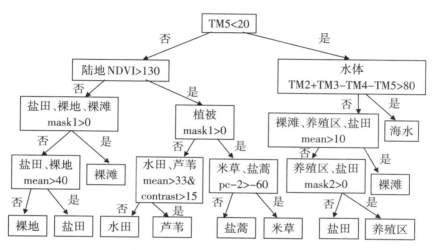

图 2.6.17　决策树模型（何厚军，王文，刘学工，2008）

表 2.6.3 是我们的验证结果。订单总量即每天的订单总数，覆盖率就是识别出的白订单占订单总数的百分比。通常，我们每天都能识别出 1300 多万个白订单，准确率是 99.99%。这里含有混入的灰订单，即无法判断的订单，但是到了验证环节，这里的灰订单是指那些曾经有过欺诈行为的卖家，因此即使该订单不是黑订单，也会自动判定为灰订单，即被打上了一次犯罪的标签。由验证结果可以看到，白订单中混有的黑订单为 0，混入了极少数灰订单，可见精确度较高。

表 2.6.3　　　　　　　　　　　RF 分类情况表 1（未加防御指标）

日期	订单总数（万）	识别出来的白订单数（万）	覆盖率	混有的黑订单数	混有的灰订单数	准确率%（灰判白也算错）
20150629	7 136	1 305	18.3%	0	4	99.99%
20150630	8 509	1 314	15.5%	0	7	99.99%
20150701	7 447	1 311	17.6%	0	5	99.99%

工作进展到此时，主管让我确定一个 KPI（Key Performance Indicator，KPI），即最后的覆盖率能达到多少。当时我比较谨慎，回答 20%，覆盖率提高一两个百分点，意味着识别出来的白订单数目就要增加一两百万，压力很大。此时，我遇到了瓶颈，不管我如何训

练优化，准确率仍无法提高，甚至有时还会下降一两个百分点，但我发现了一个规律：无论分类器训练地多好，关联系数多大，卖家关联出来的订单是恒定的。因此我意识到，需要对卖家进行分类，也就是说此处可以继续进行优化，如图 2.6.18 所示。

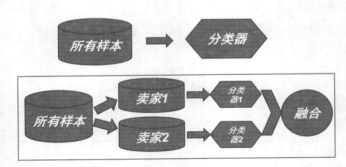

图 2.6.18　模型瓶颈与突破思路

最开始的时候我们是把所有的样本都放到了分类器中训练，这个时候验证结果到达极限，不能变得更好了。后来我们根据数据反映出来的特征，将卖家分为了两类，分别通过分类器，这些分类器可以相同也可以不同。我为了模型上线的统一性，采用相同的分类器，之后进行融合。

由于卖家的分类指标比较准确，由验证结果表 2.6.4 可以看出，此种方法效果非常好。覆盖率涨幅度较大，达到 25%~30%，但是覆盖率上升的同时，灰订单的数目也会上升，识别出的灰订单越多，当然危险系数就越大。但也因为数据量很大，所以可以保证准确率。我们的准确率保持在 99.99%。

表 2.6.4　　　　　　　　　　**RF 分类情况表 2**（未加防御指标）

日期	订单总数（万）	识别出来的白订单数（万）	覆盖率	混有的黑订单数	混有的灰订单数（卖家个数）	准确率%（灰判白也算错）
20150629	7 136	2 122	29.7%	0	26（8）	99.99%
20150630	8 509	2 017	27.1%	0	67（9）	99.99%
20150701	7 447	2 040	24.0%	0	87（5）	99.99%

我们对卖家进行分类之后，数据量比之前的更小。出于这个考虑，我尝试了使用规则（随机森林）方法之外的一种算法——feature 分割算法，大多数人将此法用于分割。例如，Matlab 中有封装好的函数，根据均值或其他统计值进行分段，示例如图 2.6.19 所示。

图中有两类点——ω_1 和 ω_2，进行分类就要找出它们的最佳投影方向。如果我们把全部点都投影到图中箭头横线（倾斜角度稍小）所指方向上的话，就可以很明显地区分出这两类；如果投影到最不利于投影方向上的话，就分不清楚了。这就是分割的原理，即找出最佳投影方向。那么怎么找出最佳投影方向呢？基于上图所述的原理——类内散度平方和

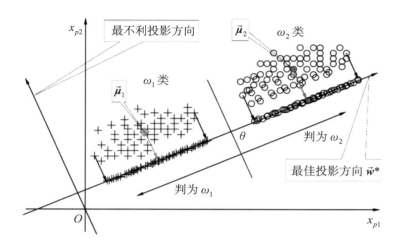

图 2.6.19　Fisher 分类器

（图片来源：https://wenku.baidu.com/view/8c122e21192e45361066f53c.html）

最小，类间散度平方和最大，大家可以查阅相关资料以获取更详细内容。为什么我要用 feature 分割算法？如果模型的 feature 特别多，特别复杂，同时也是二分类的话，一般会推荐一种 SVM 模型，SVM 很强大，但是 SVM 的数据量特别大，我们经过特征选取后有 60 维 feature，不是太高，如果用 SVM，数据量偏大。毕竟我们有一部分数据要在线上处理。采用散度的 feature 分割方法对性能的开销不是很大，对于维度不是很高的数据很适合，所以我们选择了基于散度的一个分类器。

由表 2.6.5 可以很明显看出，覆盖率又得到提高，但同时，混有的灰订单也增多了。此时，考虑到此模型会用于"双十一"，而"双十一"的订单量是平时的好几倍，我的主管希望我对这个模型继续进行优化，争取再次提高覆盖率，达到 50%。我认为，"双十一"的订单总数增加后，覆盖率的提高会让危险系数变得较大。因为这个模型是我们部门的成果，因此如果出现大问题，我们部门要负责任。所以，当时我认为这个模型不能再继续优化了。

表 2.6.5　　　　　　　　　　**Fisher 分类模型的实验结果（未加防御指标）**

日期	订单总数（万）	识别出来的白订单数（万）	覆盖率	混有的黑订单数	混有的灰订单数（卖家个数）	准确率%（灰判白也算错）
20150629	7 136	2 539	35.6%	0	148（7）	99.99%
20150630	8 509	2 514	33.8%	0	89（9）	99.99%
20150701	7 447	2 404	28.3%	0	129（4）	99.99%

之前说过，为了防止大批量、大金额的犯罪，我额外设置了进行第三层过滤的防御指标，如图 2.6.20 所示。首先从订单金额不能太大的角度考虑，如何确定阈值。我们发现每

从订单金额的角度

从订单数量的角度

从退款订单数量和金额的角度

图 2.6.20 第三层过滤的防御指标

天的订单金额分布比较稳定，所以根据订单金额分布选取了一个阈值。再从订单数量考虑，订单金额一定，但不同卖家在不同时间的销售额不同，我们采用异常检验的方法。把卖家前一段时间的数据和当前的数据进行关联，用异常检验的方法设定一个阈值进行判断，超过这个阈值则进行防御，没超过就继续进行下面的程序。另外，将退款订单数量和金额考虑在内，如果卖家退款增多了很多，则说明要么是商品有问题，要么就是没发货，意味着存在质量不合格商品或欺诈的情况，所以买家才会退货。这些是我主动增加的防御指标。对于不同卖家，设定不同阈值，订单金额和数量是动态的，退款数量和金额是静态的。加上这些防御指标后，显然覆盖率会下降，但是我们从下面的两种算法的验证结果可以看到，准确率比较稳定了，此时我才比较放心。

表 2.6.6　　　　　　　增加防御指标后 RF 模型的结果（加防御指标后）

日期	订单总数（万）	识别出来的白订单数（万）	覆盖率	混有的黑订单数	混有的灰订单数（卖家个数）	准确率%（灰判白也算错）
20150629	7 136	1 951	27.3%	0	18（7）	99.99%
20150630	8 509	1 977	27.7%	0	18（7）	99.99%
20150701	7 447	1 881	22.1%	0	50（7）	99.99%

表 2.6.7　　　　　　　Fisher 分类器的实验结果（加防御指标后）

日期	订单总数（万）	识别出来的白订单数（万）	覆盖率	混有的黑订单数	混有的灰订单数（卖家个数）	准确率%（灰判白也算错）
20150629	7 136	1 951	27.3%	0	18（7）	99.99%
20150630	7 447	1 977	26.5%	0	18（7）	99.99%
20150701	8 509	1 881	22.1%	0	50（7）	99.99%

接着，我们对规则（随机森林或决策树）和 feature 分割（Fisher 分类器）两种算法进行比较。由表 2.6.8 可见，随机森林算法需要人为控制，"砍"一些树（截枝），同时还需要检测指标是否有效。而 Fisher 算法是基于机器学习的算法，更新比较简单，只要把数据放进去，它就会自动学习、确定模式；准确率和覆盖率方面，两种算法都为 20% 左右；计算开销方面，经测试发现 RF（随机森林）稍微大一点；模型的可读性方面，要求较高。由于是基于业务的模型，在规则设定原因及其含义等方面，都要求一定的可读性。RF 算

法的规则可读性很高，而 Fisher 算法是求散度之后进行计算的，需要通过一个转换才能看到算法含义。我们综合了线上和模型自动化的要求，最终选择了 Fisher 算法。它的优点是适应性比较强，性能开销相对而言低一点，而且准确度和规则算法与其他的差别不大。但缺点在于，需要经过散度反解才可以看到内容，而无法具体地掌握。

表 2.6.8　　随机森林算法（决策树）和 Fisher 分类器比较

模型比较	RF	Fisher
更新难易程度	更新时需要更多的人为控制，需要检测指标是否有效	更新较为简单，能够适应数据的变化
覆盖率 & 准确度	准确率度，过规则前准确度较低，过规则后相对略高	准确度高，过规则前准确度较低，过规则后相对略低
计算开销	基本与 fisher 一致	基本与 RF 一致
模型的可读性	较高，可以清晰知道每条规则的意义	较低，无法知道具体的识别内容和方式

（3）总结

今天我的讲解过程中多次提到三个词：数据、目标、模型（算法）。这三者哪一个最重要？这是我在阿里巴巴进行第三轮实习面试的时候面试官（后来成为我的主管）的问题，即在数据挖掘中什么最重要。我当时的想法和很多人一样，回答说是目标，因为目标决定了如何做。面试官说是数据，他说如果连数据都没有，挖掘什么？数据确实很重要，我们要根据数据的特征来设置目标，有可能我们有某个数据，这个数据可以只能做出某个目标；第二是目标，因为它决定了我们的方向；最后是模型。我认为模型有个关键词，即适合。总体来说，我认为是这样的一个过程：我们先根据数据的特征，然后结合我们的目标，找到最适合我们的模型，如图 2.6.21 所示。

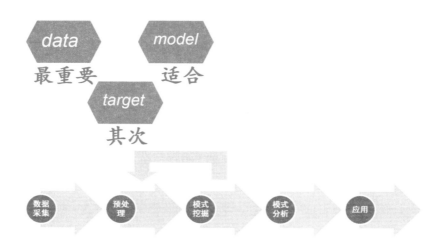

图 2.6.21　方法总结

　　下面介绍一下数据挖掘的一般流程。数据采集一般是通过爬虫收集，由数据库或公司直接提供，这不是数据挖掘的重点。然后是预处理（我一般称为"找 feature"），即根据我们的目标（就像我刚刚提到的流程一样），寻找疑似的 feature，找到 feature 之后，我们就开始模式的挖掘——建模，最适合我们的数据，也能够最大限度地达到目标，就是最适合的模型。当然，在这个过程中，我们往往会发现，尽管找到了一些 feature，但是建模进行了很久也没有结果，说明 feature 找的有问题，那么这一步需要重来，所以这个步骤通常是个循环的过程。正常过程中，预处理的时间会占到总时间的约 70%，大部分时间都花费在数据处理上。但如果 feature 找得准，建模会很快。大家或许会认为我之前找的 200 维的数据的维度很高，其实从数据排名来说，200 维相当低。接着分析模型是否符合场景及客观事实；最后要思考如何应用。如之前所讲，我们要针对数据不同的特点，即实时还是线下，进行应用。

　　最后介绍掌握数据挖掘需要的知识，如图 2.6.22 所示。

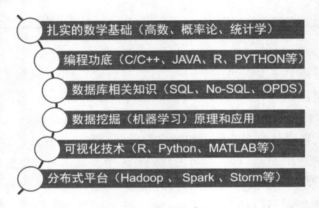

图 2.6.22　数据挖掘需要掌握的知识体系

　　第一是扎实的数学基础。身边很多人问我一些问题，我会让他们去看概率论、统计学的书。由于数据挖掘中有很多公式、分布和模型，而模型是由一系列公式推导所得。当然有些人说现在开源工具做得很好，我不需要懂数学也可以计算出结果。确实可以，但是学好数学可以得到更大提升。

　　第二是编程功底。很多人，包括我自己不擅长编程。很多人不想做编程的工作，更倾向于数据分析相关的工作，因为感觉会相对轻松，但是事实并非如此，数据挖掘对编程的要求不像研发那么高，但一定要掌握。用到编程的环节一般有预处理（由于很多软件无法对毛糙的"脏"数据进行处理，因此，需要自己编写代码处理），以及部署线上流和线下流的时候。因为语言都是相通的，只需掌握 C/C++，JAVA，Python 等语言中的一种就可以，其他语言了解即可。由于要去阿里巴巴工作，我在学习 JAVA。此前，我一行 JAVA代码都没写过，硬是凭着 C 语言坚持到了面试最后。自从决定学习 JAVA 后，我把电脑上的 C 语言相关内容全部卸载，代码也用 JAVA 重新编写。

　　第三是数据库的相关知识。数据需要储存，除了在预处理阶段处理毛糙数据时用底层的代码实现外，其实有很多的过程都可以在数据库的环节中进行。现在有很多数据库，SQL 和 NoSQL，以及阿里巴巴的 ODTS——阿里云，功能相当强大。因为太好用了，以至于我在阿里巴巴实习的三个月期间基本没有写过代码。阿里云运行速度特别快，并破过纪录，曾获得高性能竞赛一等奖。

　　第四是数据挖掘的原理和应用。原理很重要，大部分的挖掘算法我都大致知道其原理，但有些算法的细节不太清楚。我擅长建模和机器学习，对搜索、NOP 不是很熟悉，最近在学习。

　　第五是可视化。数据计算结束后需要呈现出来。别人如果看不懂，就没有意义了。目前的可视化工具比较多，如 R、Matlab、Echarts，等等。但是现在网上一些插件只支持小数据量数据的处理。

　　最后是分布式平台，如 Hadoop、Spark、Storm，等等。很多师弟师妹基础较好，所以希望一开始就使用分布式平台，但是我认为不要把所有重心都放在平台上面。因为 Hadoop 速度快并且自带一些算法，很多人喜欢使用，但是也会有一个问题，虽然使用它解决了问题，但如果想优化，仍需要自己写代码实现，所以我们对算法要有所了解。我们需要清楚地知道每个模型的原理、优点以及适用范围，这样拿到数据后，才会知道哪些模型可能适合。这也是面试中经常遇到的问题，及比较几种算法。需要靠平时的积累和应用。以上几点虽然简单但很重要。

　　我获得阿里巴巴实习的 offer 后，正式去实习前的这段时间，专业知识有了很大提高。因为我希望自己经过此次实习可以最终留在阿里巴巴，所以那段时间我看了很多书，估计比过去一两年看得都多，如《深入浅出统计学》《深入浅出数据分析》《谁说菜鸟不会数据分析》《数据挖掘导论》《数据挖掘》《统计学习方法》等。我有 R 语言的基础，那段时间也学了一些 Python 相关知识，看了机器学习实战类的书。然后就是数据库，实话说我进阿里巴巴之前，没有怎么学过数据库，只是借助别人的平台用过 MongoDB，之后用阿里云比较多。知乎上也有很多关于数据挖掘的推荐书籍的帖子，最经典的书就是《数据挖掘导论》、李航老师所著《统计学习方法》，还有斯坦福大学和加州大学的视频，可以在网上找到，Coursera 也经常提供一些公开课，网易云课堂，等等，网络学习资源很丰富。可视化技术方面，有美术功底则比较有优势。

　　如图 2.6.23 所示，看看成为一个优秀的数据挖掘者或是数据科学家，需要掌握的知识体系。第一是各种算法、数据库等的基础；第二是统计学；第三块是编写代码的能力；第四是机器学习的相关算法；第五是文本处理 NOP，这是单独的一个领域；第六是可视化；第七是大数据，刚刚我们说的一些分布式平台。这七部分中，如果能掌握三四部分就胜过普通的人了，全部掌握确实很难，大家可以慢慢学习，我非常热爱算法，微信上关注了很多讲解算法的公众号。

　　讲一下阿里巴巴的数据竞赛。我在阿里实习时，作为公司的一员去了竞赛现场，和参赛选手聊了一下。其实参赛选手也和大家一样，刚开始都不是太熟，渐渐地找到自己的伙伴，与志同道合的一群人研究算法，做数据挖掘，最后拿到一百万元奖金。但是竞赛的模

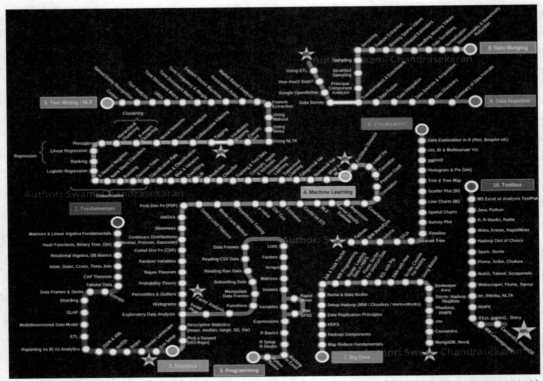

（Swami Chandrasekaran，2010）

图 2.6.23　数据挖掘需要掌握的技能体系

式和一般的科研或工作的模式不同，竞赛不注重选手用了多少算法，找了多少维特征，只在乎结果。我记得冠军获得者是南京某所大学的学生，采用的是神经网络的算法；其他的选手和我们前面的思路一样，先分类再融合。去年的冠军采用的是 LR（Logistic Regression），即逻辑回归，今年统一采用 GDRG，即梯度下降法，总体来说偏向于深度学习方面。

【互动交流】

提问人一： 您在阿里做的这些事情和你之前科研做的有什么联系？可以给我们介绍一下吗？

樊珈珮： 从 2014 年 4 月工作开始接手数据挖掘的项目，做到 2015 的 3 月的时候，我拿到了阿里巴巴的实习 offer，我做数据挖掘的时间不到一年。之前也讲了，我所做的工作并非很高深，重要的不是做什么事，也不是一定要有特别相关的项目，而是要对自己所做项目很了解，了解这样做的原因、细节，还有对所做事情的看法。

提问人二： 您刚刚提到的这些算法和数据库相关的知识，都是硕士期间学习的吗？

樊珈珮： 我从 2014 年 4 月份开始接触数据挖掘，此前没有做过相关工作。我本科专业是通信工程，对数学的要求相对较高，而且我比较喜欢数学，特别喜欢看算法相关的书。所以接到数据挖掘相关项目也比较兴奋，在兴趣的带领下学习了许多算法和数据库相关的知识。

提问人三：我们实验室学习数据挖掘、数据分析的同学，毕业之后可以进入哪些行业和适合哪些职位？

樊珈珮：做数据挖掘项目的公司很多，如 BAT 三家公司都有数据研究中心（大数据分析），华为有深圳研究中心，银行、浏览器公司也做数据分析，比如美图、爱奇艺、新浪等，都需要数据挖掘的人才。如果倾向于事业单位，可以选择去银行、研究所，可能门槛较高。一般来说，数据挖掘岗位招收人数比较少，比如华为，招聘 800 位研发工程师，但是可能只要 10 个数据挖掘师，所以要想脱颖而出，就要有更高的技能。数据分析的岗位一般有三个，薪资由低到高依次是数据分析、数据研发和数据挖掘。数据分析是要求会用 Excel，SPSS，SAS 等做一些简单的分析、报表等；数据研发是指做数据相关的研发；数据挖掘要对数据进行建模，对其进行深层次的挖掘。

提问人四：我们这些研究生做的更多的是科研，请问这些公司在面试的时候更重视我们做的科研项目还是横向项目？

樊珈珮：大家可能都差不多，没有太多的项目经验，但如果拥有公司实习的经验会更好。我们实验室接的项目，不管是横向还是纵向的项目可能都与公司的项目不太一样，如果我们大家以后想在数据挖掘方面发展，最好去公司实习。因为公司在很多方面与科研不同。比如说，当我们用数据验证了一个效果较好的算法的时候，会想赶快用来发表文章。数据挖掘需要根据数据和目标，建立与之最适合的模型。建模的时要考虑很多因素，比如系统的开销、当前的环境、业务，等等。还有，企业更希望看到员工对问题的看法以及处理问题的能力，因为数据挖掘行业技术发展太快，每天都有新东西、新问题出现。所以，即便项目做得好，但没有对问题的认识和看法，不具备处理问题的能力也不行。

提问人五：如果我们以前从未接触过数据挖掘，要用什么思路去学习、解决问题，该如何做？

樊珈珮：我把这种问题归为两种情况，第一种是知道大致的方向，即要挖掘什么；第二种是什么都不知道，不知道要挖掘什么。针对第一种我们有数据和目标，就可以按照之前的思路去找模型，比如说回归，就建立一个预测模型，找影响因素，寻找符合的分布和模型，根据分布去建模；再比如分类，要先找到特征，训练分类器并验证，再进行下一步。针对第二种情况，我们就要对数据进行深入分析，看数据有哪些信息以及利用这些信息可以做什么，或者说想解决什么问题，还有解决这个问题需要什么信息。在有目标之后，就可以参照第一种情况了。

提问人六：除了老师给的数据之外，自己如何获取数据？如果对于维数很多的数据，怎样处理？

樊珈珮：自己可以通过爬虫获取数据，现在爬虫限制比较严格，一般只爬了一部分数据，IP 就被封了。还有一个渠道，美国有很多开源的数据库，之前我收藏过一些资料，需要的话可以联系我。另外，一些书中自带资料，比如 python 的《机器学习》和 R 软件都自带数据库，虽然比较规模小，但是对于初学者来说，数据量大小不重要。反而数据量小的话，有时更容易解决问题，如果数据量太大，重点或许就会变为如何处理大数据而非挖掘。至于维数较多，即数据的特征较多的情况，可以采用多种方式降维，比如 PCA（主成分分析）或因子提取，当然也可以用刚刚我那篇文章所采用的决策树的方式降维。

提问人七：在求职的过程中，作为一个女生，有没有遇到什么问题，有什么心得？

樊珈珮：我在华为面试时，遇到一个同学，他也在阿里巴巴实习。他也问过我在找工作过程中，有没有遇到歧视女性的情况，我回答是没有，至少我没有遇到过。当然，找工作的时候女生会受一定的歧视，这是很明显的，同等能力的情况下，企业或许更倾向于录用男生。但是如果你有自己的专长和优势，别人就没有理由不录用你。

【碎片整理——面试经历及心得】

过年回学校后，群里有人说阿里有推荐，当天下午就投了简历。过了两天接到面试电话，紧接着是一面，一面内容是聊一下所做项目，我就讲了这些项目和另外一篇文章的项目，那篇文章的模型要更复杂些。面试官问了一些编程细节，每个模型的算法，选择某个模型、数据库的原因，比如刚刚说的为什么用 NoSQL 的数据库而非 SQL。面试官随口问了几个写代码的题目，我都写出来了。最后是场景设置，是一个比较开放式的题目。他给了一个场景，让我用所有的算法来思考如何解决。总之，一面相对简单。一面结束后，我就问面试官自己表现如何，面试官让我等后面的面试并告诉我后面还有一面（阿里巴巴的内推面试一般就是两面）。接着是二面，自认为自己第一面表现不太好，所以我看了很多算法相关书籍。二面问题比一面深一点，询问一些算法，对算法的一些认识和比较，以及适用的场景。实际的面试可能会要求推算一些算法，比如百度的面试就是这样。有家公司的面试让我手推 SVM。阿里巴巴的二面问了一些数据库的项目问题，因为数据挖掘需要一定的开发能力。问我在过程中遇到的困难有哪些，以及如何处理的，在这个问题上，公司的目的是想了解面试者面对困难和挫折的处理态度和方式，所以一定要注意。

二面结束后，我又问面试官自己表现如何，但他没有回答。我问如果有幸可以进入公司，会被分到哪个部门。他回答："像你这样的建模能手，我会把你分去我们最优秀的建模团队"。当时心里很开心，在知乎上看到了阿里各种奇葩 HR，所以准备面试攻略。事实上之后发现 HR 并非大家所说那样。进行第三面，面试官是我现在的上司的上司，他问了我关于 C 语言编码的问题，所有关于数据挖掘的问题，用什么数据库，用什么算法，使用这些算法的原因，算法之间的区别，包括我后面一篇文章用的的高斯混合模型（很少有人听过），他问我不用逻辑回归的原因，二者的区别。我从数据和算法的角度回答了这些问题，他问我这些事情是否都是我所做，我说前期基本上是的，由于这个项目从头到尾主要都是我一个人所做，所以我比较清楚。我比较痴迷数据挖掘算法，喜欢比较算法的区别。而且我对数字的敏感度很高。对于算法和模型，只能靠自己积累、比较，网上虽然有很多攻略，但还是自己学到知识最好。面试的时候经常会要求推算法，如 K–S、SVM，所以有所准备。还有逻辑回归，以及最难的高斯混合模型。可能我运气较好，所写的文章刚好与此相关，所以推出来了。

　　HR 面试内容偏向于谈谈生活工作中遇到的一些困难挫折、解决方式，以及自身性格的优缺点，虽然网上有一些攻略，但是态度还是要诚恳，撒谎的话迟早会被发现。当时 HR 问我如何看待 BAT 三家的数据，以及在数据挖掘方面的看法。这种问题不能一味地夸奖面试公司。我能够被录用要感谢我的一位在阿里巴巴工作的同学，面试之前我给他打电话询问阿里数据挖掘的主要工作。他告诉我不同部门工作不一样，侧重点也不一样。所以虽然不知道自己最后会去哪个部门，但是提前了解不同部门的工作，面试时有侧重会好一点。以我自身来讲，因为我比较擅长于建模，所以很可能去做推荐部门或我比较感兴趣的机器学习部门，因此面试前我主攻了机器学习方面，做了针对性的准备。

　　清楚地知道自己想要什么很重要。当时阿里二面的面试官问我愿不愿意做数据库或是其他方面的工作，我直接回答说不愿意，只想做建模和机器学习，现在回想起来觉得自己很傻，不建议大家这样回答，因为有可能直接被淘汰。我当时是第一次面试，没有经验。但之后的面试也是直接拒绝了其他工作的安排。以我为例建议大家，当自己决定要做某些事情的时候，就应该有很明确的态度。做数据挖掘要掌握的知识体系图（图 2.6.20）可见，一般人要精通其中一块或是两块就已经很不容易了，所以要知道自己擅长什么。找到自己的方向后，面试的时候也会有针对性一些，向适合自己的公司投简历，不适合的就放弃，不要觉得可惜。

　　对于阿里巴巴的转正面试，面试次数和等级成正比。我刚开始面试时候评级就比较高，所以转正面试的次数几乎没有人比我更多，包括交叉面在内（面试官是阿里云 CTO），总共有三次面试。

　　身边还有一些同学去创业公司面试。比如微电，这类公司对于男生来说是不错的选择，工资很高，很多年薪达到三十几万。但是我认为不太适合女生，虽然待遇比较高，但是工作强度很大，而且不太稳定。这类公司，如果创业成功的话有可能成为股东，但如果失败，则意味着失业，而且这类平台的工作经历对于二次就业优势不大，所以我没有选择创业型公司。

　　之前我曾参加百度、腾讯的面试。腾讯一面询问了一个项目，并要求在一两分钟之内写简单算法代码。二面面试官是一位总监，和我聊了一下在阿里巴巴实习的模型，询问各种算法优缺点。三面是 HR 面，主要侧重于了解工作中遇到的困难及处理方式。

　　进行百度的网上笔试时，网络出了问题，所以笔试没过，但是之后仍接到了面试通知，我想可能是因为简历上注明的我有阿里巴巴的实习经历。一面是现场手写代码，二面注重算法，之后接到电话，通知去北京总部面试。因为不是太想去北京工作所以最后并没有去北京面试。

银联是某天下午空闲的时候投的简历，面试形式是群面。因为是和一群程序员面试，所以比较容易发言。最后是技术面，基本上问了下在阿里做的项目就直接谈薪资了。最后分享一下华为的面试经历。华为的面试最开始和银联差不多，一面二面都是直接问了下在阿里的实习项目就通过了。比较独特的一个经历是最后被安排了总裁面试。和其他的面试类似，也是聊实习项目，再就是对未来自己人生的规划。虽然最后并没有选择华为，但是这也成为人生中一个不可多得的经历。我最后选择了阿里巴巴，是因为阿里巴巴能给我一个造轮子的梦想！

（主持人：简志春；录音稿整理：简志春；校对：梁艾琳、赵欣、徐强）

2.7 面向 3D GIS 的高精度全球 TIN 表面建模及快速可视化

摘要：近年来，随着数据形式的多样化和应用需求的深入化，3D GIS（三维地理信息系统）需要新的数据模型、建模手段和可视化方法，以满足全球各类规则、不规则空间数据（如 LiDAR，倾斜摄影测量点云）无缝集成和精确表达的需求；同时还可以满足各类地理分析和评估的需求，最终实现从"展示"走向"分析"的转变。本次报告中郑先伟博士向大家介绍了高精度全球多尺度不规则三角网（Triangulated irregular network，TIN）表面建模及快速可视化方法的基本原理及其应用，同时也分享了一些有趣的科研成果。

【报告现场】

主持人：非常感谢大家来参加我们的 GeoScience Café 学术交流活动。本次报告我们有幸邀请到了国家重点实验室的郑先伟博士与我们分享 3D GIS 的研究成果以及学术科研经验。下面让我们用热烈的掌声欢迎郑博士为我们作精彩报告！

郑先伟：非常感谢 GeoScience Café 团队提供这样一个机会，让我能够在此和大家交流探讨！今天我的报告题目是：面向 3D GIS 的全球 TIN 表面高精度建模及快速可视化。主要有以下几个方面的内容（图 2.7.1）。

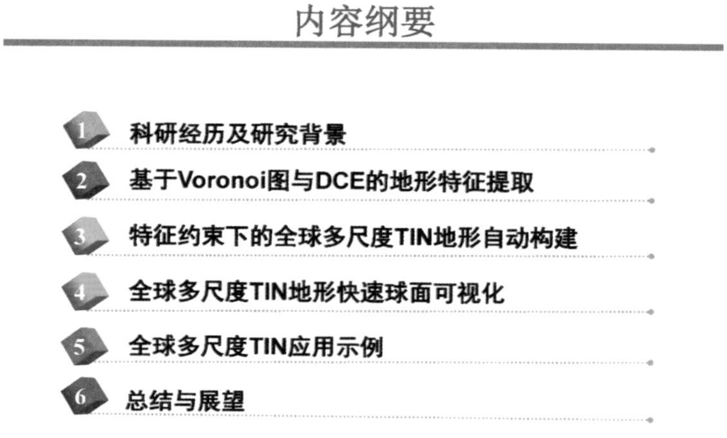

内容纲要

1. 科研经历及研究背景
2. 基于Voronoi图与DCE的地形特征提取
3. 特征约束下的全球多尺度TIN地形自动构建
4. 全球多尺度TIN地形快速球面可视化
5. 全球多尺度TIN应用示例
6. 总结与展望

图 2.7.1 报告内容纲要

1. 研究背景

首先，简要介绍一下我的科研经历及研究背景。我在硕士和博士期间主要从事虚拟地球方面的研究，并参与了"Virtual World1.0"网络三维虚拟地球平台的研制。作为一个典型的虚拟地球平台，"Virtual World1.0"的体系主要由三大部分构成：数据处理工具、网络服务器及系统客户端界面。数据处理工具主要用于制作各种地理空间三维数据集，网络服务器则用来发布这些三维数据集，之后就可以利用客户端请求远程服务器的数据进行在线三维可视化。目前这个平台已经应用到了很多的项目之中，比如利用高分辨率影像和地形的叠加来实现真实地理环境的展示；同时，我们还设计了一些空间统计分析的功能，并应用于植被覆盖率的研究；此外，我们还利用虚拟地球平台去模拟卫星间的联络、通信与数据传输，并实时查看卫星的轨道运行状态。

总体而言，现在国内外主要的虚拟地球平台都基本实现了空、天、地，甚至是城市室内外的信息集成和表达。在早期，受计算机性能和网络带宽的限制，虚拟地球平台的设计往往需要通过牺牲精度来实现全球空间信息的快速传输和可视化，这一遗留问题导致目前许多虚拟地球平台局限于"地理三维浏览器"这样的服务功能，即我们更多地利用它来查看地理空间信息，而不是用来做空间分析。随着"智慧城市"与"智慧地球"建设的深入，我们希望虚拟地球能够承担更多的科学任务，从"展示"走向"分析"。为实现这个目标，首要任务就是解决现存的"精度"和"不确定性"问题。

本研究主要从地形着手，因为地形是最基础的地理信息，全球地形的多尺度建模和可视化是虚拟地球进行各类空间数据集成、表达及分析应用的基础。目前，地形可视化过程主要存在着处理精度和表达精度两个方面的问题。

在处理精度方面，全球地形数据量非常巨大，为了实现大规模地形快速传输和实时渲染，主流系统大多通过影像处理的方法离线生成多分辨率的栅格地形金字塔。现有的影像处理方法大多是基于相邻像素的局部窗口插值，得到粗分辨率（粗级别）的地形。不符合地貌的自然变化趋势和形态特征，处理后得到的地形精度会有较大损失，导致较大的不确定性，进而影响后续地理信息分析的可靠性。例如，做等高线分析和坡度坡向分析时，后台用于分析的地形数据损失是非常严重的，使得得到的结果也不可靠，如图 2.7.2 所示。地形处理在地图制图中实际上是一个多尺度制图综合问题，其目标是在尺度降低的同时，达到一个有效的信息抽象，而不是简单地压缩数据量。所以，多尺度建模的第一个挑战便是需要顾及地形特征在不同尺度上的保留，提高地形精度。

在地形表达与绘制方面，目前国内外主要的虚拟地球系统如图 2.7.3 所示。它们的地形渲染方式主要基于 Grid 模式。Grid 模式系统难以支持不规则数据的集成和表达（如矢量线、LiDAR 等），三维分析功能也比较有限。具体而言，首先，Grid 模式难以与不规则矢量数据无缝融合，一些地特征线和矢量要素与地形叠加显示时可能出现悬空或地现象。其次，Grid 模式很难实现大规模 LiDAR 点云的表面绘制，在精细建模与仿真方面也有很多问题。此外，Grid 模式在拓扑结构比较破碎的海陆地形绘制方面也很不理想，如平整的

地形精度的不确定性**对后续分析造成**严重影响：地理、水文、
气候、地质（Kaicun Wang et al., 美国科学院院刊）

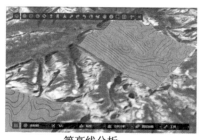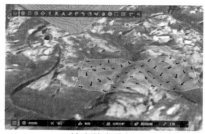

等高线分析　　　　　　　　　　　坡度坡向分析

后台用于分析的地形数据，其处理时地貌特征，坡度形态损失严重导致结果
不可靠

图 2.7.2　影像处理方法给地形数据处理带来的精度损失

图 2.7.3　国内外虚拟地球系统

海面只需要较少的面片就可以表达，但由于规则格网不具有空间自适应性，会造成很大的冗余；海岸、岛屿比较破碎，Grid 模式又很难刻画其地貌细节、微地貌，得到高保真度的表达。最后，Grid 模式尚不能支持复杂的地质数据集成。

　　下面看一个分析方面的例子。图 2.7.4 左侧是原始高分辨率 LiDAR 渲染出的地形效果，右侧是 Google Earth 渲染的效果。目前，Google Earth 还不支持高分辨率 LiDAR 地形的直接渲染，在图 2.7.4 中，我们可以看到断层地带出现了非常严重的拉伸和扭曲。在三维分析中，我们经常需要将结果进行可视化展示，那么像 Google Earth 这样的 Grid 模式地形表达精度较低，结果不理想，对用户造成误导。这也是为什么当前许多虚拟地球系统很难应用于山体滑坡、变形监测等分析的原因。综合以上问题，不难发现 Grid 模式系统当前还不能很好地满足分析和应用需求，需要构建支持表达精度高、几何结构灵活的 TIN 模式的系统。对此，本研究可主要总结为以下几个方面：首先，提出了一种稳健的地形特征

提取方法。虚拟地球要面对的数据非常多样化，数据格式、数据质量都有区别，需要发展一种稳健的地形特征提取方法，能够很好地抗噪、抗地物干扰；同时需要对地貌的空间差异以及数据形式具有自适应性，减少后续地形建模时的误差传播。然后，研究了顾及地形特征的多尺度 TIN 自动构建方法，包括 TIN 地形的多尺度生成、TIN 地形的空间组织、存储结构设计及索引建立与入库。最后，研究了全球多尺度 TIN 地形的球面快速可视化方法，包括基于视点的 TIN 地形数据请求与调度、场景组织与渲染、TIN 地形的接边算法等。下面具体探讨一下本研究的主要几个方面内容。

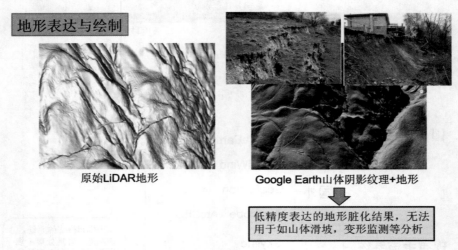

图 2.7.4　地形表达与绘制分析实例

　　从事过多尺度建模的同学可能知道，影响建模质量和精度的一个关键因素就是"特征"。比如倾斜摄影测量的密集点云数据，它的多尺度建模很大程度上依赖于精细边缘特征的提取和保留，而地形则主要依赖于地形特征的提取和保留。首先回顾一下现有的地形特征提取方法，根据输入数据的格式，主要有基于栅格和基于等高线两大类方法，如图 2.7.5 所示。栅格方法又包括基于水文的方法和基于形态学的方法。水文方法是利用地貌特征提取流向、流量，从而得到地形的汇水网络，这种方法简单、易实现，但因对地表径流机制的假设较粗糙从而导致在平坦区域和空间差异较大区域，结果很不理想。形态学的方法则考虑地表曲率来提取地形特征，它的主要问题是对地表的极小曲率非常敏感。等高线法有三角网骨架化法和纯矢量方法两大类。骨架法是指在复杂地形区域重建地形骨架，它的缺点是结果较为破碎，缺失连通性，不能生成完整的拓扑网络。纯矢量方法在思想上最接近人工解译，早期在没有自动提取方法之前，就是通过人工制图来提取地形特征。它主要是通过等高线的弯曲形态提取谷底点，然后再连接生成谷地特征线。这种方法具有较高的可靠性，但目前基于此所发展的一些自动提取方法对矢量噪声和不规则性比较敏感，无法处理拐弯大、地貌复杂的区域。根据以上分析，我们从等高线形态入手，将骨架法和纯矢量法进行优势互补，提出了一种基于 Voronoi 图和离散曲线演化（Discrete Curve Evolution，DCE）的混合方法。

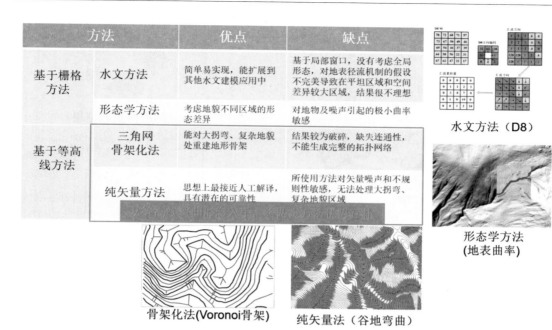

图 2.7.5　地形特征提取方法

接下来简单介绍一下离散曲线演化。离散曲线演化是计算机图形学中用来做轮廓分割和提取的方法。它的主要原理是一个迭代过程，每一次迭代都会计算各点对轮廓形状的贡献值，并逐步删除贡献值最小的点，从而实现层次表达，并提取对我们视觉刺激比较突出的部分。举例来说，我们肉眼可以快速将一条鱼的形状识别出来，但利用自动的方法是很困难的。因为矢量的不规则性很强，有很多噪声，但用了离散曲线方法后，就有了克服噪声、提取出视觉突出部分的效果。把它应用在等高线的演化中，就可以得到如图 2.7.6 所示的效果，其中绿色部分是在不同演化阶段提取到的弯曲。然而，由于计算机图形学理论和地貌学应用在有些地方存在矛盾，单纯地利用计算机图形学方法可能会提取出错误的部分，所以我们对它进行了改进：在动态演化中，通过一些阈值控制和分裂合并的操作来得到正确的分割结果，最后再提取出特征点。

2. 基于 Voronoi 图与离散曲线演化（DCE）的地形特征提取

接下来介绍一下基于 Voronoi 图的地形骨架构建，该方法主要利用了对等高线的 TIN 构建。构建 TIN 后会有一些特性，根据这些特性就可以自动识别一些复杂地貌。例如图 2.7.7 中的山谷、鞍部、峰或洼，我们可以利用泰森多边形构造 Voronoi 骨架来提取地貌特征线。在提取了这些特征点线后，就可以根据重力学原理将它们生成一个完整的汇水网络。在常规地形中可以通过特征点连接的方式生成汇水路径，而在复杂地貌区域则通过 Voronoi 骨架方式生成，有时还会遇到分支到主支不连通的情况，这时我们会通过一种焊接的方式将分支连到主支，如图 2.7.8 所示。

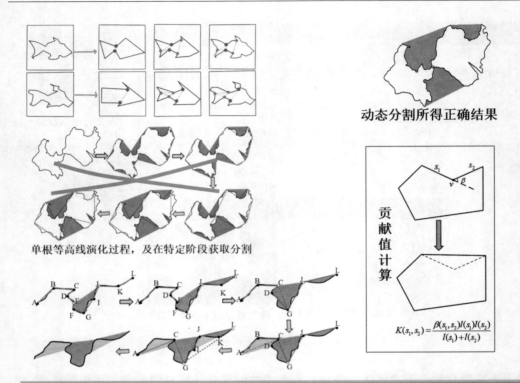

图 2.7.6　离散曲线演化示例

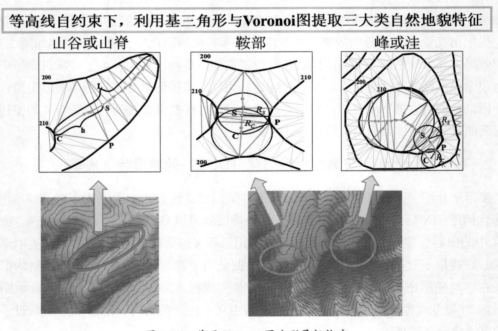

图 2.7.7　基于 Voronoi 图地形骨架构建

根据高程降序，将谷地特征点、Voronoi骨架连接生成连通的汇水网

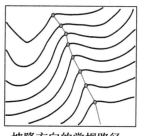

坡降方向的常规路径

复杂地貌的Voronoi路径

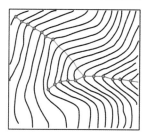

分支到主支的焊接路径

图 2.7.8　汇水网路径生成

随后，我们将上述方法在不同数据上进行实验。首先是浙江测绘局提供的真实等高线数据。图 2.7.9 左上方小图中的绿色部分和红色点是我们提取的谷地弯曲和特征点，再结合 Voronoi 骨架，最终生成了完整的拓扑网络，绿色区域就是提取的汇水区域。相较于纯矢量方法，这一方法有效地避免了复杂地形提取的拓扑错误。

真实等高线(10m等高距，浙江测绘局提供)

汇水区域及特征点

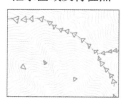

Voronoi骨架

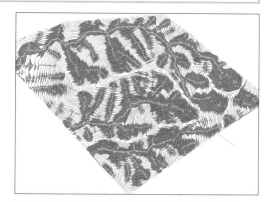

普通路径　　　　　焊接路径

图 2.7.9　真实等高线实验

第二个实验则利用了美国犹他州斯特罗伯里斯河的数据，这个地形的特点是北部比较平坦，南部比较粗糙，侵蚀特征比较密集。我们用现有的主流方法对其进行地形提取（图 2.7.10），可以看到前两种方法在平坦的北部提取的特征线很密集，和实际不符，不具有空间自适应性。后三种方法从总体效果上看和实际都比较相符。将后三种方法进行局部放大比较（如图 2.7.11 所示），D8+坡度约束法会提取到比较杂乱的分支，D8+形态学混合法会提取到过短的分支，将这两种方法和我们的方法叠加显示进行比较（红色是我们的方法，绿色是这两种方法），可以看到这两种方法有明显缩短汇水路径的趋势，即丢失了河的源头，而实际上河源头在水文学上的意义是非常重要的。从定量对比结果上看，覆盖率、误

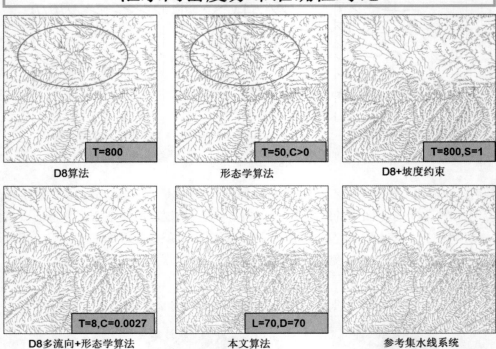

图 2.7.10　汇水网密度分布准确性对比

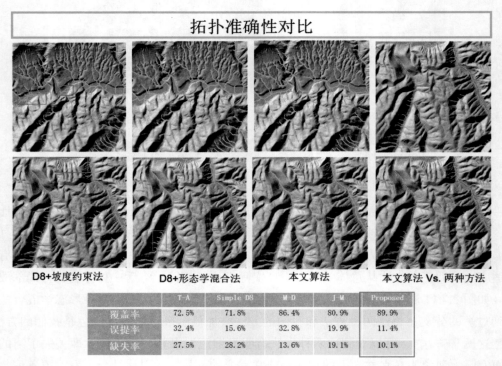

	T-A	Simple D8	M-D	J-M	Proposed
覆盖率	72.5%	71.8%	86.4%	80.9%	89.9%
误提率	32.4%	15.6%	32.8%	19.9%	11.4%
缺失率	27.5%	28.2%	13.6%	19.1%	10.1%

图 2.7.11　拓扑准确性对比

提率和缺失率也表明我们的方法更为优越。

下面一个实验基于 LiDAR DEM (图 2.7.12)。这个实验需要解决由于有大量植被覆盖造成的地形特征 (这里主要是汇水网) 的提取的干扰问题。图 2.7.12 所用的 Geonet 方法是发表在地学顶级期刊 *Journal of Geophysical Research* 上，专门针对 LiDAR DEM 开发的一种方法。可以看出我们的方法在提取效果上和 Geonet 很一致，但我们的方法在计算时间上只有前者的八分之一左右。

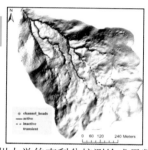

加州大学伯克利分校测绘成果数据

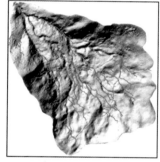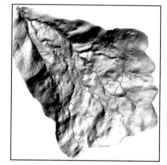

D8多流向+形态学算法　　　　Geonet方法　　　　　　本书中算法
　　　　　　　　　（*Journal of Geophysical Research*）

图 2.7.12　LiDAR DEM 地形提取实验

另一个例子是对原始的 LiDAR 点云进行特征提取 (图 2.7.13)，因为在某些时候我们不希望先插值成规则的 DEM 再进行后续应用。这里我们主要对 LiDAR 构 TIN 提取地形特征，可以看到结果比用插值生成栅格 DEM 再提取要更加理想。这个方法发表在了 *Advances in Water Resources* 杂志上，有兴趣的同学可以一起交流探讨。

3. 特征约束下的全球多尺度 TIN 自动构建

在找到地形特征后，接下来的工作就是如何自动构建全球多尺度 TIN 模型。主要有以下几部分：首先是细节层次模型 (Level of detail, LOD) 规则化。我们知道利用 LOD 可以控制数据在空间尺度上的细节程度，在传统的栅格金字塔中，不同层数据的 LOD 是由分辨率决定的。但 TIN 没有固定的分辨率，在 TIN 金字塔中每层简化的程度应该选择多少才是合适的，才能达到分析的要求呢？这里我们遵从了地学领域中最根本的一个原则——任何分析应用对数据精度的要求都决定于其所在的尺度。因此，我们需要建立尺度与 LOD

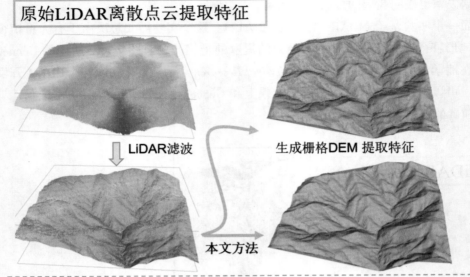

图 2.7.13　原始 LiDAR 离散点云提取特征

的关系，从而达到对每一层数据的精度控制。我们引入了国家的制图规范对 TIN 金字塔 LOD 进行控制。在国际制图规范中，地图的比例尺、分辨率和精度是有着确定关系的，如图 2.7.14 所示。利用其中的数学关系和全球金字塔及四叉树分割的原理，就可以求得每一层的栅格分辨率。

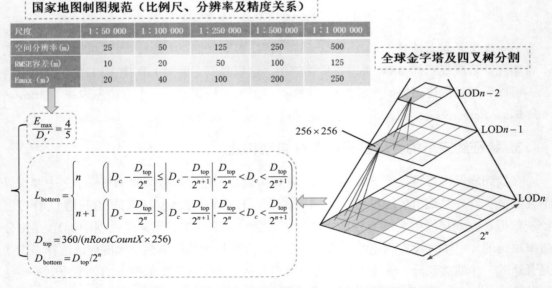

图 2.7.14　引入国家制图规范对 LOD 进行规范化控制

贪心插入法 TIN 表面简化是我们用于构 TIN 的核心算法。对于任意一个输入的栅格地形（图 2.7.15），以其四个角点构成一个初始的 TIN，然后再对 T1 和 T2 包含的角点计算 Z 容差，并根据这一容差生成优先权队列。TIN 的构建是一个迭代过程，每一步选取误差最大的点向当前的 TIN 中插入。当我们给出一系列的误差容差时，就可以得出一系列不同级别的 TIN。

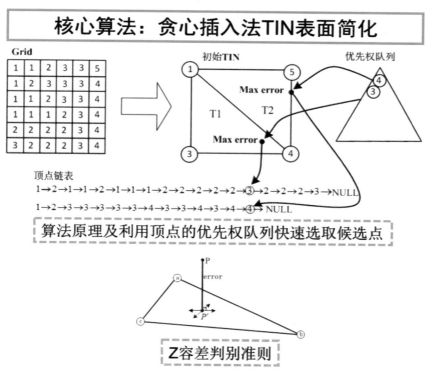

图 2.7.15　贪心插入算法 TIN 表面简化

根据以上分析，顾及特征的多分辨率 TIN 地形金字塔构建算法大致如图 2.7.16 所示。对于一个输入地形，首先提取汇水网特征，然后利用前面提到的数学模型，确定数据可以达到的金字塔级别，根据这一级别推导出各层误差指标。接着通过一个迭代过程，自顶向下构建 TIN 金字塔，根据误差容差值得到每一层的初始 TIN，进而将每层地形特征线加入到 TIN 中进行约束重构，使得地形特征在不同尺度得到保留。由于构建的 TIN 地形可能会覆盖一个很大的区域，只有对它进行高效的空间组织，才能在可视化时，对请求区域的局部数据进行索引和调度。这里，我们利用全球四叉树，对不同级别的 TIN 进行虚拟分割，生成瓦片进行组织。

虚拟分割的过程大致如图 2.7.17 所示。绿线是分块网格线，红色是一个四叉树分块网格的角点。我们从任意一个三角形开始，利用三角网快速穿行算法，定位到角点所在三角形，然后对它进行插入，插入后就可以在相邻的角点间穿行这个三角网络，在穿行中把四叉树分块网格的边界线和 Delaunay 临边交点找出来。这些点实际上是虚顶点，不是地形

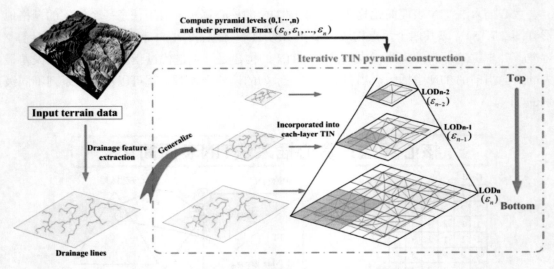

图 2.7.16 顾及特征的多分辨率 TIN 地形金字塔构建

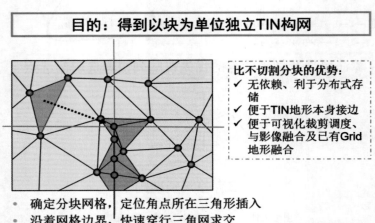

图 2.7.17 虚拟分割过程

构网所必需的顶点，加入这些点只是为了形成规则的块边缘。在过去的研究中，利用 TIN 对大规模地形进行可视化的方法大多采用了不切割的直接分块，那么相对于不切割的分开，这种规则块分割其实有很多优点：首先，块之间无依赖、利于分布式存储；再者，便于 TIN 地形本身接边或与已有 Grid 地形融合；最后，因为影像是规则的矩形或瓦片块，把三角网切割成规则的瓦片块便于可视化裁剪调度与影像融合生成纹理地形。

下面简单介绍一下 TIN 的组织。TIN 分块后，这些角、边会被不同的分块共享。为了避免冗余存储，我们对 TIN 定义了如图 2.7.18 所示的结构，把边缘点和内部点进行分离存储。在构 TIN 分块后，这些点的索引是全局的，即它还不是以块为单位，需要对其进行局部化，对 TIN 里的顶点进行重排。最后，将角点数据、虚边数据、块主体数据分别构建索引，存储在空间数据库中。

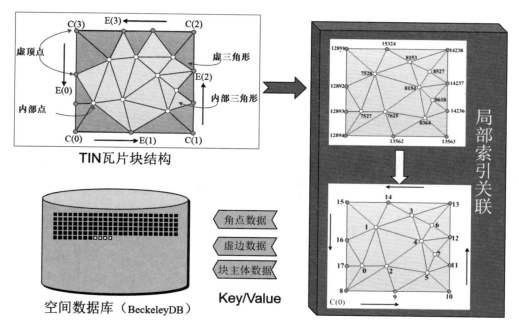

图 2.7.18 TIN 地形存储结构及组织

这里我们选取了美国沃萨奇山脉数据进行实验，该区域是个典型的复杂复合地貌区域，利于检验本研究方法的鲁棒性。实验通过控制不同误差阈值得到了不同 TIN 层次结果，并用四叉树将不同金字塔层次进行了划分，如图 2.7.19 所示。在效率方面，在沃萨奇山脉 5000 多平方公里的总区域进行构网和虚拟分割的总时间是 3 分钟左右。目前在虚拟地球系统中最常采用双线性差值生成多分辨率地形，我们选取该方法与本研究方法进行精

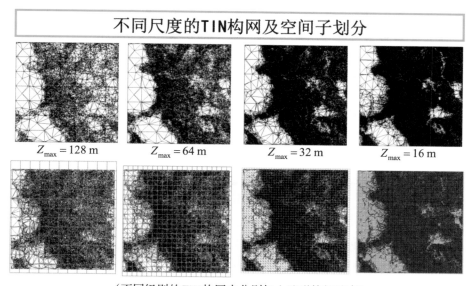

不同尺度的TIN构网及空间子划分

$Z_{max} = 128\ m$ $Z_{max} = 64\ m$ $Z_{max} = 32\ m$ $Z_{max} = 16\ m$

（不同级别的TIN构网中分别加入地形特征约束）

图 2.7.19 沃萨奇山脉数据实验

度和性能对比（表 2.7.1）。可以看到相对于双线性方法的结果，本研究方法得到的多尺度 TIN 地形在每一个层次的顶点数都少得多。在精度方面，两者均方根误差（RMSE）非常接近。这里多尺度 TIN 的平均绝对误差（Mean absolute error，MAE）即为该层地形所在金字塔层的误差容差值。表中双线性方法结果远大于这个值，即它的精度存在很大的不确定性。

表 2.7.1　　　　　　　　特征约束的多尺度 TIN 与双线性结果对比

金字塔层次	方法		点数 (10³)	点数 (%)	三角形数 (10³)	RMSE (m)	MAE (m)
1	M-TIN	切割	1.7		3.6		
		总数	21.2	0.2	60.1	31.51	128
	双线性		599.3	6.25	1 198.7	32.23 (64)	198
2	M-TIN	切割	1.9		3.9		
		总数	31.7	0.3	78.6	17.33	64
	双线性		1 198.7	12.5	2 397.4	16.18 (32)	135
3	M-TIN	切割	9.3		18.6		
		总数	65.8	0.7	142.4	8.99	32
	双线性		2 397.4	25	4 794.8	7.87 (16)	97
4	M-TIN	切割	25.6		51.0		
		总数	151.9	1.6	309.7	4.76	16
	双线性		4 794.8	50	9 589.6	3.74 (8)	49
5	M-TIN	切割	79.8		159.4		
		总数	423.9	4.4	847.1	2.48 (4)	8
	双线性		9 589.6	100	19 179.2	—	—

4. 全球 TIN 地形快速可视化

下面介绍一下全球 TIN 地形快速可视化。可视化涉及多方面的技术，这里选取了几个核心内容进行介绍。首先是球面可视化坐标系。全球三维系统和局部三维系统有较大差异，它需要一个支撑全球表达的统一坐标系。数据生成时，x、y 坐标是经纬度坐标。经纬度虽然是全球性的坐标，但它实际上是墨卡托的投影，是沿圆柱展开的平面。由于高程坐标是米制的，单位不统一，用这种坐标进行可视化是没有意义的，所以需要转换成单位统一的球面空间坐标。目前转换模型有椭球体转换和非椭球体转换两种，在实际工程应用中，虚拟地球系统大多采用规则球体，而并非椭球体。

要实现全球多分辨率 TIN 地形的最终可视化，还需要有相应的虚拟地球原型系统可视化客户端的支撑。本研究所使用的原型系统是由武汉大学测绘遥感信息工程国家重点实验室所开发的 VirtualWorld 1.0。由于系统客户端的体系架构非常庞大，这里主要介绍一下其可视化引擎的逻辑结构体系。如图 2.7.20 所示，其主要处理流程为根据用户的交互请求和所需要的数据种类，通过多核并行控制器对所需要的数据进行调度以及任务分发。获得数据后，将多源场景数据按照不同的类别组织为场景图与空间索引数据，再输入场景遍历选择器进行过滤筛选。绘制内核需要根据视点位置进行可见性判断、多过程式逼近构造和多分辨率解析等操作，再将需要的绘制内容逐一分解为基本绘制单元，送入着色引擎，根据当前光照绘制出最后的图像。最后结合用户界面将结果反馈给客户。系统采用分布式拓扑结构的 P2P 技术提供空间数据传输服务，绘制内核的数据可由网络接收或直接由磁盘缓存读入。

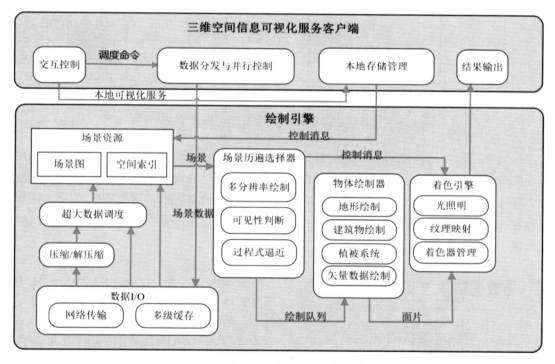

图 2.7.20　VirtualWorld1.0 客户端

与目前国内外主流系统类似，VirtualWorld 1.0 也是基于四叉树索引机制开发的。本研究采用全球四叉树对 TIN 地形数据进行空间组织，也充分考虑了对现有系统的兼容性。这样，TIN 地形瓦片可以像原来规则的瓦片一样进行裁剪。

在过去的大规模地形可视化研究中，也有不少详细介绍过视锥体裁剪的原理，这里简单回顾一下。如图 2.7.21 所示，根据视锥体原理，裁剪三维场景得到的是一个梯形视场范围，我们在交互时会经常拖动鼠标，视场范围会经常变，所以用梯形视场范围裁剪矩形视场范围开销非常大。为此，我们将梯形视场范围调整成矩形视场范围，通过对角点就可以很快得到初步的地形块。根据视觉原理，在视敏感中心区域应该看到更细级别的地形块，我们便构造一个模板矩形对其进行分裂及二次分裂，由此得到目前场景中的可视瓦片（图 2.7.21）。

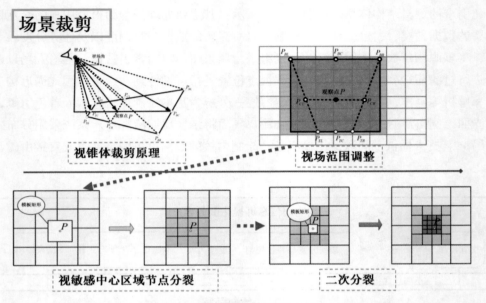

图 2.7.21　视相关的多分辨率 TIN 地型可视化之场景裁剪

得到这些瓦片后，我们对其进行数据请求和场景生成。如图 2.7.22 所示，根据之前定义的 TIN 地形结构，按待生成块在全球四叉树中的索引生成块主体索引以及角点和边数据索引。用这些索引再生成相应关键字，在远程服务器上请求数据。请求到数据后，根据事先约定的规则，对顶点进行装配，再利用构网时保存的三角网索引，还原块的构网，送入图形显卡中进行渲染。

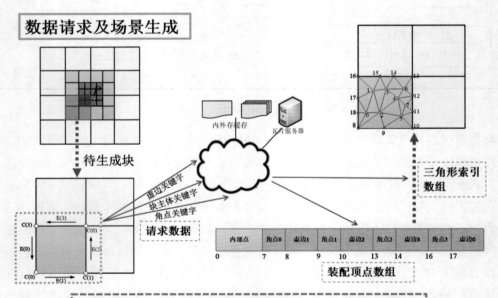

图 2.7.22　视相关的多分辨率 TIN 地形可视化之数据请求及场景生成

　　这里，我们重点探索了 TIN 地形中的一个难点问题：即 TIN 地形裂缝的消除。地形中的点都是三维空间的点，当不同分辨率（级别）的地形块共存于同一场景中时，在分块边缘两侧顶点高程值的差异会导致裂缝。对于规则的 Grid 地形，因为上下级顶点对应关系比较固定，所以比较容易处理，比如采用分裂相邻低级块方式或改变裂缝点高程等方法。但 TIN 地形块边缘顶点分布较无规律，进行实时裂缝处理也非常困难，这里我们提出了一个基于接边关系编解码的裂缝消除算法，如图 2.7.23 所示。在离线处理 TIN 地形时，首先检测相邻级别地形块边缘三角形的顶点分布状况，再利用三个码段的编码对某一个边缘三角形的分裂信息进行编码，从而得到一侧边缘分裂信息码流并存储下来。这样在进行实时可视化时，便不用再检测相邻 TIN 地形块边缘顶点的分布情况。当判断粗级块旁边有高级块时，它就会自动实现分裂，即读取分裂信息码流并解码，利用增量取值从对侧地形块的角点、虚边结构中检索顶点数据，追加到当前块，快速实施分裂，使两侧的三角网进行匹配并消除裂缝。

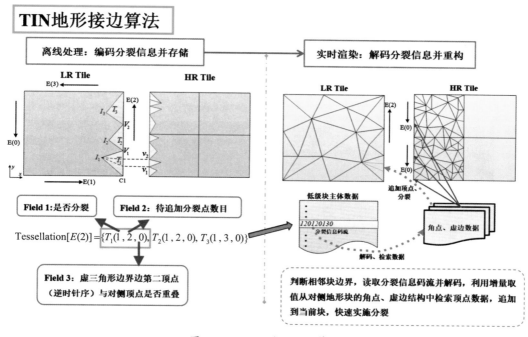

图 2.7.23　TIN 地形接边算法

　　图 2.7.24 是利用山体阴影的渲染方式渲染得到的多分辨率 TIN 地形球面快速可视化的整体效果，可以看到地形的山体和山谷形态是非常清晰的。通过对 TIN 地形实现虚拟分割及分层分块的组织，我们可以像规则格网地形一样进行基于视点的混合 LOD 动态调度和更新，并且通过跟纹理影像融合，实现纹理 TIN 地形可视化。

　　同时，我们也做了一些地性线约束前后地貌形态的对比。通过将地性线与地貌叠加，再将三角网以框线模式渲染出来，得出如图 2.7.25 所示的效果。现有基于 TIN 的地形可视化方法很少考虑地形特征的保留，这样就会导致多尺度地形建模结果较差，如图

多分辨率TIN地形球面可视化

总体效果（实时计算山体阴影）　　　　　**不同视点高度及角度效果**

图 2.7.24　分辨率 TIN 地形球面快速可视化效果

2.7.25(a)所示，箭头所指的地方坡度、形态丢失较为严重。而我们通过这样一个约束就可以把地形和坡度特征在不同尺度上很好地保留下来，如图 2.7.25(b)所示。

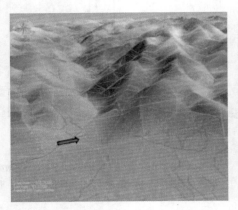 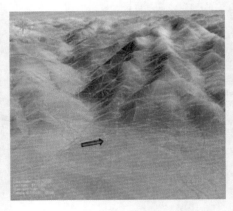

（a)地性线+无约束 TIN 地形　　　　　　（b)地性线+约束 TIN 地形(无缝融合)

图 2.7.25 分辨率 TIN 地形球面快速可视化效果

最后，和 Grid 模式的绘制结果也进行了一个对比，如图 2.7.26 所示。可以看到，在平坦区域 Grid 模式没有空间自适应性，浪费了很多渲染面片，存在极大的几何冗余，而同样的一个地形块，我们的 TIN 方法只需用 2 个三角形就可以完成。图 2.7.26(c)是将 Grid 地形叠加到纹理 TIN 地形上的结果，可以看到 Grid 地形在山脊地区穿越很严重，在谷地区域出现悬空的现象，这表明 Grid 模式表达的地形会削平山脊、拉高山谷，最终导致过平滑的效果。

 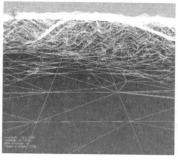 

（a）Grid 模式　　　　　　　　（b）TIN 模式　　　　　　　（c）Grid 在 TIN 中叠加

图 2.7.26　Grid 模式与 TIN 模式地形绘制效果对比

5. 应用示例及扩展

由于虚拟地球系统面临的数据来自不同的区域、不同的获取手段，在分辨率和数据格式上都存在着极大差异，因此开发一个地形可视化方法需要尽量考虑它的通用性。因此，在本研究的最后，我们也选取了不同格式和不同地貌类别的数据对本研究方法进行验证。首先是来自南福克区域的 LiDAR 点云实验，数据由 OpenTopology 提供。在研究背景中我们提到过，目前 Google Earth 还不支持绘制 LiDAR 点云生成的 DEM 数据，只能绘制由 LiDAR 生成的等高线；国外开源 3D 引擎 Globe 3D 也不能渲染高分辨率的 LiDAR 地形，而只能基于点模式绘制 LiDAR 数据。本研究方法则可以适用于原始不规则 LiDAR 点云高程数据。图 2.7.27(a)是利用本研究多尺度 TIN 建模并渲染出来的 LiDAR 地形，可以看到这个 LiDAR 地形的细节程度非常高。图 2.7.27(b)是不同级别 TIN 渲染的三角网，可以看到中间视敏感区域的细节程度很高，边缘非视敏感区域细节程度较低，这也说明我们实现了 LiDAR 点云地形的混合分辨率调度和渲染。

（a）TIN 建模渲染效果　　　　　　　　（b）不同级别 TIN 纹理叠加图

图 2.7.27　多分辨率 LiDAR 地形场景渲染

此外，我们通过将不同区域的框线和纹理影像进行叠加生成纹理 TIN 地形，然后基于这一 TIN 地形，将 Google Earth 的渲染效果和我们所提方法的渲染效果进行了对比。图 2.7.28 中可以看出 Google Earth 中的影像分辨率非常高，约 0.27m，但其地形效果较不理想，有过平滑和扭曲的效应，而本研究的多分辨率 TIN 地形的地貌形态则和实际情况较相符。

图 2.7.28　Google Earth 地形（左）与多分辨率 TIN 地形（右）效果对比

另一个实验利用的是澳大利亚南海岸海陆地形数据，从图 2.7.29 可以看到，在平坦的海面区域多尺度 TIN 建模用极少的面片就可以进行表达，而地形复杂的岛礁则用多一些的三角形去描绘，精度很高（图 2.7.29(b)）；和 Grid 模式（图 2.7.29(a)）进行对比，可以看到 Grid 的海岸地形已经非常模糊了，海面密密麻麻的面片造成极大冗余。

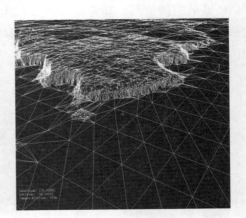

(a)Grid 模式绘制　　　　　　　　　　　(b)TIN 模式绘制

图 2.7.29　澳大利亚南海岸海陆地形数据实验

此外，我们还尝试用 TIN 对不规则地质体建模，利用八叉树进行组织，对地下数据集成进行了初探，图 2.7.30 是一些模拟效果。

图 2.7.30　不规则地质体 TIN 建模初探

6. 未来研究展望

对于下一步的工作，我们希望能够进一步开发多源精细遥感数据的三维全景建模与球面快速可视化方法，构建室内外一体化三维 GIS 系统，重点研究大规模室外基础地理环境与局部及室内精细模型的无缝融合，室内 GIS 数据的处理、建模和融合可视化。此外，还可基于空间信息集成，开发更可靠的多维度分析功能，如森林遥感、水文分析、地质分析、日照分析、空间扩散分析等，为智慧城市、智慧地球的决策管理提供依据。

【互动交流】

主持人： 非常感谢学长精彩的报告，学长不仅为我们带来了 3D GIS 的学术前沿动态，还对比说明了多尺度建模的优越性。大家有什么问题想要与学长交流探讨吗？

提问人一： 学长您好，我想请问网上是否有 TIN 相关的开源软件可以帮助我们入门？

郑先伟： 有，我也是基于开源代码做的。伯克利大学的团队研究 TIN 已经有几十年了。他们在网上公开了一段代码，也是全球做 TIN 的人通用的代码。你可以从这个代码进行入门的学习。

提问人一： 谢谢学长！还想请教下，做基于 TIN 的三维可视化，在处理不同级别地形块的裂缝时，会涉及几何体的自动分裂，而自动改变几何的形状以及对其进行重构会比较占资源，且可视化还会涉及实时问题。您做的实时裂缝消除是利用怎样的机制实现的？谢谢！

郑先伟： 谢谢这位同学！其实刚才我在前面的内容里也介绍了，在传统 Grid 模式系统中，相邻的不同级别地形块边缘裂缝是相对比较容易处理的，因为它们的顶点分布是很规则的。而在基于 TIN 的三维可视化中，实时的工作量是很大的。

过去二十年中，在许多基于 TIN 的算法中也探索过这个问题，比如应用在局部平面的可视化系统中渐进网格等算法，还有解放军信息工程大学的多分辨率 TIN 地形算法，等等。他们常用的做法是在分块的边缘保持不简化，或者是像栅格模式一样，在边缘保持规则的顶点分布。这些做法都会大大影响多尺度建模的精度和效率，并且在结构上有很多限制，难以扩展，导致 TIN 的能力大大降低。

我的方法主要是基于离线来处理的，因为虚拟地球数据集一般是离线制作的。在离线制作时，我们可以检测上下级 TIN 的瓦片，因为进行了一个虚拟分割，所以可以检测这些瓦片边缘三角形相交的情况，然后预先对分裂信息进行紧凑、高效的编码。这样在实时过程中，便不需要再进行复杂的几何判断，直接解码还原就行了。

提问人二：师兄您好，我想请问一下室内建模的意义以及室内建模与室外建模的关系。

郑先伟：感谢这位同学的问题。室内建模和三维可视化具有非常重大的意义。首先，近些年，室内导航定位技术发展迅速，我们也希望三维 GIS 系统能够走向更多的行业和大众应用。随着手机等移动通信的普及，人们在去大型商场、办公楼时，利用室内三维地图，可以很方便地通过室内定位与导航找到目的地。

此外，在发生火灾爆炸等事故时，如 2015 年的天津港事件，如果我们具备有效的室内三维 GIS 系统的支撑，那么救援人员可以很直观地获取到灾情现场的室内布局结构和历史信息，从而帮助判断现场情况，人们也可以通过移动导航来迅速撤离现场或进行救援，避开危险品和障碍区域；同时，如果将现场的灾情信息通过各种方式实时融合到室内三维场景里反馈给指挥中心，指挥人员通过这样的室内三维 GIS 系统，就可以详细地了解到现场的真实情况，从而更为准确和高效地决策指挥。这对于减少人员伤亡和灾害损失是非常有意义的。

在室内与室外三维场景的有机结合方面：首先，室内外的参考基准、坐标系通常不一致。室内是一个独立的空间，通常都是有相对坐标系的，那么要将这两者有机结合，就需要有一套多坐标参考基准的室内外空间数据的一体化组织框架将室内外地图统一起来。

再者，目前室外 GIS 系统的关键技术已发展得较成熟，然而由于室内空间存在结构复杂、多楼层、私密性、布局易变等特征，导致室外 GIS 相关技术不能满足室内环境的应用需求，如空间模型、地图制图与更新、室内空间索引、数据管理等。此外，室内 GIS 具有泛在化、实时动态以及与室内导航定位等深度融合的特点，从而也需要更深入地探索相应的室内 GIS 技术。

最后，我们在有些系统中，可能也看到了一些既有室外，又有室内的三维场景，但实际都只是做到了集成，也就是在一个三维场景中加载了很多内容，目前国内外的系统尚没有做到真正的融合，在商业软件中，这方面的研究更少，这也是一大挑战。

提问人三：您好，我有两个问题。第一个问题是 Mesh 和 TIN 有什么区别？第二个问题，我发现您的研究是关于地表地形地貌 2.5 维的静态 TIN 表示。然而在现实世界中很多地理要素是 3 维动态的，那么从 2.5 维静态转换到 3 维动态的难点在哪里？现有的研究状况如何？谢谢！

郑先伟： 这位同学的问题好专业。实际上，TIN 也是一种 Mesh，TIN 是不规则的三角格网，一般在表达时可以通用，比如 TIN Mesh、Grid Mesh，但在可视化时，我一般会用 Mesh 来表达。

第二个问题，我个人认为，地形的变化相对较小，是种相对静态的事物，所以我们可以用 2.5 维静态的方式对其进行构建和可视化，但动态的目标，正如报告最后的视频，我们也可以用动态 Mesh 的技术去进行模拟。此外，地形是 2.5 维的事物，这与 LiDAR、倾斜摄影测量获取到的城市 DSM 有区别，DSM 可以说算是真三维的表现。地形通常是一个连续的表面，而比如城市中的房屋会存在上下层层叠叠的多个屋檐，多个表层。那么这个就需要利用一些复杂的三维 TIN 技术来进行建模。除了建模之外，大规模密集点云重建表面的空间数据组织，快速无缝可视化也是一大难点。此外，比如像地下空间数据，复杂的地质体等，我刚才也演示了，这个是需要真正的三维 TIN（四面体）进行实体建模的。

提问人四： 您好，您在构建 TIN 表面的过程中，是先对等高线提取后构 TIN，然后再进行分层分块。我能不能对整个区域先分层分块，然后在块里面建好地形呢？

郑先伟： 有这样的例子，解放军信息工程大学就有人做过。比如他拿到了栅格的地形数据，他先进行分层分块，然后再对块的内部进行构 TIN。这种模式有几个比较大的问题，首先，这个方法不宜应用于本身不规则的 LiDAR 数据。因为你如果对 LiDAR 数据分层分块的话，块与块之间可能会产生地形的不连续，还是要进行一个虚拟的分割。局部构网只关注局部，它的精度非常有限。一般来说，全局构网的方法精度是最高的，因为它能顾及全局地貌的情况。

你说的这种方法在 LiDAR 地形中也有运用，它是这样的：先对原始 LiDAR 构 TIN、分块，之后再把四个块合并成上一层地形，但是它的效果有限。这个方法提取的地形是有缝的，没有提出间歇点的算法。

提问人四： 那能不能我分完层之后，再处理一下块与块之间的关系？

郑先伟： LiDAR 做快速可视化可能没有考虑这个问题，你可以尝试一下。

提问人五： 做地形会涉及很多算法，请问您是不是从底层开始编代码，如何平衡写文章与做实验？

郑先伟： 我简单介绍一下我博士的经历，我博三之前大部分时间都在写代码，没有接触科研这一块的东西，但是每个学科都有自己的科学问题。我前期实现代码，后期就发现了一些问题，然后形成想法，我就一点一点地改代码，一个一个问题地解决就倒腾出来了。我做这个东西确实花了很多时间，既顾及建模又顾及可视化是蛮耗时间的。对于 GIS 方向的学生来说，敲代码的时间就比较多。当你发现了一些问题之后，你就可以找一些国内外的文献，看一下别人做的怎么样了。然后也可以做一些对比分析。GIS 就需要你一点一点地累积，做科研的周期与遥感相比会长一些。

提问人六：您如何体现全球可视化？全球的数据获取和处理是相对复杂的，您如何看待它？

郑先伟：这个问题在我博士答辩的时候也有老师问过我。首先，虚拟地球本身就是一个全球的系统，另外，我们的 TIN 数据就是使用的一个全球金字塔和四叉树分割的组织，它在框架上就可以实现全球的基本构建和表达。比如说我今天拿到了湖北的数据，明天我又拿到了浙江的数据，过段时间我又拿到了美国的数据。我们就用全球金字塔把它们统一起来，在数据越来越多的时候，我们就可以将网无限扩张，将全球的数据表达出来。

提问人七：师兄您好，室内建模的空间更小，精度要求更高，3D LiDAR 特征线提取模型建立能否运用于室内？

郑先伟：我用的算法是专门用于地形的算法，对于不同的空间复杂度的改变，构建 TIN 的算法是不一样的。像倾斜摄影测量的数据使用泊松构网效果较理想。室内精度要求非常高，与地形还是有所区别的。室内特征线，通常来说也就是精细边缘特征的提取也是一个非常热门的话题，今后我们的工作也会从室外进一步转向室内。

主持人：谢谢诸位同学！郑学长不仅是一位高颜值的学长，还是一个风趣幽默，很随和的人。我想一个人的收获与他的态度、习惯都是分不开的。我相信学长不论是从事科研还是去公司都会有更多精彩的表现。感谢大家来参加 GeoScience Café 的活动，祝大家周末愉快！

（主持人：王银；录音稿整理：王银、陈必武；校对：肖长江、相成志）

2.8 人文筑境
——珞珈山下的古建筑

摘要：建筑，作为一个标签，承载着一所学校的历史。被称为"最美大学"的武汉大学，就有着一群古香古色的建筑。来自城市设计学院的颜会间学长从设计的角度带领我们一起去领略武大独具特色的古建筑群，探索武大建筑承载的厚重人文精神，分享其对城市、建筑方面的理解以及科研竞赛经验，为我们打开了一扇珞珈山下的人文设计之窗。

【报告现场】

主持人：大家周末晚上好，今天是我们 GeoScience Café 的第 129 期。众所周知，坐落于东湖之滨珞珈山下的武汉大学作为中国最美的大学之一，校园里有两样东西是非常有名的：一样是各具特色的建筑，另一样就是美丽的樱花。这幅水墨画式的樱花导览图将印章、水墨画与武大的建筑群结合在一起，给人一种耳目一新的感觉，广受游人和学子们的好评。今天，我们有幸请来了这幅地图的作者——城市设计学院建筑系 2013 级硕士研究生颜会间。今天，颜会间学长将带领我们一起探索武大的建筑，同时分享他对城市建设的一些看法。下面，我们掌声有请颜会间学长！

颜会间：大家晚上好，感谢 GeoScience Café 对我的邀请。我叫颜会间，来自城市设计学院。今天，作为一名建筑设计专业的学生，来到测绘遥感信息工程国家重点实验室，主要是想和大家聊一聊我在武汉大学这八年来的一些体会。虽然咱们的专业领域不一样，但不管是学习建筑设计还是其他专业，本质上大体是相通的，我们不一定要有一个很强的专业界限。据我了解，我校建筑学专业本科毕业直接就业的同学中，毕业三年后仍从事建筑相关工作的只占总数的 40% 至 50%，其他的同学则选择从事地产、金融行业或者自己创业等。这大概与武汉大学一直提倡的自由开放的人文气息有关——它不会把大家限定在一个专业而固定的位置上，相反，它提供一个开放的平台，促使我们以发散性的眼光看待世界，以包容的心态对待自己以后的人生职业。

我今天想与大家分享的主题是"人文筑境"。为什么会选择这个主题呢？首先，为什么是"人文"，请在座的各位同学用心感受一下：武汉大学与你本科就读的学校是否有不一样的地方？与我而言，武汉大学给我印象最深的就是她的人文气息，我在这里八年的学习生活浓缩成两个字就是"人文"。其次，为什么是"筑境"，就像李晓红校长所说："武汉大学是中国最美的大学，没有之一。"我觉得"最美大学"的称号不仅与武汉大学美丽的校园环境有关，也与这里的老师和学生密不可分，包括你我在内的所有武大人一起构筑了一个人文环境。这就是我所说的"人文筑境"。

1. 珞珈山下的人文载体

（1）珞珈山的小精灵们

相信在座各位对出没于武大的野猪都有所耳闻吧，一些住在文理学部的同学甚至还有幸见过这种可爱的动物。不过大约是在2014年的时候，这只野猪被武大请来的捕猎队捕杀了。虽然确实是出于在校师生人身安全的考虑，但听到这个消息多多少少还是让我有些伤感。现在，我们偶尔也能在工学部体育馆周围的一些地板上或者是墙边，看到由炭笔画成的野猪图像。我想，也许这就是我们的情怀吧。如图2.8.1所示，可爱的小精灵——野猪。

图 2.8.1 可爱的野猪
（图片来源：腾讯教育新闻，edu.qq.com/a/20140317/020836.htm）

如果把小精灵和古建筑联系起来，那它毫无疑问就是古建筑上的吻兽（图2.8.2），这些吻兽也都很可爱。不过，在古建筑的屋顶上，小精灵不一定都是这种吻兽，也有可能是我们的同学。比如樱顶老斋舍的屋顶，在拍毕业照的时候有不少同学坐上去留影。图2.8.3中，前面坐的是我们同学，后面建筑两边翘起来的地方也有很多吻兽，这样庄严古朴与灵性活泼的结合给我们带来了不一样的感觉。

图 2.8.2 古建筑上的吻兽
（图片来源：新浪博客，http://blog.sina.com.cn/irelandoo）

图 2.8.3 樱顶毕业照

在武大，雕有这些小精灵的国家重点文物古建筑有15处26栋，这一数量在中国是没有任何一个大学校园可以媲美的，大家应该为此感到很自豪，因为大家平时办公的地方或者上课的教室可能就是这其中的一个国家重点文物。在这些重点文物中，我们最熟悉的应该就是位于樱顶的老图书馆，还有老斋舍、行政楼，樱花大道旁的宋卿体育馆，樱园食堂、学生俱乐部、半山庐等，另外珞珈山上的 18 栋小别墅也算一处。不知道大家有没有去珞珈山上看到过这些小别墅，其实这些小别墅都是有历史的，周恩来、郭沫若等重要人物曾经都在这里住过。图 2.8.4 是我们自己手绘的武大的一些重点建筑：最上面是我们的老图书馆，接下来依次是老斋舍、物理学院（以前的工学院）、行政楼、宋卿体育馆，大门。

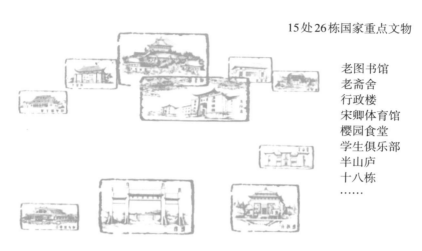

15处26栋国家重点文物

老图书馆
老斋舍
行政楼
宋卿体育馆
樱园食堂
学生俱乐部
半山庐
十八栋
……

图 2.8.4　手绘武大的重点文物古建筑

（2）武大的古建筑史

关于武大古建筑，有兴趣的同学应该知道，这是一段说长不长说短不短的七八十年的历史。图 2.8.5 用时间轴的形式展示了武大珞珈山校区的建校史：

1928 年勘察选址
1930 年设计建造
1936 年早期建筑群
1939 年樱花种植
1990 年人文馆（逸夫）
2010 年信息学部一号教学楼
2011 年新图书馆
2012 年大学生创意中心
2013 年新校门
2015 年万林博物馆

图 2.8.5　武汉大学珞珈山校区建校史

珞珈山校区的历史是从 1928 年开始的，就像图 2.8.6 所展现的那样，时任武汉大学筹建委员会委员之一的李四光先生骑着驴过来勘察，最后选中了现在的这块地作为武大校园。武汉大学于 1930 年开始设计建造，1936 年基本建成，所以刚刚上面提到的这些古建

图 2.8.6　李四光雕像

（图片来源：汉网社区，www.cnhan.com）

筑群基本上都是在 1936 年到 1938 年这三年间完成的。1939 年开始种樱花，关于为什么会种樱花稍后会提到。至此，古建筑群的建设就基本完成，新建筑的设计建造是从 1990 年开始的，例如：人文馆（逸夫楼）、信息学部一号教学楼（当时还不属于武大）、新校门、万林博物馆等。

　　既然大家能来到武大，在这里学习生活，那么，如果说要用简单的一句话来说明"你在武大你很牛"，相信最简单直接的一句话应该是：武汉大学已有 123 年历史。在我们武汉大学的校史中写到，武大是从 1893 年开始的，大家稍微一算就知是 123 年（以 2016 年计算），但是武大真的有 123 年的校史吗？答案是：武汉大学确实有 123 年校史，但是珞珈山校区（即现在的文理学部）并没有，从李四光 1928 年过来勘察选址 1938 年建成来算，珞珈山校区有将近 80 年（即 2016 减 1938）的历史。

　　关于珞珈山校区选址，不知大家是否知道一个插曲：珞珈山上曾是坟场。1928 年，李四光来为武大校区勘察选址的时候看中了一块地，也就是现在的珞珈山，当时的罗家山，但是有一个问题，当时山上全是坟堆，还立着很多墓碑。但是李四光先生很有魄力一直坚持，联合当时的校长等人一起说服当地居民，最终将墓地全部迁走，随后开始了校区的建设。所以可以直白地说，武大是建在坟场上的。不过，现在我们看到的很多学校从前基本上都是这样子的，所以也就见怪不怪了。

　　图 2.8.7 就是当时武大校区的总平面图。当时选这块地的时候定了两个格局：一是中轴对称。为什么是中轴对称呢？这是与我们中国传统的审美有关，像大家再熟悉不过的北京天安门，就是严格的中轴对称。中国为什么叫"中国"？是因为它讲究的就是规矩、对称。所以，在设计时也就会融入中轴对称的理念。二是依山傍水。我们都知道：武大的北边是东湖，南边是珞珈山，依山傍水的理念得以体现。我去过很多中国的大学校园，比如厦大等，但个人觉得还是武大最漂亮，校园环境漂亮的学校并不少，但武汉大学有山有水，这一点是其他学校所不能比的。

关于樱花，每到樱花季都有无数游客慕名远道而来赏樱游园，但为什么武大会有樱花？樱花和武大有怎么样的渊源呢？这还得从 1938 年说起，当时侵华日军占领了武汉并且把办公地点搬到了武大，由于日本士兵思念故乡，就把樱花也带来种下。实际上在1938 年之前，也就是武大的古建筑群刚刚建好的时候，由于这里是国民政府的一个军事管理基地，当时日本战机经常在上空徘徊，但觉得武大太美舍不得轰炸。当他们占领这里之后就将办公地点搬到了这里，然后在这里种上了樱花，武大樱花也就从此诞生了。所以，武大的樱花确实与日本有着渊源。图 2.8.8 展示了尽情绽放的武大樱花之美。

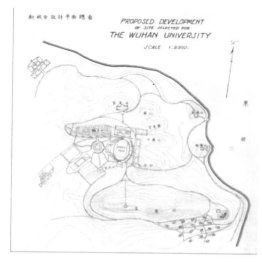

图 2.8.7　武大校区平面总图
（图片来源：开尔斯绘制的设计平面总图，腾讯文化
cul.qq.com/a/20160901/011947.html）

图 2.8.8　盛开的樱花

但是，武大现在的樱花树早已不是当年日本人种的，因为樱花树的寿命是有限的，基本上是 30 年左右。现在的樱花树大多是以前樱花树的种子再种的，还有一些——例如，工学部的主教学楼旁边的几棵大樱花树，是武大人已经接受并认可了樱花文化之后自己种的。

（3）武大的特色建筑

我在新闻上看到，我们武大有一栋楼被戏称为"一夜'白宫'变'青楼'"，说的是信息学部的主教学楼。由于这栋楼是白色的墙面所以被称为"白宫"（图 2.8.9），后来经翻新后刷成了青色（图 2.8.10），这就有了一夜"白宫"变"青楼"的说法。事后，经我们调查发现，这栋楼原本就是青色的而非白色的，只不过因为时间太长颜色褪掉而变成白色，后来的粉刷只不过是还原它原本的颜色而已。

现在大家看到的武大的古建筑群以及一些新的建筑几乎全都是绿屋顶（图 2.8.11），例如：老图书馆、新图书馆，等等。曾经有位在华中科技大学学建筑的同学开玩笑说：为什么你们学校的建筑都是绿屋顶呢，看着好像戴着"绿帽子"一样？后来，我的指导老师吴老师告诉我：其实武大建筑的屋顶是用一种叫孔雀蓝的琉璃瓦砌成，原本根本不是绿色

图 2.8.9　"白宫"

（图片来源：武汉大学贴吧 tieba.baidu.com/p/1626462202）

图 2.8.10　"青楼"

（图片来源：sucai.redocn.com/jianzhu_3115243.html）

图 2.8.11　武大老图书馆

（图片来源：新浪博客 blog.sina.com.cn/s/blog_4d85/dego/oooabu.html）

的，但现在的工序已经烧不出这种瓦了，所以用的都是绿色的瓦。

除了我们的古建筑群，新建筑与其的纠纷瓜葛更多。在 20 世纪 30 年代刚建的时候，用的是孔雀蓝这种很高端的瓦。但为什么现在已经没有了这种瓦，我们武大还要坚持，将一些以前的建筑和新建的建筑都统一改为绿色瓦作为屋顶呢？其实这个问题是有一些争议的。比如生科院大楼从以前方方正正的建筑外形改造成了绿色的屋顶，还有我们现在最著名的工学部主教学楼。

前面提到工学部主教学楼，关于这个建筑不知道你们了解多少。这座教学楼因为外形被同学们称为"变形金刚"。但如果消息准确的话，它即将在几个月后被拆除，取而代之的是原址上新建一个符合整体构架的绿色屋顶的建筑群。为什么会这样子呢？主要原因是：如果从东湖宾馆那边的风景区看过来，本来是能够看到珞珈山的老图书馆，但是一直遮挡视线的就是这座工学部主教学楼。这栋主教学楼以前属于武汉水利水电大学，但从合校之后，这栋楼就成为了一栋最有争议的建筑。在非建筑学或者设计专业的同学看来它可能就只是一栋楼而已，但从我们专业的角度来说，这栋楼挡住了我们最主要的视线，而且和武大的整个格局、风格都是格格不入的，也就是说，从远一点的地方看过来，感觉这个美丽的地方突然就有个东西挡着你，所以说，这栋楼一直处在争议的风口浪尖。

到目前为止，经过几轮争论之后，全部拆除的这个方案已经成功通过。为了保证正常的办公、教学等工作的使用面积，会在老斋舍那边新建一个建筑群。关于这一消息，一些新闻媒体已经捕捉到一些踪影并进行采访，他们曾经采访过我的导师，导师也很客观地不带个人情感地进行了回答。预计在今年（2016年）七月份的时候，大家可能就会看着这栋建筑被爆破拆除，而在原址上之后会重建一栋更为符合整体构架的建筑。总的说来，因为承载了在工学部学习生活的同学们太多的感情和记忆，大家总归有许许多多的不舍。但另一方面，因为这栋楼在建成伊始便争议不断，原本的观点里就被认为应该被拆除或者至少是削去一半。所以当拆除的事情真的发生时，我们不好讲这是一个惊喜还是意外，只能说是一个原本的构想真的成了现实，我想真正有意义的事是我们能够见证这栋建筑的辉煌与消亡。

有人说，万林博物馆是飞来之石。从建筑学的角度来说，从其屋顶看下来各种景观都很美。唯一的问题是，它没有与校园里原有的建筑风格保持一致——也是大家有争议的地方。据说这个建筑方案当年是一位企业家敲定的，假如是学校设计的话肯定还是绿色的屋顶。建成以后（图2.8.12），就这栋建筑本身而言是挺好的，但就是和周围建筑有些不搭，这一点和建筑设计协调的理念有些不符，因此存在一些争议。另外，目前在建的卓尔体育馆和研究生院大楼，分别位于武大正门的左右侧，而且应该都将继承原有的风格，采取绿色的屋顶。

图 2.8.12　万林博物馆

（图片来源：www.mafengwo.cn/i/3323213.html）

关于武大的古建筑群（图2.8.13），2013年世界文化遗产评委组来到武大的时候，曾对其有过这样的评价：武汉大学早期建筑群具有较高的建筑艺术、人文历史和科学价值，可以考虑申报世界文化遗产。对此，我们应该感到自豪。我自己对古建筑的评价是：古典之中不失包容，大气之中不失雕琢。为什么这么说？武大的古建筑既有如同北京故宫的传统中国古典的典雅之韵，同时又融合了西方建筑的一些元素，例如，圆拱形的屋顶等。所以说，它是中西合璧的一种建筑，这也展现了我们武大包容的态度，体现了武大一直传承的自由开放的人文精神。

图 2.8.13　武大的古建筑群

（4）樱花导览图

图 2.8.14 就是我们设计的武汉大学樱花导览图。这一版是 2016 年官方印制的一个版本。地图设计理念基于中国传统的泼墨山水画理念，先用印章的形式刻出古建筑，然后再

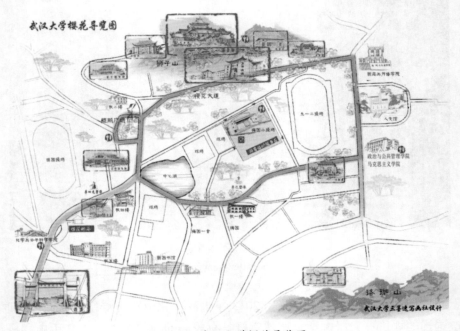

图 2.8.14　武汉大学樱花导览图

用传统的山水表象设计路网，最后盖上古建筑印章。这种设计强调的是一种简朴又留白的风格，在整幅图面上，我们只保留了白色、黄色和红色三种最基本的颜色。

2. 珞珈山下的人文精神

关于珞珈山下的人文精神，我主要想从建筑学专业学生的视角来谈谈我的理解。"建筑"在某些情况下可以理解为"搬砖"，只不过这里的"搬砖"是在"头脑上"搬砖，也就是我们所说的设计，跟大家所见到的在工地上的搬砖还是有一些不一样的。

在古代，建筑又被称为"营造"，建筑师就是匠人。在我的理解中，建筑它不仅仅是"搬砖"的艺术，更是一种艺术逻辑——知道怎么砌；是一种建筑材料的"生死搏斗"——决定选取哪种建材；是一种营造过程——回归现场，控制施工。所谓的搬砖，要把它细分化、逻辑化。建筑与绘画、雕塑一样都属于"博雅"艺术，来到建筑学院能感受不一样的风格，正所谓建筑本来就是世界七大艺术（文学、音乐、舞蹈、戏剧、绘画、电影、建筑）之一。

艺术于我而言是一种视觉美学——看起来舒服，如绘画；是一种文化回忆——想起来什么，如文学；是一种空间享受——找到归属感，如音乐。如图2.8.15中的泰姬陵，为什么人们会觉得这个建筑好看呢？按照美学的逻辑系统来讲，外形上是严格的中轴对称，整体色调很和谐，以白色偏黄为主，细节雕琢非常讲究，采用2:1的比例方式，用细长条式的建筑结构，大面积水景景观形成倒影的方式等，这些都能让人看起来很舒服，体现了视觉美学的观念。

图 2.8.15　泰姬陵
（图片来源：百度图片，www.jianshe99.com）

建筑即艺术，但实际上，做建筑现在更多关注的是社会问题，例如：这栋建筑为什么会在这里？就像我们的主教学楼（工学部主教）为什么会被拆除一样，可能并不是因为它不好看，而是还有其他因素在里面，例如，人文关怀、环境生态、绿色能源、构造技术、规划交通等。也就是说，当一个专业发展成熟到一定阶段以后，它更关注于回应这个专业之外的其他东西，承担更多的社会责任。例如，当时设计建造工学部主教学楼的时候，基于那时的国内大环境，我们不会过多地关注周围环境的问题，但是现在回头再审视的时候，这样的设计可能就不是很和谐。

关于设计，看到前面讲的手绘图大家可能觉得我很会画画，但实际上，高中之前我还不是很会画，都是大学之后自己学的。除了绘画，我还对相关的艺术设计、工业设计、立体构成以及电影、哲学、音乐等方面都有接触——倒不是因为对专业方面有帮助，而是我觉得，所有艺术行业都不应该局限在某一领域之内。把视野放宽一些，以后的发展才会更好。

建筑学一直以来都被认为是工科，那它到底是属于设计学还是工学呢？说到底还是工科，但有的时候也可以被称为艺术。我们通过一个视频 *I am an Architect*，来帮助大家了解一下建筑师到底在做什么。

当然学建筑也不是大家所直观感觉到的很高端，每个专业都有其很苦的地方。像我们建筑学专业，大一大二时经常要手绘一些图纸，画到晚上两三点都不足为奇。虽说现在基本用电脑制图，但每天对着电脑屏幕和建筑模型也不是一件轻松的事。其实没有哪个专业是很轻松的，建筑学也不例外。

我稍微总结了一下这几年自己所做的事情：画了几幅画、写了几首诗、打了几局 DO-TA、偶尔到梅操看看电影、偶尔到操场跑跑步、偶尔参加一些活动。我特别喜欢的一句话是：读万卷书不如行万里路，行万里路不如阅人无数，阅人无数不如名师指路。时间如梭光阴似箭，我觉得在武大的八年是值得的。这里有很多很敬业的导师，即使偶尔你偏离轨道他们也会适时引导你上正轨。现在我的心态就是：玩的时候可以很疯，做事情的时候必须很认真。比如我有时候打游戏可能也会玩到凌晨两三点，但是我该做的事情还是会好好干，老师布置的任务我从来不会推脱。该玩的时候玩，该干活的时候干活。

我们来看一下两位大师的日记节选，来吸取一些精华：

季羡林《清华园日记》节选：

二日：今天才更深切地感到考试的无聊。一些放屁胡诌的讲义硬要我们记！大千走了，颇有落寞之感。

十三日：昨夜一夜大风，今天仍然没停，而且其势更猛。北平真是个好地方，唯独这每年春天的大风实在令人讨厌。没做什么有意义的事——妈的，这些混蛋教授，不但不知道自己泄气，还整天考，不是你考，就是我考，考他娘的什么东西？

二日：今天作 *Faust* 的 Summary。无论多好的书，even Faust even Faust。只要拿来当课本读，立刻令我感觉到讨厌，这因为什么呢？我不明了。过午看女子篮球赛，不是想去看打篮球，我想，只是去看大腿。因为说到篮球，实在打得不好。

三日：今天整天都在预备 Philology，真无聊。我今年过的是什么生活？不是 test，就是 reading report，这种生活，我真有点受不了。

四日：今天早晨考 Philology，不算好。过午作 *Faust* 的 Summary，也不甚有聊。这几天来，一方面因为功课太多，实在还是因为自己太懒，Helderlin 的诗一直没读，这使我难过，为什么自己不能督促自己呢？不能因了环境的不顺利，就放弃了自己愿意读的书（写文章也算在内）。

五日：今天又犯了老毛病，眼对着书，但是却看不进去，原因我自己明白：因为近几天来又觉到没有功课压脑袋了。我看哪一天能把这毛病改掉了呢？我祈祷上帝。零零碎碎地看了点 Helderlin，读来也不起劲，过午终于又到体育馆去看赛球。

五日：开始作论文，真是"论"无"论"。晚上又作了一晚上，作了一半。听别人说，毕业论文最少要作二十页。说实话，我真写不了二十页，但又不能不勉为其难，只好硬着头皮干了。

二十五日：……今天开始抄毕业论文，作到〔倒〕不怎样讨厌，抄比作还厌……

二十六日：今天抄了一天毕业论文，手痛……

二十七日：论文终于抄完了。东凑西凑，七抄八抄，这就算是毕业论文。论文虽然当之有愧，毕业却真的毕业了。晚上访朱光潜闲谈。朱光潜真是十八成好人，非常 frank。这几天净忙着做了些不成器的工作。我想在春假前把该交的东西都做完，旅行回来开始写自己想写的文章。

《胡适留学日记》的节选：

7月4日：新开这本日记，也为了督促自己下个学期多下些苦功。先要读完手边的莎士比亚的《亨利八世》……

7月13日：打牌。

7月14日：打牌。

7月15日：打牌。

7月16日：胡适之啊胡适之！你怎么能如此堕落！先前订下的学习计划你都忘了吗？子曰："吾日三省吾身。"不能再这样下去了！

7月17日：打牌。

7月18日：打牌。"

读完上面的日记，不论是对大学考试还是写论文的心态，相信很多人应该会有同感，因为我们的大学时期基本上也是这样度过的。所以说，我们珞珈山下的孩子并不孤单。但对于武大而言，我们都是住在这里的小精灵，用一直在路上的态度前进，历经别样的过程，最终收获独特的自我。可能有的同学生性自由，有的同学有较强的行动力和自制力，可不管用什么样的方式，相信通过不同的途径最后都会到达相同的终点，也就是所说的殊途同归。所以，我的态度一直都是：该玩的时候好好玩，该完成的事一定按时完成，不要给自己太多的压力。

3. 珞珈山下的人文实践

这部分主要给大家分享我的一些作品。不能说要达到触类旁通的效果，但就像我最开始提到的，学习、创作都是相通的，希望能对大家有所启发。

（1）趣味的艺术绘画

图 2.8.16 展示了一种趣味的艺术绘画。左边的图是我们在金秋文化艺术节时完成的，当时获得了一等奖。中间和右边的是我们在做建筑实践时画的。这几年借着建筑实践的名义我去过很多城市，当然每到一个我们都会做一些测量和绘画，而在实践的过程中，还是会抱着一种去玩的心态完成绘画，之中会有趣味和收获。类似的经历测绘学专业的同学应该会有一些同感吧。至于《武汉大学樱花导览图》，在前面的环节已经给大家介绍过了，在此就不再赘述。

图 2.8.16　一种趣味的艺术绘画

（2）善意的人文探索

图 2.8.17 都是我们自己做的一些设计。每一个设计都是从一个角度对建筑进行人文上的阐述。其中《镜中的光影游戏》是一个对空间趣味性的探索，该设计加入了很多镜子，利用镜子的反射效应实现一个不一样的空间体验。《万花筒中的园博园》这个建筑已经建好落地。该建筑是去年武汉园博会的一个服务站点，当时我们也是抱着玩一玩的心态设计了 8 个，这是其中的一个，最终得到了认可。

关于建筑，我的另一个体会就是关于城市和乡村的议题。相信大家也已经感受到，现在我们的目光已经逐渐从城市回到乡村，建筑领域也不例外。图 2.8.18 是一个明代的建筑，这栋楼的结构已经全部坏掉，为什么没有被拆或者重修而是一直存在着呢？如果一个建筑因为损坏或者被拆经过修葺重建变成其他建筑这个很好理解，答案就是它在一个被遗弃的村落里。据统计，在中国，每年有三百多个村庄像这样被遗弃。也就是说，可能以前

图 2.8.17 一种善意的文化探索

图 2.8.18 被遗弃的古村落

这里住满了村民，但现在都搬走了，只剩下这些残败的建筑。我之前的一次实习经历给了我很深刻的印象：当时我们去到一个村落，那里的街道干干净净，两排树整齐排列，用石头砌成的建筑完完整整，但是一推开门，冷冷清清，杂草丛生，给人一种进入梦境或是时光穿梭的幻觉。这种遗弃的古村落应该引起我们反思。

（3）建筑实践的一个挑战

图 2.8.19 所示的建筑《万花筒中的园博会》，已经建成落地。对于这个作品，我觉得有很多地方与其他建筑有相通之处。每一次我们参加竞赛，并不是想做一个惊天动地的东西出来，有时候甚至只是想对现有事物进行一点小小的改善，也就是所谓的艺术源于生活，最后不小心就获奖了。

图 2.8.19 建筑实践的一个挑战

（图片来源：第十届武汉国际园博会服务站设计文本，嘉宾设计）

图 2.8.20 是一幅名为《土家族民俗博物馆》的作品，这个作品当时获得了青年建筑师铜奖。在这个作品中我想探索的是传统文化的现代演绎，所以，在设计构造中尝试将传统的建筑元素融入其中。

图 2.8.20 土家族民俗博物馆

图 2.8.21 作品，《重构地平线》，其构思是从生活入手的。有一次，我从家乡回到武汉的时候，惊奇地发现武汉这边的建筑普遍比家乡的建筑高很多。密密麻麻的高层建筑伫立在城市之中，城市中由于土地面积不够而寻求纵向空间的高耸建筑与乡村落寞的建筑之间鲜明的对比，正好印证了我之前的思考。在这个设计里，主要就是要实现高层建筑中人们

对熟悉的地面的还原，让人们找回最熟悉的传统建筑四合院的感觉，减少高层建筑带来的束缚感和不安的情绪。通过将高层建筑拆分、增加绿色面积的方式减少居住人群的空中体验，努力还原真实地面感。这个图做出来的时候，最直接的感受就像顶层是威化饼，中间是夹心饼干，下面是红薯饼，貌似都是可以吃的。

图 2.8.21 重构地平线——概念城市

图 2.8.22《都市循环生命线》是一次对都市环境改善的探索。武汉大学又被称为珞珈山的公园、开放的公园，每天都有一些外面的人来武大散步甚至遛狗等，究其原因，是武汉市缺少这种能提供小空间的公园。在这个设计里，我们的理念是，在道路上架起两条类似于循环生命线的两条线：一条是供人们活动的，另一条是生态线，这种设计不仅能达到净化汽车尾气的作用，而且对于高层住户来说还是一种不错的景观。

图 2.8.22 都市循环生命线

  图 2.8.23《堆砌生长的垂直聚落》旨在探索垂直办公空间的改善。众所周知，一般的办公楼都是一层一层地叠上去的，而在我的理解里，办公楼更应该是一块一块堆积起来的建筑，是可以一个拆卸的、有生命力的、很灵活的建筑。

图 2.8.23 堆砌生长的垂直聚落

  图 2.8.24《中东铁路博物馆》的设计理念是废弃材料的循环利用，即利用已经废弃的火车站内的材料建成一个博物馆。

图 2.8.24 中东铁路博物馆

我参加过许多竞赛，研一时一年拿过七个奖。不过，在此我想说的是在这背后的心态和收获：在本科时大家基本都是抱着学习的心态去参加竞赛，或许你以为自己学得还不错，然而参加一个竞赛可能就会被打回原形，在竞赛中发现自身不足，提醒自己切勿自以为是。另一方面，正如一句话所说"独行快，众行远"，通过合作各用其长，提升自己的同时才能走得更远。设计的一个重要的体会就是"人文关怀"，在每一个设计里，都要多想一想这个作品是给谁用的，能不能提供更多的东西。

最后，我想以《庄子·应帝王》的一段话作为结束："南海之帝为倏，北海之帝为忽，中央之帝为浑沌。倏与忽时相与遇于浑沌之地，浑沌待之甚善。倏与忽谋报浑沌之德，曰：'人皆有七窍以视听食息，此独无有，尝试凿之。'日凿一窍，七日而浑沌死。"这句话的意思是，浑沌代表的是一个很模糊的东西，如果你要用一种很精确的词汇去描述它时，它是不存在的。就像大学，当我们要以一种很明确的东西规定它描述它时，这个东西是不存在的。我想说：在这里待了八年，很多东西都是自己摸索出来的，没有人会手把手教你。假如我们的道路已经被设计好，那么这条路也就不需要走了。谢谢大家！

【互动交流】

提问人一：师兄，我想问一下，当初你为什么选择建筑学这个专业？据我所知，建筑学既需要理科的知识，也需要文科的知识，只有两者有效地结合起来才能做出一副好的作品，对于这个你的看法是什么？

颜会间：谢谢！对于我为什么选择建筑学，和我从小的爱好有关。小时候，我每去到一所城市、一个地方都会对当地的房子感兴趣，首先注意到的就是当地的房子好不好看、有什么特色。后来高考报专业的时候，有人建议学建筑学，原因是很好玩，所以我就报考了。学了这个专业之后觉得确实挺好玩的。建筑确实是一个理科和文科相结合的一门学科，因为我自己业余还蛮喜欢文科的东西，但是我又不是一个能说会道的性格，学习上我的物理成绩还不错，所以建筑学还蛮适合我的，既有一些艺术性的创造，也是一门比较务实的工科专业，所以就一直学到现在，自己也确实非常喜欢这个专业。

提问人二：师兄，你好，我想请问你一下，绘制手绘地图和传统的地图有什么区别？是只需要强调地物的相对位置关系，还是需要准确的位置信息？

颜会间：中国传统的泼墨山水画都比较讲究"意境"，所谓的这个意境就是以写意为主，有"意比笔先"的说法。也就是说，在我们设计的时候，总平面图里面表达了重要的景点和准确的地图信息，但那些盖上去的章又仿佛很随意，这就更加体现出了写意的风格，所以这幅手绘地图既体现了写实又融入了写意。（追问：会不会因为重在写意而影响写实效果？）这个担心是不存在的。因为画是对现实的抽象，是一种写意，是表达自己想法的一种方式，在照片如此普遍的今天画家依然存在就可以说明它的价值。这幅手绘地图和其他地方的游览图一样，都是建立在能正确引导游客游览的前提下的，不过我们的手绘地图加入了一些夸张的、写意的东西而已。

提问人三：师兄，刚刚看到你的作品中有很多关于城市设计理念，请问你心中未来城市理想的格局是怎么样的？城市的扩张与生态环境的保护会不会产生冲突？

颜会间：未来城市理想的格局也就是城市定位，结合自身的经历，我觉得城市的存在就是让人们生活更加舒适和便捷，而且生活成本不一定比乡村高。但我们在关注城市的发展的同时，也需要关注乡村的发展，不能让人走楼空的悲剧一再重演。对于未来城市的理想格局，有一个名词叫做"智慧城市"。我们知道基本的生活包括衣食住行，我们建筑学主要解决住的问题，所以，这个理念的实现需要很多的学科共同来实现。关于城市的扩张和环境问题，我觉得它们之间是不冲突的，我的一些作品也有这方面的体现，只是现在人们把目光主要集中在发展城市上了，这两者本身我认为是可以并行不悖的。

提问人四：我看您的设计作品有很大的启发，但在一些细节上有一些疑问，就是高层建筑实现地面还原感的作品，在高空种植植物的可行性有多大？这个里面采光的问题是怎么解决的？

颜会间：高空种植植物是可行的，但我们需要挑选一些特定的植物种类，如果是特别高的树，可能就不行。对于采光的问题，如果我们不能从上面采光的话，我们可以尝试从侧面采光，这个问题也是可以解决的。

（主持人：张宇尧；录音稿整理：张振兵；校对：张少彬、陈易森、黄雨斯）

2.9 遥感数据分析迎来"深度学习"浪潮

摘要： 高分卫星的快速发展推动了高分辨率遥感影像数据的急剧增加，遥感数据分析出现新的瓶颈——从海量高分数据中提取有效特征。与此同时，人工智能的快速发展掀起了深度学习研究的新浪潮，为海量高分数据分析带来新的机遇。本期，张帆博士针对海量高分辨率遥感影像数据有效特征学习的瓶颈，介绍了利用深度学习算法分析遥感数据，提取影像特征的方法。

【报告现场】

主持人： 各位老师、同学，晚上好！欢迎大家参加 GeoScience Café 第 136 期学术活动。过去的 GeoScience Café 学术讲座中，大家一定受益匪浅吧？这些讲座向我们介绍了各个学科领域的研究热点。大家是否还记得，三个月前，也是在这个时间，这个平台，汪韬阳博士和大家分享了题为"天空之眼"的讲座，我们了解到，高分卫星已经成为目前遥感科学研究的热点数据源。而近年来，人工智能技术如火如荼地发展，推动了深度学习算法的进一步升温。从做研究寻找研究热点的角度来讲，人工智能、机器学习和高分卫星这些热点互相碰撞，会产生什么样新的火花呢？今天，我们邀请到的张帆博士将向我们具体解析这一问题。

张帆博士师从许妙忠和张良培教授，研究兴趣包括深度学习、遥感数据分析与应用。曾在 *NeuroComputing* 上发表论文 1 篇，TGRS（*IEEE Transations on Geoscience and Remote Sensing*）上发表论文 3 篇。其中 TGRS 上发表的论文荣获 2015 年 GEOSCIENCES 领域热点论文，全球被引用数量排名前 0.1%，下面让我们以热烈的掌声有请张帆！

张帆： 大家晚上好！谢谢大家来参加今晚的报告！本次报告的主要内容是最近比热门的深度学习，报告主题是"深度学习应用于遥感数据分析"，将主要介绍深度学习的相关内容，及我一直专注的科研工作。这次报告主要分四个部分。

1. 海量高分遥感数据分析面临挑战

我的主要研究对象为高分辨率遥感影像，因此，首先简要介绍遥感数据。随着卫星的发展，海量的高分数据获取越来越容易。有了这些高分辨率数据以后，如何对这些数据进行分析却成了一个难题。与传统影像（如 ETM+）相比，高分辨率遥感影像分辨率非常高，细节信息十分丰富。基于这些数据进行的研究，例如，城市规划、人口密度分析、场景识别、目标探测，等等，都有重要而广阔的应用前景。

对于场景识别，传统的方法只能定义具有明显光谱特征的区域，如屋顶、草地等。而对于更复杂的场景——居民区、工厂、商务区等，其定义由相应的国家法则所规定，图 2.9.1 是根据 2012 年国家地物类别规则划分的地物类型。因此，复杂场景识别需要通过更多人工设计实现，而直接让人类定义这些复杂规则是很困难的。那么，在海量高分遥感数据背景下，如何从海量的数据中，自适应地（像人类一样）学习规则，是我们目前亟待解决的问题。

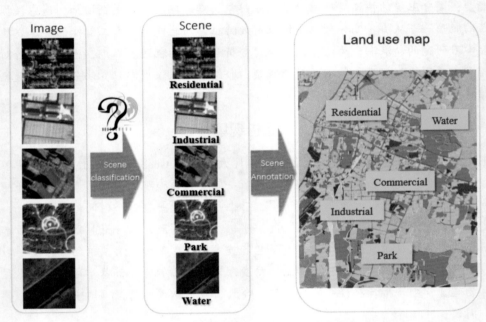

图 2.9.1 根据 2012 年国家法则划分的地物类别

目标探测的定义相对较简单——从大幅遥感影像数据中快速定位目标，如飞机、汽车、船舶等。这是目前高分辨率遥感数据的一个重要应用领域。例如，在马来西亚航空客机失踪事件中，如果我们能够从海量的遥感影像中快速探测到失踪飞机，马航坠海的历史可能会被改写。然而，如何实现目标快速探测是一个很困难的问题。

另一个具体的问题——城市规划。在城市规划中，分析城市的建筑密度、用地类别、房屋的容积率等很重要。图 2.9.2 是一幅武汉市的高分数据示意图，这份数据的空间分辨率高达 1.2 米左右，这里展示的是一幅缩略图。如何利用目前非常方便的遥感卫星影像，自适应地对数据进行分析来实现城市规划，是一个非常有价值的研究方向。

传统的遥感数据分析方法，基于比较简单的低层次信息，比如 SIFT 信息、连续的光谱信息、纹理信息。这些信息依靠人为设计而被定义，一般是由学者历经十年、二十年的研究经验总结得到的。这些信息可能在某些问题上比较好利用，但当数据量增大时，通过人工设计识别目标，再应用于这些复杂问题，相应的数据处理量也非常大，不再适用。因此，我们希望利用算法从海量的数据中自动学习特征。

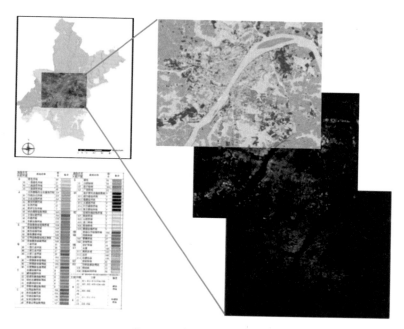

图 2.9.2　武汉市高分数据

　　另外，由于计算机获取的视觉信息与人类高层次信息之间存在"语义鸿沟"，如图 2.9.3 所示。仅仅依靠传统遥感数据分析方法对低层次信息的定义，机器无法像人类大脑一样，直接从图片中准确地提取高层次信息。例如，定义工厂或者居民区，过去通过专家设计的低层次信息无法实现，现在希望算法能从数据中进行自我学习，像人脑一样从数据中逐渐探索出规律。

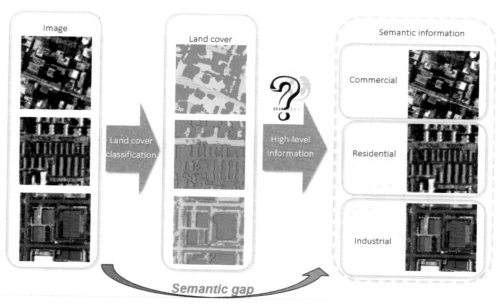

图 2.9.3　语义鸿沟

2. 深度学习理论基础及其发展

下面介绍从传统的模式识别方法到现今的机器学习方法识别的演进过程。2000 年以前，传统方法通常是依靠人为设计特征对数据进行表达，进而训练一个相应的分类器进行目标识别。然而，人为设计的特征往往不够好，而且训练的分类器是与地物特征割裂的；这一类算法仅仅可以应对小规模问题，面对海量数据，工作量巨大，难以实现。2000—2010 年，有学者提出：是否能够从海量的数据中进行非监督的特征学习，以学习到一种"中层次的特征"。2006 年，*Science* 杂志发表了一篇利用多层自编码进行特征自适应非监督学习的算法，掀起了一阵热潮。后来发现，虽然自适应学习可以得到中层次的特征，但最后还是需要一个分类器，把之前学习到的特征输入分类器里，完成特定的任务。2012 年，Imagenet 图像识别比赛中，深度学习的优势开始被大家发现，这种算法自适应地学习多层次的特征，同时把分类器也关联起来，进行"端对端"的学习，所有的特征部分可以从数据中自适应学习得到，不是人为设计的。而且可以把算法设计成一个整体，只需要输入数据，算法就会自适应地学习。这种想法很直观，源于人类生物学的启发——人脑在识别某些物体时有层次化的特征表达，从边缘开始，再层次化。物体的边缘组成了粗糙的轮廓，先达到初级目标，最后形成一些具体的目标，等等，从而形成层次化的表达。层次化的深度学习的方法因此被提出。

所谓的深度学习实际上只是一种思想，基于此思想，一种能够像人类大脑一样逐层学习特征的算法被提出，逐层地学习特征，由低层到高层，同时所有的部分又是联合可训练的，如图 2.9.4 所示。它把学习到的每一层特征都进行了可视化，可以直观地看到学习的特征是否正确。图 2.9.4(a) 是学习到的低层次的特征——粗糙的边缘和不够精确的颜色，这是低层次学习到的最简单的基元，对所有图像都一样；经过逐层学习结构的第二层，获

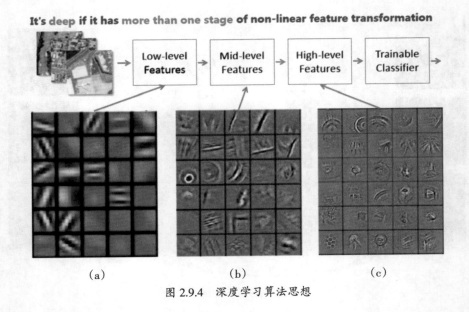

图 2.9.4　深度学习算法思想

得了图 2.9.4(b)结果，包括一些轮廓和简单的边缘；经过第三层，学习到了一些更具体的目标（如图 2.9.4(c)）。从低到高看，高层次是一些更具体的特征响应。例如，有些实验表明，人的一些高层次的神经元往往会对某些人进行响应，比如你的奶奶、爸爸。所以，到了更高层以后，神经元反应的往往是一些更加具体的东西。

谈及如何构建一个具体的深度学习方法，就需要对深度学习的发展历史作一个简单的回顾。其实，深度学习在很久以前就已经被提出了，它的历史可以追溯到 1940 年。深度学习经历了三大浪潮，现在我主要介绍发展过程中的关键点。1986 年，科学家 Hinton 首次在 *Nature* 上提出，将 BP（Back Propagation）反向传播加入到神经网络学习中。虽然 BP 神经传播在很久以前就有人提出，但他第一次将 BP 神经传播引入深层次的神经网络训练中。这是一个非常简单的神经网络结构，只有两个隐含层、一个输出、一个输入，它仅仅可以解决一些很简单的问题，是受人类大脑启发而设计的简单的算法结构，像人的神经与神经元，互相连接而形成复杂网络。在人脑中还有一种结构叫"突触"，用于电信号的传导。这位科学家同时提出模拟突触电信号传导的算法——一种非线性的激活函数，在神经元传播算法中加入非线性激活函数，让神经元网络可以学习到非线性的特征和表达。BP 传播的原理其实很简单，如图 2.9.5 所示。输入一个数据，输出为目标值。将数据输入神经网络，利用输出值与预设值之间的误差进行反向传播，从而优化整个神经网络。这是 BP 神经网络反向传播的一个高度简化原理。

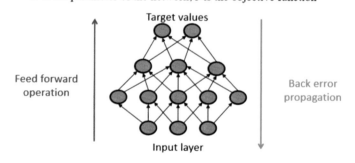

图 2.9.5 BP 神经网络算法原理

1986 年提出的这个算法并不算完美，存在很多缺陷；并且，由于当时计算机硬件条件的限制，训练这样的网络非常困难；另外，当时的数据量也非常小，几百或几千条训练数据已是非常大的规模了，训练这样的浅层网络在当时这样的数据集条件下效果并不好。所以，这种方法在当时并未受到重视，因此也未被广泛使用。而在 1989 年，另一位学者 Lecun 指出，对于传统的神经网络，权连接结构参数非常多，难以训练针对影像局部信息的相似性特征，他提出了卷积神经网络。这种算法考虑了图像的局部相似特性，并利用卷积大大缩小原来的网络参数规模。同时，他加入了一个空间池化操作，具体的细节我稍后再向大家介绍。在当时，这种网络应用于图片识别，达到了较高的精度；应用于手写字符识别，也获得很好的效果，几乎达到了人脑识别的水平。广泛应用于银行的手写字符的识别，这在当时是一个非常好的商业应用。

紧接着 2006 年，Hinton 提出了一种非监督的特征学习方法。正如我刚才介绍，训练深层次的网络非常困难。如图 2.9.6 所示的这个五层的网络，参数非常多。基于此，他提出了一种可能的解决方法——是否可以一层一层地进行训练，达到非监督训练的效果，并在 *Science* 上提出这种想法——逐层地进行网络训练，使得输出等于输入。得益于现代有利的硬件条件（比如 GPU 和多核系统等），足够大的数据量，这种深层次的神经网络算法得以实现，而且结果表明此方法更有利于特征表达。图 2.9.7 展示了深层次网络逐层训练过程，首先将影像解码成 2 000 个维度，同时让输入等于输出，逐层地训练每一层神经网络，最后再把这些层逐一叠加起来，形成一个深层次的网络，通过这种逐层训练方法达到深层次网络训练的最终目的。

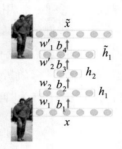

- Unsupervised & Layer-wised pre-training
- Better designs for modeling and training
- New development of computer architectures
  —GPU
  —Multi-core computer systems
- Large scale databases

图 2.9.6　层网络结构

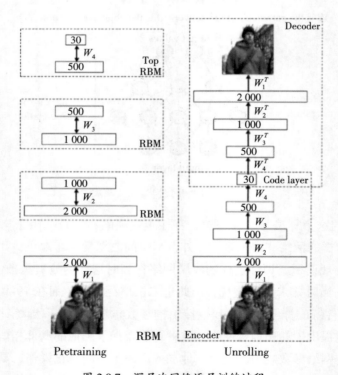

图 2.9.7　深层次网络逐层训练过程

首先，深层次神经网络在语音领域的应用取得了重大突破（与传统方法相比，微软 2011 年在语音识别领域取得了近 10%的突破）。紧接着，在 2012 年的 Imagenet 比赛上，利用深度学习方法进行图片识别，图片识别的数据量是以前无法比拟的（如图 2.9.8 所示，它有 1 000 个类别，1 000 000 个数据样本）。除了海量数据，还有更加有利的硬件条件（如 GPU 加速等），进一步推动了深层次神经网络的发展，与传统人为设计的方法相比，其精度有了显著的提高。因此，2012 年可谓深度学习的"爆发年"。从此，在计算机科学领域，深度学习火爆起来。到了 2016 年，在遥感科学领域，深度学习也逐渐地发展起来。在计算机科学领域，深度学习方法用于解决非常困难的人工智能问题，精度非常高。到现在为止，深度学习方向有许多的论文，针对图 2.9.8 这个数据库的目标识别结果达到了仅 5%的错误率，接近人类分类的标准。

图 2.9.8　大量待识别图片

紧接着就是各大公司的跟进，如谷歌、百度、腾讯、阿里等。他们纷纷设立了深度学习研究院。深度学习的方法并不复杂，它的思想很简单，但它是第一个精度如此高的方法，而且离我们的应用这么近。下面我重点介绍一下卷积神经网络。

卷积神经网络是近几年来最火的一个神经网络算法，其他的算法如递归神经网络，我就不在这里介绍了。卷积神经网络主要模拟人脑层次化的学习，包含多个特征的学习阶段，每个阶段又包含三个部分，第一部分是卷积输入进行特征提取；第二部分为非线性变换，因为学习的特征往往是非线性、不可分的，需要一个特征变换，让非线性的特征变换到可分的特征空间；最后一部分是池化操作。卷积神经网络是通过监督训练方法得以训练的，利用的方法是最传统的 BP 反向传播方法。

首先向大家介绍什么是卷积。卷积很常见，比如常见的边缘提取算法，对原始图进行卷积窗口滑动，就可以得到边缘。其实卷积窗口就相当于训练过程中的一个过滤器，它代表了一定的特征，用它对原图进行响应探测。而越复杂的过滤器对应的类别也就越复杂。图 2.9.9 展示的是一个简单的边缘过滤器效果，之后会给大家展示更为复杂的过滤器，例如，变成人脸的过滤器。这种过滤器的响应值就是对这种特征的响应。这种卷积操作，正如之前提到的，考虑了图像的局部相似性。比如在影像中提取一个块，可以找到很多相似的块。针对这种特性，提出了这种卷积操作。其次，非线性变换是为了对学习到的特征进行非线性的层次化表达，而人脑的电信号传播一般也被认为是非线性的。所以模拟人脑，加入一些简单的非线性的激活函数，例如，目前最简单的一种就是取输入和零的最大值，来模拟人脑电信号的传播。最后，空间池化，图像局部块中往往只有一小部分信息是非常重要的，算法对原始影像进行网格化，在每个网格里取它的最大值，以提取其中最显著的信息。这样做的优势非常多：一方面可以减小数据量，另一方面能提取到最显著的信息。利用上面三个步骤，组成特征提取算法的结构，依次通过卷积、非线性变换、空间池化，组成了特征学习的阶段，如图 2.9.10 所示。可以看到，卷积神经网络是由多个这样的特征学习阶段组成的，利用这些多阶段，模拟人脑的逐层学习的特性。

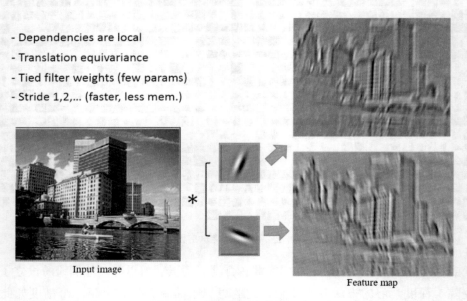

- Dependencies are local
- Translation equivariance
- Tied filter weights (few params)
- Stride 1,2,... (faster, less mem.)

Input image

Feature map

图 2.9.9　简单卷积过滤器效果

3. 深度学习在高分遥感数据分析中的应用

那么，深度学习模拟人脑的层次化表达，能否用到遥感的数据中？遥感数据是多种多样的，包括高分辨率、中低分辨率、高光谱、SAR 等多种影像种类。能否训练一个大的网络结构，逐层提取信息，再把高维信息进行耦合分析，以达到最终像人脑分析数据一样的

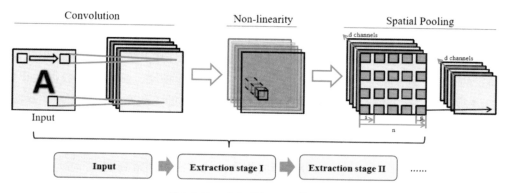

图 2.9.10 卷积神经网络算法过程

目的，这也是一个值得研究的方向。我认为如果能建立一个网络结构来解决这样的问题是非常好的。如果大家做深度学习研究，希望大家有人能提出这样一个结构。

目前，我对深度学习在遥感数据分析方面的应用也有一些想法，并做了部分研究工作。下面就简单介绍一下我在遥感领域内发的一些论文。我最早是在研究生阶段看到了2006年的非监督学习算法，就考虑是否也能在海量的遥感数据中进行非监督特征学习？一幅遥感影像中的信息往往只集中在一小部分，也就是显著区域，那么我们可不可以只研究这些显著区域用于特征学习，因此我提出了一种基于显著性特征的非监督学习方法。对于某个场景来说，从影像中提取一些显著的区域，作为学习样本，进行特征学习，得到类似于卷积神经网络的卷积核；将卷积核应用于待处理数据中，提取特征，具体过程如图2.9.11 所示。可以看到，这种思想是非常直接的，只关注数据中显著的部分。而目前这个方法在计算机视觉或者一些深度学习领域还有另外一个名字，叫做"attention model"，意味着算法总是从数据中最主要的部分开始学习。这就是我的第一篇文章的工作。

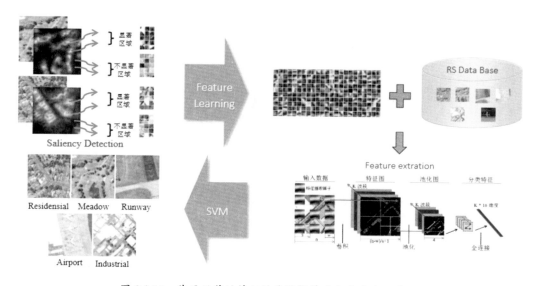

图 2.9.11 基于显著性特征的非监督学习方法的处理过程

  但是，这种方法只适用于尺寸大小固定的遥感影像，然而，遥感影像的尺寸往往是变化的，并且种类多样。我们希望能够输入一个任意大小的遥感影像，输出对应的特定目标，比如地物类别、待探测的目标，等等。所以，后续工作中我尝试利用全卷积神经网络进行场景的标注，把传统神经网络的全连接层都改成了卷积层，使得输入数据大小可变，如图 2.9.12 所示。图 2.9.13 所示是利用全卷积神经网络做的一些实验，其中左图是实验结果，右图是一幅高分辨率遥感影像（分辨率 1.2 米左右）。直接利用全卷积神经网络就可以得到这种非常细节的场景类别的标注。这里一共有 8 个场景，如跑道、飞机、居民区，等等。可以看到，这种 CNN 的网络分类精度相比传统方法是非常高的。

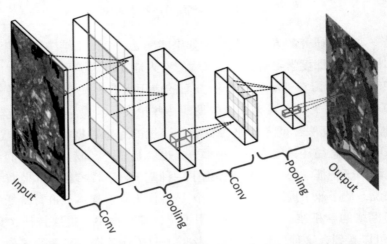

图 2.9.12 基于显著性特征的非监督学习方法（加入卷积神经网络）

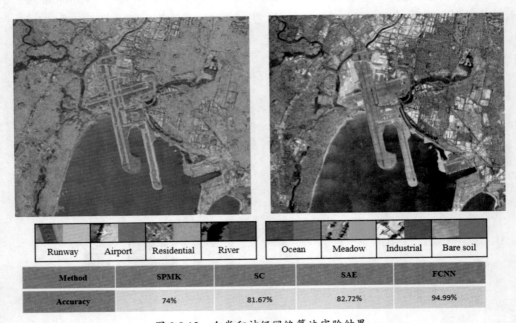

Runway	Airport	Residential	River	Ocean	Meadow	Industrial	Bare soil

Method	SPMK	SC	SAE	FCNN
Accuracy	74%	81.67%	82.72%	94.99%

图 2.9.13 全卷积神经网络算法实验结果

接下来，向大家介绍我的第三项工作。由于神经网络的层次很深、参数较多，训练一个深层次的神经网络往往会遇到局部最优解问题，如果训练陷入这些局部最优解，将得不到较好的训练结果。这里的 Ensemble Method 是一种流行的用于聚合多个模型来克服局部最优解影响的方法。Ensemble 模型的思想也不复杂，通过训练多个学习器（base learner），结合起来共同解决一个问题。Ensemble 模型有个特征，每一个学习出来的分类器有自己的特点，而且精度也足够高。因此，我提出了一种梯度推进的随机卷积网络（gradient boosting random convolutional network），图 2.9.14 展示了其算法思想——训练多个神经网络，再将每个神经网络聚合起来，共同解决这个优化函数（Loss Function）。相比传统的平均方法，这个思想可以有效地提高分类精度，同时也可以解决刚才提到的陷入局部最优解的问题。

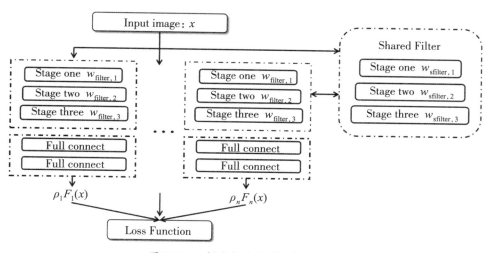

图 2.9.14 梯度推进的随机卷积网络

除了场景分类，我还做了目标探测的工作。目标探测是一种比较困难的问题。以飞机探测为例，一般目标探测需要先收集一些数据，这里的数据分为多种级别。最困难的就是 pixel level（像素级），也就是每个像素都被标记是不是飞机。其次是 box level（图块级），把目标框出来。紧接着是 image level（图像级），只标注这个区域有没有飞机。然而，遥感影像数据量很大，而且大部分是背景，真正的目标所占比例非常小。基于这种问题，我们提出是否可以利用迭代学习方法，从背景数据中自适应地学习，获取背景特征，从而达到抑制背景、突出目标的目的，这个想法是很直观的。我们设计了一种迭代式的学习方法：每次自适应地提取出部分背景，然后加入到训练集，通过迭代循环，增加背景的数据量。这个方法是卷积神经网络的。首先，输入一幅遥感影像（大幅的待探测的区域，输入到神经网络），获取待探测区域的概率图；利用这种概率图提取背景数据，加入到训练集中，进行迭代训练。最后，得到的待探测的区域就相当小了。有了这种待探测的区域，可以大大减少海量遥感影像中需要搜索的数据量。然后再将它输入到一个精确探测网络，得到最终的探测结果。

  图 2.9.15 是三幅实验区域遥感影像，分别是在悉尼、日本和德国的三个机场，从图中可以看出飞机变化是很明显的，背景也是很复杂的。图 2.9.16 所示的是探测结果，最左边是 ground truth，可以看到中间的图像显示，此方法能很好地把飞机的具体位置框出来，甚至是跑道上的飞机。图 2.9.17 这个数据要进一步说明的是，没有用任何带标记的数据，数据中也没有加入任何的标签，进行非监督分类训练得到的结果。训练得到的神经网络，具有很好的泛化能力，也就是说训练好的网络，其参数不做任何修改也适用于一份新的数据。就像人类学习知识一样，可以用来解决类似的相应问题。

Sydney International Airport   Tokyo Haneda Airport   Berlin Tegel Airport

图 2.9.15 三幅实验区域遥感影像（悉尼、日本和德国的三个机场）

（图片来源：Google Earth）

图 2.9.16 机场探测结果

图 2.9.17 机场探测结果（未加入任何标签）

4. 深度学习在遥感数据分析应用中的展望

下面进行一个总结。卷积网络是一个很好的结构，但对深度学习网络而言，仍然存在很多待研究的问题。第一，如何设置网络的深度？目前的认识是网络深度越深越好，有最新的文章表示有人训练了 1 000 多层的网络，精度达到了最高，但是实现对 1 000 多层网络的训练，在目前条件下是非常困难。往往网络的层数越多，训练难度越大，数据量、硬件条件越是难以满足。第二，对于一个神经网络来说，有几百万个要训练的参数，到底哪些参数是有用的，哪些是没用的，如何分析这些参数背后的原因，现在也是一个需要研究的问题。第三，训练网络的局部最优解也是一个值得研究的问题。现在深度学习技术之所以这么火，原因在于它真的非常好用，用于遥感数据分析精度非常高。然而，它背后的很多原理目前还是个盲点，还没有进行很深入的探索。同时，深度学习这种"逐层学习、每个部分都可以学习"的思想是很重要的，希望神经网络的每个部分都是可以学习的。目前，深度学习把一些诸如目标探测、地物分类、分割，甚至超分辨率重建等问题都统一起来，很多问题都可以建立统一的框架，打破了不同问题之间的壁垒，很多问题都会共享前面的特征学习阶段。所以，深度学习目前还是有很多问题可以研究的。

【互动交流】

主持人：非常感谢张帆博士的报告！张帆博士生动详细地讲述了深度学习的原理，在遥感数据分析中的应用，以及他在这个领域的研究和贡献。下面进入我们的提问环节。

提问人一：今年的 CVPR 也快发表了，我听到了批评的声音——现在，CNN 有滥用的趋势。我想 CVPR 主要还是注重广义的计算机视觉和实用研究的，虽然这几年深度学习和 CNN 有点滥用，但是在遥感方面（就我看来），CNN 还是一个比较新兴的领域。具体到我们遥感领域，像今年 CVPR 这种"一个会议收录几百篇文章，百分之八九十都使用深度学习或者 CNN"的情况，短期内有可能同样出现吗？

张帆：遥感应该不会，但我要提醒大家，做深度学习方面的研究要趁早。预测近一两年内，大量深度学习相关的文章将涌现。

提问人二：张帆博士你好，关于飞机目标探测，你使用的算法应该是监督学习算法，其中的迭代步骤是为了缩小它的搜索范围，还是有其他目的？如果是监督学习，前面应该需要一些正样本，这些正样本是你自己标记的吗？标记多少个比较合适？另外，训练使用的影像对尺度大小有要求吗？有没有提取训练数据集的其他方法？

张帆：使用的是监督学习算法，其目的是抑制背景信息，同时缩小搜索范围；监督分类中所需的正样本是自己标记的，标记十个左右就够了，不会影响训练精度；训练使用的影像对尺度大小没有特定的要求，但需要尽量选择分辨率相当的数据，不能随意选取；另外，有一些简单的方法收集一些易得的数据，比如场景分类问题中，UCM 场景数据库中的分类结果，可以直接拿来进行预训练，对结果没有影响。

提问人三：学长你好，关于飞机目标探测，你的算法有没有对一些更小的飞机作检测，比如小飞机或者无人机？另外，飞机探测是用滑动窗口还是什么方法呢？最后，我看到你的图上在飞机周围有框，这个框是如何划定的？

张帆：第一个问题，关于无人机检测的问题，首先遥感影像的分辨率要达到一定的标准。如果是 1.2 米分辨率的无人机，它在图像上只有一两个点，这种情况是探测不出来的。所以探测飞机的大小需要同影像的分辨率结合起来。

第二个问题，我刚才介绍得比较笼统。首先，我的算法会输出一个待探测的区域，减少需要探测的地方，同时再训练一个精确的探测网络，在这些区域里探测飞机。这个算法分两步：一是待探测区域的提取，二是精确探测。

第三个问题，我们给定探测区域后，就可以用滑动窗口了。

主持人：如果其他同学没有问题的话，我问一个题外话。师兄，我觉得你的 PPT 做得比较好，内容生动丰富。你能不能跟我们分享一下做 PPT 的经验？

张帆：我们小组经常要开会，经常要做报告。所以做多了自然也就好了。另外，有师兄的 PPT 作参考，也会有所帮助。

（主持人：张玲；录音稿整理：辛晨杰；校对：张玲、陈必武、戴佩玉）

附录1 薪火相传：
GeoScience Café 历史沿革

编者按： GeoScience Café 自 2009 年成立以来，已走过了 8 个春秋。她已成长为以武汉大学为中心，辐射全国的地学科研交流活动品牌。本附录记录了 GeoScience Café 2016—2017 年的点滴。

材料一：2016 年 10 月 20 日《我的科研故事（第一卷）》新书发布会记录

GeoScience Café 于 2016 年 10 月 20 日晚 7 点 30 分在武汉大学测绘遥感信息工程国家重点实验室 4 楼休闲厅举办了《我的科研故事（第一卷）》的新书发布会。

发布会开始，一个短片带大家回顾了一下 GeoScience Café 的精彩瞬间。一个个熟悉的瞬间，一张张熟悉的面孔，让大家回忆起和 GeoScience Café 共同度过的那些夜晚，那些科研故事与咖啡碰撞出火花的夜晚。

附图 1.1　发布会现场挤满了观众

主持人郭丹： 经过了这么长时间，我们总在想如何把 GeoScience Café 每一期报告都留在大家印象中，能够让大家得到更深入学习的机会。最终我们找到了一个方式，我们可以把优质、精彩的报告整理成书，把所有的知识呈现在大家面前，让大家可以通过文字的方式阅读，这也是《我的科研故事》文集的由来。经过一年多的努力，这本书终于与大家见面了。下面有请这本书的主编以及 GeoScience Café 的创始人毛飞跃师兄来为我们简单介绍一下这本书。

毛飞跃： 首先非常感谢大家的到来！我今天做的 PPT 的题目叫做"分享的乐趣"。

TRIZ 创始人阿奇舒勒总结 20 万个专利发现，创新可以分为五个等级。个人的知识其实都是已有的答案，别人也是已知的。还有团队的知识、行业的知识很多是我们已经知道的。真正未知的知识，你能创新的知识可能小于百分之一。因此，我想在这里提一下杨书记送给我们的一段话"你有一个苹果，我有一个苹果，我们彼此交换，我们每人仍然只有一个苹果；你有一个思想，我有一个思想，我们彼此交换，我们每人将有两种思想。促进思想的交流，是一种有意义、很快乐，也终有收获的事！

刚刚开始读研究生的时候，我看了电影《美丽心灵》，然后就想象有一堆很"有范"的教授们在咖啡厅里面，边喝咖啡边沟通不同的观点。可是到了实验室，却发现都是一个小组的师兄师姐带着师弟师妹，大家都坐在自己的机位前，彼此交流并不多。然后，我就想我们能不能创造一个环境，让大家可以互动起来，进行一个知识的交流。现在，我们想要交流可以通过 qq 群或者微信，但是都没有真正在现场当面交流来得刺激。

PPT 上这是钟燕飞老师当时做的一个非常刺激的报告，简直是人满为患。就像今天一样，来了很多很多人。当时有很多人不能参加，于是现在我们就想录制视频放到优酷上去，让大家可以上网观看。但是我觉得其实视频也很少有人会去看，因为看视频始终没有现场那么刺激。但现在，一个和我们在现场一样刺激的东西出来了，那就是我们的图书。

下面说一下书的内容，首先第一编是请到了李德仁院士和龚院士还有黄昕老师、钟燕飞老师、吴华意老师为我们带来了非常精彩的报告。这次报告是特邀报告。还有更多的诸如"第一篇 SCI 背后的故事"等，是由我们学生自己演讲的。除了前面的报告之外，我们还收录了很多 GeoScience Café 的历史，这样也是希望我们咖啡厅这个活动以后能为其他的学院或学科创建一些活动时，提供一些参考。

除此之外，还要对我们咖啡厅的成员表达感谢。首先要感谢老师们的帮助，这些老师很多时候都亲临我们的现场。还要感谢小伙伴们的奋斗，感谢这些嘉宾无私的分享，感谢各位听众的到来，有你们的支持，我们才能办得更好。

附图 1.2　嘉宾认真了解 GeoScience Café

最后，要用一句咖啡经常使用的话结束："呦呦鹿鸣，食野之苹；我有嘉宾，鼓瑟吹笙"，希望我们能够携手共进、促膝长谈，谈笑之间，成就梦想。希望大家可以 enjoy 我们的故事！

武汉大学出版社任翔老师：非常感谢毛飞跃刚才对我们 GeoScience Café 起源的解释。我是武汉大学出版社的任翔。我今晚非常高兴也非常荣幸地参加今天《我的科研故事（第一卷）》新书发布会。首先，我对本书的编辑出版表示热烈地祝贺，对本书编辑整理中付出辛勤劳动的老师和同学表示衷心的感谢，也对我们出版社的责任编辑、责任校对、版式设计、美术编辑以及各位同仁表示感谢。武大测绘学科即将迎来 60 周年的庆典，我想这也是为我们的庆典献上的一份厚礼。

我 1992 年毕业于武汉测绘科技大学，当时留在武测出版社工作，1993 年到 1996 年，武测出版社一直在国家重点实验室的楼下办公，当时一直和重点实验室保持很好的联系和很深的感情。我曾有幸担任了我们重点实验室主编的有关王之卓院士的《不停歇的思索》以及前不久出版的《不停歇的创新》的责任编辑。尽管我分身乏术，无法担任本书的责任编辑，但是我也非常荣幸地参加了整个图书的出版过程，所以对本书的出版我也是深有感触。感谢重点实验室的领导和同学们将这个饱含希冀的成果交给我们、委托给我们。我们决心不负众望，每一步都认真处理，终于在大家的共同努力下，《我的科研故事》以一个完美的形象呈现在了大家面前。

作为一名老编辑，我深知它的完美表现是非常来之不易的，这是我们的编辑团队，经历了无数个日日夜夜用艰辛的努力换来的。当初没有演讲的原稿，嘉宾的每一篇文章都是通过录音，一句句整理而来的。其中的难度可想而知。但是编辑团队硬是整理了 70 万字的书稿，我为他们这种执着的精神点赞！

出版过程远比我们想象的复杂，同学们牺牲了暑期的休息时间，处理每篇校正的疑问。尽管我没有直接和团队的每一位同学保持接触，但通过张翔、毛飞跃、郭丹等同学，我知道有很多同学都为此书付出了汗水。特别是杨书记在出版过程中亲力亲为，关键时候都是他来把关的。

"谈笑间成就梦想"，这是我们沙龙的主旨，是我们重点实验室老师和同学们高瞻远瞩的规划设计。我们武大测绘学科能有这么好的交流平台是大家的幸事，值得我们好好珍惜。在李院士、龚院士和很多领导的支持帮助下，在一代代研究生团队的辛勤努力下，我们的沙龙会越办越好。我也非常期待《我的科研故事》的第二卷能早日列入我们的出版计划。我也愿意继续为大家服务。

试读读者沈高云：（附图 1.3）今天我简单说一下我对《我的科研故事（第一卷）》的读后感。首先，这本书真的很厚，不仅仅是因为它是 514 页的全彩印，更因为就像刚刚师兄师姐还有任翔老师说的，每一个录音稿都是咖啡成员一字一句听下来然后整理出来的。它的厚重包括了老师对前沿发展的一个展望，也有很多师兄师姐的研究成果和学术心得。很荣幸我可以成为这本书的提前读者。

翻开这本书的目录，我们可以发现里面包括了很多遥感地信方向的研究。我觉得这本

附图 1.3 试读读者进行评价

书的一个意义就是，某天我翻开它，突然发现里面有一篇报告和我的研究方向一样，这样我就可以学习和借鉴。这本书还有一个很贴心的地方就是，它的最后面包括了每一期嘉宾的信息和联系方式，这样我又可以得到和很多大牛师兄师姐交流的一个联系方式。这本书虽然很厚，但是无论是它的内容、封面、色彩搭配我都觉得很亲切。我觉得比起从数据库中下载的文献，这本书专业而又温馨。非常感谢老师和同学对知识的一个传播，也非常感谢努力完成这本书的每一位咖啡成员。

试读读者吕鹏远：首先非常感谢郭丹同学让我能够在发布会之前就有机会阅读这本书。下面我从两个方面来推荐一下这本书。

我觉得，对于我们学生来说，这是非常值得入手的一本书。首先，从这本书的编写与制作，可以看出编者倾入了大量的心血。里面让我感触很深的一点是它是一本全彩的书，包括所有图和公式，这对于读者理解报告的内容是非常方便的。这本书的内容，我觉得也非常有用，它适合于各个年级的同学去阅读。比如其中包括了很多研究生第一篇 SCI 发表的一些心得，可以方便那些新加入科研活动的同学更快地入手科研工作。我们还可以通过它了解这个领域里其他方向的动态，这是有很大意义和价值的，所以我跟大家强烈推荐这本书。

实验室书记杨旭老师：各位同学，今天我非常高兴看到我们这本书的出版。从 2009年到今天，我觉得这里头少不了一届又一届咖啡成员热心地为大家组织这些精彩的报告。当然，更重要的是我们的同学们，日日夜夜地开展科技创新，不断取得成果。然后才有我们这个平台，来为大家分享。这也是我们实验室一直倡导的优良学风。

经过了一些过程，我们也沉淀了一些东西。当初我们在做这件事情的时候就知道，作为一个科学研究和人才培养单位，学术交流就是我们工作的一个基本方式。只要事业还在延续，这个工作就是少不了的，而且必须得到加强。

那么我们咖啡厅要存在多长时间呢？我们说，要永远发展下去。但是说起来简单，做起来还是很难的。在这个过程中，同学们会碰到困难，特别刚开始的时候，随着持续的投入，热情等都会有一些消减，这是很正常的。但是好在遇到这些挑战的时候，我们的组织者都有一种强烈的使命感和责任感，团队也不断地有新人加入。同时，我们也逐渐有了去面对问题、克服困难的经验积累。当初我们有一个很大的问题，就是不太容易请到同学为我们作报告。一部分原因是我们不好意思去邀请，还有一部分是信息不对称，有些人愿意讲，只是我们不知道而已。我们也是一点点去积累，了解到怎么去挖掘演讲者。其中一个很重要的方法，就是这要靠领导来支持。我们有那么多同学去国际学术会议上交流，为什么不能在我们实验室这个平台上来与同学们分享呢？看到有些出国要签字的同学，我们就告诉他，你先出国作报告，回来之后再为我们同学作一次报告，而且还要把你在国外的一些见闻融入到报告之中。不是说我们遇到困难，这个事就做不了了，实际上解决问题的方法就在我们工作的努力当中。

言归正传，我们继续说这本书的事情。我最近在忙测绘学科60周年纪念活动筹备工作，很忙。那天一直到晚上十点钟加完班，出了实验室门口的时候突然想到，说好是十点钟送书，现在书还没有送到。我就给郭丹打了个电话，她说送到了，正在四楼写签名。我说你们赶紧送下来一本，然后我拿着这本书就回到了家。回到家已经十一点多钟了，我就非常喜悦地翻看这本书。实际上告诉大家，我在出租车上也在翻。我看了非常有感触。郭丹也说，他们非常高兴，同学们也喜欢，我们的这些工作是值得的。

如果把这本书看作是一盘美味佳肴的话，首先要说的是它的"美"味。我们先从书的封面进行解读，它是"系列自主开放式学术交流活动记录"。这排字我们也有推敲过，觉得有问题，为什么呢？"自主开放式学习交流"，咖啡厅本来就是一个交流的平台，交流的平台本来就是开放的，这不是多此一举吗？但为什么还是要这样讲呢？那是因为这本书有其独特的地方。我们这个"开放式"，想强调的一个最高理念就是"开放"。你不要抱守任何陈规、任何保守的想法。首先从组织者来讲，要把愿意来为大家服务的同学都吸纳到我们咖啡的组织团队。这里头就有一个很特别的现象：我们的组织者里有研究生，也有本科生；有学测绘的，也有学文学的。所以说，组织者就是一个很开放的团队。而为我们作报告的同学，也是五湖四海。大家喜欢听什么、谁能给大家奉献独特的价值，我们就去请他过来。所以，这里头有做我们测绘研究的，也有做其他技艺交流的，还有做求职、PPT制作和音乐分享的。实际上，这已经反映在了我们的书中，也收录了各式各样的报告内容。这个"开放式"在我看来就是我们咖啡厅追求的一个最高的价值观。所以，我们就在书里"多此一举"地提了出来。

我们当初取这个书名的时候，也是费了一番周折。取来取去好像和咖啡厅想要表达的意思都不完全吻合。但是后来想到了"我的科研故事"这么一个书名。这个书名有个什么意义呢？这个咖啡厅就是要求报告人为同学们讲故事。讲故事就是用通俗易懂的语言讲我们复杂难懂的学术。这一点我觉得我们做到了。第二点，是不是所有人都能轻易地看懂这本书呢？其实我就看不懂里面科学研究的内容。但我能从我的角度去欣赏它，品出它的味道。故事当中其实包含着丰富的信息。这本书还是要给懂它的人阅读，你只要爱它、懂它，你就能读懂这故事中的精彩。

另外呢，这个"第一卷"里面是暗藏玄机的。第一卷之后肯定是有第二卷、第三卷。我十分欣赏同学们在这里设计的小小玄机。可以说，在这一点上，同学们的愿望和我们老师的愿望是一致的。我们也是希望可以把这项工作持续地推下去。有第一卷，我们就把它一直顺到第十卷、第一百卷，甚至第一千卷。我相信我们一定可以办那么长时间。

再来看这梧桐叶。当时也是有很多的设计，后来我看到有这么一个树叶的设计，这是秦雨同学的一个创意。当时我就想这与我们的实际情形很有关联。实验室旁边就是一排排的梧桐树，可能到处都有凤凰飞来。那么，我们咖啡厅把这片梧桐树叶放在这个地方，有我们的一些念想，同时也是给我们的一个纪念。我想等我们办到五十卷，我相信同学们看到这片树叶也会是感慨良多。

这上一部分就是"美"味。那么从内容上讲，其中有一种味道就是"香"味。为什么是香味呢？因为我们现在很多的书的查重率是很高的。不管是著还是编，随便一查，百分之十、百分之二十，甚至更高。但是唯独我们这本书，我敢自豪地讲，重复率是百分之零。如果有百分之多少的重复的话，那一定不是演讲者做出来的，那一定是我们后期的录音整理编出来的。搞不懂，赶紧去抄一个相似的放在上面，那才有这种可能。真正属于自己原创的东西，来自学术的沃土，原汁原味，不含添加剂，可谓香气扑鼻。

实验室有我们学科优秀人才，我们的嘉宾，他们无疑是优秀的代表。他们把自己的学习和研究成果分享给大家，一定是属于自己的独特的创新价值。这一点我觉得也是一种"鲜"味，当然这个"鲜"代表的是他们的一种创新精神。年轻人有活力，充满朝气这种状态从这本书当中是一目了然的。我给大家读一段书中的话："这次终于有了机会，实验室领导和老师提出了将 GeoScience Café 中的精彩报告汇集成书的建议，也为我们活动做一个阶段性的整理。老师强调一定要体现出我们的人文气息。我心想，人文气息一定很浓，年轻气息更是少不了。真正感动人的未必是那么多深刻的思想，而是年轻人们的激情。"我觉得这大概是对我们"老朽思想的"一个质疑，体现了同学们一种年轻的、激情的、创新的活力。这也是我们书中体现的一个重要的价值。

还有一个味道就是"咸"。刚才郭丹同学也讲到，我们编这本书要从风格、水准上达标，谈何容易啊！每一个报告人都是用的口语，都是自成一体的语言，我们整理的同学客观来讲能力也是有差异。那么最后怎么能统一到一个标准，而且这个标准是要达到出版的标准，是不容易的。我记得我们开了好多次会。有一次到最后了，春节之前我们就和同学说，现在这个做不完，书出不来，我们没办法安心地过好节。然后我们就在四楼休闲厅，首先是让大家一起来统一标准，来改一段话。在改的过程当中，大家就知道标准是什么样的了。然后就规定时间，春节回去，不管怎样，春节回来得交稿子。但是后来发现春节回来也没有及时交，反正就这样一拖再拖。大家都有自己的学习和科研任务，当然还有一些惰性，要挤出时间来做如此体量的文字整理的确不容易。一段录音稿我们真要整理好，对于初稿的整理需要数倍的时间。为什么我对这个是确信无疑的呢？因为我以前也干过这种事情。后面你要再把它理顺再加工，那就需要更多的时间。我们在后面整理这本书的时候也是经过了好几次的反复修改，而且是分组交换修改，把组与组之间的差异平衡掉。所以，这里面是包含着汗水的，这个味道一定是咸的。

最后，我想说这件事情是很有意义很有价值的，我们的科研工作不仅要做，而且要说，要将成果发表出来。有一个著名的学者讲过一句话："没有发表的研究，是不存在的。"这句话很有道理，你做了再多的创新和创造，别人如果不知道，那这和没有做是一样的。实际上我们在研究过程中还会有很多很多有价值的东西涌现出来，但并不是每一个有价值的思想和想法都能有效地保存下来。比如说我们今天有一个好的点子，我们没把它记录下来，那么明天它可能就被忘记就没有了。所以我也在想，除了这本书之外，今后我们实验室是否可以做一点支持。让同学们在研究学习的时候将有价值的东西进行记录和整理，我们支持出版。如果实验室每年有一本、两本这样的书出版出来，我相信它不管对于我们自己，还是对于别人或者是实验室，都是很有价值、很有意义的。我相信这会是我们实验室推动学风建设、推动科学研究的一个动力。

实验室主任陈锐志老师：我自己也是从武大毕业的，在国外呆了三十年，从武大到了欧洲再到美国，之后再回来，我们 GeoScience Café 这个平台是我在国外没有见过的。我觉得我们这个是唯一的，也是很优秀的。在这里我非常感谢毛飞跃等同学创办了这么一个平台。虽然我与 GeoScience Café 接触的时间不是很长，但我五月份也有幸被邀请到这个平台做了报告。我当时看到很多同学来听报告，感到很激动。其实我对咱们这个平台是很热爱的，因为这个平台和别的真的很不一样，它的"在谈笑间成就梦想"这个理念很好。另外，我们 GeoScience Café 在外边的认可度是很高的，因为刘梦云刚刚把我的报告整理成的新闻稿发出来，当天我就收到了一个杂志社写的邀请函，问我能不能把我的演讲写成一篇稿子投到他们杂志来。我就说不行，因为我已经打算投给 GeoScience Café 了，我就不投给你们了。我想说其实我们 GeoScience Café 是有外边很多人都在关注的。我希望咱们 GeoScience Café 越办越好。

我们实验室今年一共发表了 200 多篇 SCI，我觉得 GeoScience Café 在这里贡献很大。因为我们有好多同学都在这个平台上分享了如何写第一篇 SCI。我觉得这些经验成就了我们实验室每年大量高水平学术论文的成就。我希望咱们这个平台与实验室的前沿讲座是不一样的，我们要保持这个平台是自由的、开放的。如同李院士所讲，只有在自由的环境下才能有创新。我们实验室在发表 SCI 的数量上应该说是全球领先的。我们后面要更加强调质量，要有更多原始创新、更多高质量的论文。我希望我们能在谈笑间启蒙你们的创新。另外，我们这个大家庭是越来越国际化，今年也招了很多国际的学生，我希望 GeoScience Café 可以把他们也融进来。我自己一个人在国外生活了 30 年，我知道一个人在国外生活是很困难的，我希望我们可以包容他们，把他们拉进来，成就我们实验室的国际化。

实验室副主任蔡列飞老师：我来讲一点自己的小体会，因为我现在担任 2015 级和 2016 级的博士班班主任，我看见同学们在群里兴奋地讨论，说此书不卖，先来先得。我就在想我出差了，谁来帮我留一本啊？今天高云拿着这本书到我办公室的时候，我特别高兴，我都能感受到同学们对它的热爱。她拿着这本书对我说："你摸一下，每一页纸都很舒服"，这让我感到特别感动。多少次我看到咱们咖啡厅在晚上灯火通明，大家都在认真听报告。当我拿到这本书的时候，我也很惊讶，因为郭丹说这都是同学们用录音整理出来的。去年（2015 年）的时候杨书记就和我们说过要做这件事，我当时就在想，这还是很有难度的。于是当这本书出来之后，我发现我要学习的东西非常多。我们从小就听着大人讲，别人家的孩子怎么怎么样，其实我们就是别人家的实验室。我们在外面的时候，永远听到的是实验室有多么优秀的学生，多么优秀的老师，多么好的环境，我一直都感到十分自豪。我自己的工作就是为大家服务，为学生们服务，刚才无论是杨书记表态也好，还是陈主任表态也好，大家有什么困难来我这里落实就行了。

实验室书记杨旭老师：还有一点是这本书与其他书不一样的地方，翻开我们这本书会发现，编者里没有任何一位老师，全部是学生。这体现了我们的"自主、自创、自助"，这也是我们想给咖啡厅注入的一个理念。这本书的科研故事完全是由学生们做出来的、说出来的、写出来的。老师在这当中肯定是有作用的，但是老师的贡献是职责所在，老师的职责就是支持学生去做他们想做的事情。我觉得很少有书是全部由学生署名做出来的，这也是此书的一大亮点。

【现场问答】

提问人一：这本书从 1~100 期报告中精选了 29 期整理成文档，我想问一下，精选的标准是什么？是不是根据当天现场的人数呢？

主持人：感谢这个同学的提问。其实 GeoScience Café 每一期的报告都很精彩，但是 100 期的数量有些大，书本身字数的限制以及我们人员有限的问题导致我们不能将每一期的报告都整理进来，很是遗憾。因为出版以后面对的读者涉及面很广，所以我们在挑选报告的时候，尽量保证这个报告的研究方向比较大众，师兄师姐的分享能够给大多数的读者带来帮助，当然当天报告的参加人数也是一个小指标。

提问人二：我了解到咱们这本书是赠送，不售卖。那为什么不能每个人都发一本书呢？

主持人：这个问题很刁钻呀。其实，书发挥最大的价值就是能够让它到达需要它的人手里。这本书毕竟是《我的科研故事（第一卷）》，是和我们的科学研究息息相关的，并不是所有的人都需要。而且，经费有限，我们只能是把它优先发送给需要它的同学。以后在每一期 GeoScience Café 的报告活动中我们都会赠送这本文集。

提问人三：我听刚才的介绍说，书的后面都附有每期嘉宾的信息以及联系方式，这样做会不会侵犯嘉宾的隐私呢？还有，你们是怎么样收集到这些嘉宾的信息的呢？

主持人：刚刚老师和同学感谢了我们 GeoScience Café 团队的付出，感谢了实验室领导

附图 1.4　现场观众提问

及老师的支持，我想在这里代表 GeoScience Café 团队以及将来这本书的所有读者感谢每一期来作报告的嘉宾。正是有了他们无私的分享，才有了这本书精彩的内容。如果说我们是蜜蜂，这些嘉宾就是无私的花朵，是他们奉献了自己的花粉，才能酿造出这些有价值有意义的蜂蜜。大家拿到书以后可以发现，联系方式都是嘉宾的邮箱或 QQ，这些联系方式只有嘉宾同意，才能得到嘉宾的帮助。

说到嘉宾信息的收集过程，确实是一个比较困难的事情，因为 GeoScience Café 历时 7 年的时间，期间很多嘉宾已经毕业工作或是转换单位，联系很困难，但是我们已经尽了最大的努力来收集完善这些信息。现在，情况会好一些，每一期邀请到的嘉宾，我们都会留下他们的详细信息，在征得同意的情况下才会发布。

提问人四：这本书是不是可以考虑以后会在网上售卖呢？
任翔老师：我们以后会考虑把这本书的电子版放在网上。

材料二：2017 年更新的 GeoScience Café 活动流程和注意事项

活动流程	时间节点	需要完成的任务和注意的事项
联系报告人	至少提前两周，尤其是小长假附近	① 确定报告主题和报告时间； ② 和嘉宾确定邀请关系后，建立 qq 讨论组，成员包括本次负责人、辅助人、摄影人、嘉宾、Café 负责人。和嘉宾沟通的过程尽量让辅助人和摄影人学习与了解； ③ 笔记本是否自备（若自备则应提醒报告人提前到场准备）； ④ 可以预先查看 PPT，如有必要则给予修改意见。询问 PPT 是否可以转 pdf 后公开，如果可以，讲座之后加上 GeoScience Café 水印后上传 qq 群； ⑤ 邀请嘉宾协助填写嘉宾信息表、劳务费表格（需提前填好打印，活动当天带到现场请嘉宾签字）； ⑥ 询问嘉宾可否摄像，可否发布或只存档； ⑦ 询问嘉宾可否在斗鱼进行直播； ⑧ 周四再次提醒嘉宾报告时间和地点
确定报告厅	在确定报告人之后立马执行	① 四楼休闲厅（主要）：当天布置会场时要摆放桌椅，活动结束后要恢复原位； ② 二楼报告厅（次要）； ③ 在实验室网站上预订报告厅
海报制作及发布	务必在周二晚上前完成	① 务必按时完成，并发到团队群里面给大家检查错误，并立即修改（很重要）。之后，再在各个 qq 群里面发布（GeoScience Café 1,2 群，各学院各年级群）； ② 周二晚海报 pdf 发给龙腾快印，打印 7 张，A1 大小，周三中午于龙腾快印（在二食堂南门中国银行旁边的打印店）取（在打印店账单上记录费用信息），务必在周三晚上之前贴海报； ③ 在实验室网站和微信公众号中发布报告海报
借摄像机和三脚架	务必在周四晚前完成	① 联系摄影协会的同学借摄像机； ② 确保单反、录音笔、摄像机、麦克风充电电池都有电（摄像机两块电池一定要充，其他的视电量而定）
买水果	活动当天大约 5:00 出发，也可提前在水果店订好	① 根据预先预计的报告人数买水果的，一般为 9 盘（80~100 元），如果在二楼报告厅可以增加到 20 盘（200 元以内）； ② 记得开发票或者消费单回来对账； ③ 给嘉宾准备一瓶水

活动流程	时间节点	需要完成的任务和注意的事项
布置会场	活动开始前一小时	① 摆放桌椅和水果； ② 调试投影、电脑、麦克风(换上充电电池)、录音笔、激光笔； ③ 播放宣传PPT(需要根据当期报告做修改)； ④ 主持人和摄影人员安排； ⑤ 提前和负责开实验室门的师傅沟通，让门常开；如果师傅不在，留一个人提前半小时开门； ⑥ 提前10分钟播放吉奥的宣传片(6分钟)，播放完之后放映吉奥招聘PPT，2分钟
与嘉宾见面	活动开始前半小时	① 给嘉宾送上水、激光笔； ② 告诉嘉宾话筒产生杂音的消除方法
开始报告	活动中	① 打开录音笔(只有当录音笔红灯闪烁时才表示正在录音。录音笔录音的同时USB连接电脑避免没电，同时采用手机同步录音)； ② 开始拍照、摄像； ③ 主持人开场白，介绍当期嘉宾的简历； ④ 嘉宾开讲； ⑤ 主持人致谢，并稍微总结其报告内容； ⑥ 引导现场观众提问、交流； ⑦ 主持人谢幕
整理会场	活动结束之后	① 全体人员合影(在Café的背景前)； ② 给嘉宾送上纪念品，劳务表签字； ③ 整理桌椅； ④ 关掉投影仪(合影完成之后再关掉投影仪和电脑)； ⑤ 拿出麦克风的充电电池，换上原来的普通电池； ⑥ 清理果盘和垃圾
发布活动资料	活动结束后	征询嘉宾意见，请嘉宾提供可以共享的资料版本，加上 GeoScience Café logo，转成pdf版本，在两个qq大群中发布
写新闻稿	务必当前周六和周日完成	① 第一次初稿仿照之前的新闻稿写，多看几期新闻稿，注意一定要概略(嘉宾的名字尽量写在标题上)； ② 写完初稿之后给主席或找其他同学修改； ③ 发给报告人审核； ④ 发给主席，经肖珊编辑修改； ⑤ 在实验室网站和公众号中发布(确认效果)
还摄像机和三脚架	下周一	将摄像资料删除后原处归还摄像机和三脚架、签字
整理录音稿(若讨论后决定选入文集)	最好在一个月之内	① 负责人安排人员整理录音稿； ② 整理完之后给报告人修改； ③ 最后交给审稿人； ④ 删掉录音文件的拷贝，保证录音文件的唯一性

备注：

① 拍照片—是为了纪念，最重要的是为了保证新闻稿的照片使用。新闻稿一般使用 4~5 张照片，拍摄过程中随时检查这几张照片的质量，如果不行要马上在现场补照。

第 1 张：报告人作报告的照片，一定要清晰，看到正面脸；

第 2 张：观众听报告的现场照片，最好在人最多的时候照片，尽量体现座无虚席，活动火爆；

第 3 张：观众提问环节的照片；

第 4 张：观众和嘉宾在台下交流的照片（如果有就拍，放在新闻稿中，没有就算了）

第 5 张：最后团队和嘉宾合影的照片。

② 每星期的微信公众号由周五活动负责同学负责。由于微信公众号一天只能推送一条消息。其他同学发推送之前需联系该周负责人确认时间，尽量不要在同一天。每期微信公众号推送时间统一为晚上 8 点。

③ 要在活动提前一天借摄像机，提前充电，拷贝清空存储卡。

④ 发票或收据抬头：武大吉奥信息技术有限公司（活动赞助单位）。

⑤ 联系方式：打印店和摄影协会同学 qq。

（此活动流程于 2013 年 4 月李洪利免费制订，2014 年 3 月张翔等修订，2017 年 3 月陈必武、孙嘉等修订）

材料三：GeoScience Café 新 Logo 诞生记

　　大江大湖大武汉。浩浩汤汤的长江从市中心穿城而过，大大小小的湖泊遍布全城。于是，武汉成为了人间的江湖。不过，在武汉东湖之滨珞珈山脚下，坐拥湖光山色的武汉大学却不仅仅是学术的江湖。来自祖国各地的学者在这里交流和学习，各种各样的学术研究在这里开花和结果——这里是一片知识的海洋。

　　武汉大学的测绘遥感信息工程国家重点实验室有一个研究生活动 GeoScience Café，是这片海洋里的一个温馨的海湾。这是研究生们自发组织的开放性学术活动，每期会请不同的嘉宾为听众讲述不同领域的研究心得或者工作体验。这些嘉宾有院士、教授、普通教师，也有各行各业的精英，更多的是身边天天见面的同学你我他。每周五晚，在实验室四楼的休闲厅轻松愉快的气氛里，嘉宾向听众们分享科研成果和人生趣事，听众们则与嘉宾走心地交流互动。能享受到这样美好的夜晚，GeoScience Café 背后的管理团队功不可没。

　　一个这样给力的团队，一个这样优质的学术活动品牌，当然需要一句响亮的口号和一个醒目的 Logo。团队的创始人毛飞跃博士在活动创办之初就给了 GeoScience Café 一个响亮的口号："谈笑间成就梦想"。这个口号一直使用至今，听来铿锵有力，令人如沐春风。相比之下，团队的 Logo 就显得没那么幸运了，虽然每一版的 Logo 都各具特色，但却总是处于"不断修改"的状态，如附图 1.5 所示。这大概是因为团队成员们的所学专业和研究方向的多元化，大家的兴趣和想法不同，众口难调吧。所以，要设计一个让大家都满意的 Logo，还真不是一件容易的事。

附图 1.5　GeoScience Café 早期使用过的部分 Logo

　　正当 GeoScience Café 团队准备再次更换 Logo 时，我恰好刚被 GeoScience Café 邀请作了一期题为《地图之美——纸上的大千世界》的报告。GeoScience Café 管理团队的孙嘉和郭丹就趁此机会邀请我设计新 Logo。我觉得非常荣幸，开心地接受了这个"光荣而艰巨"的任务。

　　为了突出 Café 这个主题，新 Logo 的主体图案仍然设计为一只咖啡杯。相比之前的咖啡杯图案，新图案的线条更注重简洁流畅的感觉。并且，我受到网上一些广告画的启发，将咖啡杯的杯柄和托盘被抽象化为两条水波形的色带，这恰好暗示了实验室所处的地理位置是位于"大江大湖"的"大武汉"。杯子上腾起的蒸汽当然也不能闲着，得让它们有些象征意义，于是三缕蒸汽被设计为 GSC 三个字母的样式，也就是 GeoScience Café 的缩写。杯子下方的空白处再写上实验室的简称和 GeoScience Café 的字样，一个完整的主体图案就诞生了。

这个咖啡杯的图案和之前的版本相比，去掉了杯子上的世界地图，因为世界地图图形过于复杂，无论是设计为主体图案还是背景图案都不太合适。不过，去掉之后的图案里就没有与"Geo"这个主题相关的内容了，怎么办呢？我只好试着用一个带经纬网的地球图案来代替世界地图作为整个 Logo 的背景，没想到效果意外的好。于是，这个 Logo 的总体形状就被确定为圆形了。

这次设计最大的突破在于图案的色彩设计更具实用性。以前的 Logo 在设色上只有一个彩色版。在不同的场合使用同一个图案，有时确实会显得不太合适。这次设计之初我就计划至少设计两个版本的用色方案：彩色版和单色版。彩色版，适用于宣传海报，彩色印刷出版物，PPT 模板等画面输出标准比较高的地方；单色版，适用于内部文件背景，周边纪念品如信笺纸、信封等，以及其他需要黑白或双色印刷的地方。

另外，受到武汉市轨道交通线路配色方案的影响①，我认为 GeoScience Café 的 Logo 在设色上也需要具有一些文化感。初稿的彩色版选用的就是极具武汉大学特色的色彩：珞珈绿和樱花红。有些遗憾的是，这个版本并没有通过 GeoScience Café 成员的一致通过，因为这版 Logo 的图案和色彩都与前作差距太大，不利于保持 GeoScience Café 在校园中推广和传播的延续性。于是，在最终的版本里，Logo 图案各部分的色彩基本沿用了上一版 Logo 的色彩，使得新 Logo 在图案上更加具有传承性，如附图 1.6 所示。

附图 1.6　初稿和终稿的彩色版对比

这样的话，珞珈绿和樱花红这两个具有象征意义的色彩就只能用到单色版的设计上了。不过没关系，这两个色彩加上另一个具有武汉大学特色的色彩——东湖蓝，就成了现

---

① 武汉市轨道交通线路的设色都有文化意义上的"说法"。例如，武汉地铁 1 号线的色彩叫"地铁蓝"，2 号线的色彩为"梅花红"（武汉市花为梅花），3 号线的色彩为"归元金"（取自汉阳归元寺的琉璃瓦的金色），而 4 号线的"芳草绿"和 6 号线的"鹦鹉绿"则同出自古诗"芳草萋萋鹦鹉洲"（崔颢《黄鹤楼》），等等。

在大家看到的三个单色版的 Logo 了，如附图 1.7 所示。

附图 1.7　三个版本的单色版图案①

　　在这版 Logo 的设计过程中，我身边出现了很多给力的好帮手！实验室党委的杨旭书记，以及上文提到的毛飞跃博士，孙嘉、郭丹等 GeoScience Café 管理团队的同学②，他们在我设计 Logo 的过程中都给了我非常多的关心和帮助，也提了很多很好的建议和意见，我正好借这篇文章对他们表示深深的感谢，如果可以的话再给他们多点几个赞！

　　关于 GeoScience Café 的 Logo 的故事我就给大家介绍到这里了。因为是自己亲手做出的 Logo，所以我个人非常喜欢和珍惜。不过，对于我来说，还有一个问题更加重要：亲爱的读者，你也喜欢这套设计吗？

武汉大学资源与环境科学学院　**秦　雨**
2017 年春于武汉大学

---

① 这三个色彩最初并非用于 GeoScience Café 团队的 Logo 设计，而是我在 2013 年武汉大学 120 周年校庆时，设计《武汉大学校车线路站点示意图》中的三条校车线路所使用的色彩。文理学部校车线路采用樱花红，因其经过武汉大学著名景观樱花大道；工学部校车线路采用东湖蓝，因其终点站位于东湖边；大循环校车线路采用珞珈绿，因其翻越珞珈山。故有此三个色彩的意义一说。
② 在 Logo 图案的设计过程中，当时的 GeoScience Café 管理团队几乎所有成员都对 Logo 的设计提供过意见或建议，在这里不能一一落名，深表歉意，但我仍然对各位成员表示深深的感谢！

材料四：后记

"呦呦鹿鸣，食野之苹，我有嘉宾，鼓瑟吹笙。"GeoScience Café 已经陪伴大家度过了八个年头，150 多个难忘的夜晚。从学界泰斗到千人计划、长江学者，再到科研牛人、就/创业达人，他们无私地和我们分享他们成功路上的经验与汗水。这些精彩不应该仅仅留存在当晚的回忆里，如何让其得到更好的传播，能够在更大的时间和空间范围中使更多的人获益？这就是《我的科研故事》系列丛书的意义所在。

《我的科研故事（第一卷）》出版于 2016 年 10 月，内容覆盖范围为 GeoScience Café 第 1~100 期学术交流活动，包括了 5 期特邀报告和 24 期精选报告，时间跨度为 2009 年到 2015 年 5 月。《我的科研故事（第二卷）》内容覆盖范围为 GeoScience Café 101~136 期学术交流活动，包括了 6 期特邀报告和 9 期精选报告，时间跨度为 2015 年 6 月~2016 年 7 月。

年轻的 GeoScience Café 八年间也从未停止成长的脚步，团队规模不断地扩大，目前设立了三个部门：团建部、直播部和宣传部。团建部的职能是增强团队内部的凝聚力，具体负责团队建设与活动组织，例如月会和素质拓展。直播部负责斗鱼直播平台及优酷视频平台的运营，聚焦满足外校同学的需求。宣传部的职能是扩大宣传面，提升品牌形象，主要负责 Cafe 的微信公众号及 QQ 群维护。除了每周五晚上的常规活动外，还新发起了 English GeoScience Café 活动，目标人群为武汉大学的留学生群体，方便留学生的生活、科研、文化交流等。

回首 2016 年，GeoScience Café 的成长可能小，但坚定执着。

3 月，由资源与环境学院秦雨博士为 GeoScience Café 设计的新 Logo 和海报模板正式启用。

4 月，GeoScience Café 建立了优酷个人主页（http://i.youku.com/geosciencecafe），并发布了第一个报告视频。

5 月，与武大吉奥信息技术有限公司建立合作关系，得到吉奥的友情赞助用于活动开展和团队建设。

7 月，GeoScience Café 建立 QQ 二号讨论群（群号：532362856），加上一号群，群成员接近 3 000 人。

9 月，GeoScience Café 迎来了新加入的 17 名小伙伴，成功申请为武汉大学校级社团。

10 月，第一本文集《我的科研故事（第一卷）》出版，新书发布会吸引了超过一百名现场同学。

11 月，Cafe 申请了斗鱼账号（https://www.douyu.com/1833439），开始了第一期斗鱼直播。

"谈笑间成就梦想"，平淡的语言，将学术用直白的话语表述出来，希望可以帮助读者们更好地理解相关的研究领域，早日实现自己的科研梦想。

附录2 中流砥柱：
GeoScience Café 团队成员

编者按： 在 GeoScience Café 品牌成长的背后，站着一批又一批的 GeoScience Café 团队成员。没有团队的合作和付出，必然没有今天 GeoScience Café 学术交流活动的欣欣向荣。本附录尽可能准确地记录了自成立以来，GeoScience Café 团队成员的名字和合影照片。

● **指导教师**

陈锐志　杨　旭　吴华意　龚　威　汪志良　蔡列飞　关　琳

● **负责人**

2009.3—2010.9：熊　彪　毛飞跃

2010.9—2011.8：毛飞跃　陈胜华　瞿丽娜

2011.9—2012.8：毛飞跃　李洪利

2012.9—2013.8：李洪利　李　娜

2013.9—2014.2：李洪利　李　娜

2014.3—2015.2：张　翔　刘梦云

2015.3—2016.1：肖长江　刘梦云

2016.1—2016.12：孙　嘉　陈必武

2017.1至今：陈必武　许　殊　孙　嘉

● **其他成员**

2009.9—2010.8：袁强强　于　杰　刘　斌　郭　凯　陈胜华

2010.9—2011.8：焦洪赞　李　娜　张　俊　李会杰　李洪利

2011.9—2012.8：李　娜　张　俊　李会杰　刘金红　唐　涛　张　飞
　　　　　　　　李凤玲　王诚龙

2012.9—2013.8：毛飞跃　刘金红　唐　涛　张　飞　李凤玲　付琬洁
　　　　　　　　宋志娜　章玲玲　赵存洁　程　锋　刘文明

2013.9—2014.8：毛飞跃　李凤玲　付琬洁　宋志娜　章玲玲　赵存洁
　　　　　　　　董　亮　程　锋　张　翔　刘梦云　李文卓

2014.9—2015.8：毛飞跃　李洪利　李　娜　董　亮　程　锋　李文卓
　　　　　　　　郭　丹　熊绍龙　韩会鹏　孙　嘉　张闰臣　钟　昭
　　　　　　　　肖长江

2015.9—2016.8：毛飞跃　李洪利　李　娜　董　亮　李文卓　郭　丹
　　　　　　　　熊绍龙　韩会鹏　孙　嘉　张闰臣　钟　昭　肖长江
　　　　　　　　张少彬　李韫辉　张宇尧　简志春　徐　强　王彦坤
　　　　　　　　王　银　张　玲　杨　超

　2016.9至今：毛飞跃　李洪利　李文卓　张　翔　郭　丹　韩会鹏　肖长江
　　　　　　　　张少彬　李韫辉　张宇尧　简志春　徐　强　王　银　张　玲
　　　　　　　　杨　超　幸晨杰　刘梦云　阚子涵　黄雨斯　徐　浩　杨立扬
　　　　　　　　沈高云　陈清祥　戴佩玉　刘　璐　马宏亮　赵颖怡　雷璟晗
　　　　　　　　李传勇　王　源　许慧琳　赵雨慧　袁静文　李　茹　赵　欣
　　　　　　　　顾芷宁　张　洁　霍海荣　郭　涛　许　杨　金泰宇　张晓萌

327

陈必武，武汉大学测绘遥感信息工程国家重点实验室2015级硕士研究生。师从龚威教授，研究兴趣为多高光谱激光雷达点云数据处理，已发表SCI论文一篇。联系方式：cbw_think@whu.edu.cn。

陈清祥，男，测绘遥感信息工程国家重点实验2016级硕士研究生，测绘工程专业。师从孙开敏副教授，研究方向为基于视觉SLAM的三维重建。于2016年9月加入 GeoScience Café。参与了 GeoScience Café 第 139 期和第 144 期学术交流活动的组织。联系方式：759662760@qq.com。

戴佩玉，女，测绘遥感信息工程国家重点实验室2016级硕士研究生，测绘工程专业。师从张洪艳教授，研究方向为遥感图像超分辨率重建和时空融合。于2016年9月加入 GeoScience Café。参与了 GeoScience Café 第 143 期和第 148 期学术交流活动的组织。联系方式：15720623577@163.com。

郭丹，女，测绘遥感信息工程国家重点实验2014级硕士研究生，导师樊红教授，研究方向为 GIS 软件开发、语义空间信息。于2014年9月加入 GeoScience Café。参与 GeoScience Café 第 105 期、第 107 期和第 113 期学术交流活动的组织。联系方式：191701650@qq.com。

顾芷宁，女，河南信阳人，本科毕业于南京师范大学，现为测绘遥感信息工程国家重点实验室 2016 级硕士研究生，地图制图学与地理信息工程专业，导师为朱欣焰教授。于2016年9月加入 GeoScience Café。参与了 GeoScience Café 第138期学术交流活动的组织。联系方式：gzn15720627121@163.com。

韩会鹏，男，测绘遥感信息工程国家重点实验室2014级硕士研究生，地图学与地理信息系统专业，虚拟地理环境（三维 GIS）方向，导师为朱庆教授。于2014年9月加入 GeoScience Café。参与了 GeoScience Café 第 102 期、第 104 期、第 121 期、第 130 期学术交流活动的组织。联系方式：hanxiaohui93@163.com。

简志春，男，测绘遥感信息工程国家重点实验室2015级硕士研究生，地图学与地理信息系统专业，研究方向为时空数据模型与数据分析，导师为李清泉教授。于2015年9月加入 GeoScience Café。参与了 GeoScience Café 第116期、第122期、第129期、第135期学术交流活动的组织。联系方式：jianzhichun@foxmail.com。

黄雨斯，女，测绘遥感信息工程国家重点实验室2016级硕士研究生，研究方向为摄影测量与遥感，导师为龚威教授。于2016年9月加入 GeoScience Café。参与了 GeoScience Café 第146期学术交流活动的组织。联系方式：mavis_huang@whu.edu.cn。

李传勇，男，测绘遥感信息工程国家重点实验室2016级硕士研究生，测绘工程专业，导师为樊红教授。于2016年9月加入 GeoScience Café。参与了 GeoScience Café 第142期学术交流活动的组织。联系方式：1094401269@qq.com。

雷璟晗，女，测绘遥感信息工程国家重点实验室2016级硕士研究生，测绘工程专业，研究方向为大数据和GIS开发，导师为樊红教授。于2016年9月加入 GeoScience Café。负责了 GeoScience Café 第139期和第144期学术交流活动的组织。联系方式：zoe489@126.com。

刘璐，女，测绘遥感信息工程国家重点实验室2016级硕士研究生，专业为摄影测量与遥感，研究方向为压缩感知，导师为张洪艳教授。于2016年9月加入 GeoScience Café。负责了 GeoScience Café第147期学术交流活动的组织。联系方式：935503771@qq.com。

刘梦云，女，测绘遥感信息工程国家重点实验室2015级博士研究生，研究方向为室内空间认知，导师为李德仁和陈锐志教授。于2013年9月加入 GeoScience Café。参与了 GeoScience Café 第102期、第108期、第109期、第131期学术交流活动的组织。联系方式：amylmy@whu.edu.cn。

李茹，女，测绘遥感信息工程国家重点实验室2016级硕士研究生，地图学与地理信息系统专业，研究方向为空间数据挖掘、网络舆情分析，导师为李锐和吴华意教授。于2016年9月加入 GeoScience Café。参与了 GeoScience Café 第140期、第142期学术交流活动的组织。联系方式：2324429456@qq.com。

李韫辉，女，测绘遥感信息工程国家重点实验室2017级硕士研究生，地图学与地理信息系统专业，研究方向为时空数据模型与数据分析，导师为李清泉教授。于2015年9月加入 GeoScience Café。参与了 GeoScience Café 第111期、第115期、第118期、第139期学术交流活动的组织。联系方式：liyhlucky@163.com。

马宏亮，男，测绘遥感信息工程国家重点实验室2016级硕士研究生，地图学与地理信息系统专业，研究方向为农业遥感与干旱监测，导师为陈能成教授。于2016年9月加入 GeoScience Café。参与了 GeoScience Café第141期、第149期、第150期学术交流活动的组织。联系方式：2294875968@qq.com。

秦雨，男，资源与环境科学学院2011级博士研究生，地图制图学与地理信息工程专业，导师为庞小平教授，研究方向为地图美学理论与地图设计。地图作品：2013中图北斗广州市城市地图（单张图）、南北极科考系列地理底图、武汉城市群城市化与生态环境地图集、中国市售水果蔬菜农药残留地图集等。
特长：地图设计与制作、钢琴演奏、作曲。曾为 GeoScience Café 设计标志。联系方式：whuqinyu@126.com。

沈高云，女，测绘遥感信息工程国家重点实验室2015级硕士研究生，测绘工程专业，研究方向为城市不透水面提取及其对城市内涝的影响，导师为王伟和陈能成教授。于2016年9月加入 GeoScience Café。参与了 GeoScience Café第145期和第149期学术交流活动的组织。联系方式：1045531851@qq.com。

孙嘉，女，测绘遥感信息工程国家重点实验室 2014 级直博生，摄影测量与遥感专业，导师为龚威教授，研究方向为多光谱激光雷达数据应用。于 2014 年 9 月加入 GeoScience Café。参与了 GeoScience Café 第 106 期、第 120 期、第 137 期、第 138 期学术交流活动的组织。联系方式：helena@whu.edu.cn。

王银，女，经济与管理学院 2015 级硕士研究生，专业为人口资源与环境经济学。于 2014 年 9 月加入 GeoScience Café。参与了 GeoScience Café 第 114 期、第 127 期、第 134 期学术交流活动的组织。联系方式：unic_w@foxmail.com。

王源，男，测绘遥感信息工程国家重点实验室 2016 级硕士研究生，研究方向为 WebGIS、空间信息云计算与地理信息服务，导师为吴华意教授。于 2016 年 9 月加入 GeoScience Café。参与了 GeoScience Café 第 145 期、第 149 期学术交流活动的组织。联系方式：yuan.wang@whu.edu.cn。

幸晨杰，男，测绘遥感信息工程国家重点实验室 2011 级硕士、2014 级博士，方向为摄影测量与遥感专业，导师为陈能成教授，ESPACE "地球空间科学与技术"中德双硕士项目 2011 级成员。研究方向为人工神经网络和机器学习在遥感中的应用，被动雷达信号处理算法。于 2015 年 5 月加入 GeoScience Café。曾为 GeoScience Café 拍摄活动图片，并参与第 124 期、第 126 期、第 134 期学术交流活动的组织。联系方式：cj.xing@hotmail.com。

肖长江，男，测绘遥感信息工程国家重点实验室 2013 级硕博连读生。师从龚健雅院士和陈能成教授，研究兴趣包括传感网实时动态 GIS、物联网和智慧城市。入选"地球空间信息技术跨学科拔尖创新人才培养基地"博士研究生，获优秀硕士新生奖学金、CSST 智慧城市奖学金、地球空间信息技术协同创新中心奖学金等。于 2014 年 9 月加入 GeoScience Café。参与了 GeoScience Café 第 109 期学术交流活动的组织。联系方式：geocjxiao@163.com。

徐浩，男，测绘遥感信息工程国家重点实验室2016级硕士研究生。研究兴趣为对空对地激光遥感技术、光学与激光遥感数据处理、光学与激光空间信息定量应用等，导师为龚威教授。于2016年9月加入 GeoScience Café。参与了 GeoScience Café 第141期学术交流活动的组织。联系方式：xiaohao190081@whu.edu.cn。

许慧琳，女，测绘遥感信息工程国家重点实验室2016级硕士研究生，测绘工程专业，研究方向为机器学习和模式识别，导师为张洪艳教授。于2016年9月加入 GeoScience Café。参与了 GeoScience Café 第138期学术交流活动的组织。联系方式：499135958@qq.com。

徐强，男，测绘遥感信息工程国家重点实验室2015级硕士研究生，研究方向为 WebGIS，导师为樊红教授。于2015年9月加入 GeoScience Café。参与了 GeoScience Café 第144期、第126期、第118期、第120期的学术交流活动的组织。联系方式：592381527@qq.com。

许殊，男，遥感信息工程学院2016级硕士研究生。研究兴趣为GPU在摄影测量领域的应用，导师为袁修孝教授。于2016年6月加入 GeoScience Café。参与了 GeoScience Café 第141期学术交流活动的组织。联系方式：xs13339987476@163.com。

熊绍龙，男，测绘遥感信息工程国家重点实验室2014级硕士研究生，研究方向为遥感影像处理，已发表SCI论文1篇。于2014年9月加入 GeoScience Café。参与了 GeoScience Café 第83期、第103期、第111期学术交流活动的组织。

杨超，男，测绘遥感信息工程国家重点实验室2015级硕士研究生。多次参与导师科研项目，导师为王密教授，签约单位是中国电子科技集团公司第二十九研究所。于2015年9月加入 GeoScience Café。参与了 GeoScience Café 第108期、第113期、第129期和第131期学术交流活动的组织。联系方式：yc_rser@163.com。

袁静文，女，遥感信息工程学院 2016 级硕士研究生，摄影测量专业，研究方向为辐射校正、计算机视觉，导师为王树根教授。于2016 年 9 月加入 GeoScience Café。参与了 GeoScience Café 第 140 期和第 141 期学术交流活动的组织。联系方式：jingwenyuan@whu.edu.cn。

杨立扬，男，测绘学院 2013 级本科生，导航工程专业。于 2016 年 9月加入 GeoScience Café。参与了 GeoScience Café 第 150 期学术交流活动的组织。非常喜欢的一句话是：人生不是活过多少天而是记得多少天。联系方式：425419552@qq.com。

张玲，女，测绘遥感信息工程国家重点实验室 2015 级博士研究生，地图学与地理信息系统专业，师从陈晓玲教授，研究方向为陆面蒸散发反演、鄱阳湖流域与湖泊水量平衡分析。本科与硕士毕业于武汉大学资源与环境科学学院。于 2015 年 9 月加入 GeoScience Café。参与了 GeoScience Café 第 119 期、第 123 期、第 136 期、第 142 期学术交流活动的组织，并参与了第 122 期、第 124 期新闻稿修改工作。联系方式：zhangling_gis@whu.edu.cn。

张少彬，男，测绘遥感信息工程国家重点实验室 2015 级硕士研究生，摄影测量专业，研究方向为三维点云压缩，导师为杨必胜教授。于 2015 年 9 月加入 GeoScience Café。参与了 GeoScience Café 第114 期、第 129 期、第 140 期、第 146 期学术交流活动的组织。联系方式：shaobing_zhang@163.com。

张翔，男，测绘遥感信息工程国家重点实验室 2014 级博士研究生，专业为地图学与地理信息系统，导师为陈能成教授。长期从事极端气象灾害、环境遥感和传感网等方面研究，已发表 6 篇 SCI 论文，获批国家发明专利 1 项，并获研究生国家奖学金、国家公派留学奖学金和武汉大学学业奖学金等。于 2013 年 9 月加入 GeoScience Café。参与多期 GeoScience Café 活动的组织，如第 70 期、第 91 期和第 100期等。联系方式：zhangxiangsw@whu.edu.cn。

赵欣，女，测绘遥感信息工程国家重点实验室2016级硕士研究生，研究方向为倾斜摄影测量——基于影像的三维重建，导师为江万寿教授。于2016年5月加入 GeoScience Café。参与了 GeoScience Café 第134期和第143期学术交流活动的组织。

座右铭：一万个美丽的未来，抵不过一个真实的现在。每一个真实的现在，都曾是你想要的未来。联系方式：578232405@qq.com。

赵雨慧，女，测绘遥感信息工程国家重点实验室2016级硕士研究生，专业为地图学与地理信息系统，研究方向为三维 GIS，导师为朱欣焰教授。于2016年9月加入 GeoScience Café。参与了 GeoScience Café 第146期和第148期学术交流活动的组织。联系方式：zhaoyuhui1994@163.com。

张宇尧，女，测绘遥感信息工程国家重点实验室2014级硕士研究生，摄影测量与遥感专业，师从龚威教授，研究方向为大气遥感。于2015年9月加入 GeoScience Café，参与了 GeoScience Café 第114期、第121期、第129期、第132期学术交流活动的组织。联系方式：zhangyuyao@whu.edu.cn。

赵颖怡，女，遥感信息工程学院2016级硕士研究生，专业为摄影测量与遥感，研究方向主要为 LiDAR 点云数据处理，导师为胡庆武教授。于2016年9月加入 GeoScience Café。参与了 GeoScience Café 第138期和第150期学术交流活动的组织。联系方式：zhaoyingyi@whu.edu.cn。

钟昭，女，测绘遥感信息工程国家重点实验室2014级研究生，测绘工程专业，研究方向为地理信息系统应用与开发，导师为张晓东教授。于2014年9月加入 GeoScience Café。参与了 GeoScience Café 第80期、第87期、第98期、第101期、第105期、第110期、第125期学术交流活动的组织。联系方式：1114753650@qq.com。

● 团队合照精选

2016年4月16日，GeoScience Café团队开展游欢乐谷活动

（后排左起依次为沈高云、杨超、简志春、李韫辉、韩会鹏、徐强、毛飞跃、张少彬、
熊绍龙、幸晨杰；前排左起依次为李娜、邹静、刘梦云、张玲、张宇尧、孙嘉、王银）

2016年9月26日，GeoScience Café 第一场招新面试

（左起依次为戴佩玉、袁静文、杨立扬、赵欣、马宏亮、赵颖怡、王源、许慧琳、徐浩、
刘璐、陈必武、刘梦云、许殊、徐强、郭丹、张少彬、张宇尧、杨超、沈高云、肖长江、
孙嘉）

2016年11月13日，GeoScience Café团队开展游梁子湖活动

（左起依次为陈必武、付小康、张玲、戴佩玉、许慧琳、刘璐、许殊、孙嘉、张少彬、李韫辉、郭丹、雷璟晗、徐强、李传勇、徐浩）

2016年3月7日，GeoScience Café团队新学期第一次月会

（后排左起依次为赵颖怡、雷璟晗、陈清祥、袁静文、徐强、徐浩、张少彬、杨超
前排左起圆圈：孙嘉、杨旭、李韫辉、许殊、陈必武、张翔、李传勇）

附录3 往昔峥嵘：
GeoScience Café 历届嘉宾

编者按：2009 年以来，在 GeoScience Café 的讲台上，无数嘉宾指点江山、激扬文字，他们是 GeoScience Café 的核心吸引力。本附录完整收录了第 1 期到第 136 期 GeoScience Café 的所有嘉宾信息。

GeoScience Café 第1期（2009年4月24日）

演讲题目：基于星敏感器的卫星姿态测量

演讲嘉宾：谢俊峰，湖北天门人，在读博士研究生，师从龚健雅院士和江万寿教授。现从事航天摄影测量及卫星定姿方面的研究。联系方式：junfeng_xie@163.com。

演讲题目：计算机软件水平考试经验谈

演讲嘉宾：胡晓光，2007级博士生，师从李德仁院士和朱欣焰教授，主要研究方向为模式识别与GIS应用，发表科研论文数篇。2010年11月获武汉大学"研究生国际交流与合作专项经费"资助赴美参加ASPRS 2010国际会议。联系方式：Michael.hu.07@gmail.com。

演讲题目：基于近景影像的建筑物立面三维自动重建方法

演讲嘉宾：张云生，2008级博士生，师从朱庆教授，现为中南大学副教授、系副主任。主要研究方向为倾斜摄影与无人机影像处理、三维城市建模以及激光扫描数据处理等。已在国内外权威与重要学术期刊和会议发表研究论文15篇。在863项目、自然科学基金项目的资助下，开发了无人机影像快速处理软件系统、地面激光扫描数据配准软件等。联系方式：zhangys@csu.edu.cn。

GeoScience Café 第2期（2009年5月8日）

演讲题目：基于等高线族分析的LiDAR建筑物提取方法研究

演讲嘉宾：李乐林，2006级硕博连读生，师从江万寿教授，主要研究方向为机载激光雷达数据处理及数字城市等。在《武汉大学学报（信息科学版）》、《测绘通报》、《国土资源与遥感》等报纸、杂志发表论文多篇。联系方式：lilelindr@126.com。

演讲题目：一种从离散点云中准确追踪建筑物边界的方法

演讲嘉宾：程晓光，2009级博士研究生，师从龚健雅院士，主要研究方向为极化合成孔径雷达理论，机载激光雷达点云数据处理，全波形激光雷达信息提取等。已发表SCI、EI、CSCD、国际会议论文9篇。获国家发明专利1项。2010—2012年在美国马里兰大学College park分校地理科学系联合培养。联系方式：chengxiaoguang985@163.com。

演讲题目：当文化遗产遭遇激光扫描——数字敦煌初探

演讲嘉宾：张帆，1982年生，测绘遥感信息工程国家重点实验室青年教师，数字敦煌项目的骨干研究人员。在李德仁院士和朱宜萱教授指导下，在数字敦煌项目中做了大量的深入研究工作，取得了很好的成果。联系方式：zhangfan128@163.com。

GeoScience Café 第3期（2009年5月15日）

演讲题目：顾及相干性的星载SAR成像算法研究

演讲嘉宾：邱志伟，硕士研究生，师从廖明生教授，主要研究方向为雷达遥感及图像处理。联系方式：qiuzhiwei-2008@163.com。

演讲题目：星载InSAR图像级仿真

演讲嘉宾：赵珊珊，湖北潜江人，硕士研究生，师从方圣辉教授和潘斌教授。现任福建师范大学地理科学学院助教，主要从事遥感影像应用，雷达几何原理方面的研究。联系方式：zhaoyun-1@126.com。

演讲题目：基于特征提取的光学影像与SAR影像配准

演讲嘉宾：彭芳媛，硕士研究生，师从江万寿教授，现主要从事摄影测量与遥感的研究与应用。联系方式：pfymadeline@126.com。

GeoScience Café 第4期（2009年5月22日）

演讲题目：基于自适应推进的建筑物检测

演讲嘉宾：袁名欢，2009年获武汉大学测绘遥感信息工程国家重点实验室硕士学位，被评为2009届优秀毕业生，师从张良培教授。现任湖南师范大学资环院助教，主要从事摄影测量、GPS的教学和研究工作。联系方式：minghuanyuan@gmail.com。

演讲题目：基于粒子群优化算法的遥感最适合运行尺度的研究

演讲嘉宾：付东杰，2007—2009年在武汉大学测绘遥感信息工程国家重点实验室攻读硕士学位，被评为2009届优秀毕业生，导师为邵振峰教授。近年来国内外核心刊物及会议上发表论文多篇，其中国际SCI核心刊物4篇。联系方式：fudongjie@gmail.com。

GeoScience Café 第5期（2009年6月5日）

演讲题目：3S技术与智能交通——交通中心研究工作概述

演讲嘉宾：栾学晨，测绘遥感信息工程国家重点实验室2009级博士生，师从杨必胜教授，研究方向为城市道路网中的模式识别与多尺度建模，发表SCI/SSCI论文2篇。联系方式：xuechen.luan@whu.edu.cn。

演讲题目：基于层次分类与数据融合的星载激光雷达数据反演

演讲嘉宾：马盈盈，2010年7月毕业于武汉大学测绘遥感信息工程国家重点实验室，获工学博士学位，师从龚威教授。主要研究方向为星载激光雷达的反演方法及数据应用，先后发表科研论文数篇，参与多项科研项目。联系方式：yym863@yahoo.com.cn。

GeoScience Café 第6期（2009年6月12日）

演讲题目：LiDAR辅助高质量真正射影像制作

演讲嘉宾：钟成，博士，师从李德仁院士，主要从事激光雷达数据处理和城市三维重建研究。联系方式：zhonglxm@126.com。

演讲题目：基于多源遥感数据的城市不透水面分布估算方法研究

演讲嘉宾：高志宏，山西忻州人，武汉大学地图学与地理信息系统专业硕士毕业，师从廖明生教授。2012年博士毕业于中国科学院遥感应用研究所，现为国家基础地理信息中心高级工程师，主要从事地理国情普查和监测方面的工作。联系方式：gaozhihong2007@gmail.com。

GeoScience Café 第7期（2009年6月19日）

演讲题目：毕业生专题之飞跃重洋

演讲嘉宾：黑迪，武汉大学生命科学学院本科生，去向为：Pennsylvania State University，生物专业。联系方式：http://www.renren.com/223093904（人人网主页）。

演讲题目：毕业生专题之飞跃重洋

演讲嘉宾：朱春皓，武汉大学资源与环境科学学院硕士。

演讲题目：毕业生专题之飞跃重洋

演讲嘉宾：胡君，武汉大学计算机学院本科生，去向为：Duke university，Computer science。联系方式：www.renren.com/321882858（人人网主页）。

演讲题目：毕业生专题之飞跃重洋

演讲嘉宾：欧阳怡强，武汉大学测绘遥感信息工程国家重点实验室硕士，师从朱庆教授，去向为：University of Florida，Urban and Regional Planning，GIS for Urban and Regional Planning。联系方式：yqouyang@gmail.com。

GeoScience Café 第8期（2009年9月25日）

演讲题目：Coupling Remote Sensing Retrieval with Numerical Simulation for SPM Study

演讲嘉宾：陆建忠，2010年毕业于武汉大学测绘遥感信息工程国家重点实验室，获理学博士学位，师从陈晓玲教授，并留校任教。主要研究方向为水环境遥感、水动力–物质输移同化模拟、地理信息系统应用平台开发等，现已公开发表学术论文20余篇，获国家发明专利3项，计算机软件著作权登记4项。联系方式：lujzhong@whu.edu.cn。

GeoScience Café 第9期（2009年11月6日）

演讲题目：关于科研和写作的几点体会

演讲嘉宾：钟燕飞，教授，博士生导师，全国优秀博士学位论文获得者，教育部新世纪优秀人才，2011年入选武汉大学首批"珞珈青年学者"，在国内外发表论文50余篇，获国家发明专利3项。联系方式：zhongyanfei@whu.edu.cn。

GeoScience Café 第10期（2009年11月13日）

演讲题目：摄影选材与思路

演讲嘉宾：胡晓光，2007级博士生，师从李德仁院士和朱欣焰教授，主要研究方向为模式识别与GIS应用，发表科研论文数篇。2010年11月获武汉大学"研究生国际交流与合作专项经费"资助赴美参加ASPRS 2010国际会议。联系方式：Michael.hu.07@gmail.com。

GeoScience Café 第11期（2009年11月27日）

演讲题目： The Usefulness of Internet–based(NTrip) RTK for Precise Navigation and Intelligent Transportation Systems

演讲嘉宾： Marcin Uradzinski，博士，来自波兰共和国，2009年进入武汉大学卫星导航定位技术研究中心博士后流动站进行博士后研究，合作导师是武汉大学前校长刘经南院士。联系方式：marcin.uradzinski@uwm.edu.pl。

演讲题目： 在读研究生因私出国手续办理

演讲嘉宾： 于杰，山东威海人，2009—2012年在武汉大学测绘遥感信息工程国家重点实验室攻读摄影测量与遥感专业博士学位，师从朱庆教授，主要研究方向为真正射影像处理。联系方式：yujie2xw@126.com。

GeoScience Café 第12期（2009年12月4日）

演讲题目： 分布式空间数据标记语言

演讲嘉宾： 黄亮，武汉大学测绘遥感信息工程国家重点实验室博士研究生，师从朱欣焰教授，主要从事语义位置模型和位置计算方面的研究。联系方式：plaquemine@whu.edu.cn。

GeoScience Café 第13期（2009年12月11日）

演讲题目： 空间认知在中华文化区划分中的应用模型探究

演讲嘉宾： 曾兴国，武汉大学资源与环境科学学院博士研究生，师从杜青运教授，主要从事地理信息科学理论与方法研究。联系方式：zengsingle@163.com。

演讲题目： 居民地综合中的模式识别与应用

演讲嘉宾： 张翔，博士，师从艾廷华教授，现为武汉大学资源与环境科学学院地图科学与地理信息工程系讲师。联系方式：xiang.zhang@whu.edu.cn。

GeoScience Café 第14期（2009年12月18日）

演讲题目：科技创新与专利入门

演讲嘉宾：麦晓明，武汉大学2009级硕士研究生，师从李清泉教授。曾获武汉大学2008—2009年度"珞珈十大风云学子"称号。本科期间就拥有23项专利（有4项专利正投入商业应用中），是申请专利种类最全的学生。联系方式：mxm61@126.com。

GeoScience Café 第15期（2010年1月8日）

演讲题目：专利的法律保护

演讲嘉宾：李妍辉，2012年获得武汉大学法学博士学位，现任湖北民族学院法学院讲师，主讲环境法、刑事诉讼法等法学课程。已通过国家司法考试，获得全国司法职业资格及律师执业证。主要研究方向为国际环境法、金融法。

演讲题目：测绘遥感科学与环境法学的关系

演讲嘉宾：刘敏，2011年获得武汉大学环境与资源保护法学硕士学位，通过国家司法考试，获得全国司法职业资格证，现就职于四川省成都市律政公证处。联系方式：429611469@qq.com。

GeoScience Café 第16期（2010年3月12日）

演讲题目：高分辨率遥感影像处理与应用

演讲嘉宾：黄昕，教授，博士生导师，师从张良培教授、李平湘教授。全国百篇优秀博士学位论文获得者，教育部新世纪优秀人才，IEEE高级会员（Senior Member）。长期从事高分辨率、高光谱遥感影像的处理与应用研究，已在国际SCI刊物发表论文50余篇，担任国际著名刊物副主编、客座编辑及审稿人。联系方式：xhuang@whu.edu.cn。

GeoScience Café 第17期（2010年3月19日）

演讲题目：新一代航空航天数字摄影测量处理平台——数字摄影测量网格（DPGrid）

演讲嘉宾：杜全叶，武汉大学遥感信息工程学院2007级博士研究生，师从张祖勋院士和张剑清教授，研究兴趣包括近景摄影测量、低空摄影测量、航空摄影测量与LiDAR集成。联系方式：duquanye@163.com。

GeoScience Café 第18期（2010年4月1日）

演讲题目：合成孔径雷达干涉数据分析技术及其在三峡地区的应用

演讲嘉宾：王腾，武汉大学测绘遥感信息工程国家重点实验室博士研究生，师从廖明生教授和 Fabio Rocca 教授（意大利米兰理工大学），研究兴趣主要是雷达干涉测量、数字高程模型和数据融合。联系方式：wang.teng@gmail.com。

GeoScience Café 第19期（2010年4月23日）

演讲题目：交通时空数据获取、处理、应用

演讲嘉宾：曹晶，河南新野人，武汉大学测绘遥感信息工程国家重点实验室2008级博士生，师从李清泉教授和乐阳副教授，研究兴趣主要包括多源交通数据融合、时空数据挖掘和模式分析、交通状态分析和预测等。在美国华盛顿大学联合培养一年。联系方式：longrning@gmail.com。

GeoScience Café 第20期（2010年5月21日）

演讲题目：高光谱遥感影像亚像元目标探测

演讲嘉宾：杜博，2007级博士生，师从张良培教授。主要从事高光谱遥感影像处理、智能化遥感影像处理方向的研究，曾获光华奖学金等奖励。联系方式：remoteking@whu.edu.cn。

GeoScience Café 第21期（2010年6月3日）

演讲题目：基于语义的空间信息服务组合及发现技术

演讲嘉宾：罗安，武汉大学测绘遥感信息工程国家重点实验室摄影测量与遥感专业2008级博士生，师从龚健雅教授和王艳东教授。主要从事智能化空间信息服务方向的研究，已在国内外学术刊物上发表学术论文多篇。联系方式：luoan86@163.com。

GeoScience Café 第22期（2010年6月11日）

演讲题目：出国留学的利弊分析和申请过程介绍

演讲嘉宾：林立文，武汉大学遥感信息工程学院2008级硕士生。录取学校及专业为：Ohio State University，摄影测量与地理信息系统专业，获全额奖学金。联系方式：http://www.renren.com/279319842/profile（人人网主页）。

演讲题目：出国留学的利弊分析和申请过程介绍

演讲嘉宾：李凡，武汉大学遥感信息工程学院2008级硕士生，师从方圣辉教授。录取学校及专业为：Arizona State University，地理系，获全额奖学金。联系方式：425511726（QQ）。

演讲题目：出国留学的利弊分析和申请过程介绍

演讲嘉宾：程晓光，2009级博士研究生，师从龚健雅院士，主要研究方向为极化合成孔径雷达理论，机载激光雷达点云数据处理，全波形激光雷达信息提取等。已发表SCI、EI、CSCD、国际会议论文9篇。获国家发明专利1项。2010—2012年在美国马里兰大学 College park 分校地理科学系联合培养。联系方式：chengxiaoguang985@163.com。

GeoScience Café 第23期（2010年6月22日）

演讲题目：基于动态交通流分配系数的网络交通状态建模与分析

演讲嘉宾：瞿莉，清华大学2005级硕博连读生，曾为麻省理工学院访问学生及博士后。在国内外著名学术刊物上发表论文多篇。研究兴趣为智能交通系统、交通数据采集、城市交通网络系统和城市交通状态分析及演化等。联系方式：qul05@mails.thu.edu.cn。

GeoScience Café 第24期（2010年10月15日）

演讲题目：高光谱影像的超分辨率重建

演讲嘉宾：张洪艳，测绘遥感信息工程国家重点实验室副教授，武汉大学"珞珈青年学者"。主要从事遥感影像重建、稀疏表达与压缩感知等方向的研究工作。在国内外学术期刊发表论著30余篇，并任多个国际著名期刊审稿人。联系方式：zhanghongyan@whu.edu.cn。

GeoScience Café 第25期（2010年10月22日）

演讲题目：基于多平台卫星观测的大气参数反演方法研究

演讲嘉宾：马盈盈，2010年7月毕业于武汉大学测绘遥感信息工程国家重点实验室，获工学博士学位，师从龚威教授。主要研究方向为星载激光雷达的反演方法及数据应用，先后发表科研论文数篇，参与多项科研项目。联系方式：yym863@yahoo.com.cn。

GeoScience Café 第26期（2010年10月29日）

演讲题目："中国智能车未来挑战赛"亚军团队解读"智能驾驶无人车SmartVII 系统"

演讲嘉宾：陈龙，武汉大学-新加坡国立大学联合培养博士，曾受基金委资助赴德国JACOBS大学做访问学者。现为中山大学移动信息工程学院教师。一直从事道路场景感知方面的相关研究，发表论文10余篇（SCI/EI检索4/10余篇）。联系方式：lchen@whu.edu.cn。

演讲题目："中国智能车未来挑战赛"亚军团队解读"智能驾驶无人车SmartVII 系统"

演讲嘉宾：麦晓明，武汉大学2009级硕士研究生，师从李清泉教授。曾获武汉大学2008—2009年度"珞珈十大风云学子"称号。本科期间就拥有23项专利（有4项专利正投入商业应用中），是申请专利种类最全的学生。联系方式：mxm61@126.com。

演讲题目："中国智能车未来挑战赛"亚军团队解读"智能驾驶无人车SmartVII 系统"

演讲嘉宾：张亮，测绘遥感信息工程国家重点实验室2009级硕士，主要方向为基于激光雷达的车辆周围环境感知。

演讲题目："中国智能车未来挑战赛"亚军团队解读"智能驾驶无人车SmartVII 系统"

演讲嘉宾：方彦军，武汉大学动力与机械学院2009级硕士，主要方向为无人驾驶车辆路径规划和行为决策。联系方式：zhgao@irsa.ac.cn。

GeoScience Café 第27期（2010年11月5日）

演讲题目：基于HJ–1A/B CCD影像的中国近岸和内陆湖泊水环境监测研究——以南黄海和鄱阳湖为例

演讲嘉宾：于之锋，2012年获博士学位，师从陈晓玲教授，现为杭州师范大学遥感与地球科学研究院讲师。主要从事水环境遥感监测研究，参编中、英文著作各1部，发表论文16篇（SCI/EI检索9篇）。联系方式：zhifeng_yu@163.com。

GeoScience Café 第28期（2010年11月12日）

演讲题目： 遥感与GIS应用：从流域到湖泊——以鄱阳湖为例

演讲嘉宾： 陆建忠，2010年毕业于武汉大学测绘遥感信息工程国家重点实验室，获理学博士学位，师从陈晓玲教授，并留校任教。主要研究方向为水环境遥感、水动力-物质输移同化模拟、地理信息系统应用平台开发等，现已公开发表学术论文20余篇，获国家发明专利3项，计算机软件著作权登记4项。联系方式：lujzhong@whu.edu.cn。

GeoScience Café 第29期（2010年11月19日）

演讲题目： GIS技术人员的自我成长

演讲嘉宾： 蒋波涛，2010级在职博士生，师从王艳东教授。先后编、著、译多本GIS畅销技术著作。现为《3S新闻周刊》资深编辑和书评专栏主持人，中科院计算所培训中心特邀培训专家，以及科学出版社特约GIS书籍审稿专家。联系方式：chiangbt@gmail.com。

演讲题目： 矢量道路辅助的航空影像快速镶嵌

演讲嘉宾： 王东亮，遥感信息工程学院2010级博士研究生，师从万幼川教授，肖建华教授级高工，现从事航空影像的获取和处理方面的研究，包括航空摄影飞行路线设计，航空影像智能镶嵌等，发表论文数篇。联系方式：wddlll@163.com。

GeoScience Café 第30期（2010年11月26日）

演讲题目： 一切"救"在身边

演讲嘉宾： 救护之翼组织，是由武汉市各大高校的在校大学生志愿者自发组成的一个以传播救护知识为宗旨的公益组织，该组织依托于湖北省急救技能培训中心和武汉大学中南医院急救中心，利用业余时间进行救护知识传播。

GeoScience Café 第31期（2010年12月10日）

演讲题目： 赴美参加ASPRS 2010会议见闻

演讲嘉宾： 胡晓光，2007级博士生，师从李德仁院士和朱欣焰教授，主要研究方向为模式识别与GIS应用，发表科研论文数篇。2010年11月获武汉大学"研究生国际交流与合作专项经费"资助赴美参加ASPRS 2010国际会议。联系方式：Michael.hu.07@gmail.com。

GeoScience Café 第32期（2010年12月14日）

演讲题目： 新西伯利亚交流报告会

演讲嘉宾： 史振华，原武汉大学测绘遥感信息工程国家重点实验室党委副书记，现任武汉大学测绘学院副院长。联系方式：szh@lmars.whu.edu.cn。

演讲题目： 新西伯利亚交流报告会

演讲嘉宾： 沈盛彧，博士生，师从吴华意教授，主要从事地理信息服务质量研究。联系方式：shshy.whu@gmail.com。

演讲题目： 新西伯利亚交流报告会

演讲嘉宾： 陈喆，博士生，师从秦前清教授，主要研究方向为遥感影像处理、高性能并行计算。联系方式：airmicheal@126.com。

演讲题目： 新西伯利亚交流报告会

演讲嘉宾： 史磊，2010级博士研究生，师从李平湘教授、杨杰教授，研究兴趣包括SAR影像分类，植被下地形提取等。发表SCI/EI源刊论文2/5篇。参与澳大利亚"XXIIISPRS"、俄罗斯"3S–2010"等国际学术会议。联系方式：comefromshilei@sohu.com。

演讲题目： 新西伯利亚交流报告会

演讲嘉宾： 顾鑫，2009级博士研究生，师从徐正全教授。研究领域包括信息安全、网络安全，可信云等。参加了日本"ICCSI"和俄罗斯"3s–2010"等国际学术会议。联系方式：7537174@qq.com。

GeoScience Café 第33期（2011年3月11日）

演讲题目： 分享科研与写作的网络资源

演讲嘉宾： 毛飞跃，测绘遥感信息工程国家重点实验室2009级博士研究生，师从龚威教授和闵启龙教授，主要从事云、气溶胶和太阳辐射等大气和环境遥感相关的研究，发表SCI论文20余篇。GeoScience Café 创始人之一。联系方式：maofeiyue@whu.edu.cn。

GeoScience Café 第34期（2011年3月25日）

演讲题目： "车联网"应用之"公路列车"

演讲嘉宾： 周宝定，2009级硕士研究生，师从李清泉教授、毛庆洲教授，研究兴趣包括多传感器集成、智能传感网络及车用自组网等。联系方式：bdzhou@whu.edu.cn。

GeoScience Café 第35期（2011年4月15日）

演讲题目： 可视媒体内容安全研究

演讲嘉宾： 孙婧，2009级博士研究生，师从徐正全教授，研究兴趣包括多媒体安全、遥感影像安全、多媒体编解码等。

GeoScience Café 第36期（2011年4月22日）

演讲题目： SIFT算子改进及应用

演讲嘉宾： 万雪，2010级1+4硕博连读生，师从张祖勋院士，主要研究航空航天影像特征提取及影像匹配。在国内外学术刊物上发表学术论文多篇，曾参加2010年 ISPRS 巴黎分会并做相关报告。联系方式：wanxue8824@gmail.com。

GeoScience Café 第37期（2011年5月6日）

演讲题目： 四位青年教师畅谈学习和科研方法

演讲嘉宾： 呙维，讲师，湖北省优秀博士学位论文获得者，主要研究方向为智慧城市时空数据流计算、自然语言位置解析、机器人导航与Kinect实时制图等。已在国内外学术刊物上发表学术论文20余篇，申请发明专利10项。联系方式：guowei-lmars@whu.edu.cn。

演讲题目： 四位青年教师畅谈学习和科研方法

演讲嘉宾： 陆建忠，2010年毕业于武汉大学测绘遥感信息工程国家重点实验室，获理学博士学位，师从陈晓玲教授，并留校任教。主要研究方向为水环境遥感、水动力-物质输移同化模拟、地理信息系统应用平台开发等，现已公开发表学术论文20余篇，获国家发明专利3项，计算机软件著作权登记4项。联系方式：lujzhong@whu.edu.cn。

演讲题目： 四位青年教师畅谈学习和科研方法

演讲嘉宾： 马盈盈，2010 年 7 月毕业于武汉大学测绘遥感信息工程国家重点实验室，获工学博士学位，师从龚威教授。主要研究方向为星载激光雷达的反演方法及数据应用，先后发表科研论文数篇，参与多项科研项目。联系方式：yym863@yahoo.com.cn。

演讲题目： 四位青年教师畅谈学习和科研方法

演讲嘉宾： 张洪艳，武汉大学测绘遥感信息工程国家重点实验室副教授，武汉大学"珞珈青年学者"。主要从事遥感影像重建、稀疏表达与压缩感知等方向的研究工作。在国内外学术期刊发表论著 30 余篇，并任多个国际著名期刊审稿人。联系方式：zhanghongyan@whu.edu.cn。

GeoScience Café 第 38 期（2011 年 5 月 27 日）

演讲题目： 基于总变分模型的影像复原及超分辨率重建

演讲嘉宾： 袁强强，2009 级博士研究生，师从李平湘教授、张良培"长江学者"特聘教授，主要从事影像复原及超分辨率重建方法的研究。武汉大学第五届"十大学术之星"。联系方式：yqiang86@gmail.com。

GeoScience Café 第 39 期（2011 年 6 月 24 日）

演讲题目： 大规模三维 GIS 数据高效管理的关键技术

演讲嘉宾： 李晓明，2007 级博士研究生，师从朱庆"长江学者"特聘教授，研究方向是三维 GIS 与虚拟地理环境。联系方式：lxmingster@163.com。

演讲题目： 香港交流访问经历

演讲嘉宾： 张云生，2008 级博士生，师从朱庆教授，现为中南大学副教授、系副主任。主要研究方向为倾斜摄影与无人机影像处理、三维城市建模以及激光扫描数据处理等。已在国内外权威与重要学术期刊和会议发表研究论文 15 篇。在 863 项目、自然科学基金项目的资助下，开发了无人机影像快速处理软件系统、地面激光扫描数据配准软件等。联系方式：zhangys@csu.edu.cn。

GeoScience Café 第40期（2011年9月16日）

演讲题目： 全脑奇像记忆法基础——数字信息记忆以及英语单词记忆
演讲嘉宾： 刘大炜，武汉大学记忆协会常务副会长、中国记忆大师。
联系方式：200731580025@whu.edu.cn。

演讲题目： 全脑奇像记忆法基础——数字信息记忆以及英语单词记忆
演讲嘉宾： 李凤玲，武汉大学记忆协会副会长、实用记忆法研究员。
联系方式：844949545@qq.com。

GeoScience Café 第41期（2011年10月21日）

演讲题目： Social Network Analysis, Social Theory and Convergence with Graph Theory
演讲嘉宾： Steve McClure，George Mason 大学博士，武汉大学测绘遥感信息工程国家重点实验室访问学者，研究兴趣包括社交网络、数据挖掘等，已在国外刊物上发表论文数篇。联系方式：smccwst@gmail.com。

GeoScience Café 第42期（2011年11月12日）

演讲题目： 武汉大学第六届学术科技文化节之"博士生学术沙龙"走进"GeoScience Cafe"
演讲嘉宾： 曹晶，河南新野人，测绘遥感信息工程国家重点实验室2008级博士生，师从李清泉教授和乐阳副教授，研究兴趣主要包括多源交通数据融合、时空数据挖掘和模式分析、交通状态分析和预测等。在美国华盛顿大学联合培养一年。联系方式：longrning@gmail.com。

演讲题目： 武汉大学第六届学术科技文化节之"博士生学术沙龙"走进"GeoScience Cafe"
演讲嘉宾： 邹勤，2008级博士研究生，师从李清泉教授，研究兴趣包括视觉组织、图像修复、三维重构等。已在国外刊物上发表论文3篇。美国南卡大学计算机视觉实验室访问学生。联系方式：qzou@live.com。

演讲题目：	武汉大学第六届学术科技文化节之"博士生学术沙龙" 走进 "GeoScience Cafe"
演讲嘉宾：	常晓猛，2010级博士研究生，师从李清泉教授，主要从事地理社交网络、时空可视分析、ITS等方面的研究。已在国外刊物上发表论文3篇。美国橡树岭国家实验室和田纳西大学访问学者。联系方式：changxiaomeng@gmail.com。

GeoScience Café 第 43 期（2011 年 12 月 2 日）

演讲题目：	走进 GeoScience Café——Summary of FRINGE 2011 and International Exchange Experiences
演讲嘉宾：	田馨，2007级博士研究生，师从廖明生教授，研究兴趣包括雷达干涉测量数据处理和形变监测应用等。已在国内外期刊会议发表论文5篇。曾在加拿大滑铁卢大学联合培养一年半。联系方式：xintian@whu.edu.cn。

GeoScience Café 第 44 期（2011 年 12 月 2 日）

演讲题目：	走进 GeoScience Café——网络环境下对地观测数据的发现与标准化处理
演讲嘉宾：	邵远征，2008级博士研究生，师从龚健雅院士，研究兴趣包括地理空间数据共享与互操作，WebGIS等。至今已发表学术论文10余篇。曾在美国乔治梅森大学从事科研工作。联系方式：yshao@whu.edu.cn。

GeoScience Café 第 45 期（2012 年 1 月 6 日）

演讲题目：	三个签约腾讯同学的经验分享
演讲嘉宾：	屈孝志，2010级硕士研究生，师从黄先锋教授。就业方向：腾讯–SOSO地图。

演讲题目：	三个签约腾讯同学的经验分享
演讲嘉宾：	陈克武，2010级硕士研究生，师从朱庆"长江学者"特聘教授、杜志强副教授。就业方向：腾讯–游戏。联系方式：kewuc@qq.com。

演讲题目： 三个签约腾讯同学的经验分享

演讲嘉宾： 李超，2010级硕士研究生，师从吴华意"长江学者"特聘教授。就业方向：腾讯–魔方工作室。联系方式：charleeli@foxmail.com。

GeoScience Café 第46期（2012年2月17日）

演讲题目： 大气激光雷达算法研究和科研经验分享

演讲嘉宾： 毛飞跃，武汉大学测绘遥感信息工程国家重点实验室2009级博士研究生，师从龚威教授和闵启龙教授，主要从事云、气溶胶和太阳辐射等大气和环境遥感相关的研究，发表SCI论文20余篇。GeoScience Café创始人之一。联系方式：maofeiyue@whu.edu.cn。

GeoScience Café 第47期（2012年2月24日）

演讲题目： 高分辨率遥感影像处理与应用

演讲嘉宾： 黄昕，教授，博士生导师，师从张良培教授、李平湘教授。全国百篇优秀博士学位论文获得者，教育部新世纪优秀人才，IEEE高级会员（Senior Member）。长期从事高分辨率、高光谱遥感影像的处理与应用研究，已在国际SCI刊物发表论文50余篇，担任国际著名刊物副主编、客座编辑及审稿人。联系方式：xhuang@whu.edu.cn。

GeoScience Café 第48期（2012年3月23日）

演讲题目： GeoScience Café——2012年武汉大学地理信息科学技术文化节博士沙龙系列活动"LiDAR之夜"

演讲嘉宾： 魏征，2008级博士研究生，师从李清泉教授、杨必胜教授，研究方向为车载激光扫描点云数据几何特征提取与三维重建。已在国内外刊物发表论文3篇。联系方式：zhengwei0628@gmail.com。

演讲题目： GeoScience Café——2012年武汉大学地理信息科学技术文化节博士沙龙系列活动"LiDAR之夜"

演讲嘉宾： 方莉娜，2010级博士研究生，师从杨必胜教授，研究兴趣包括车载激光点云道路环境感知建模。已在国内外刊物发表论文3篇。联系方式：70492696@qq.com。

演讲题目： GeoScience Café——2012 年武汉大学地理信息科学技术文化节博士沙龙系列活动"LiDAR之夜"

演讲嘉宾： 陈驰，2012 级博士研究生，师从杨必胜教授，研究方向为车载、机载激光扫描点云、影像融合与三维重建。申请软件著作权 2 项。联系方式：chenchi_lieqmars@formail.com。

GeoScience Café 第49期（2012年4月13日）

演讲题目： 遥感影像模式识别研究暨第一篇SCI背后的故事

演讲嘉宾： 张乐飞，2010 级博士研究生，师从张良培"长江学者"特聘教授、陶大程教授，研究兴趣包括遥感影像处理中的模式识别与机器学习问题。发表SCI/EI论文数篇，获 2011 年"夏坚白测绘优秀青年学子奖"。联系方式：zhanglefei.wh@gmail.com。

GeoScience Café 第50期（2012年5月4日）

演讲题目： 第一篇SCI背后的故事——城市道路网模式识别研究

演讲嘉宾： 栾学晨，武汉大学测绘遥感信息工程国家重点实验室 2009 级博士生，师从杨必胜教授，研究方向为城市道路网中的模式识别与多尺度建模，发表SCI/SSCI论文2篇。联系方式：xuechen.luan@whu.edu.cn。

GeoScience Café 第51期（2012年5月21日）

演讲题目： "第一篇SCI背后的故事"之传感器整合关键技术研究

演讲嘉宾： 陈泽强，2008 级博士研究生，师从陈能成教授，研究兴趣包括网络地理信息系统和对地观测传感网。发表SCI/EI论文数篇，2011 年"王之卓创新人才奖"一等奖。在美国乔治梅森大学交流学习两年。联系方式：13871025965。

GeoScience Café 第52期（2012年6月1日）

演讲题目： 无人机影像的稠密立体匹配技术研究

演讲嘉宾： 胡腾，2009 级博士研究生，师从龚健雅院士、吴华意"长江学者"特聘教授，研究兴趣为无人机影像的稠密立体匹配。发表SCI/EI核心期刊数篇。曾被授予"湖北省地震系统汶川5·12特大地震抗震救灾先进个人"。联系方式：huteng@whu.edu.cn。

GeoScience Café 第53期（2012年6月8日）

演讲题目："第一篇SCI背后的故事"之高光谱遥感影像处理研究

演讲嘉宾：李华丽，2009级博士研究生，师从张良培"长江学者"特聘教授、李平湘教授，研究兴趣为高光谱影像自动端元提取与混合像元分解。发表SCI/EI论文数篇，获2011年武汉大学"光华奖学金"。联系方式：461918882@qq.com。

GeoScience Café 第54期（2012年6月21日）

演讲题目：第四届WHISPERS会议感受与体会

演讲嘉宾：李家艺，测绘遥感信息工程国家重点实验室2013级博士研究生，师从张良培教授，已在IEEE TGRS、ISPRS P&RS和IEEE JSTARS等国际顶级刊物上发表SCI论文6篇，EI论文3篇。获2014年武汉大学学术创新一等奖。主要研究高光谱影像分类与模式识别。联系方式：zjjerica@163.com。

GeoScience Café 第55期（2012年9月14日）

演讲题目：参加第21届ISPRS大会和出国交流的感受与体会

演讲嘉宾：栾学晨，武汉大学测绘遥感信息工程国家重点实验室2009级博士生，师从杨必胜教授，研究方向为城市道路网中的模式识别与多尺度建模，发表SCI/SSCI论文2篇。联系方式：xuechen.luan@whu.edu.cn。

演讲题目：参加第21届ISPRS大会和出国交流的感受与体会

演讲嘉宾：张乐飞，2010级博士研究生，师从张良培"长江学者"特聘教授、陶大程教授，研究兴趣包括遥感影像处理中的模式识别与机器学习问题。发表SCI/EI论文数篇，2011年"夏坚白测绘优秀青年学子奖"。联系方式：zhanglefei.wh@gmail.com。

GeoScience Café 第56期（2012年9月21日）

演讲题目："第一篇SCI背后的故事"之极化合成孔径雷达（PolSAR）图像处理研究

演讲嘉宾：史磊，2010级博士研究生，师从李平湘教授、杨杰教授，研究兴趣包括SAR影像分类，植被下地形提取等。发表SCI/EI源刊论文2/5篇。参与澳大利亚"XXIIISPRS"、俄罗斯"3S-2010"等国际学术会议。联系方式：comefromshilei@sohu.com。

GeoScience Café 第57期（2012年10月12日）

演讲题目： 赴俄罗斯参加GeoMIR 2012学术交流的感受与体会

演讲嘉宾： 谢潇，博士生，师从朱庆"长江学者"特聘教授，主要研究方向为视频GIS与突发公共事件感知控制。参加了多项国际会议，并获第五届"高校GIS新秀奖"、研究生国家奖学金和"王之卓创新人才"奖学金等。联系方式：xiexiaolmars@gmail.com。

演讲题目： 赴俄罗斯参加GeoMIR 2012学术交流的感受与体会

演讲嘉宾： 曹茜，2011级硕士研究生，导师眭海刚教授，研究方向为遥感影像目标识别。联系方式：qianc.88@gmail.com。

演讲题目： 赴俄罗斯参加GeoMIR 2012学术交流的感受与体会

演讲嘉宾： 黎旻懿，2012级硕士研究生，导师为杨杰教授，研究方向为SAR影像几何校正。联系方式：1005359245@qq.com。

GeoScience Café 第58期（2012年10月19日）

演讲题目： 这些年，我们一起走过的日子："水平集理论用于SAR图像分割及水体提取"

演讲嘉宾： 徐川，2009级博士研究生，师从李德仁院士、眭海刚教授，研究兴趣包括高分辨率SAR影像分割、目标提取与配准。参与2012年澳大利亚XXII–ISPRS， 2009年ISPRS–VII/5等国际学术会议并做口头报告。联系方式：xc992002@foxmail.com。

GeoScience Café 第59期（2012年10月26日）

演讲题目： 水环境遥感研究——以鄱阳湖为例

演讲嘉宾： 冯炼，2010级博士研究生，师从陈晓玲教授，主要从事内陆湖泊与河口海岸带水环境遥感研究。博士期间发表SCI论文10余篇，武汉大学第六届"十大学术之星"、武汉大学学术创新"特等奖"获得者。联系方式：lianfeng619@gmail.com。

GeoScience Café 第60期（2012年11月2日）

演讲题目：从地理数据的共享到地理信息和知识——兼谈学术过程中的有效沟通技巧

演讲嘉宾：吴华意，现为测绘遥感信息工程国家重点实验室教授、副主任、全国百篇优博论文作者、长江学者。主要研究领域是地理信息系统的理论与应用，研究方向有地理信息系统中的计算几何与算法、网络地理信息系统、机载激光扫描数据的处理与分析。联系方式：wuhuayi@lmars.whu.edu.cn。

GeoScience Café 第61期（2012年11月23日）

演讲题目：高光谱数据的线性、非线性与多维线性判别分析方法

演讲嘉宾：张乐飞，2010级博士研究生，师从张良培"长江学者"特聘教授、陶大程教授，研究兴趣包括遥感影像处理中的模式识别与机器学习问题。发表SCI/EI论文数篇，2011年"夏坚白测绘优秀青年学子奖"。联系方式：zhanglefei.wh@gmail.com。

GeoScience Café 第62期（2012年12月7日）

演讲题目：多成因遥感影像亮度不均匀性的变分校正方法研究

演讲嘉宾：李慧芳，博士研究生，师从李平湘教授。研究方向为遥感图像质量改善，获美国摄影测量协会（ASPRS）最佳论文ERDAS奖，武汉大学2012年研究生国家奖学金等。联系方式：huifang-lee@163.com。

GeoScience Café 第63期（2013年3月8日）

演讲题目：不做沉默的人

演讲嘉宾：袁伟，演讲之家创始人、首席讲师。武汉演讲口才培训权威，湖北省物价局特聘演讲评委专家，武汉市青年创业代表，众多学员的私人演讲顾问。袁伟2008年创办演讲之家，培训学员数千名，为数百家企事业单位做演讲培训。联系方式：演讲之家袁伟（微博名）。

GeoScience Café 第64期（2013年3月15日）

演讲题目：缔造最完美的PPT演示

演讲嘉宾：张志，大学副教授，PPT专家，职业培训师，新浪微博专家，出版《说服力-让你的PPT会说话》《说服力-工作型PPT该这样做》《说服力-缔造完美的PPT演示》《@青春》等多部畅销著作。联系方式：秋叶语录（微博名）。

GeoScience Café 第65期（2013年3月29日）

演讲题目： 2013求职分享报告

演讲嘉宾： 凌宇，测绘遥感信息工程国家重点实验室2011级硕士研究生，师从龚健雅院士和熊汉江教授，专业为地图学与地理信息系统，拿到腾讯、华为和德邦物流三个offer。毕业去向：德邦物流。

演讲题目： 2013求职分享报告

演讲嘉宾： 欧晓玲，测绘遥感信息工程国家重点实验室2011级硕士研究生，师从廖明生教授。研究方向为雷达干涉测量。毕业去向：网易游戏部HR（广州）。武汉大学2012年研究生国家奖学金获得者。

演讲题目： 2013求职分享报告

演讲嘉宾： 孙忠芳，测绘遥感信息工程国家重点实验室2011级硕士研究生，研究方向为3DGIS，师从陈静副教授。毕业去向：天津市测绘院。

GeoScience Café 第66期（2013年5月17日）

演讲题目： 对地观测网传感器资源共享管理模型与方法研究

演讲嘉宾： 胡楚丽，测绘遥感信息工程国家重点实验室2010级博士生，获2011—2012年度"夏坚白测绘优秀青年学子一等奖"，2012年研究生国家奖学金。博士期间共发表SCI、EI论文各4篇。研究兴趣包括对地观测传感器共享服务与集成管理、智慧城市。联系方式：1059236685@qq.com。

GeoScience Café 第67期（2013年6月14日）

演讲题目： "第一篇SCI背后的故事"之高光谱影像分类研究

演讲嘉宾： 石茜，测绘遥感信息工程国家重点实验室2012级博士生，获2011—2012年度"光华奖学金"，2012年研究生国家奖学金。博士期间发表SCI论文1篇，EI论文2篇，参与过上海Whispers国际学术会议。研究兴趣为高光谱影像降维、分类。联系方式：qian.shi.du@gmail.com。

GeoScience Café 第68期（2013年9月13日）

演讲题目："第一篇SCI背后的故事"之科研心得体会

演讲嘉宾：焦洪赞，测绘遥感信息工程国家重点实验室2010级博士研究生，师从张良培教授和李平湘教授。主要研究高光谱遥感图像处理、模式识别、人工智能等。读博时在国际学术期刊和会议上发表论文6篇，获"武汉大学创新奖学金"等多个奖励。联系方式：Hongza-nj@Sud.Whu.Edu.Cn。

GeoScience Café 第69期（2013年10月25日）

演讲题目：新西伯利亚国际学生夏季研讨会交流体会

演讲嘉宾：李洪利，武汉大学测绘遥感信息工程国家重点实验室博士，师从龚健雅院士，主要研究方向为遥感图像处理。联系方式：li_hli@163.com。

演讲题目：新西伯利亚国际学生夏季研讨会交流体会

演讲嘉宾：李娜，武汉大学测绘遥感信息工程国家重点实验室博士，师从黄先锋教授。联系方式：296177620@qq.com。

GeoScience Café 第70期（2013年11月22日）

演讲题目：多源矢量空间数据的匹配与集成

演讲嘉宾：张云菲，测绘遥感信息工程国家重点实验室2011级博士研究生，师从杨必胜教授。现已发表SCI、EI文章各2篇，核心期刊1篇，先后获得学术新人奖、光华奖学金以及国家奖学金等奖励。主要研究多源矢量空间数据的匹配与集成。联系方式：zyfwhu@whu.edu.cn。

GeoScience Café 第71期（2013年11月29日）

演讲题目：实时GNSS精密单点定位及非差模糊度快速确定方法研究

演讲嘉宾：李星星，测绘学院2010级博士研究生，主要研究实时精密导航定位、GNSS精密数据处理。发表SCI、EI论文各10多篇。先后荣获美国导航协会（ION）学生论文奖，测绘科技进步一等奖，武汉大学研究生学术创新奖特等奖。联系方式：lxlql9121@gmail.com。

GeoScience Café 第72期（2013年12月13日）

演讲题目：地理空间传感网语义注册服务

演讲嘉宾：王晓蕾，实验室2011级博士研究生，师从陈能成教授，武汉大学2013年研究生国家奖学金获得者。主要研究方向为地理空间传感网。联系方式：382060711@qq.com。

GeoScience Café 第73期（2014年1月3日）

演讲题目：美国北德克萨斯大学访学经历分享

演讲嘉宾：刘立坤，测绘遥感信息工程国家重点实验室2010级博士研究生，2013年9—12月份赴美国北德克萨斯大学地理系交流学习。联系方式：334623040@qq.com。

GeoScience Café 第74期（2014年2月28日）

演讲题目：大气激光雷达数据反演和论文写作经验谈

演讲嘉宾：毛飞跃，测绘遥感信息工程国家重点实验室2009级博士研究生，师从龚威教授和闵启龙教授，主要从事云、气溶胶和太阳辐射等大气和环境遥感相关的研究，发表SCI论文20余篇。GeoScience Café 创始人之一。联系方式：maofeiyue@whu.edu.cn。

GeoScience Café 第75期（2014年3月28日）

演讲题目：遥感影像线特征匹配研究

演讲嘉宾：陈敏，测绘遥感信息工程国家重点实验室2011级博士研究生，主要研究遥感影像线特征匹配。获授权国家发明专利1项，2014年美国摄影测量与遥感学会（Talbert Abrams Award）、2013年美国摄影测量与遥感学会年会最佳学生论文奖。联系方式：446230037@qq.com。

GeoScience Café 第76期（2014年4月25日）

演讲题目：地理空间数据可视化之美

演讲嘉宾：郑杰，博士研究生，师从龚健雅院士和吴华意教授。获首届天地图应用开发大赛全国特等奖，2013、2014年两次获美国地理学家学会（AAG）混搭地图比赛最受欢迎地图奖。研究方向为社交数据挖掘，大数据可视化。联系方式：40423478@qq.com。

GeoScience Café 第77期（2014年5月9日）

演讲题目：一种非监督的PolSAR散射机制分类法

演讲嘉宾：程晓光，2009级博士研究生，师从龚健雅院士，主要研究方向为极化合成孔径雷达理论，机载激光雷达点云数据处理，全波形激光雷达信息提取等。已发表SCI、EI、CSCD、国际会议论文9篇。获国家发明专利1项。2010—2012年在美国马里兰大学College park分校地理科学系联合培养。联系方式：chengxiaoguang985@163.com。

GeoScience Café 第78期（2014年5月16日）

演讲题目：机载激光雷达三维房屋重建算法与读博经验谈

演讲嘉宾：熊彪，博士，硕士就读于实验室，GeoScience Café的创始人之一。师从George Vosselman教授（ISPRS杂志主编，激光雷达数据处理的先驱和奠基人），主要从事激光雷达数据处理与三维房屋重建方面研究工作。联系方式：375457221@qq.com。

GeoScience Café 第79期（2014年5月23日）

演讲题目：高光谱遥感影像目标探测的困难与挑战

演讲嘉宾：王挺，测绘遥感信息工程国家重点实验室2011级博士研究生，师从张良培教授和杜博教授。已发表SCI检索论文3篇，EI检索论文2篇，获2013年研究生国家奖学金和2013年王之卓创新人才奖等。研究兴趣包括遥感影像处理，机器学习等。联系方式：418574006@qq.com。

GeoScience Café 第80期（2014年6月19日）

演讲题目：2014求职/考博经验分享报告

演讲嘉宾：刘湘泉，测绘遥感信息工程国家重点实验室硕士研究生，有着丰富的面试经历，包括腾讯游戏、威盛电子、华为2012实验室，等等，拿到的offer包括国电南瑞信息通信部、中兴通讯武汉研究所，最后选择的单位是常州市测绘院。

演讲题目：2014求职/考博经验分享报告

演讲嘉宾：李鹏鹏，测绘遥感信息工程国家重点实验室硕士研究生，最后选择的单位是武汉市测绘研究院。

演讲题目： 2014 求职/考博经验分享报告

演讲嘉宾： 颜士威，计算机技术专业，师从王伟教授，研究方向为三维 GIS，拿到的 offer 包括华为、威盛电子、建设银行、渣打银行科营中心、上海同济城市规划设计院，等等，最后选择的单位是天津市测绘院。联系方式：1059834377@qq.com。

演讲题目： 2014 求职/考博经验分享报告

演讲嘉宾： 朱婷婷，师从黄昕教授，研究方向为遥感影像变化监测。联系方式：530409689@qq.com。

GeoScience Café 第 81 期（2014 年 9 月 19 日）

演讲题目： 空间信息智能服务组合及其在社交媒体空间数据挖掘中的应用

演讲嘉宾： 李昊，测绘遥感信息工程国家重点实验室 2011 级博士研究生，师从王艳东教授，主要研究方向为空间信息智能服务。联系方式：tigerlihao@qq.com。

GeoScience Café 第 82 期（2014 年 9 月 26 日）

演讲题目： 基于 MODIS 的农业遥感应用研究

演讲嘉宾： 曾玲琳，测绘遥感信息工程国家重点实验室 2012 级博士研究生，师从李德仁院士，曾在美国国家干旱减灾中心联合培养一年。博士期间发表 SCI、EI 检索论文各 1 篇，荣获 2013 年 "光华奖学金"。研究兴趣包括农作物物候提取和农作物干旱监测等。联系方式：zenglinglin@whu.edu.cn。

GeoScience Café 第 83 期（2014 年 10 月 10 日）

演讲题目： 高光谱遥感影像混合像元稀疏分解方法研究

演讲嘉宾： 冯如意，测绘遥感信息工程国家重点实验室 2013 级博士研究生，师从钟燕飞教授，已发表 SCI 论文 2 篇，EI 论文 3 篇。获武汉大学优秀毕业生、2012 年武汉大学优秀研究生乙等奖学金。研究兴趣包括高光谱遥感影像分析、稀疏表达理论研究和模式识别。联系方式：569265624@qq.com。

GeoScience Café 第 84 期（2014 年 10 月 17 日）

演讲题目：由最近点迭代算法到激光点云与影像配准

演讲嘉宾：黄荣永，遥感信息工程学院 2012 级博士。获 2011 年"光华奖学金"、2012 年测绘科技进步一等奖、2013 年国家奖学金、2014 年 3 月 ASPRS 约翰戴维森主席应用论文一等奖等。主要研究点云拼接及特征检测、光束法平差以及点云与影像配准等。联系方式：1532643106@qq.com。

GeoScience Café 第 85 期（2014 年 10 月 31 日）

演讲题目：高光谱遥感影像分类研究

演讲嘉宾：李家艺，测绘遥感信息工程国家重点实验室 2013 级博士研究生，师从张良培教授，已在 IEEE TGRS、ISPRS P&RS 和 IEEE JSTARS 等国际顶级刊物上发表 SCI 论文 6 篇，EI 论文 3 篇。获 2014 年武汉大学学术创新一等奖。主要研究高光谱影像分类与模式识别。联系方式：zjjerica@163.com。

GeoScience Café 第 86 期（2014 年 11 月 5 日）

演讲题目：遥感影像火星地表 CO_2 冰层消融监测研究及法国留学经历

演讲嘉宾：武辰，测绘遥感信息工程国家重点实验室 2012 级博士研究生，师从张良培教授。已发表 SCI 检索论文 4 篇，EI 论文 3 篇，获 2012 年、2013 年研究生国家奖学金，2012 年"光华奖学金"等。主要研究多时相遥感影像变化检测，高光谱遥感影像分析等。联系方式：179461091@qq.com。

演讲题目：遥感影像火星地表 CO_2 冰层消融监测研究及法国留学经历

演讲嘉宾：郭贤，测绘遥感信息工程国家重点实验室 2012 级博士研究生，师从张良培教授。已发表 SCI 检索论文 2 篇，EI 检索论文 2 篇，获 2013 年优秀研究生甲等奖学金、2014 年研究生奖学金。研究兴趣包括遥感影像张量表达，高分辨率遥感影像纹理分析等。联系方式：guoxianwhu@gmail.com。

GeoScience Café 第 87 期（2014 年 11 月 21 日）

演讲题目：时空谱互补观测数据的融合重建方法研究

演讲嘉宾：曾超，师从沈焕锋教授，已在 Remote Sensing of Environment、IEEE JSTARS 等国际顶级刊物上发表 SCI 检索论文 3 篇，获发明专利 2 项以及 2013 年国家奖学金。研究兴趣为遥感影像质量改善方法。联系方式：269475236@qq.com。

GeoScience Café 第88期（2014年11月27日）

演讲题目： 大牛的GIS人生

演讲嘉宾： 吴华意，现为武汉大学测绘遥感信息工程国家重点实验室教授、副主任、全国百篇优博论文作者、长江学者。主要研究领域是地理信息系统的理论与应用，研究方向有地理信息系统中的计算几何与算法、网络地理信息系统、机载激光扫描数据的处理与分析。联系方式：wuhuayi@lmars.whu.edu.cn。

演讲题目： 大牛的GIS人生

演讲嘉宾： 孙玉国，毕业于原武汉测绘科技大学（现武汉大学），取得地理信息系统专业博士学位，现任四维图新总裁、高级工程师。曾获荣誉主要有夏坚白院士测绘事业创业奖励基金、2006年测绘科技进步奖二等奖、2007年测绘科技进步奖一等奖等。

GeoScience Café 第89期（2014年12月5日）

演讲题目： 高分辨率光学遥感卫星平台震颤

演讲嘉宾： 朱映，测绘遥感信息工程国家重点实验室2012级博士研究生，师从王密教授，参与了多项973、自然基金及国防研究项目。已发表EI检索论文2篇、学术会议论文6篇。2014年获国家奖学金（B类）。研究兴趣为高分辨率光学遥感卫星高精度几何处理。联系方式：342409785@qq.com。

GeoScience Café 第90期（2014年12月12日）

演讲题目： 城市化遥感监测

演讲嘉宾： 刘冲，测绘遥感信息工程国家重点实验室2012级博士研究生，师从邵振峰教授。读博期间已发表SCI论文4篇，获授权国家发明专利一项，曾获2011年王之卓创新人才奖学金和2013年研究生国家奖学金。研究兴趣包括城市生态环境遥感和夜光遥感等。联系方式：616563927@qq.com。

GeoScience Café 第91期（2014年12月19日）

演讲题目： TLS强度应用

演讲嘉宾： 方伟，测绘遥感信息工程国家重点实验室2010级博士研究生，师从李德仁院士和黄先锋教授，参与"文化遗产保护973"等项目，已在 IEEE TGRS、PE&RS 等期刊发表SCI论文3篇。研究兴趣为三维激光扫描数据的中、低级处理、基于点云和影像的三维建模。联系方式：443552296@qq.com。

GeoScience Café 第92期（2014年12月26日）

演讲题目： 中德双硕士生活一瞥

演讲嘉宾： 幸晨杰，测绘遥感信息工程国家重点实验室2011级硕博连读研究生。2012.10—2014.10赴慕尼黑工业大学攻读ESPACE双硕士学位，归国前完成全英文硕士学位论文及答辩，获答辩满分。主要研究数字图像处理、基于机器学习的遥感数据分析。联系方式：cjxing.chn@gmail.com。

演讲题目： 中德双硕士生活一瞥

演讲嘉宾： 喻静敏，测绘遥感信息工程国家重点实验室2012级硕士研究生，师从吴华意教授，ESPACE 2012级硕士研究生。2013.09—2014.09获选国家全额资助联合培养硕士，赴慕尼黑工业大学攻读ESPACE双硕士学位。研究兴趣为地理信息的共享与服务。联系方式：727333041@qq.com。

GeoScience Café 第93期（2015年3月13日）

演讲题目： 我眼中的南极

演讲嘉宾： 袁乐先，（武汉大学）南极中心2013级博士研究生。曾于2012年参加中国第29次南极科学考察。当选2012年度武汉大学"十大珞珈风云学子（南极科考团队）"，并获得2014年度博士研究生国家奖学金。研究兴趣为卫星测高技术在极区的应用。联系方式：475476798@qq.com。

GeoScience Café 第94期（2015年3月20日）

演讲题目： 多源多尺度水环境遥感应用研究与野外观测经历分享

演讲嘉宾： 李建，测绘遥感信息工程国家重点实验室2012级博士研究生。已发表SCI检索论文3篇，EI检索论文2篇；获2010届优秀新生奖学金，国家发明专利3项、软件著作权6项、译著中文导读1部。研究兴趣包括遥感水环境、国产卫星辐射特性等。联系方式：lijianxs1987@gmail.com。

GeoScience Café 第95期（2015年3月27日）

演讲题目： 地基差分吸收CO_2激光雷达的软硬件基础

演讲嘉宾： 马昕，测绘遥感信息工程国家重点实验室2013级博士研究生。已在国际光学刊物上发表SCI检索论文2篇、EI检索论文2篇，获授权国家发明专利一项，并获得2014年度研究生国家奖学金。研究兴趣为大气探测及激光雷达。联系方式：673150262@qq.com。

GeoScience Café 第96期（2015年4月3日）

演讲题目：Urban dynamics in China

演讲嘉宾：Michael Jendryke is a PhD student funded by DAAD and CSC at LIESMARS, Wuhan University. He published one paper and made oral presentations. His research interests include social media, remote sensing, and big data. His email is Michael.jendryke@rub.de

GeoScience Café 第97期（2015年4月17日）

演讲题目：珈和遥感创业经验分享

演讲嘉宾：冷伟，测绘遥感信息工程国家重点实验室2011级硕士研究生，珈和科技有限公司CEO。2013年创立珈和科技有限公司，获得PPLIVE天使投资、"全国优秀企业"奖励。与全球领先的专业信息服务提供商Thomson Reuters签订合作协议，向全球发布大宗农作物气象监测报告。

GeoScience Café 第98期（2015年4月24日）

演讲题目：雷达影像形变监测方法与应用研究

演讲嘉宾：史绪国，测绘遥感信息工程国家重点实验室2012级博士研究生。已发表SCI论文4篇（其中第一作者3篇）、EI论文1篇。2015年3月赴意大利参加雷达干涉测量领域会议Fringe 2015 workshop并做口头报告。

GeoScience Café 第99期（2015年5月8日）

演讲题目：好工作是怎样炼成的？

演讲嘉宾：张文婷，测绘遥感信息工程国家重点实验室2012级硕士研究生。2014年被阿里巴巴集团录取为产品经理实习生，经历了"千牛""淘点点"两个团队，后通过校园招聘拿到offer，获得产品经理职位。联系方式：1021514219@qq.com。

演讲题目：好工作是怎样炼成的？

演讲嘉宾：罗俊沣，测绘遥感信息工程国家重点实验室2012级硕士研究生。求职期间，拿到网易、搜狐、搜狗和创新工场的offer，最后选择签约网易。

演讲题目：好工作是怎样炼成的？

演讲嘉宾：王帆，测绘遥感信息工程国家重点实验室2013级硕士研究生。多次参与导师的重大科研项目，荣获优秀学生奖学金、研究生国家奖学金（B类）。签约单位为河北省地理信息局质检站。

演讲题目：好工作是怎样炼成的？

演讲嘉宾：张学全，测绘遥感信息工程国家重点实验室2012级硕士研究生。参与了大量GIS工程项目，具有较强的动手能力。硕士期间发表中文核心期刊论文2篇，软件著作权1项。签约单位为中国电子科技集团第二十八研究所。

GeoScience Café 第100期（2015年5月13日）

演讲题目：李德仁院士讲"成功"

演讲嘉宾：李德仁，中国科学院院士、中国工程院院士、国际欧亚科学院院士、武汉大学学术委员会主任、测绘遥感信息工程国家重点实验室学术委员会主任、摄影测量与遥感学家。

GeoScience Café 第101期（2015年5月15日）

演讲题目：学术PPT，你可以做得更好

演讲嘉宾：王晓蕾，2011级博士生。已发表SCI检索论文2篇。获2012年度武汉大学地理信息科学技术文化节遥感专题学术报告竞赛一等奖。2014年为培训机构进行PPT培训，2015年创办微信公众号（小蕾博士PPT）；2016年6月开启PPT网站xiaoleippt.yanj.cn；2016年7月上线个人网站xiaoleippt.sxl.cn。

GeoScience Café 第102期（2015年5月22日）

演讲题目：美国留学感悟

演讲嘉宾：李英，2011级博士研究生。已发表SCI论文2篇。2012年10月赴美国参加学术会议并做口头报告。2013.9—2015.3在美国卡内基梅隆大学计算机系联合培养。研究兴趣包括空间数据挖掘、统计建模、机器学习、生物计算等。联系方式：Lyljhappy@163.com。

GeoScience Café 第103期（2015年6月3日）

演讲题目：从武大学生到美国教授的经历

演讲嘉宾：王乐，目前担任美国地理学会遥感委员会主席（第一位华人担任该职位），国际遥感杂志副主编，美国纽约州立大学布法罗分校终身教授，美国国家地理分析中心研究员。发表论文50余篇，目前研究方向为遥感技术与理论、生态遥感、城市遥感。个人主页：http://www.acsu.buffalo.edu/~lewang/。联系方式：lewang@buffalo.edu。

GeoScience Café 第104期（2015年6月5日）

演讲题目：来，我们谈点正事儿——遥感商业应用（创业）

演讲嘉宾：向涛，遥感信息工程学院2005级校友，2009年本科毕业时创办武汉禾讯科技农业信息有限公司。研究方向为深度发掘各种卫星大数据应用，以全球农业监测预测为主，在渔业监测、石油（战略/商业）储量监测、火灾监测、港口与海运监测等遥感监测业务应用。联系方式：xt@hexunkj.com。

GeoScience Café 第105期（2015年6月25日）

演讲题目：为爱而活：音乐伴我一路前行

演讲嘉宾：陶灿，2012级硕士研究生。已发表SCI检索论文一篇，研究方向SWAT流域模拟。2014年与好友成立 The Flow Theory 乐队，并于2015年发行专辑《凝时》。联系方式：969893259@qq.com。

GeoScience Café 第106期（2015年9月18日）

演讲题目：月球重力场解算系统初步研制结果

演讲嘉宾：叶茂，2013级博士研究生，发表EI论文4篇，2014年11月至2015年7月，赴意大利罗马一大机械与航空航天工程系射电科学实验室开展行星科学的研究。研究兴趣包括行星探测器精密定轨，重力场解算及其软件系统的研制等。联系方式：609680176@qq.com。

GeoScience Café 第107期（2015年9月24日）

演讲题目：地图之美——纸上的大千世界

演讲嘉宾：秦雨，2011级博士研究生，作为核心成员参加南北极科学考察地理底图、《武汉城市群城市化与生态环境地图集》和2013中图北斗广州城市地图的设计和制作。研究兴趣包括地图设计和音乐（钢琴、作曲）等。联系方式：whuqinyu@126.com，ynuqinyu@yeah.net。

GeoScience Café 第108期（2015年10月16日）

演讲题目： 留学达拉斯——UTD学习生活经验分享

演讲嘉宾： 罗庆，2013级博士研究生，武汉大学2013级"跨学科试验区"项目入选人。2014年受国家留学基金委资助，作为联合培养博士研究生赴美国得州大学达拉斯分校（University of Texas at Dallas）学习一年，导师为Daniel Griffith教授。并在AAG 2015和GeoComputation 2015作口头报告。研究兴趣为空间统计理论研究。联系方式：290232438@qq.com。

GeoScience Café 第109期（2015年10月23日）

演讲题目： 极化SAR典型地物解译研究

演讲嘉宾： 赵伶俐，测绘遥感信息工程国家重点实验室2012级博士。发表EI论文3篇，SCI论文3篇。兴趣为合成孔径雷达（SAR）影像处理和应用。联系方式：742947831@qq.com。

GeoScience Café 第110期（2015年10月13日）

演讲题目： 高光谱遥感影像端元提取方法研究

演讲嘉宾： 许明明，2013级博士研究生，已发表SCI检索论文3篇，EI检索论文2篇。研究兴趣为高光谱遥感影像端元提取与应用。联系方式：xumingming900405@126.com。

GeoScience Café 第111期（2015年11月6日）

演讲题目： 西班牙人的中德求学之路

演讲嘉宾： Pedro, Master student to get double degree from TUM（慕尼黑工业大学）and WHU(武汉大学). He was funded by ERASMUS(欧盟伊拉斯莫交流计划). He comes from Sevilla in Spain. His research interests include satellite technology, computer vision, machine learning and physics. His Email: pedro.rodriguez@tum.de.

GeoScience Café 第112期（2015年11月13日）

演讲题目： CO_2探测激光雷达技术应用与发展及论文写作经验分享

演讲嘉宾： 韩舸，2012级博士，现任武汉大学国际软件学院教师。在国内外期刊发表论文16篇，其中10篇被SCI检索（第一/通讯6篇），曾获光华奖学金和博士研究生国家奖学金。研究兴趣包括大气遥感、激光雷达、数据挖掘等。联系方式：udhan@whu.edu.cn。

GeoScience Café 第113期（2015年11月20日）

演讲题目：遥感影像共享时代的安全性挑战

演讲嘉宾：熊礼治，2012级博士研究生，在国内外期刊发表论文6篇，其中SCI论文4篇（第一作者2篇）。研究兴趣包括云计算数据安全和遥感影像数据安全分发等。联系方式：444029126@qq.com。

GeoScience Café 第114期（2015年11月27日）

演讲题目：多源激光点云数据的高精度融合与自适应尺度表达

演讲嘉宾：臧玉府，男，2012级数字摄影测量专业攻读工学博士学位。现从事无人机影像空三、密集匹配、激光点云融合、多尺度表达、自适应尺度建模等方向的科研工作。在ISPRS等国际刊物上发表SCI检索论文5篇（其中第一作者或通讯作者3篇），其他检索论文2篇。联系方式：3dmapzangyufu@whu.edu.cn。

GeoScience Café 第115期（2015年12月4日）

演讲题目：水文观测传感网资源建模与优化布局方法研究

演讲嘉宾：王珂，2012级博士研究生。已在 *Environmental Modelling & Software*、*Journal of Hydrology*、*IJGIS* 等国际顶级刊物上发表SCI检索论文5篇（第一作者/通讯作者4篇），EI等其他检索论文4篇，获国家发明专利1项。研究兴趣为传感网资源建模与集成管理、观测资源优化布局。联系方式：wmiller1978@whu.edu.cn。

GeoScience Café 第116期（2015年12月11日）

演讲题目：GNSS高精度电离层建模方法及其相关应用

演讲嘉宾：任晓东，2013级博士研究生，武汉大学"十大学术之星"，两次获得研究生国家奖学金，主持科研项目3项，在国内外期刊发表论文8篇，拥有软件著作权1项。研究兴趣包括GNSS高精度电离层建模、电离层空间环境监测、PPP–RTK技术等。联系方式：411649845@qq.com。

GeoScience Café 第117期（2015年12月18日）

演讲题目：基于时空相关性的群体用户访问模式挖掘与建模

演讲嘉宾：樊珈珮，硕士研究生，现主要进行空间数据挖掘，Web数据挖掘等方向的研究工作。曾在阿里安全部实习，担任数据挖掘工程师一职。联系方式：fanjiapei@whu.edu.cn，fanjiapei1990@163.com。

GeoScience Café 第118期（2016年1月8日）

演讲题目： 数据挖掘：数据就是财富

演讲嘉宾： 严锐，武汉大学计算机学院2014级硕士研究生，计算机学院研究生会副主席。参与项目有湖北省地税局税务信息爬取，湖北省审计厅大数据分析，武汉市中级人民法院信息调研等。研究领域为Web信息搜索与挖掘，人工智能在游戏中的应用。联系方式：Yanrui1992@qq.com。

GeoScience Café 第119期（2016年1月15日）

演讲题目： 第四范式下的GIS——地理服务网络

演讲嘉宾： 桂志鹏，武汉大学遥感信息工程学院教师，曾任美国乔治梅森大学水/能源科学智能空间信息计算中心及NSF时空计算协同创新中心研究助理教授。负责研发了开放式地理信息服务网络平台——GeoResearch、GeoSquare、Geochaining，曾参与NASA Goddard私有云测试与选型实验、GEOSS的核心基础设施元数据仓库Clearinghouse的研发及由NSF和NASA资助的基于高性能计算的沙尘暴预测模型（Dust Storm Simulation）等多项研究与开发项目。博士论文获评2012年湖北省优秀博士论文，发表SCI/SSCI论文8篇以上，登记软件著作权8项，参与编写专著3部。主要研究方向包括地理信息网络服务及地理信息云计算。联系方式：zhipeng.gui@whu.edu.cn。

GeoScience Café 第120期（2016年3月4日）

演讲题目： 基于低秩表示的高光谱遥感影像质量改善方法研究

演讲嘉宾： 贺威，测绘遥感信息工程国家重点实验室2014级博士研究生。参与多项自然科学基金研究项目，发表SCI论文4篇，EI论文1篇，获得2014年IEEE GARSS学生论文竞赛三等奖，2014年国家奖学金以及2015年武汉大学博士研究生自主研究项目资助。研究兴趣包括遥感影像质量改善、高光谱解混以及低秩表示等。联系方式：weihe1990@whu.edu.cn。

GeoScience Café 第121期（2016年3月11日）

演讲题目： 计算机视觉优化方法在遥感领域的应用——以鱼眼相机标定和人工地物显著性检测为例

演讲嘉宾： 张觅，遥感信息工程学院2015级博士研究生，发表学术论文3篇（中文核心1篇、ICIA、CVPR会议论文各1篇），申请国家专利一项，参与多项科研项目，获2015年博士研究生国家奖学金。2015年6月受邀参加在美国波士顿举办的CVPR并作展报。研究兴趣包括变化检测、基于影像的三维重建、全景影像匀光匀色等。联系方式：mizhang@whu.edu.cn。

GeoScience Café 第122期（2016年3月18日）

演讲题目： 城市出租车活动子区探测与分析

演讲嘉宾： 康朝贵，武汉大学遥感信息工程学院教师。本科毕业于南京大学地理信息科学系，博士毕业于北京大学遥感与地理信息系统研究所，曾在麻省理工学院感知城市实验室留学访问一年（2012年9月—2013年9月）。在 *IJGIS*、*Physica A: Statistics and its Applications* 等国际知名学术期刊发表论文10余篇。曾获北京市/北京大学优秀博士毕业生、美国地理学家学会GIScience奖学金、全国高校GIS新秀等荣誉与奖励。

GeoScience Café 第123期（2016年3月25日）

演讲题目： 学习科研经历分享

演讲嘉宾： 申力，武汉大学遥感信息工程学院教师，博士毕业于萨斯喀彻温大学，曾获2013年国家优秀自费留学生奖金；发表SCI论文6篇，主持并参与多项国内外科研项目。研究兴趣包括自然地理、人文地理、空间信息方法等。联系方式：shenli1986@whu.edu.cn。

GeoScience Café 第124期（2016年3月31日）

演讲题目： 天空之眼：高分辨率对地观测

演讲嘉宾： 汪韬阳，武汉大学遥感信息工程学院讲师，高分辨率对地观测系统湖北数据与应用中心总工程师助理；参与国家测绘局直属局地理国情监测基准底图制作、资源三号西部无图区DSM重新生产等多个项目；发表SCI论文4篇，EI论文4篇。研究兴趣为卫星遥感影像几何处理、星载光学、SAR影像的区域网平差；星载光学、SAR影像几何质量评估；卫星视频影像几何处理等。联系方式：wangtaoyang@whu.edu.cn。

GeoScience Café 第125期（2016年4月8日）

演讲题目： 我在武大玩户外

演讲嘉宾： 屈猛，资源与环境科学学院2015级硕士研究生，2015"十大珞珈风云学子"候选人之一。曾任武汉大学自行车协会会长，本科期间曾骑行去过湖北省内的大部分地市，以及海南岛和怒江峡谷等地；徒步随藏民半个月转梅里雪山；从武汉出发徒步走到嘉峪关。回校复学后考取资源与环境科学学院的研究生。现主要从事极地遥感方面的研究，侧重于冰山参数及其时空分布特征的分析。联系方式：mango@whu.edu.cn。

GeoScience Café 第126期（2016年4月15日）

演讲题目："最强大脑"的圆梦之旅

演讲嘉宾：袁梦，武汉大学全脑学习研究中心研究员，东方巨龙教育记忆培训高级讲师，毕业于华中师范大学，于2011年获得"世界记忆大师"称号。她在2016年2月播出的江苏卫视"最强大脑"节目第三季中成功完成"看见你的声音"挑战。

GeoScience Café 第127期（2016年4月22日）

演讲题目：面向3D GIS的高精度全球TIN表面建模及快速可视化

演讲嘉宾：郑先伟，测绘遥感信息工程国家重点实验室博士，主要从事网络环境下空间信息高效可视化（虚拟地球）研究，研究兴趣包括多源多尺度地理信息融合，面向3D GIS的室内外数据高精度建模、处理和一体化融合可视化。已发表第一作者SCI检索论文2篇，EI检索论文2篇，获国家发明专利2项，软件著作权1项，及2015年空间信息协同创新中心奖学金。联系方式：zhengxw104@163.com。

GeoScience Café 第128期（2016年5月6日）

演讲题目：基于MODIS观测的大西洋马尾藻时空分布研究

演讲嘉宾：王梦秋，女，湖北武汉人，博士研究生，师从胡传民教授，主要研究方向为海洋光学及海藻和浮游植物的监测。曾在南佛罗里达大学海洋学院交流学习，师从 Prof. Chuanmin Hu。联系方式：Mengqiu@mail.usf.edu。

GeoScience Café 第129期（2016年5月13日）

演讲题目：人文筑境——珞珈山下的古建筑

演讲嘉宾：颜会闯，男，城市设计学院建筑系硕士研究生，师从王炎松教授。曾获武汉大学2014年度"十大珞珈风云学子"；曾一年内在不同建筑竞赛中连获七项全国大奖；获得2013、2014年度研究生国家奖学金；在核心期刊《华中建筑》与《建筑与文化》中均有论文发表。联系方式：944977223@qq.com。

GeoScience Café 第130期（2016年5月20日）

演讲题目：网络约束下的时空数据分析

演讲嘉宾：佘冰，男，2011级博士生，师从朱欣焰教授，主要研究方向为时空数据挖掘与分析，地理信息检索与位置描述定位。以第一作者或通讯作者发表5篇SCI、SSCI、EI检索期刊论文，在ISPRS、AAG多个国际会议上做过口头报告。联系方式：coolnanjizhou@163.com。

GeoScience Café 第 131 期（2016 年 5 月 27 日）

演讲题目：移动地理空间计算——从感知走向智能

演讲嘉宾：陈锐志，测绘遥感信息工程国家重点实验室教授，武汉大学"千人计划"引进教授，曾任诺基亚工程经理，芬兰大地测量研究所导航定位部主任，美国得州农工大学讲席教授，全球华人定位与导航协会主席（2008）。研究兴趣主要为移动地理空间计算、导航定位及室内空间认知。联系方式：ruizhi.chen@whu.edu.cn。

GeoScience Café 第 132 期（2016 年 6 月 3 日）

演讲题目：武大吉奥云技术心路历程——三年走向高级研发经理

演讲嘉宾：杨曦，吉奥资深架构师和产品经理，曾任 GeoSurf 产品经理，主持武大吉奥国家电网 GIS 平台选型并顺利让公司成为唯一的国产 GIS 平台。目前在研发中心主持工作，主要参与云平台和大数据研发。先后获得测绘科技进步二等奖（GeoGlobe）、测绘工程奖（徐州等）等奖励。联系方式：yangxi@geostar.com.cn。

GeoScience Café 第 133 期（2016 年 6 月 17 日）

演讲题目：地理加权模型——展现空间的"别"样之美

演讲嘉宾：卢宾宾，博士毕业于爱尔兰国家地理计算中心（爱尔兰国立大学梅努斯分校），师从 Martin Charlton、Stewart Fotheringham 教授和 Paul Harris 博士，在 *IJGIS*、*Journal of Statistical Software* 等国际期刊发表论文 6 篇，R 函数包 GWmodel 开发者。研究方向主要为地理加权建模，空间异质性及空间统计。联系方式：binbinlu@whu.edu.cn。

GeoScience Café 第 134 期（2016 年 6 月 23 日）

演讲题目：从计算机博士到电台台长——旅美华人学者的人文情怀

演讲嘉宾：苏小元，博士。苏小元博士是 IEEE 的高级会员，诸多国际顶级学术期刊的审稿人，并作为美国"计算机行业的杰出人才"移民；在美国著名的上市公司工作近六年之后，他全职创办了西雅图中文电台，影响了美国、中国以及世界各地的华人社区。联系方式：crsradio@gmail.com。

GeoScience Café 第 135 期（2016 年 6 月 24 日）

演讲题目：考博&就业专场——经历交流会

演讲嘉宾：冯明翔，博士研究生，师从萧世伦教授。本科与硕士就读于长安大学地质工程与测绘学院，研究兴趣为城市交通。联系方式：mc_feng1228@163.com。

演讲题目：考博&就业专场——经历交流会

演讲嘉宾：刘文轩，博士研究生，师从吴华意教授，本科毕业于西北师范大学数学系，硕士就读于华中科技大学软件学院，2015年考博到测绘遥感国家重点实验室学习。研究兴趣为机器学习和遥感影像检索。联系方式：liuwenxuan@whu.edu.cn。

演讲题目：考博&就业专场——经历交流会

演讲嘉宾：马志豪，硕士研究生，师从王伟教授。曾参与太原市国土资源局勘测中心项目：国家863计划智慧城市二期课题八关键技术研究；福州市科技项目：城市智慧排水管控平台关键技术研究。研究兴趣为云计算与机器学习。联系方式：50530064@qq.com。

GeoScience Café 第136期（2016年7月1日）

演讲题目：遥感数据分析迎来"深度学习"浪潮

演讲嘉宾：张帆，2014级博士研究生，师从许妙忠教授与张良培教授。研究兴趣为深度学习在遥感领域的应用，主要包括高分辨率遥感影像场景识别和目标探测等。联系方式：rszhang@whu.edu.cn。